普通高等教育"十一五"国家级规划教材
普通高等学校计算机教育"十二五"规划教材

中文 Authorware 多媒体制作教程

（第3版）

MULTIMEDIA APPLICATIONS BY AUTHORWARE

(3rd edition)

冯建平 符策群 孙洪涛 等 ◆ 编著

人 民 邮 电 出 版 社

北 京

图书在版编目（CIP）数据

中文Authorware多媒体制作教程 / 冯建平等编著
-- 3版. -- 北京 : 人民邮电出版社, 2012.10
普通高等学校计算机教育“十二五”规划教材
ISBN 978-7-115-29279-7

Ⅰ. ①中… Ⅱ. ①冯… Ⅲ. ①多媒体－软件工具－高等学校－教材 Ⅳ. ①TP311.56

中国版本图书馆CIP数据核字(2012)第208201号

内 容 提 要

Authorware 是功能强大、容易学习的多媒体制作工具软件，特别适用于非专业程序人员开发多媒体软件。

本书以教与学的形式对 Authorware 7.0 多媒体软件进行了由浅入深的讲解，内容包括：多媒体开发基础知识、Authorware 基础、显示图标、动画图标、声音与数字电影图标、媒体导入、交互图标、判断分支、框架图标和导航图标、计算图标、变量、函数、表达式和脚本语句的应用、库、模块和知识对象的应用等。全书提供了 44 个实例，每个实例均有详细的讲解，而且还提供了大量的练习题。

本书具有图文并茂，由浅入深，融教学与实例于一体等特点。书中的所有实例都是作者根据教学需要精心准备的，操作性很强，读者只要认真阅读，参照实例，按照书中所讲述的步骤操作，就可掌握讲授的内容。

本书可作为本科师范院校课件制作的教材，也可作为广大计算机爱好者自学 Authorware 7.0 的参考书。

普通高等学校计算机教育“十二五”规划教材

中文 Authorware 多媒体制作教程（第 3 版）

◆ 编　　著　冯建平　符策群　孙洪涛　等
　责任编辑　邹文波
◆ 人民邮电出版社出版发行　　北京市崇文区夕照寺街 14 号
　邮编　100061　　电子邮件　315@ptpress.com.cn
　网址　http://www.ptpress.com.cn
　三河市海波印务有限公司印刷
◆ 开本：787×1092　1/16
　印张：18.5　　2012 年 10 月第 3 版
　字数：486 千字　　2012 年 10 月河北第 1 次印刷

ISBN 978-7-115-29279-7

定价：37.00 元

读者服务热线：(010)67170985　印装质量热线：(010)67129223
反盗版热线：(010)67171154

第 3 版前言

Authorware 是 Macromedia 公司推出的一种使用方便、功能强大的多媒体制作工具软件。它以图标和流程线构成程序，形象直观，易于学习和掌握，特别适用于非专业程序人员开发多媒体软件。Authorware 功能强大，可以导入多种格式的文本、图形图像、声音、视频、动画、电影等素材，被誉为多媒体创作的“大导演”，用它可以制作出多种交互式多媒体产品，例如，多媒体演示课件、多媒体电子图书系统、模拟实验、培训练习、多媒体交互式教学系统和多媒体数据库等。

本书在第 2 版的基础上进行修改。针对不足，修改了第 1 章多媒体设计基础知识；充实了上机实验，上机实验由原来的 13 个增加到 20 个，并且难度有所加强。全书共 12 章，第 1 章介绍多媒体课件设计基础知识，第 2 章介绍 Authorware 基础知识，第 3 章介绍图形图像和文本处理，包括显示图标、等待图标、擦除图标和群组图标等，并给出 4 个实例；第 4 章和第 5 章介绍声音、数字电影、DVD 图标、GIF 动画、Flash 动画、QuickTime 视频等文件的导入与使用，给出 4 个实例；第 6 章介绍 5 种类型的基本动画使用，给出 9 个实例；第 7 章是本书的重点，也是 Authorware 的重点难点部分，介绍 11 种类型的交互控制，通过 16 个实例讲解如何灵活使用交互图标；第 8 章决策判断分支控制，给出 3 个实例；第 9 章框架与导航，介绍跳转的方式与超文本的建立与链接；第 10 章介绍变量、函数和表达式，以及一些 Authorware 系统变量和系统函数的使用方法；第 11 章介绍库、模块和知识对象，以及如何高效率开发 Authorware 多媒体产品的方法；第 12 章介绍作品的打包与组织发行。

全书采用任务驱动的案例教学方式，将介绍知识与实例分析融为一体。读者可以一边编写程序，一边学习，逐步掌握 Authorware 7.0 的操作方法和提高程序设计的水平。全书提供了 44 个实例和几十个练习题，程序实例有详细的讲解，容易看懂、便于教学。

本书主要由冯建平、吴丽华、符策群、孙洪涛、李富芸、刘宇翔、肖华等编写。全书共 12 章，第 1 章、第 2 章、第 8 章由冯建平编写，第 4 章、第 5 章、第 9 章由孙洪涛编写，第 6 章、第 11 章由吴丽华编写，第 3 章由肖华编写，第 7 章由刘宇翔编写，第 10 章、第 12 章由李富芸编写，附录中的上机实验、常见变量、函数由符策群编写。在本书编写的过程中，得到了同行专家学者的大力支持，他们提出了许多好的意见和建议，在此一一表示感谢。

本书配有电子教案，书中所有实例程序及电子教案可从人民邮电出版社网站的下载区下载。具体网址为：http://www.ptpedu.com.cn。

编　者

2012 年 7 月

目　录

第 1 章 多媒体课件设计基础

【本章概述】

本章主要介绍多媒体课件的特点、分类、要求和制作过程，介绍多媒体课件的环境要求，并详细论述界面设计、交互方式和导航策略的概念、原则和方法。

教育领域是应用多媒体技术最早的领域，也是进展最快的领域。多媒体技术的各种特点最适用于教育领域，它具有形象直观、新颖多样、高效集成、交互反馈、易保存、易利用以及网络化等特点，可以以最自然、最容易接受的多媒体形式使人们接受教育，不但扩展了信息量、提高了知识的趣味性，还增加了学习的主动性和科学准确性。作为多媒体课件的设计者，首先要了解多媒体课件的一些基础知识。

多媒体课件不同于一般的多媒体软件，它是一种适合某类教学对象，专门辅助某个学科的教学媒体。本章将介绍多媒体课件的一般概念、特点、类型和要求，介绍多媒体课件设计的环境、原则、过程等。

1.1 多媒体课件概述

1.1.1 多媒体课件

多媒体课件是根据教学大纲的要求和教学的需要，经过严格的教学设计，并以多媒体的表现方式和超媒体结构编制而成的课程软件。应用多媒体技术设计和编制的多媒体课件，具有综合处理图文声像的能力，改变了传统教学中将知识信息仅以单一视觉或听觉表现的方法，使学生能通过多种感官获取知识信息，增强理解能力，提高教学效率。

1959 年美国 IBM 公司研制成功了第一个计算机辅助教学（CAI）系统，宣告人类开始进入计算机教育应用时代。目前，计算机辅助教学已经成为人们非常熟悉的名词，它不仅仅是一项重要的技术，而且代表一个十分广阔的计算机应用领域。

多媒体课件是计算机多媒体技术在教育领域中应用的典型范例，它是新型的教育技术和计算机应用技术相结合的产物，其核心内容是指以计算机多媒体技术为教学媒介而进行的教学活动。多媒体课件的主要表现形式是：利用数字化的声音、文字、图片以及动态画面，形象展现学科中的可视化内容，强化形象思维模式，使性质和概念更易于接受。多媒体课件本身也具备互动性，提供了学生自学的机会。它以传授知识、提供范例、自我上机练习、自动识别概念和答案等手段展开教学，使受教育者在自学中掌握知识。实践证明，多媒体课件从真正意义上优化了课堂教学，提高了课堂教学效率，当前在教育界得到了广泛的应用。

1.1.2 多媒体课件的特点

多媒体课件是教学活动中一个很好的辅助工具，它可以帮助师生解决一些用传统教学手段难以表述或表现的知识点。由于多媒体课件是基于多媒体计算机技术的，具有集成性、交互性、控制性等特点，从而使多媒体课件呈现出以下特点。

1. 教学信息显示形象直观

教学信息显示方式包括文字、图像、图形、声音、视频图像、动画等多种形式。利用这些显示方式，向学生传授知识，比传统的教师在黑板上书写更直观、形象，更具有吸引力，可以为学习者创设多样化的情境，使学生获得生动形象的感性素材。

2. 教学过程的交互环境

在多媒体课件中，计算机可以利用人机交互的手段和快速的计算处理能力，根据现实情况模拟各种现象与场景，扮演与学生友好合作、平等竞争的环境。提供图文并茂、丰富多彩的人机交互式学习环境，使学生能够按自己的知识基础和习惯爱好选择学习内容，而不是由教师事先安排好，学生只能被动服从，这样，将充分发挥学生的主动性，真正体现学生的认知主体的作用。

3. 教学资源的大容量

多媒体课件提供大量的多媒体信息和资料，创设了丰富有效的教学情境，学生可以通过这种丰富的学习资源，学会如何获取信息、探究信息，建构自己的知识结构，培养学生的学习能力。这是其他教学资源，如投影片、幻灯片难以做到的。

4. 教学信息的超文本组织

超文本是按照人的联想思维方式非线性地组织管理信息的一种先进的技术。由于超文本结构信息组织的联想式和非线性，符合人类的认知规律，所以便于学生进行联想思维。另外，由于超文本信息结构的动态性，学生可以按照自己的目的和认知特点重新组织信息，按照不同的学习路径进行学习。超文本已经不仅仅是一种技术问题，还是一种思维方式，它为学习者提供了多种适合不同学习对象的教学方案和学习路径。

5. 教学信息传输的网络化

因特网的发展使计算机的发展跨入新的历史阶段，它实现了全球的资源共享和信息通信。多媒体教学研究的发展，利用网络资源，采用多机交流的形式进行教学已是潮流。教师在教学过程中不仅能通过网络与学生交流信息，而且教学已经不限于一间教室或一所学校，完全打破了传统的班级教学模式，发展到了不同地域、不同时间的合作和探索学习，学生可以通过网络即时得到帮助和反馈。计算机网络化，为教师、学生和家长之间提供了可以相互交流、相互学习的平台。

6. 教学信息处理的智能化

虽然实现信息处理的智能化还有一定的难度，但现在已经取得了一些突破，如具有学生模型的阅读软件、具有自动批改的作文教学软件的研究已取得很好的成果。这些现代教育技术的优势，将十分有利于因材施教，有利于个性的发展。

7. 教学模式的游戏化

在多媒体课件中，学生可以很轻松地在游戏环境中愉快地完成学习任务，这种把教学渗透在游戏中，能产生一种生动与轻松的学习氛围，激发学习者兴趣的游戏化教学课件逐渐得到关注。用游戏方式促使学习者自发、自愿地进行学习，使学生在不知不觉中进入学习状态。电子游戏作为一种教育资源，潜质丰富，特别是融入课件具有深刻的现实意义。它拓宽了课件资源领域，拓宽了学习方式和教学方式，是一种可行的、操作性很强的课件开发新思路。

1.1.3　多媒体课件的分类

随着多媒体技术的发展和普及，它已广泛应用于教学过程中，并逐渐形成各种各样的教学模式。这些教学模式所使用的课件有很大不同，并各有其应用环境和需求，下面介绍几种典型的多媒体课件。

1. 教学演示型

教学演示型的课件应用于课堂教学中，在多媒体计算机教室中，由教师向全体学生播放多媒体课件，演示教学过程，创设教学情境，进行示范教学。在创设教学情境或进行标准示范时，将抽象的教学内容用形象具体的形式表现出来。

教学演示型主要是为了解决某一学科的教学重点或难点而开发的，注重对学生的启发和提示，反映问题解决的全过程，揭示教学的内在规律，将抽象的教学内容用形象具体的动画等形式表现出来。

2. 自主交互型

自主交互型课件具有完整的知识结构，能反映一定的教学过程和教学策略，提供相应的练习供学生进行学习和评价，并设计许多友好的界面让学生进行人机交互活动。利用自主交互型多媒体课件，可以让学生在个别化的教学环境下自主地进行学习。

自主交互型课件的基本教学过程是：教学以单元为主，将知识分解成许多相关的知识点呈现，再通过提问问题，检查学生的掌握情况。在教学过程中，计算机能时刻监视学习的进程，通过学生的即时反馈，决定是学习新的内容，还是复习所学过的内容，目标达到后进入下一主题。在多媒体教学中，自主交互型课件的教学内容可图文并茂、声色俱全，使交互形式更为生动活泼。

3. 操作练习型

操作练习型课件主要通过练习的形式来训练、强化学生某方面的知识或能力，在多媒体网络教室的环境下，利用专门的教学功能进行专业技能的展示。

操作练习型课件主要是通过问题的形式来训练和强化学生某方面的知识和能力，它包括题目的编排，学生回答信息的输入，判断回答以及反馈信息的组织，记录学生成绩等。它的基本过程是：由计算机向学生逐个呈现问题，让学生回答，然后计算机判断学生是否回答正确。如果正确，则给予肯定和赞扬，进入下一个问题。如果不正确，则给予提示帮助，并再给一次回答机会，或者直接显示正确答案。如果学生遇到不会做的题，可以请求系统呈现提示帮助信息，或请求讲解。按照这样的方法，通过让学生回答一组难度渐增的问题，可以达到巩固所学知识和掌握基本技能的目的。

4. 教学模拟型

教学模拟型课件也称仿真型课件，用计算机模拟真实的自然现象或社会现象。课件主要提供学生与模型间某些参数的交互，从而模拟出事件的发展结果，如化学中的各种化学反应，飞机和汽车的驾驶操纵等。这种课件由于给予学生操作手段和使用方法的提示，容易引起学生的兴趣，达到加深理解的效果，有利于培养学生解决问题的能力。教学模拟型课件克服了许多真实试验的困难，在许多场合下具有不可替代的作用。

5. 合作学习型

合作学习型指在计算机网络通信工具的支持下，学生们不受地域和时间上的限制，进行互教互学、小组讨论、小组联系、小组课题等合作性学习。与传统的自主交互学习截然不同，自主交互学习注重于人机交互活动对学习的影响，而合作学习强调计算机支持同伴之间的交互活动。

6. 娱乐学习型

娱乐学习型课件与一般游戏软件有很大的不同，它主要基于学科的知识内容，寓教于乐，通过游戏形式，教会学生掌握学科的知识和能力，并激发学生学习的兴趣。这种课件要求趣味性较强。

1.1.4 多媒体课件的基本要求

多媒体课件不同于一般的多媒体作品，它在设计中有一定的基本要求。多媒体课件是按照教学大纲的规定，根据教学的目的和要求而制作的，它充分运用图文声像多种形式表现特定的教学内容，它的特点是教学节奏快，知识传输量大，教学效率高。但如果设计不当，会造成不利的影响，不能发挥学生更多的思维、想象、联想的余地，使学生的学习停留在感性认识阶段，难以使认识升华成理性知识，不利于培养学生的能力和发展智力，所以必须采用科学的方法来表达丰富的教学内容。必须突出艺术效果，把美学的基本理论贯穿于教学设计的全过程，使之达到“寓教于乐”的作用。为此，在多媒体课件设计中，要注意充分激发学生的学习兴趣和求知欲，调动学生的学习主动性和积极性。在设计多媒体课件时，要注意以下 4 方面要求。

1. 教育性要求

教育性是多媒体课件的最根本的属性，它要求多媒体课件按照教学大纲的规定，根据教学的目的和要求，用多媒体计算机技术实现有效的控制和播放来达到实施教学的目的。它要求多媒体课件要有明确的教学目的，特定的教学对象，生动活泼的教学形式，并有助于突出重点和难点，能充分体现教学规律。要根据不同的学科、不同的课题，围绕各自的教学主线展开。内容选择、深浅难易程度的确定要依据不同的教学对象。教学形式要生动活泼，教学过程要灵活多样，突出教学主体内容，发挥视听媒体的特长，加深对重点问题的渲染和剖析，充分体现教学规律。

2. 科学性要求

在多媒体课件中，科学性主要反映在系统严谨、实用新颖和规范正确上。

- 系统严谨：要求课件的结构系统完整，层次分明；内容的范围、深度和教学目的要清楚明确；定义的表述，原理的论证，现象的描述要严密并具有逻辑性。
- 实用新颖：教学内容充实和具体；选材、例证要具有典型性和代表性；教学内容的表现形式要新颖多样；并用正确的方法解决与本课件相关的实际问题。
- 规范正确：概念、定理、规律、原理等内容的表达准确，解释、说明、引申正确无误；文字、语言使用规范，量纲符合国标的规定，引用数据可靠；图文声像等多媒体信息的真实度和可信度要高，能反映事物发展的规律；操作、示范以及模拟动作要准确。

3. 艺术性要求

多媒体课件通过科学与艺术的结合，使教育更有成效。艺术是以情动人、以情感人，用形象体现本质，在表现教学内容时尽量运用完美的艺术形式表达。在坚持科学性的前提下，尽量运用完美的艺术形式表现教学内容，从而取得事半功倍的教育效果。比如，通过视听组合所产生的效果影响学生的兴趣和爱好，使他们产生情感的共鸣和转移；通过人机交互作用等各种形式，调动学生的积极情绪，加强情感交流，提高他们的创造意识；采用适当的教学表现形式，使教学过程有序、完整、自然；画面形象新奇，有一定的艺术技巧，这样可以激发学生兴趣，强化感知，引起注意。

4. 技术性要求

技术性要求主要反映在运行环境的选择，人机操作界面的设计，图文声像素材的制作和编辑，软件的调试与播放等技术问题上。它直接影响多媒体课件设计与制作技术水平的高低，也直接影响教学效果。

1.2　多媒体课件的制作过程

多媒体课件是一种多媒体技术在教学上的应用软件，它的设计与其他软件设计相同，主要经过需求分析、教学系统设计、脚本编写、课件编制、测试评价等过程，如图 1-1 所示。

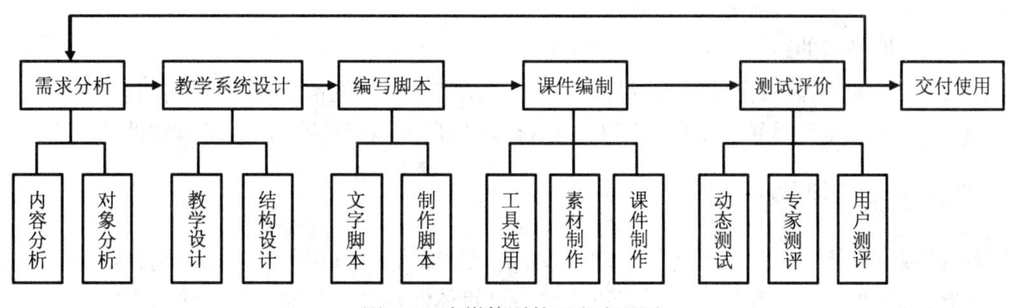

图 1-1　多媒体课件开发流程图

1.2.1　需求分析

1. 内容分析

在多媒体课件开发的第一阶段，首先要明确教学内容，明确教学中的重点和难点，明确哪些可以替代传统教学，哪些可以用课件提高教学效率。

2. 对象分析

不同年龄阶段的学生其认知结构有很大的差别，对象分析就是对学习者特征的分析，它包括学习者的年龄、受教育水平、阅读能力水平、原有知识结构、掌握计算机的水平等。多媒体课件的设计必须与学生年龄特征相适应，帮助学生由直觉思维向抽象思维过渡，要引导学生学习抽象概念，逐步提高学生的逻辑思维能力。

1.2.2　教学系统设计

教学系统设计是多媒体课件开发过程中最重要的一环，它是形成多媒体课件设计总体思路的过程，决定了后续开发的方方面面。课件开发中的设计工作可以分为教学设计和课件结构设计等环节。

1. 教学设计

教学设计是关键的环节，主要有学生特征的分析、教学目标的确定、多媒体信息的选择、教学内容知识结构的建立和形成性练习的设计等。教学设计要注重教学目标及教学内容分析，注重情境创设，强调情境在学习中的重要作用，注重信息资源设计，强调利用各种信息资源来支持学习。最终形成一个优化的教学系统结构。

2. 课件结构设计

由于多媒体课件的信息量大且要求具有友好的交互性，因此，必须认真设计多媒体课件的系统结构，以保证多媒体课件能达到最佳的教学效果。多媒体课件的结构实质上就是多媒体教学信息的组织与表现方式，它定义了课件中各部分教学内容的相互关系及其发生联系的方式，反映了整个课件的框架结构和基本风格。

课件结构设计通常包括如下内容。

（1）软件封面的显示方式。

软件封面是教学软件与学习者的第一个交互界面，用于说明多媒体课件所包含的主要内容。

（2）建立信息间的层次结构和浏览顺序。

层次结构和浏览顺序是教学信息间的逻辑结构和相互间的联系，如某个知识点或教学内容应隶属于哪一层次结构，这一层次结构可用哪些媒体信息表示，这些媒体信息的排列顺序如何等。只有建立了一个良好的层次结构和浏览顺序，才能使学习者很容易地找到所需的信息而不至于无所适从。

（3）确定信息间的跳转关系。

交叉跳转，即多媒体课件的导航设计，它是指从某个具体的信息或主题跳转到与其相关的另一个信息或主题。交叉跳转的确定会影响多媒体课件开发的难易程度以及教学软件的使用效果。

1.2.3 编写脚本

前面的教学系统设计只是确定了软件开发的思想方法，但其中具体的细节问题则需要通过编写脚本的形式来加以描述和体现，并将脚本作为多媒体课件开发与制作的直接蓝本。

多媒体课件的脚本分为文字脚本和制作脚本，这里将它们分别称为 A 类脚本和 B 类脚本。文字脚本（A 类脚本）是按照软件教学设计的要求进行描述的一种形式，制作脚本（B 类脚本）是按照软件系统设计的要求进行描述的一种形式，具体实例见附录 D。

1. 文字脚本

文字脚本描述多媒体课件的整体形态，即按照教学过程的先后顺序，描述每一环节的教学内容及其呈现方式。一般情况下，文字脚本的编写由学科专业教师来完成。完整的文字脚本包含有学生的特征分析，以便对学生进行有针对性的教学；包含教学目标的描述，以便明确教学内容和检查学生能否达到预期效果；包含知识结构流程图，以便用来分析各单元内容知识点与知识点的相互关系及其联系；包含问题的编写，以便提出一些问题，供学生思考的同时，用来检查学生对内容的掌握情况。

2. 制作脚本

设计制作脚本就是需要设计者依据使用者编写的文字脚本，站在使用者的角度来考虑和分析问题，将文字脚本改写成制作脚本，其中主要考虑呈现各种媒体信息内容的位置、大小和显示特点。制作脚本的具体内容包括：封面设计、界面设计、结构安排、链接关系的描述、制作脚本卡片等。

1.2.4 素材准备

多媒体课件中可以使用的信息有文本、图形、图像、动画、视频、音频等，这些信息称为多媒体素材。在实际制作课件的过程中，准备素材消耗的时间和人力常常是最多的一个环节。例如，要制作一个生物课件，需要收集与本课相关的图片、动画、声音等素材。这些素材有的可以找到，但需要进行加工和处理才能够使用；有的却不容易找到，只有自己进行制作。没有图片就需要使用图像处理软件绘制，没有动画就需要使用动画制作软件制作，没有声音就需要使用“录音机”程序来录制等，所有这些花费的时间将远远超过制作课件的时间。由此可见，掌握获取素材和处理素材的方法和技巧是非常重要的。

1.2.5　课件制作

根据制作脚本的要求，利用现有的多媒体制作工具或通用计算机语言，将多媒体素材进行整合，整合的过程就是课件的制作。本教材课件制作采用的是 Macromedia 公司的 Authorware 专业课件制作软件，它是目前国际流行的一种多媒体创作工具，是一种以图标为基础的，基于流程图方式的编辑工具。它提供了 14 种用以表现不同数据对象的编辑图标和 10 种在人们日常生活、工作中经常被采用的交互形式。它的最大特点就是拥有灵活、丰富多彩的人机交互方式，可以导入各种多媒体素材，易学易用，为非计算机专业人员提供了一种良好的多媒体创作工具。

1.2.6　调试与评价

对正在制作过程中的或是已经制作完成的课件进行反复调试和修改是必不可少的。由于在制作过程中，开发人员和最终用户之间对课件的理解上存在一定偏差，这就要求开发人员经常要对课件进行修改和调试，以适应各方面的需求。尤其在正式公开出版发行一个课件产品之前，必须进行必要的测试和评价。

1．运行调试

运行调试是在课件的编制过程中随时进行的。在系统编辑过程中，开发人员可以运行系统，并设置断点，跟踪系统的运行状态。也可以逐段运行，观察系统编辑后的效果，并随时中断系统运行，返回到编辑状态。

在课件基本完成后进行测试，测试者一般为选好的模拟用户，测试的目的是排除软件中较为明显的错误与缺陷，尤其是技术方面的缺陷。

2．课件评价

对多媒体课件的评价就是衡量和估计这个课件对学生的教育价值，判断其应用效果。编制出来的多媒体课件应该用到实际的教学环境中，进行计算机辅助教学活动。利用多媒体软件进行辅助教学，可采用课堂辅助教学或个别化教学方式。利用多媒体课件进行课堂辅助教学时，要设计好课堂教学过程结构，注意多媒体课件在课堂中的使用时机和使用方法。经过教学试用，发现在编制调试阶段未能发现的技术错误和不足，通过修改程序，使程序能正常工作。

在多媒体课件的开发过程中，教学效果的评价分析应分为两部分进行：一部分是分析课件本身对教学效果的影响，可以使开发者清楚地看到软件结构、素材质量以及编制质量对教学效果的影响，从而能发现问题的所在，尽快改进教学软件的不足之处；另一部分是学习内容与学习水平的确定、媒体内容的选择与设计以及教学过程结构的设计对教学效果的影响，将有助于对学习内容与学习水平进行更深入细致的分析，有助于选择最佳的媒体内容，有助于设计出更好的教学过程结构。因此，详细分析影响教学效果的因素对多媒体课件的开发有着重要的意义。

3．交付使用

对于大型的多媒体课件，还应该制作多媒体课件的安装程序，将多媒体课件刻制成光盘，编写使用手册、制作多媒体课件的包装等。

1.3　多媒体课件的环境要求

多媒体课件的设计、制作与应用，都应该有一个好的环境。如果没有一个良好的硬件环境，在具体操作中缺乏必要的设备，会影响工作进程；如果没有一个良好的软件环境，设计制作会做很多无用功，影响工作效率；如果没有一个良好的应用环境，课件的优势就不可能很好地发挥出来。目前，多媒体计算机及其辅助设备就是我们主要依靠的设备，计算机安装的系统软件和应用软件就是我们动手创作的工具，多媒体网络教室和多功能教室就是多媒体课件运行的主要环境。

1.3.1 硬件环境要求

1. 多媒体计算机

多媒体计算机是对基本计算机系统软件、硬件功能的扩充，它包括计算机主机及其外围设备，如图 1-2 所示。

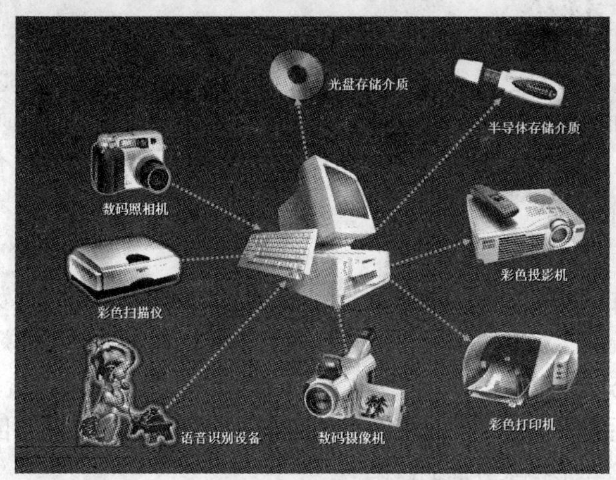

图 1-2 多媒体计算机系统

多媒体计算机是多媒体课件制作系统中最基础的设备。通常，一台多媒体计算机性能的优劣，将直接影响到课件制作的效率。所以，一定要注意多媒体计算机的选购。尤其多媒体课件制作需要的容量相对较大，配置的硬盘、CPU 和内存的要求都较高。如果需要制作 3D 动画，显示卡要求就较高。当前好的多媒体计算机基本配置如表 1-1 所示。

表 1-1 多媒体计算机的基本配置

类别	配置
处理器	英特尔® 酷睿 i7 2600 处理器（3.8GHz）
内存	金士顿 DDR3 1600　8GB
硬盘	2TB 希捷（7200 转）硬盘
显示器	27 英寸 LCD
显示卡	微星 N460GTX Hawk 1024MB 显卡
光驱	DVD 刻录机
声卡	主板集成 2.1 声道
网卡	集成吉位网卡
操作系统	Windows Vista 操作系统

2. 光盘存储器和刻录机

光盘是利用激光进行读写信息的圆盘。光盘存储器系统是由光盘片、光盘驱动器和光盘控制适配器组成的。常见类型的光盘存储器有 CD-ROM、CD-R、CD-RW、DVD-ROM、DVD-RW 等，如图 1-3 所示。

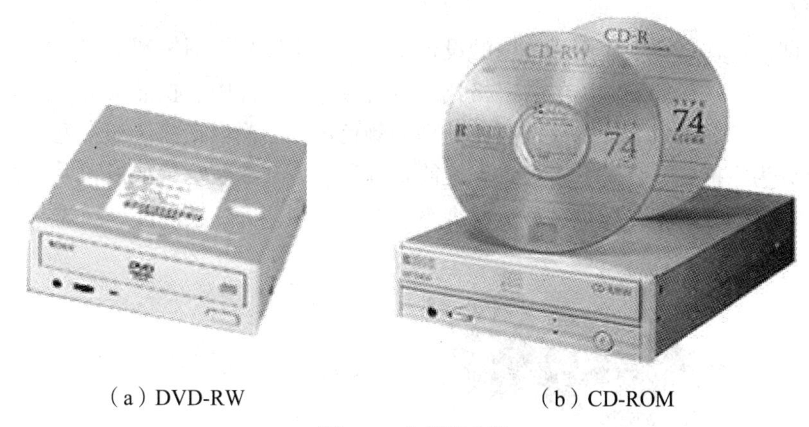

（a）DVD-RW　　（b）CD-ROM

图 1-3　光盘驱动器

光盘存储器也是计算机上使用较多的存储设备。在计算机上用于衡量光盘驱动器传输数据速率的指标叫做“倍速”，一倍速率为 150KB/s。如果在一个 24 倍速光驱上读取数据，数据传输速率可达到 24×150KB/s=3.6MB/s。

CD-ROM（只读式压缩光盘）是最常见的光存储介质。CD-ROM 上的信息是由厂家在工厂中预先刻录好的，用户只能根据自己的需要选购。其特点是存储容量较大（可达 640 MB），复制方便，成本低廉，通常用于电子出版物、素材库和大型软件的载体。缺点是只能读取而不能写入。

CD-R 是一次性可写入光盘，但需要专门的光盘刻录机完成数据的写入。常见的一次性可写入光盘的容量为 650MB。写入后 CD-R 盘就同 CD-ROM 盘一样可以反复读取但不能再改写数据。例如，一次性可写入光盘 CD-R74 存储容量 650MB，记录时间 74min。

DVD-ROM 是一种可以读取 DVD 碟片的光驱，除了兼容 DVD-ROM，DVD-VIDEO，DVD-R，CD-ROM 等常见的格式外，对于 CD-R/RW，CD-I，VIDEO-CD，CD-G 等都要能很好地支持。DVD-ROM 一倍速率是 1.3Mbit/s，DVD-ROM 单面单层的容量为 4.7GB；单面双层的容量为 8.5GB；双面双层的容量可达到 17GB。目前有 4 种容量可供选择，分别为 4.7GB、8.5GB、9.4GB、17GB，而新出的“蓝光盘（Blue-ray Disc）”其数据存储量达 27GB。

DVD-RW 可以像磁盘一样进行反复读写，使用双层 DVD 刻录机在 DVD-R 盘片上可记录长达 4h 的高品质视频，或者保存高达 8.5GB 的数据、音乐、图片等。

3. 闪存存储器

闪存存储器又称 U 盘，是一种新型的移动存储设备，如图 1-4 所示。闪存存储器可以像在软硬盘上一样进行读写，它采用无缝嵌入结构，对于数据安全性提供了保障，具有很好的防震防潮性能，使用方便、可靠性高。擦写次数可达 100 万次以上，数据可保存 10 年之久，存储速度至少较软驱快 15 倍以上，且容量可依用户需求进行调整，对于大容量数据的存储或携带提供了更大的便利及更好的选择。其主要优越性如下。

- 无须驱动器和额外电源，只需从其采用的标准 USB 接口总线取电，可热插拔，真正“即插即用”。在插拔闪存存储器时，必须注意等指示灯停止闪烁时方可进行。
- 在 Windows ME/2000/XP、Mac OS 9.x/Mac OS X、Linux Kernel 2.4 下均不需要驱动程序，可直接使用。

- 具有通用性强、存储容量大（一般为 2～32GB）、体积小、携带方便、抗震强、功耗低、寿命长、读写速度快等特点。

4. 扫描仪

扫描仪是课件制作过程中使用最普遍的设备之一，它可以扫描图像和文字，并将其转换为计算机可以显示、编辑、存储和输出的数字格式，然后输入到课件中。扫描仪由扫描头、主板、机械结构和附件 4 个部分组成。扫描仪按照其处理的颜色可分为黑白扫描仪和彩色扫描仪两种；按照扫描方式可分为手持式、台式、平板式和滚筒式 4 种，图 1-5 所示为平板和手持式扫描仪。扫描仪的性能指标有：分辨率、扫描区域、灰度级、图像处理能力、精确度、扫描速度等。

图 1-4　U 盘存储器

图 1-5　平板和手持式扫描仪

5. 光笔

文字输入主要通过键盘进行，对于动画素描等卡通图片创作，用光笔则输入更快。光笔如图 1-6 所示，其原理是用一支与笔相似的定位笔（光笔）在一块与计算机相连的书写板上绘制，根据压敏或电磁感应将笔在运动中的坐标位置不断送入计算机，使得计算机中的识别软件通过采集到的笔的轨迹来记录所描绘的图案，然后再把得到的图案作为结果存储起来。

6. 数码相机

数码相机是获取多媒体课件图像素材的一个重要的输入设备。数码相机是一种无胶片相机，是集光、电、机于一体的电子产品，数码相机集成了影像信息的转换、存储、传输等部件，具有数字化存取功能，能够与计算机进行数字信息的交互处理，如图 1-7 所示。数码相机与传统相机相比最突出的优点是方便、快捷。决定数码相机性能的因素有 CCD 或者 CMOS 的像素数、镜头、存储卡等。专业摄影工作者可选用 800 万像素左右，接近于专业机的拍摄性能，如全手动曝光、存储 RAW 无损格式图片的产品。摄影爱好者可选用 600 万像素，具有专业相机拍摄性能的产品，普通用户选用 300 万像素数码相机就可满足要求。

7. 麦克风与录音笔

获取多媒体课件声音素材，需要利用话筒和声卡进行录音等工作。录音笔是一个很方便的实用工具，利用录音笔可实现连续十几个小时的录音，如图 1-8 所示。

8. 数码摄像机

随着近年来数字产品的飞速发展，数码摄像机的出现无疑为数字时代增加了新的亮点。与传统的摄像机相比，数码摄像机拍摄的信息可以直接输入到计算机中，而传统的摄像机是将信息保存在录像带上，不能直接输入到计算机中。在多媒体 CAI 课件制作中，经常需要加入一些视频片段，以前通常是通过视频采集卡与电视或录像设备相连接来获取视频信息，这个过程既复杂又使信息有一定程度的失真。然而，数码摄像机的出现改变了这一切，使得视频的采集和输入过程更加简捷，视频信号的失真更小。目前，数码摄像机已由磁带摄像机、硬盘摄像机发展为 DVD 摄像机和 SD 闪存卡摄像机，现在的数码摄像机也已经达到能够拍摄 230 万像素的影像，具有用来存放静止画面的 SD 卡插槽，10 倍光学变焦，一块 2.7 英寸宽屏幕 LCD，以及一个彩色取景器，如图 1-9 所示。

图 1-6　光笔

图 1-7　数码相机

图 1-8　录音笔

图 1-9　数码摄像机

9. 投影机

投影机在多媒体课件展示时使用，它通过与计算机的连接，可把计算机的屏幕内容全部投影到银幕上，如图 1-10 所示。随着技术的进步，高清晰、高亮度的液晶投影机的价格迅速下降，并开始普及应用。投影机分为透射式和反射式两种。投影机的主要性能指标包括亮度、对比度、分辨率、均匀度等。

- 亮度：亮度的国际标准单位是 ANSI（流明）。它是在投影仪与屏幕之间距离为 2.4m、屏幕大小为 60 英寸时，使用测光笔测量投影画面的 9 个点的亮度，然后求出这 9 个点亮度的平均值。目前，大多数投影仪都在 1000 流明以上。
- 对比度：对比度是指黑与白的比值，也就是从黑到白的渐变层次。比值越大，渐变层次就越多，色彩表现就越丰富，图像效果更加清晰，颜色更加艳丽。当前，投影仪的对比度一般在 300：1 以上。

图 1-10　投影机

- 分辨率：投影仪的分辨率包括物理分辨率和最大分辨率两种。物理分辨率是指 LCD 液晶板的分辨率。液晶板按照网格划分液晶体，一个液晶体就是一个像素，如投影仪的输出分辨率为 800 像素×600 像素，则表示液晶板的水平方向上有 800 个像素点，垂直方向上有 600 个像素点。一般来说，物理分辨率越高，投影仪的应用范围越广。最大分辨率是指能够接收比物理分辨率大的分辨率，是通过压缩的方式实现的。投影仪使用的分辨率越高，显示的画面越清晰。当前，投影仪的分辨率最高能够达到 1600 像素×1200 像素以上。
- 均匀度：它是指对比度和亮度在屏幕上的平均值。投影仪要尽可能地将投射到屏幕上的光束保持相同的亮度和对比度。一般来说，投影仪的均匀度应该保持在 80%以上。

投影机在使用时，要注意以下几点：①在开机之前，投影仪需要稳定地放置，使用环境需要远离热源，如避免阳光直射、避免临近供暖设备或其他强的热源；②开机前，连接好其他设备，连接投影机所用的电缆和电线最好是投影仪原装配置的，代用品可能引起输出画面的质量下降或设备的损坏，检查接线无误后才可以加电开机；③投影机开机后，一般需要 10s 以上的时间投射画面才能够达到标准的光亮度，在投影仪工作时，教师或学生不能向投影仪镜头里面看，因为投影仪的光源发出的光线很强，直接观看会损伤眼睛；④使用投影仪时，根据不同的使用环境需要对机器进行必要的调整，如聚焦和变焦、图像定位；调整投影仪的亮度、对比度和色彩；调整扫描频率以适应不同的信号源，消除不稳定的图像。

10. 视频展示台

视频展示台也称为实物投影仪，如图 1-11 所示，它能够将要展示的物体直接投影到大屏幕上。视频展示台最大的特点就是真实性和直观性，它不但能够将传统的幻灯机的胶片直接投影出来，而且能够将各种实物以及活动的过程投影到大屏幕上，应用的范围比传统的幻灯机更加广泛。从应用上来说，视频展示台只是一种图像的输入设备，它还需要电视机和投影仪等输出设备的支持，才能将图像展示出来。

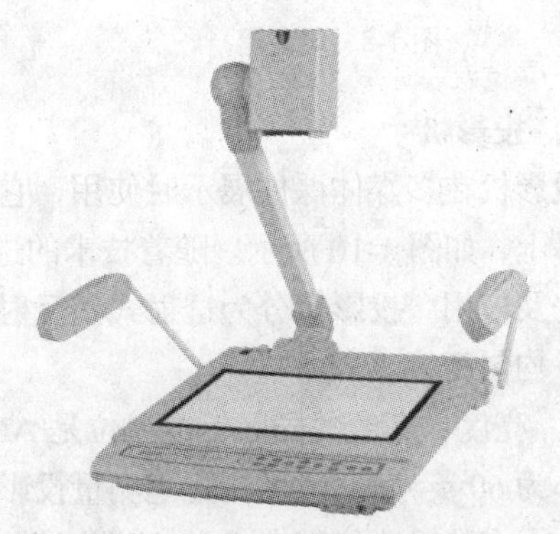

图 1-11　视频展示台

视频展示台通过一个专门的 CCD 摄像头将物体的图像直接摄取下来，经过大规模的集成电路数模转换后，将模拟信号变成为数字信号，然后输入到电视、投影仪和计算机中。因此，在选购视频展示台时，关键还是看其 CCD 的性能。目前，选用 1/3 英寸 85 万像素 CCD，45 倍放大（光学 15 倍，数字 3 倍）是一个比较好的选择。另外，还需要考虑信噪比的高低，输入/输出接口的多少，辅助灯源的数量与质量，是否能与计算机连接，是否具有红外线遥控功能，是否具有显微镜等。

11. 交互式电子白板

交互式电子白板由电子感应白板、感应笔、计算机和投影仪组成，如图 1-12 所示。交互式电子白板可以与计算机进行信息通信，将电子白板连接到计算机，并利用投影机将计算机上的内容投影到电子白板屏幕上，在专门的应用程序的支持下，可以构造一个大屏幕、交互式的协作会议或教学环境。利用特定的定位笔代替鼠标在白板上进行操作，可以运行任何应用程序，可以对文件进行编辑、注释、保存等在计算机上利用键盘及鼠标可以实现的任何操作。

图 1-12　交互式电子白板

电子感应白板是一块具有正常黑板尺寸、在计算机软硬件支持下工作的大感应屏幕，其作用相当于计算机显示器并代替传统的黑板。感应笔承担电子白板书写笔和计算机鼠标的双重功用，其作用代替传统的粉笔。教师或学生直接用感应笔在白板上操作写字或调用各种软件，然后通过各种感应方式反馈到计算机中并迅速通过投影仪投射到电子白板上。电子白板操作系统是存在于计算机中的一个软件平台，它不仅支撑人与电子白板、计算机、投影仪之间的信息交换，而且它还自带一个强大的学科素材库和资源制作工具库，并且是一个兼容操作各种软件的智能操作平台，教师可以在电子白板上随意调用各种素材或应用软件教学。电子白板集传统的黑板、计算机、投影仪等多种功能于一身，使教师使用非常方便。

交互式电子白板分为电磁感应式、红外线感应式、压力感应式、超声波感应式、图像传感式等。每种技术都有不同的特点和优势，在市场上也各自占有一定的份额。

交互式电子白板的基本参数有计算机接口类型、稳定度、灵敏度、精确度、分辨率、面板尺寸、响应速度等，具体见第 2 章内容讲述。

1.3.2　软件环境要求

软件的作用是控制各种媒体的启动、运行与停止；协调媒体之间发生的时间顺序，进行时序控制与同步控制；生成面向使用者的操作界面，设置控制按钮和功能菜单，实现对媒体的控制；对多媒体程序的运行进行监控，如计数、计时、统计事件发生的次数等；对多媒体目标程序打包，设置安装文件、卸载文件，并对环境资源以及多媒体系统资源进行监测和管理，生成数据库，提供数据库管理功能等。

对于多媒体课件的制作，在软件环境上有以下要求。

1. 操作系统软件

任何应用软件都必须在一个操作系统平台上运行，一个良好稳定的操作系统对多媒体课件的制作是很重要的。目前，比较流行的操作系统有 Windows 2000、Windows XP、Windows Vista 和 Windows 7。

2. 多媒体创作软件

在制作多媒体课件的过程中，通常先利用专门软件对各种文字、图片、音视频、动画等素材媒体进行加工和制作。当媒体素材制作完成之后，再使用某种软件系统把它们结合在一起，形成一个互相关联的整体。该软件系统还提供操作界面的生成、添加交互控制、数据管理等功能。完成上述功能的软件系统被称做“多媒体创作软件”。

当前比较常用的有以下一些多媒体创作软件。

（1）Visual Basic ——高级程序设计语言。由 BASIC 语言发展而来，运行在 Windows 环境中。人们通常把 Visual Basic 简称为“VB”。该程序语言通过一组叫做“控件”的程序模块完成多媒体素材的连接、调用和交互性程序的制作。使用该语言开发多媒体产品，主要工作是编制程序。使用该软件开发课件具有明显的灵活性。但是，没有编程经验的人要在短时间内驾驭 VB 并不容易。

（2）Authorware ——目前国际流行的一种多媒体开发工具，是一种以图标为基础的，基于流程图方式的编辑工具。该软件使用简单，拥有灵活、丰富多彩的人机交互方式。它具有大量的系统函数和变量，对于实现程序跳转、重新定向游刃有余。多媒体课件的开发均可在该软件的可视化平台上进行，开发时程序模块结构清晰、简捷，采用鼠标拖曳就可以轻松地组织和管理各模块，并对模块之间的调用关系和逻辑结构进行设计。

（3）Directer ——多媒体开发专用软件。该软件是以时间轴为基准的编辑工具，即时基方式，类似于电影的编导过程，采用基于角色和帧的动画制作方式。该软件操作简便，采用拖曳式操作就能构造媒体之间的关系，创建交互性功能。通过适当的编程，可完成更为复杂的媒体调用关系和人机对话方式。

（4）Flash —— 一种可交互的矢量动画，它的制作观念与 Director 很相似，它也是以时间轴为基准的编辑工具。由于 Flash 能够在低文件数据率下实现高质量的动画效果，因此在网络中得到了广泛的使用，Flash Player 也成为应用最广泛的主流播放器。Flash 适合制作动画型课件。

3. 素材制作软件

素材制作软件是一个大家族，能够制作素材的软件很多，分别有文字编辑软件、图像处理软件、动画制作软件、音频处理软件、视频处理软件等。由于素材制作软件各自的局限性，因此在制作和处理稍微复杂一些的素材时，往往要使用几个软件来完成。

（1）图像处理软件

图像处理软件专门用于获取、处理和输出图像，也是课件制作中最常用的工具。在课件制作过程中，通常要先查找需要的图片，然后调整图片的大小、色彩、效果等，最后再导入到课件制作软件中。获取图像的途径有很多，可以利用扫描仪扫描图像、使用数码照相机拍摄图像或者使用专业抓图软件。抓图软件常用的有 HyperSnap、SnagIt 等。加工处理图像是图像处理软件的核心功能。对图像的加工和处理，主要包括文件操作、图形编辑操作、特殊效果生成以及图像合成等内容。常用的软件有 Photoshop、Fireworks、CorelDRAW、PhotoImpact 等。图像文件格式转换也很重要，稍微好一些的图像处理软件几乎都具有图像文件格式的自然转换功能，即以某一种图像文件格式输入，再以另外一种图像文件格式保存。在进行图像格式的转换时，要尽可能地保持原有图像的颜色数量和分辨率。总之，要根据使用场合而定。

（2）动画制作软件

在制作多媒体课件时，动画是表现力最强、承载信息量最大、内容最为丰富、最具趣味性的媒体形式。动画所表达的内容虽然丰富、吸引人，但动画的制作却不是件易事。按照传统做法，人们花费大量的时间和精力创作动画，有些动画片需要几年才能完成。随着计算机技术的发展，在多媒体课件制作方面，尤其是网络课件的使用越来越多。常用的动画制作软件有：

AnimatorPro——平面动画制作软件；

Flash CS——平面动画制作软件；

3D Studio MAX——三维造型与动画软件；

Maya——三维动画设计软件；

Cool 3D——三维文字动画制作软件；

Poser——人体三维动画制作软件。

（3）影像方面的软件

在课件中，常常需要加入一些实际的视频图像等，使课件更加生动有趣，内容更具说服力。一般来说，影像方面的软件包括视频捕捉软件和影像合成软件。常用的影像相关软件有 Movie Maker、Premiere、AfterEffects 等。

（4）声音处理软件

声音是一种人们非常熟悉的媒体形式。专门用于加工和处理声音的软件通常称做“声音处理软件”。声音处理软件的作用是把声音数字化，并对其进行编辑加工、合成多个声音素材、制作某种声音效果、保存声音文件等。在课件中，加入人物的对话、各种自然音效、背景音乐等已经成为课件制作中必不可少的一部分。课件制作软件本身具有的声音处理功能是相当有限的，所以，常常需要借助外部的声音处理程序。课件制作中最常用的声音软件有录音机（Windows 自带的）、超级解霸、CoolEdit、Goldwave 等。

值得指出的是，声音的处理不仅与软件有关，而且与硬件环境有关。高性能的声音处理软件必须与高性能的声卡配合使用，才能发挥真正强大的作用。

1.3.3　应用环境要求

多媒体课件的运行使用需要一个良好的教学环境，如果没有一个良好的应用环境，课件的优势就不可能很好地发挥出来。当前，计算机多功能教室和计算机多媒体网络教室是多媒体课件运行的主要环境。

1. 计算机多功能教室

计算机多功能教室要求配置多种现代教学媒体，将多种媒体设备连接并集成为系统，从而能清晰地显示计算机传输的或由计算机控制的文字、图形、图像、动画等多媒体信息，同时要求有较高质量的音响效果，以满足多媒体组合教学的要求。多种媒体设备也可以由一个综合控制平台加以控制。控制箱通常被组装在讲台内，以便于管理和使用。像这样将现代教学媒体组合集成、并被统一控制的媒体化教室环境，就称为计算机多媒体教室环境。这类教室环境可以供各门课程教学使用，它的规模可以根据实际可能和课程建设等情况，确定增加或减少某些媒体，建成实用的多媒体综合教室。

计算机多功能教室环境的基本构成有投影仪、大投影屏幕、实物视频展示台、多媒体计算机、音响、中央控制点系统等设备，如图 1-13 所示。通常是以中央控制设备为中心，将计算机、投影仪、视频展示台、音响等输入/输出设备连接起来，实现对声音和视频信号快速方便地切换。多媒体课件就是利用计算机运行后，课件的画面效果通过控制设备将视频信号输入到投影仪中，然后投影在大屏幕上；同时，课件的声音也通过控制设备将音频信号输入到音响设备中播放。值得一提的是，投影机由于对实物、计算机数据和视频投影，亮度要求至少在 1000ANSI 以上。

该系统的教学功能主要有实物演示、计算机屏幕内容的同步显示、视音频录制与播放、多媒体教材创作与演示。

2. 多媒体网络教室

将多功能教室、多媒体或普通计算机教学环境中的计算机与局域网、广域网或因特网互连，就可以构建多媒体网络教室环境，如图 1-14 所示。

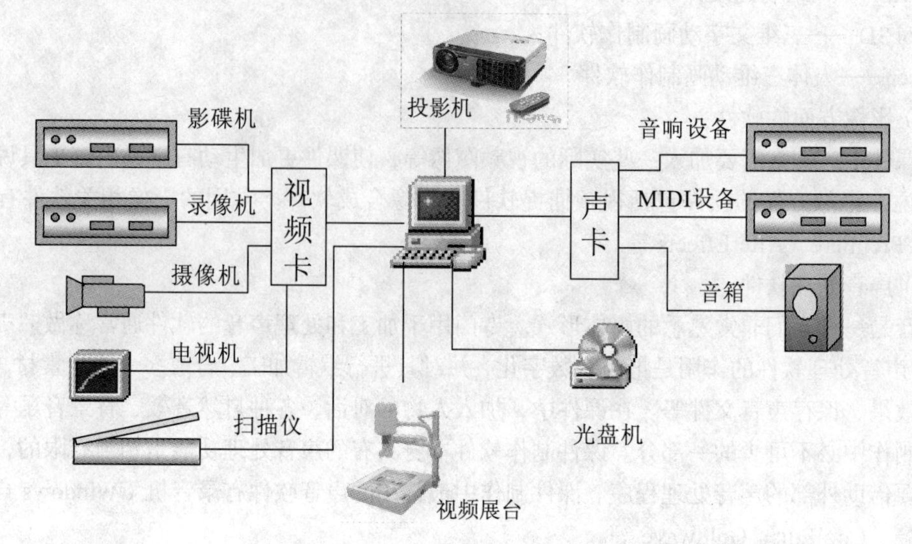

图 1-13　计算机多功能教室

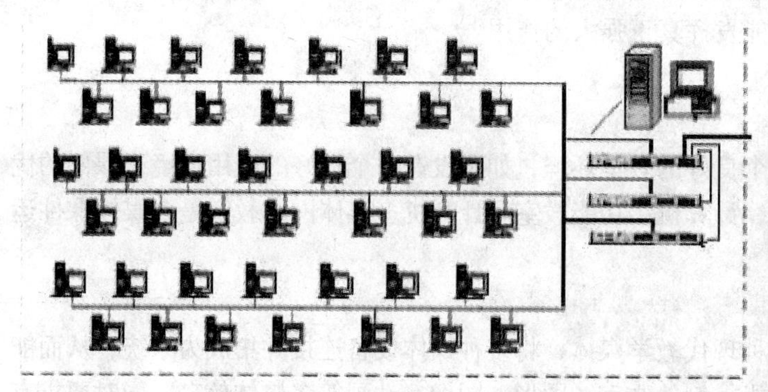

图 1-14　多媒体网络教室

多媒体网络教室主要包括学生计算机若干台、教师机、服务器、网络交换设备等，还可以配置投影仪等设备。在多媒体网络教室内，用教学管理软件，可以使用一台教师机对学生机实现屏幕的锁定、教师屏幕信息的广播、远程控制、文件传输、电子举手、语音对话等丰富的交互功能。教师可以组织学生进行集体、个别化、小组等教学活动，教师可随时控制学生的学习活动。

3. 交互式电子白板教室

交互式电子白板为课堂师生互动、学生互动提供了技术可能和方便，为建立以学生学习为中心的课堂教学奠定了技术基础。用交互式电子白板技术制作的课件也为师生在教学过程中的互动和参与提供了极大的方便。整个教学过程中，学生可以更改、充实教师原先的“课件”内容，不管是学生对知识的正确理解，还是错误的回答，只要在白板上操作，白板系统会自动储存这些宝贵的资料，从而生成教师每堂课的整个教学过程的数字化记录。电子交互白板为资源型教学活动提供技术支撑，电子白板系统为每个学科准备了大量的学科素材和网上课程资源，教师可以根据自己特定的教学设计和目标，应用资源库中的素材形成自己的教案，电子白板技术使教师应用资源库中的资源自我生成数字化教案的过程变得非常方便。电子白板操作系统扩展、丰富了传统计算机多媒体的工具，具有拖放功能、照相功能、隐藏功能、拉幕功能、涂色功能、匹配功能、即时反馈功能等，更加提高了视觉效果，更加有利于激发学生的兴趣，调动学生多元智能积极参与学习过程，如图 1-15 所示。

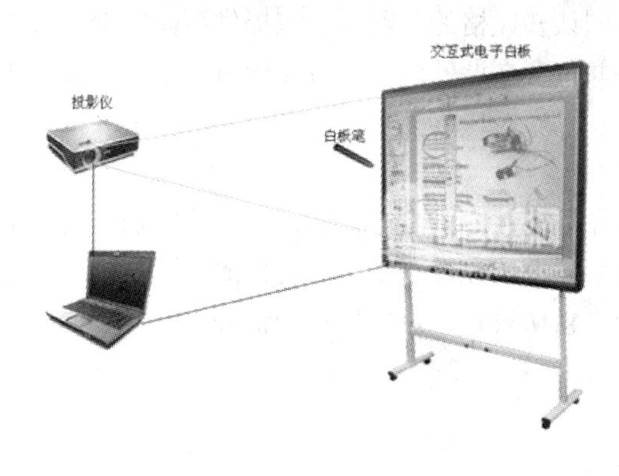

图 1-15　交互式电子白板教室

1.4　多媒体课件屏幕界面的设计

1.4.1　屏幕界面的重要性

由于多媒体课件是集文字、图形、图像、动画、视频等于一体的教学软件，它能充分调动学生的各种感官，克服了只靠单一感官接收信息的局限性，从而达到较好的教学效果。在设计界面时，不仅要注意某一种媒体的使用方法、功能特点及注意事项，更要注意整体界面的协调性、一致性，否则制作出的课件将会使学生被多媒体信息所淹没，造成注意力分散，抓不住重点及疲劳较快等，从而严重地影响教学效果。一个好的界面设计，有助于学生对知识的理解和记忆，方便对课件的使用，能激发学习兴趣。

1.4.2　课件界面设计的原则

计算机课件界面设计与其说是计算机操作领域范畴，不如说是艺术领域的内容。它是课件与用户打交道的第一面孔，好的界面设计，能使学生在计算机环境下学习的有限时间内，不仅能很快地适应学习环境、熟悉操作，而且还能通过多媒体信息刺激感官和大脑，很快进入积极主动的学习状态，获得良好的学习效果。所以良好的人机界面设计，不仅能更有效地实现学习现有知识，而且还能更有效地引导学生的思维向纵深发展。所以界面设计是计算机知识与平面艺术紧密结合的领域，它不仅要求有较娴熟的计算机操作能力，而且还要有较高的审美观点及艺术修养。界面设计应遵循的一般原则如下。

1. 一致性原则

一致性是指一个软件的屏幕界面应该让用户看后有整体上的一致感。设计的一致性是贯穿各条指导原则的一条主线，是所有设计活动都要遵循的主要原则。Office 组件给人的感觉就是一致性，我们学习了 Word，就很容易学习 Excel、PowerPoint 等，其原因就是这些应用程序界面的一致性，如菜单、工具栏、格式栏等。在设计多媒体课件界面时，也要强调一致性问题，目的是为了减少学生的认知负荷，把有限的精力用在教学内容的学习上，而不是学习界面的操作上。

2. 适应性原则

学习者认知风格和水平有所差异。在设计课件时，应充分考虑学习者的差异，尽量让不同的学习者均可以获得他们所需要的学习方式。对不同认知风格的学习者，应提供不同的学习和操作的方法。比如，把所授内容划分为几个层次，一并包含在课件内，以方便学习者根据自己的知识结构来选择自己的学习路径。

3. 灵活性原则

灵活性原则实际上从大的方面说，应该包含在适应性原则之中，然而又有所区别，它也是根据学习者层次而适应学习者的过程，一个真正灵活的系统允许一个人用与他的知识技能和经验相称的方式与计算机交流，如显示不显示提示，允许默认设置，建立用户记忆等。

1.4.3 屏幕界面的整体设计

1. 屏幕对象布局

屏幕的编排应该具有均衡、规整、对称、有可预料性、经济、简明、连续、比例协调等规律。要求画面整体效果美观、大方、令人赏心悦目，才能吸引学习者的注意力，才能快速地传递教学信息；画面简洁明了，以便学习者尽可能简单地得到信息；画面有可预见性，观察一幅图像，人们就可以预测出相邻一幅图像将是什么样。

2. 界面媒体素材设计

多媒体课件要用到多种媒体形式。如果界面设计得合理、美观，而具体内容不加注意的话，整体教学效果同样会大大折扣。所以对媒体素材的设计也需认真对待，如文本使用要注意文字密度，字色、字号应满足教学需要，文字太小、太密，字体的颜色太刺眼会严重影响课堂教学效果。使用图片时，背景图片色调不能太深或太鲜艳，否则主题文字颜色不好设置，将影响教学内容的显示。声音插入不能太多，否则影响学习效果，音量尽量设置为可调。动画和视频不能体积过大，否则容易造成死机，从而降低课件的兼容性。动画和视频要设置一些操作控制按钮，如放映、暂停、停止、快进、快退等，以方便学生根据自己的情况进行操作。

3. 色彩的运用

大自然是丰富多彩的，作为表达或反映客观世界的多媒体教学课件当然也不能离开颜色的表现。正确地使用颜色，能使屏幕构图美观，教学内容表达清晰，层次条理分明，从而使屏幕具有较强的吸引力，更能吸引学习者的学习兴趣，使其保持较长时间注意力去注意屏幕上的教学内容，达到较好的学习效率。

1.5 多媒体课件交互方式的设计

1.5.1 交互设计的概念

交互界面是人和计算机进行信息交换的通道，用户通过交互界面向计算机输入信息，进行查询、操纵和控制，计算机则通过交互界面向用户提供信息，以供阅读、分析和判断。用户可以根据友好交互界面，通过某些硬件设备（如键盘、鼠标、触摸屏、监视器等）对显示的教学信息作出反应，完成人机的交互作用。目前，常用的人机交互界面有窗口、菜单、图标、按钮、对话框等。

1.5.2 交互设计的原则

1. 灵活性

灵活性是衡量系统对于人的差别的响应能力的一个尺度，它要求一个系统对于区分用户的需求必须是敏感的。比如每次用户启动某项操作后，接下来都要经过一段长久的等待，必定会逐渐失去耐性，转而注意其他事物，或者开始对这个课件产生厌烦。所以一定要做到以最直接、最快速的方式让用户了解到他的指令已经被接收且正在执行。

2. 友好性

友好性是指用户操作系统时操作的复杂性，操作的复杂性越低，系统越容易使用，则说明系统的用户友好性越好。友好的交互界面，应该让人容易理解和领会，即当学习者打开一个屏幕时，应该知道它包含着什么内容，要做什么，何时去做，并且如何去做，让用户操作变得容易、自然，能很快熟悉软件。

3. 一致性

交互系统的一致性是指系统不同部分以及不同系统之间有相似的交互显示格式和相似的人机操作方式。一致性原则要求在程序的不同部分，甚至不同应用程序之间具有相似的界面、布局、人机交互方式、信息显示格式等。例如，凡是下拉式菜单或弹出式菜单都应有同样的结构和操作方法；各种类型信息（如结果信息、提示信息、出错信息和帮助信息等）都在确定的屏幕位置上以相似的格式显示等。

4. 图形化

图形具有直观、形象、生动、所见即所得且易学易用等特点，在交互界面设计中可以使操作及响应直观和逼真。

1.5.3 常见的交互界面设计

交互界面设计是计算机与学习者在交互时所用的沟通符号，多媒体课件使用图形化界面，使人机交互界面更接近自然。常见的界面形式有窗口、菜单、图标、按钮、对话框等。

1. 窗口

窗口是指屏幕上的一个矩形区域，它可以说是最主要的界面对象。设计者通过它组织数据，并呈现给用户。窗口一般由标题栏、菜单栏、滚动条、状态栏和控制栏组成。利用窗口技术，大量的信息就可以用滚动方式在一个窗口中显示，而不需要用多幅屏幕，大大提高了人机交互作用的能力。

2. 菜单

菜单是一种直观而操作简便的界面对象，它可以把用户当前要使用的操作命令以项目列表的方式显示在屏幕上供用户选择。菜单不仅可以减轻学习者的记忆负担，而且非常便于操作，由于击键次数少，产生的输入错误也少。目前，经常使用的菜单形式有条形菜单、弹出式菜单、下拉式菜单、图标式菜单等。

3. 图标

图标也是常用的一种图形界面对象，它是一种小型的、带有简洁图形的符号。它的设计是基于隐喻和模拟的思想。隐喻是通过具体的联系来表达抽象的概念，通过事物形象来代表抽象的思想。图标用简洁的图形符号模拟现实世界中的事物，使用户很容易和现实中的事物联系起来。例如，使用照相机形象作图标，提示用户在这里可以浏览照片、图片；用电影机形象提示在这里可以观看活动视频；用录音机、音乐形象提示在这里可以听到音乐或效果声；用口形形象提示在这里可以听到标准的示范朗读声。

4. 按钮

按钮是交互界面设计中比较重要的一项内容，它是一类用于启动动作、改变数据对象属性或界面本身的图形控制。它在屏幕上的位置相对固定，并在整个系统中功能一致。用户可以通过鼠标单击对它们进行操作，也可以用键盘或触摸屏选择操作大多数按钮。多媒体课件中的图形按钮形式多样，常见的有 Windows 默认风格按钮、闪烁式按钮、动画式图形按钮、热区式按钮、文本按钮、图形按钮等。

5. 对话框

对话框是一个弹出式窗口，当课件运行时，除了各种选项和按键操作外，系统还可以在需要的时候提供一个对话框来让学生输入更加详细的信息，并通过对话框与用户进行交互。它也是充分体现多媒体人机交互特点的界面技术之一。

1.6 多媒体课件导航策略的设计

1.6.1 导航设计的概念

导航在多媒体课件中具有重要的作用，由于采用了超媒体技术，使传统课件的线性结构转变成跳转灵活的网状结构。这种网状结构使多媒体课件在教学中产生了革命性的作用，对培养学生的联想思维能力、实施因材施教等具有重要的意义。由于网状结构会带来容易引起迷航等不利的因素，因此，在多媒体课件的设计中，需要进行导航策略的设计。常见的有检索（标题、关键词、时间轴、知识树等）、线索、帮助、浏览、演示导航等，具体体现方式是导航图、按钮、图符、关键字、标签、序号等多种形式。

1.6.2 导航设计的原则

在进行导航设计时，应注意针对软件的类型、对象、知识内容、学科特点等方面的特点，选择适当的导航策略，然后选用一定的交互方式实施。在设计中要注意遵循以下原则。

1. 明确

能让使用者明确自己的学习路径，包含过去的和未来的，能让使用者清楚了解自己所处的位置等，即无论采用什么导航策略，导航的设计应该明确，让学习者能一目了然。

2. 完整

为使学习者获得整个软件范围内的全域性导航，导航设计要具体、完整。

3. 容易理解

导航设计应使用清楚、简洁的示意图或表格、图像、文字来表达，尽量少用用户陌生、费解的技术术语和概念，尽量显示在专用窗口内或固定区域中，并使用色彩、外型变化、高亮度等方法强调其中的重要信息，使学习者易于理解。

1.6.3 常用的导航方法

1. 浏览图导航

浏览图导航可以形象直观地指示学生在超媒体系统网络结构中的位置。比如，在封面或开头给出系统的整体结构，学生就可以知道在该系统的主要内容和位置。

2. 信息隐形导航

信息隐形就是将不常用的或在一定的条件下才能使用的选择工具暂时隐藏起来，只有在条件满足时，才开放给用户，这样就减少了用户的选择。例如，菜单栏中的不可选状态就表明此时不能选择该命令。

3. 电子书签导航

使用电子书签可以让学生在超媒体系统探索路径上做多个标记，供下次学习参考或使用。

4. 安全返回导航

系统提供工具，当发现学生在系统中迷路或遇到困难时，让学生能够安全退回到目录。

5. 提供教学导航

在多媒体课件中应包含如下教学导航活动：学习目标、课程概况、提示学前经验、练习和评价等。

习 题 一

思考题

1. 赏析几种不同类型的多媒体课件，试评价其特色、优点和不足之处。
2. 观察多媒体教室使用的设备，了解它们的配置及连接情况。
3. 多媒体课件的开发过程有哪些阶段？各自的特点是什么？
4. 尝试用多媒体课件进行辅助教学，试比较与传统教学的不同。
5. 选择一份中小学教师的优秀教案，用本章介绍的课件设计知识编写脚本。

第2章 Authorware 基础知识

【本章概述】

本章主要介绍 Authorware 7.0 的特点、主要功能和界面布局，重点介绍 Authorware 7.0 的主界面布局及其设计图标工具栏、设计窗口、流程线、演示窗口以及它们之间的关系。

2.1 Authorware 概述

Authorware 是 Macromedia 公司推出的适合于专业人员以及普通用户开发多媒体软件的创作工具。它最初为计算机辅助教学而开发，经过十多年的发展，已经成为功能强大、使用范围广泛的多媒体制作软件，可以制作资料类、广告类、游戏类、教育类等各种类型的多媒体作品。

自 1992 年 Macromedia 公司推出了 Authorware 2.0 版本以来，Authorware 版本不断升级，1995 年推出 Authorware 3.0 版，1997 年推出 Authorware 4.0 版，1998 年推出 Authorware 5.0 版，2001 年推出 Authorware 6.0 版，2002 年发布了 Authorware 6.5 版，产品由原来基本能实现多媒体软件设计的有限功能，发展为方便编程、文件兼容、跨平台兼容、文件压缩、变量和函数的使用更加完善和支持更加丰富的媒体的功能更加强大的多媒体制作软件。

Authorware 7.0 相对于其他版本，在界面、易用性、跨平台设计以及开发效率、网络应用等方面又有了很大改进。Authorware 7.0 采用 Macromedia 通用多媒体用户界面；支持导入 Microsoft PowerPoint 文件；在应用程序中整合 DVD 视频文件；支持 XML 的导入和输出；支持 JavaScript 脚本；增加学习管理系统知识对象；一键发布的学习管理系统功能；完全的脚本属性支持。用户可以通过脚本进行命令、知识对象以及延伸内容的高级开发；Authorwave7.0 创作的内容可在苹果机的 MacOSX 上播放。

正是因为 Authorware 这种基于设计图标和流程线的多媒体设计平台，丰富的函数和程序控制功能，具有将编辑系统和编程语言较好地融合到了一起的特点，Authorware 得到了学习者的喜爱。

本书以 Authorware 7.0 版本进行学习和操作，但书中所涉及的技术内容对于 Authorware 7.0 版以前的版本也都基本适用。

2.1.1 Authorware 的主要特点

Authorware 是多媒体领域的经典软件产品，它具有以下特点。

1. 面向对象的可视化编程

Authorware 程序由图标和流程线组成，它提供了 14 个形象的设计图标。这种流程图式的程序直观地表达了程序结构和设计思想，整个程序的结构和设计图在屏幕上一目了然。Authorware

支持鼠标拖放操作，可以将多媒体文件（包括声音/视频、图像等）从资源管理器或图像浏览器中直接拖放到流程线上、设计图标中及库文件之中，从而使 Authorware 能清晰地表现结构复杂的程序设计。

2. 丰富的媒体支持与素材管理

Authorware 可以支持文字、图形、图像、动画、声音、视频等多种格式的素材文件，使得作品的信息形式丰富多样。

它有 3 种素材管理的方法：一是保存在 Authorware 内部文件中；二是保存在库文件中；三是保存在外部文件中，以链接或直接调用的方式使用，可以按 URL 地址访问。它还提供了管理外部素材的浏览器，能够在外部文件存放位置发生变化时与外部素材保持链接，支持对外部素材的大小变换、裁剪、按比例缩放等，同时可以使用外部素材的原始格式。

3. 强大的交互功能

Authorware 有 11 种交互响应方式，每种交互响应方式对用户的输入又可以做出若干种不同的反馈，对流程的控制方便易行，在作品中可以实现所需要的各种交互功能。

4. 方便复杂程序开发

Authorware 具有强大的页面管理和检索功能。使用框架图标，无须编程即可制作出多层次、多页面的复杂的程序结构；丰富的系统变量和系统函数，使得编程更加灵活和细致；丰富的知识对象（系统提供的程序模块），大大提高了开发效率。

5. 对网络应用提供完善的支持

Authorware 通过使用增强的流技术，极大地提高了网络程序的下载效率，它通过跟踪和记录用户最常使用的程序内容，智能化地预测和下载程序片断，因此可以节省大量的下载时间，提高了程序运行的效率。在线执行的程序内部现在可以整合 MP3 流式音频，通过使用高压缩率及低带宽的 MP3 流式音频，可以提高在线程序的执行速度和增强声音的表现效果。

6. 提供方便强大的发布功能

Authorware 集成了强大的发行功能，只需要一步操作，就可以保存项目并将项目发布到 Web、DVD-ROM、本地硬盘或者局域网，最终产品可以脱离开发环境，在 Windows 操作系统下直接运行。

Authorware 美中不足的是不太注重细小的功能，在内部生成动画、合成声音、显示图像等方面的能力，比不上像 Director 那样的多媒体软件。但它那清晰的整体结构和强大的合成能力，是其他多媒体软件所无法比拟的。

2.1.2 Authorware 7.0 新增功能

1. 共同的 Macromedia 用户界面

Macromedia Authorware 7.0 应用可视界面，保持了 Macromedia MX 产品的特点，可视化的编辑流程和拖动功能。通过熟悉的 Macromedia 系列界面可以缩短用户的学习时间，加快开发进程。

2. Microsoft PowerPoint 输入

用户可在 Authorware 7.0 导入现有的 PowerPoint 文件去创造丰富的多媒体 e-learning 内容。Authorware 7.0 除了对原有的部件进行功能的加强以外，最引人注目的新功能是它可以导入 Microsoft PowerPoint 软件制作的文件以制作交互式文件。

3. DVD 播放

Authorware 整合了 DVD 视频播放程序。

4. XML 的输入和输出

通过输入输出标准网页 XML 文件到其他软件，来创造动态、数据驱动应用程序。

5. 支持 JavaScript

Authorware 使用的是与 Macromedia Dreamweaver MX 和 Macromedia Flash MX 相同的 JavaScript 构造，可以直接导入 Flash MX 建立的 SWF 动画。

6. Learning Management System（LMS）知识对象

创建的课件能连接到 LMS 系统并符合 Aviation Industry CBT Committee（AICC）或 ADL Shareable Courseware Object Reference Model（SCORM）标准。用户通过向导决定获得或发送信息到 LMS。Knowledge Object（知识对象）处理所有复杂的与 LMS 的后台通信。

7. 充足的脚本工具

完全的脚本属性支持。用户可以通过脚本进行 Commands（命令）、Knowledge Objects（知识对象）以及其延伸内容的高级开发。这可使高级用户方便地编写命令、知识单元和扩展内容。

8. 在苹果机 MacOSX 上播放

使用 Authorware 7.0 制作的课件能够在 Apple 公司的 OSX 操作系统中播放，虽然它只能在 Windows 平台上使用。

2.2 Authorware 7.0 系统配置要求与启动

2.2.1 系统配置要求

1. 系统基本配置要求

由于 Authorware 7.0 需要综合包括图、文、声、像等多种信息，因此它对计算机软、硬件的要求比较高。下面列出了运行 Authorware 7.0 的系统基本配置要求。

- CPU：具有浮点运算的 Pentium 系列。
- 内存：最小 32MB，推荐 48MB。
- 系统平台：Windows 2000/XP/NT4.0 或 Macintosh。
- 其他：64MB 以上硬盘空间和 CD-ROM 或 DVD-ROM 驱动器。

2. 其他工具与软件要求

在进行多媒体创作时，还应具有声卡、传声器、扫描仪等辅助创作工具。由于 Authorware 7.0 的帮助文件采用了 HTML 格式，因此还必须安装 Internet 浏览器。此外，为了处理 Authorware 7.0 使用的素材信息，还需要以下多种工具软件的支持。

- 图像处理软件，如 Photoshop。
- 三维动画制作软件，如 3ds Max。
- 平面动画制作软件，如 Flash。
- 声音处理软件，如 WaveEdit。
- 数字视频制作软件，如 Premiere。

由于 Authorware 7.0 的安装比较简单，这里不再讲述安装过程。

2.2.2 Authorware 7.0 的启动

启动 Authorware 7.0 可以通过下面两种方法进行。

1. 通过桌面快捷图标启动 Authorware 7.0

这是启动 Authorware 7.0 最简单、最常用的方法。如果桌面上已经有了 Authorware 7.0 快捷方式图标，双击它，即可启动 Authorware 7.0。

如果桌面上没有这个图标，可以通过下面的方法建立该图标。首先找到安装在硬盘上的 Authorware 7.0 目录，打开该文件夹，然后找到 Authorware 7.0 启动文件，将它拖曳到桌面上，即可建立快捷图标。

2. 通过开始菜单启动 Authorware 7.0

操作的过程是选择“开始|程序|Macromedia|Macromedia Authorware 7.0”。

通过以上两种方法之一启动 Authorware 7.0 后，在进入 Authorware 7.0 主界面之前，系统将会出现一个欢迎画面。只要单击一下鼠标或稍等片刻，画面就会消失。欢迎画面消失后，出现在屏幕最前面的是“新建”对话框，如图 2-1 所示。这是“使用知识对象”（Knowledge Object）的向导窗口，此处先暂且略过，单击“取消”或“不选”按钮跳过它，就可以进入 Authorware 7.0 主界面了。

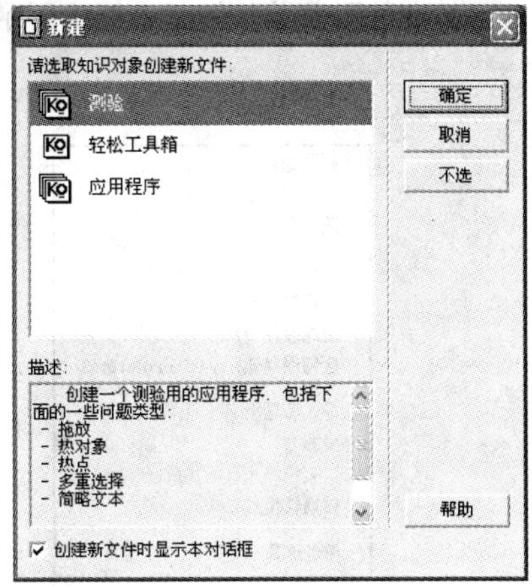

图 2-1　创建新文件

2.3　Authorware 7.0 主界面

Authorware 7.0 的操作界面是典型的 Windows 应用程序界面。启动 Authorware 7.0 后，默认的屏幕布局如图 2-2 所示。Authorware 7.0 的窗口共分为标题栏、菜单栏、工具栏、设计窗口、知识对象对话框、演示窗口和设计图标工具栏。下面分别介绍这些组成部分的功能和用途。

图 2-2　Authorware 7.0 主界面

2.3.1　菜单栏

Authorware 7.0 的菜单栏分为 11 个菜单，如图 2-3 所示。

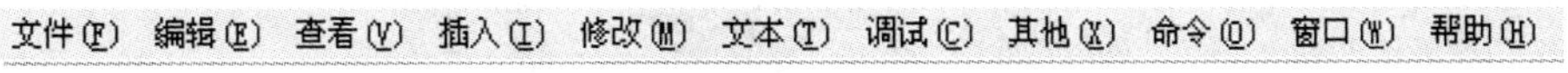

文件(F)　编辑(E)　查看(V)　插入(I)　修改(M)　文本(T)　调试(C)　其他(X)　命令(O)　窗口(W)　帮助(H)

图 2-3　Authorware 7.0 的菜单栏

各选项的主要作用如下。

1. “文件”菜单主要说明

“文件”菜单如图 2-4（a）所示。

文件菜单

（a）

编辑菜单

撤消(U) Ctrl+Z
剪切(T) Ctrl+X
复制(C) Ctrl+C
粘贴(P) Ctrl+V
选择粘贴(L)...
清除(E) Del
选择全部(S) Ctrl+A
改变属性(R)...
重改属性 Ctrl+Alt+P
查找(F)... Ctrl+F
继续查找(A) Ctrl+Alt+F
OLE对象链接(K)...
OLE 对象
选择图标(I) Ctrl+Alt+A
打开图标(O)... Ctrl+Alt+O
增加显示(D)
粘贴指针(H)

（b）

查看菜单

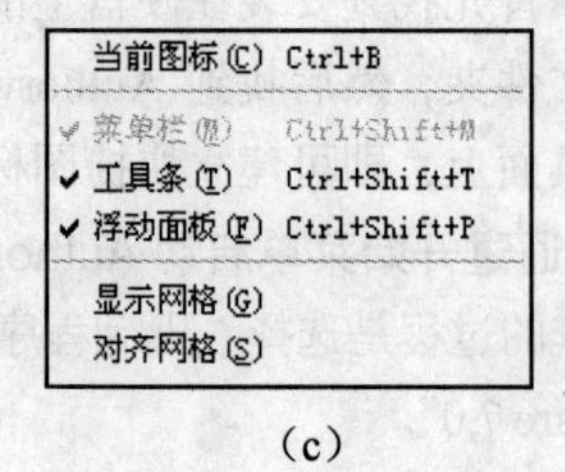

（c）

图 2-4 文件、编辑和查看的下拉菜单

（1）“新建”菜单项：建立一个新的文件，它有 3 个子菜单项。

● 文件：建立一个新的未命名的程序文件，扩展文件名为 .a7p。

● 库：建立一个新的库文件，扩展名为 .a7l。若此前未打开或建立任何程序文件，则此命令还同时建立一个新的未命名的程序文件。

● 方案：建立一个新的未命名的工程文件，扩展文件名为 .a7p。

（2）“压缩保存”菜单项：以紧凑格式保存文件。用此菜单项保存文件时，系统会对要保存的文件进行优化，压缩尺寸，以提高访问速度。但是这种方式保存时速度会慢些。

（3）“导入和导出”菜单项：导入导出外部文件。利用它可导入外部已存在的文本、图片、声音、动画等外部媒体文件。可以采用链接到文件的方式导入，这样外部文件并没有放到 Authorware 的程序中。

（4）“发布”菜单项：将制作好的文件打包发布。

（5）“存为模板”菜单项：保存到模块文件。选择该菜单命令后，将弹出一个模块保存对话框。

（6）“转换模板”菜单项：将 Authorware 以前版本的模块文件转换为 Authorware 7.0 格式的模块文件。

（7）“参数选择”菜单项：外部视频设置。设置诸如影碟机的型号，与计算机相连的串行通信口等参数。

2. “编辑”菜单主要说明

“编辑”菜单如图 2-4（b）所示。

（1）“选择粘贴”菜单项：与“粘贴”菜单项的功能类似，不同的是粘贴时可以选择粘贴内容的格式。

（2）“改变属性”菜单项：改变一个或多个选择图标的属性。

（3）“重改属性”菜单项：重新改变属性。与上一菜单项类似。

（4）“OLE 对象链接”菜单项：显示当前连接的 OLE 对象，并可对这些对象进行打开源文件编辑或中断连接等操作。

（5）“OLE 对象”菜单项：它可对 OLE 对象进行属性设置和修改等操作。

（6）“增加显示”菜单项：将选定图标的内容添加到“演示窗口”中。

（7）“粘贴指针”菜单项：粘贴手状指针到相应位置。

3. “查看”菜单主要说明

“查看”菜单如图 2-4（c）所示。

（1）“当前图标”菜单项：显示与打开的“演示窗口”对应的图标。

（2）“浮动面板”菜单项：显示或隐藏浮动面板。

（3）“显示网格”菜单项：在“演示窗口”中显示或隐藏网格。

（4）“对齐网格”菜单项：控制光标在“演示窗口”内运动时，是否受网格的控制。当该菜单选定后，鼠标在“演示窗口”的所有运动都定位在网格线上，与之相关的各种操作特别是绘图、拖放操作都以网格为准，它有利于对象的对齐。

4. “插入”菜单主要说明

“插入”菜单如图 2-5（a）所示。

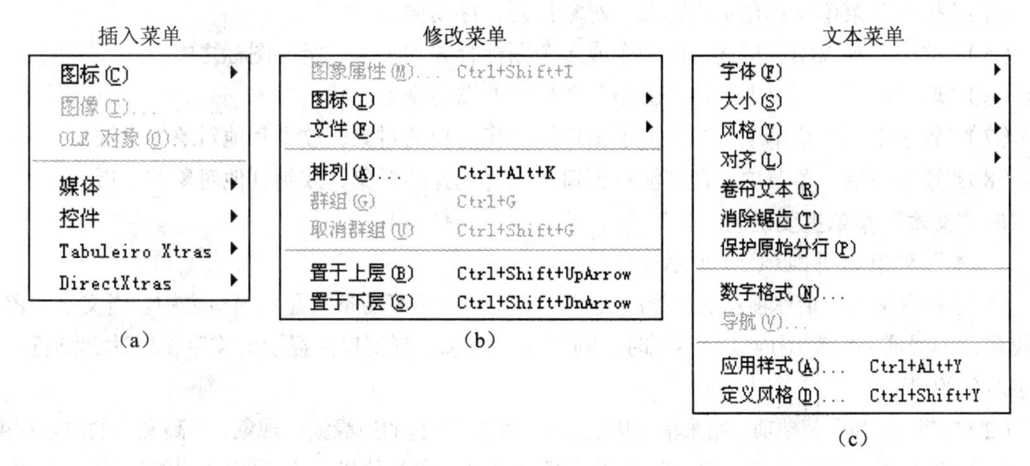

图 2-5 插入、修改和文本下拉菜单

（1）“图标”菜单项：在“流程线”的当前位置插入一个图标。

（2）“图像”菜单项：在“流程线”的当前位置插入一个图片对象。

（3）“OLE 对象”菜单项：在“流程线”的当前位置插入一个 OLE 对象。

（4）“媒体”菜单项：在“流程线”的当前位置插入 GIF 动画文件、Flash 动画文件和 QuickTime 对象。

（5）“控件”菜单项：在“流程线”的当前位置插入 ActiveX 控件。

（6）“DirectXtras”菜单项：在“流程线”的当前位置插入 Media 控件。

5. “修改”菜单主要说明

“修改”菜单如图 2-5（b）所示。

（1）“图像属性”菜单项：设置图片的显示大小、显示位置、显示模式等属性。

（2）“图标”菜单项：设置选定图标的属性，它包含以下子菜单项。

- 属性：打开图标相应的属性对话框，进行属性设置。
- 路径：仅对“判断”图标下挂的图标有效，设置这些图标的擦除、暂停等属性。
- 响应：仅对“交互”图标的下挂图标有效，设置这些图标相应的交互属性。
- 计算：为选择的图标打开一个附属的计算窗口。
- 转换：打开过渡效果对话框，选择一个过渡效果。
- 关键字：为图标设置一个查找关键字。
- 描述：为指定图标增加或编辑文字说明，用来说明诸如图标的作用、开发信息等有关内容。
- 链接：查看所选图标与其他图标之间的连接关系，这对于不在“流程线”上的连接很有用，如超文本、表达式连接等。
- 库链接：查看所选图标与库的连接关系。

（3）“文件”菜单项：设置当前程序的有关属性，它包含 4 个子菜单项。

- 属性：设置当前程序的属性，如演示窗口的大小，背景颜色，是否显示菜单栏与标题栏等信息。
- 字体映射：加载和保存 TXT 格式的字体映射文件。
- 调色板：加载一个外部的调色板。
- 定向设置：设置“定向”定向图标的特性。

（4）“排列”菜单项：显示或隐藏“对象排列”浮动面板。

（5）“群组”菜单项：将选择的一个或多个图标合并到一个“组”图标之中。

（6）“取消群组”菜单项：将“群组”图标内的图标恢复原状。

（7）“置于上层”菜单项：在“演示窗口”内将选择的对象，放到其他对象的上层。

（8）“置于下层”菜单项：在“演示窗口”内将选择的对象，放到其他对象的下层。

6. “文本”菜单主要说明

“文本”菜单如图 2-5（c）所示。

（1）“卷帘文本”菜单项：把选择的文字对象置于一有滚动条的显示窗口之中。当文字对象行数较多，一屏或一定范围内显示不下时，利用滚动条来控制窗口内显示的文字，以达到浏览所有文字对象的目的。

（2）“消除锯齿”菜单项：用来消除因文字较大时而引起的边缘锯齿现象，提高文字的清晰程度。

（3）“保护原始分行”菜单项：防止调试好的程序因在其他机器上运行时，重新定义文字格式而改变行的长度，造成断行。

（4）“数字格式”菜单项：设置嵌入到文字对象中的数字型变量的显示格式。

（5）“导航”菜单项：确定交互响应的程序流向。

（6）“应用样式”菜单项：把选定的文字与已定义好的某种风格建立联系，使选择的文字具有交互的能力。

（7）“定义风格”菜单项：定义或修改默认的文字字体、字号、颜色等文字风格，还可以设置风格，即设置热字的字体、字号、颜色、触发方式和程序流向等相关属性。

7. “调试”菜单主要说明

“调试”菜单如图 2-6（a）所示。

（1）“调试窗口”菜单项：查看调试过程中的信息。

（2）“单步调试”菜单项：程序单步执行，每选择该菜单项一次，程序就执行一步。

（3）“从标志旗处运行”菜单项：从开始旗标处开始执行程序。

调试菜单

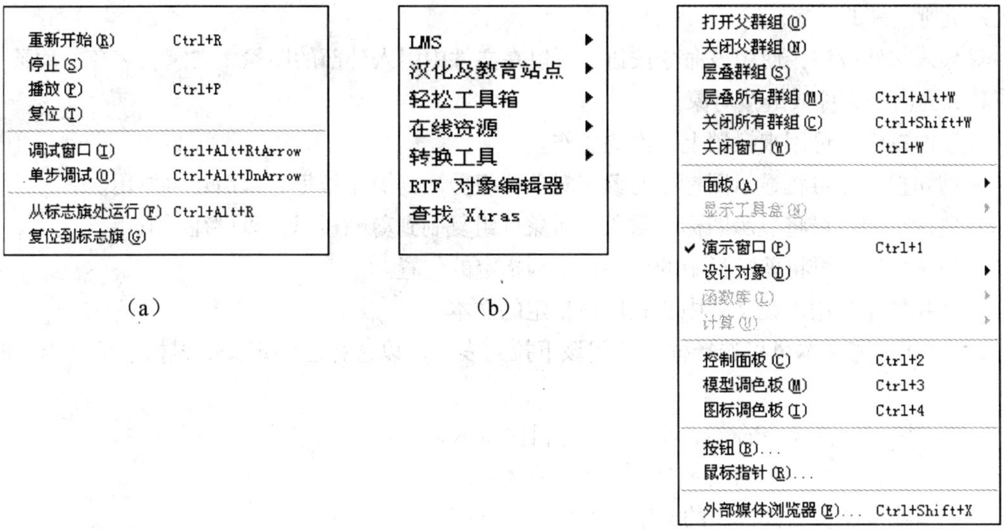

重新开始(R)　Ctrl+R
停止(S)
播放(P)　Ctrl+P
复位(T)
调试窗口(I)　Ctrl+Alt+RtArrow
单步调试(O)　Ctrl+Alt+DnArrow
从标志旗处运行(F)　Ctrl+Alt+R
复位到标志旗(G)

（a）

命令菜单

LMS
汉化及教育站点
轻松工具箱
在线资源
转换工具
RTF 对象编辑器
查找 Xtras

（b）

窗口菜单

打开父群组(O)
关闭父群组(N)
层叠群组(S)
层叠所有群组(M)　Ctrl+Alt+W
关闭所有群组(C)　Ctrl+Shift+W
关闭窗口(W)　Ctrl+W
面板(A)
显示工具盒(N)
✔演示窗口(P)　Ctrl+1
设计对象(D)
函数库(L)
计算(U)
控制面板(C)　Ctrl+2
模型调色板(M)　Ctrl+3
图标调色板(I)　Ctrl+4
按钮(B)...
鼠标指针(R)...
外部媒体浏览器(E)...　Ctrl+Shift+X

（c）

图 2-6　调试、命令和窗口下拉菜单

（4）“复位到标志旗”菜单项：清除到开始旗标处，使“播放”命令从开始旗标处开始执行。

8. “命令”菜单

“命令”菜单如图 2-6（b）所示。

（1）“RTF 对象编辑器”菜单项：打开 RTF 对象编辑器。

（2）“查找 Xtras”菜单项：查找 Xtras。

9. “窗口”菜单

“窗口”菜单如图 2-6（c）所示。

窗口菜单包含在设计窗口中组织工作的选项，包括显示流程图、打开控制面板和模型调色板，也可以用于打开演示窗口、库窗口、计算窗口、变量窗口、函数窗口、知识对象窗口等。

（1）“打开父群组”菜单项：打开当前选择的流程图的父级流程图。

（2）“关闭父群组”菜单项：关闭当前选择的流程图的父级流程图。

（3）“层叠群组”菜单项：层叠当前选择的子流程图的父级和子流程图。

（4）“外部媒体浏览器”菜单项：打开一个浏览窗口，浏览外部媒体文件、路径以及连接它们的图标等。

2.3.2　工具栏

Authorware 7.0 的工具栏共有 17 个工具按钮和一个文本风格下拉式列表框。这些按钮主要是帮助用户在使用 Authorware 过程中更加便于操作，从而提高工作效率。工具栏中的每一个按钮都代表一个命令，只要单击这些按钮就会执行相应的命令或弹出相应的对话框。工具栏功能如下。

新建文件按钮：用于新建一个空白文件。单击该按钮，Authorware 会弹出一个名为“未命名”的设计窗口。

打开文件按钮：单击该命令按钮，弹出一个“选择文件”对话框，可以选择打开一个已存在的文件。

保存文件按钮：可在编辑过程中保存一个正在制作或已完成的文件，经常使用它可减少计算机死机所带来的烦恼。

导入文件按钮：使用该命令按钮，可以在文件中引入外部的图像、文字、声音、动画等，并使其成为内部文件或链接对象。

还原按钮：可用来撤销上一次的操作。

剪切按钮：可将显示图标、对象、对象群组剪切到剪贴板里，以后还可取用。

复制按钮：可将显示图标、对象、对象群组复制到剪贴板里，以供往后取用。

粘贴按钮：可将剪贴板中的内容粘贴到指定的位置。

查找按钮：用于在文件中查找用户指定的文本。

(默认风格) 文本风格选择框：使用该下拉列表，可以选择已经定义的风格应用到当前的文本中。

B 粗体按钮：将选中的文字对象转化为粗体显示。

I 斜体按钮：将选中的文字对象转化为斜体显示。

U 下画线按钮：为被选中的文字对象加上下画线。

执行程序按钮：单击该按钮，屏幕上会弹出一个演示窗口，显示程序执行的过程。

控制面板按钮：单击该按钮，会弹出控制面板，用它可以调试程序。

函数按钮：单击该按钮，屏幕上会弹出一个函数窗口，用户可从中找到所需的函数及参数等，并可导入外部函数。

变量按钮：单击该命令按钮，屏幕上会弹出一个与函数窗口类似的变量窗口。

KO 知识对象按钮：单击该按钮，可以打开知识对象对话框。再次单击该按钮将关闭该对话框。

2.3.3 设计图标工具栏

设计图标工具栏在 Authorware 窗口中的左侧，包括 13 个图标、开始旗、结束旗和标志色。图标栏是 Authorware 的核心部分。以往制作多媒体一般要用编程语言，而 Authorware 通过这些图标的拖放及设置就能完成多媒体程序的开发，充分体现现代编程的思想。

显示图标：负责显示文字或图片对象，既可从外部导入，也可使用内部提供的“图形工具箱”创建文本或绘制简单的图形。

移动图标：可以移动显示对象以产生特殊的动画效果，共有 5 种移动方式可供选择。

擦除图标：可以用各种效果擦除显示在展示窗口中的任何对象。

等待图标：用于设置一段等待的时间，也可设置等待用按键或单击鼠标才继续运行程序。

导航图标：当程序运行到该图标时，会自动跳转到其指向的位置。

框架图标：为程序建立一个可以前后翻页的控制框架，配合导航图标可编辑超文本文件。

分支图标：其作用是控制程序流程的走向，完成程序的条件设置、判断处理和循环操作等功能。

交互图标：可轻易实现各种交互功能，是 Authorware 最有价值的部分，共提供 11 种交互方式，如按钮、下拉菜单、按键、热区等交互模式。

计算图标：执行数学运算和 Authorware 程序，如给变量赋值、执行系统函数等，利用计算图标可增强多媒体编辑的弹性。

群组图标：一个特殊的逻辑功能图标，其作用是将一部分程序图标组合起来，实现模块化子程序的设计。

数字电影图标：在程序中插入数字化电影文件（包括*.avi、*.dir、*.flc、*mov、*.mpeg等），并对电影文件进行播放控制。

声音图标：用于在多媒体应用程序中引入音乐及音效，并能与移动图标、电影图标并行，可以做成演示配音。

DVD 图标：用于导入 DVD 视频，要求计算机配置 DVD 光驱播放设备。

开始旗：用于设置调试程序的开始位置。

结束旗：用于设置调试程序的结束位置。

标志色：在程序的设计过程中，可以用来为流程线上的设计图标着色，以区别不同区域的图标。

2.3.4　设计窗口

设计窗口是 Authorware 进行多媒体程序编辑的地方，程序流程的设计和各种媒体的组合都是在设计窗口中实现的。新建一个 Authorware 程序时，设计窗口会自动出现在 Authorware 界面中，设计窗口包含“标题”、“流程线”、“程序开始标志”、“程序结束标志”、“插入指针”和“窗口层次”，如图 2-7 所示。

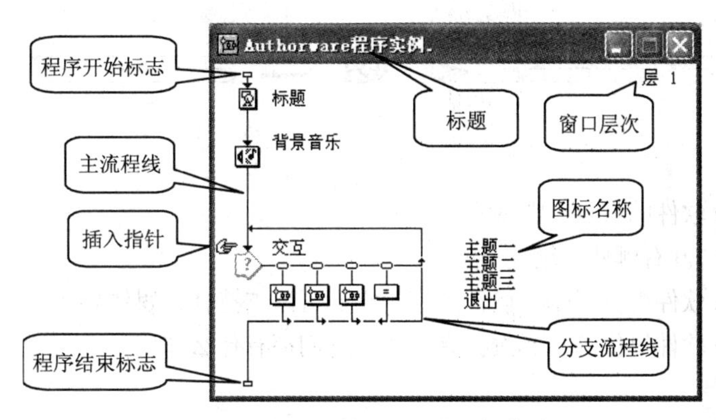

图 2-7　插入、修改和文本下拉菜单

“标题”显示程序文件名或图标名，当设计窗口为第一级时，为程序文件名，否则为所属图标的名称。标题栏右边与其他 Windows 应用程序窗口标题栏类似，只是“最大化”按钮永远是灰色禁用的。

设计窗口最左侧的一条竖线为程序的流程线，程序是在流程线上进行编辑的，流程线两端有两个小矩形标记，分别为“程序开始标志”和“程序结束标志”，程序从“程序开始标志”开始运行，沿着流程线到“程序结束标志”处结束。

流程线的左边有一个“插入指针”，它指示当前设计位置。当我们要在流程线上放置图标时，首先要用该标志确定放置图标的位置。在设计窗口中图标和图标名以外的区域单击鼠标左键，就可将“插入指针”移到流程线上与单击处相应位置。

设计窗口的右上方是“窗口层次”级别说明，第一级为主程序窗口，在第一级上的“群组”图标打开后的设计窗口为第二级，依此类推。

2.3.5　演示窗口

演示窗口是用户输入文字和图形的地方。在流程线上双击“标题”显示图标，会自动弹出演示窗口，用户可在此窗口输入文字和图形，如图 2-8 所示。

演示窗口也是程序执行的输出窗口，单击工具栏上的“运行”按钮，或者单击“调试”菜单中的“播放”命令，就会弹出演示窗口并可以观察到程序的执行效果，如图 2-9 所示。

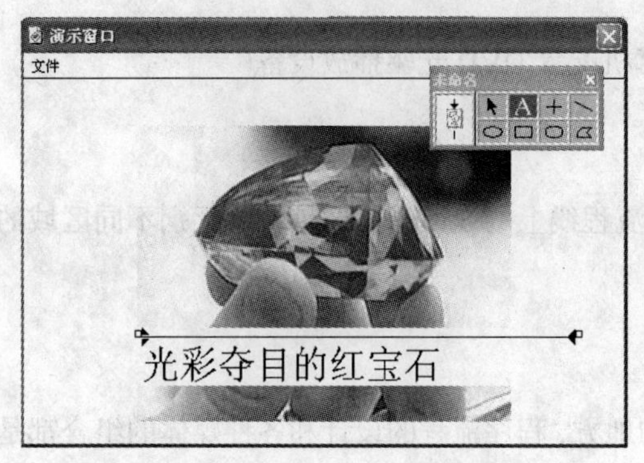

图 2-8 演示窗口输入文字和图形

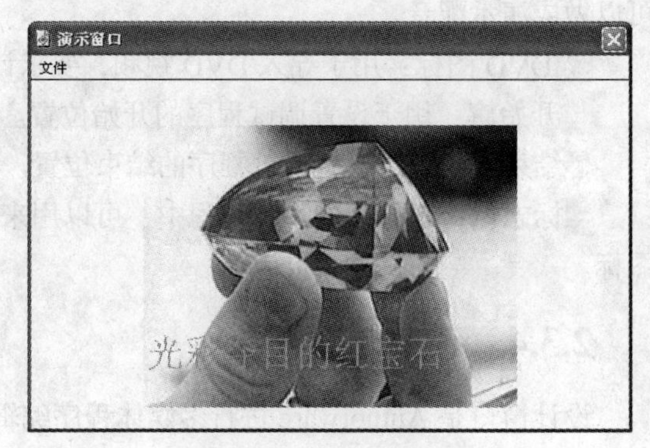

图 2-9 演示窗口执行程序

对打开的多个文档都可在任务栏上显示，以方便用户选定。

习 题 二

思考题

1. Authorware 软件的特点有哪些？
2. Authorware 7.0 有哪些新增功能？
3. Authorware 软件提供了哪些设计图标？它们可以支持什么媒体导入？
4. Authorware 软件提供的工具按钮有哪些？它们都有什么作用？

第 3 章 图形图像和文本的处理

【本章概述】

图形图像和文本在多媒体作品中的应用最为普遍，Authorware 为它们提供了完善的处理能力。本章将介绍图形图像和文本在 Authorware 中的使用，详细介绍显示图标编辑文本和图形图像的具体方法，同时还介绍擦除图标、等待图标的使用。

3.1 显示图标及其应用

在熟悉 Authorware 界面后，我们来创建一个简单程序。单击工具栏上的“新建”命令按钮，Authorware 将产生一个新的设计窗口。通过设计窗口可以对不同的媒体，如文字、声音、图像、视频等进行控制，但不能把文本或者图形直接绘制到主流程线上，文本、图形图像需要一个显示图标来容纳它们。

3.1.1 显示图标

将鼠标指针移到设计图标工具栏中的“显示图标”上，按下鼠标左键，拖动显示图标到流程线上并释放，如图 3-1 所示。在默认情况下，图标以“未命名”显示图标名称。单击该设计图标或它的标题，输入“背景”，这个图标就有了一个正式的名称。双击“未命名”设计图标，Authorware 会弹出演示窗口和一个绘图工具箱，如图 3-2 所示。

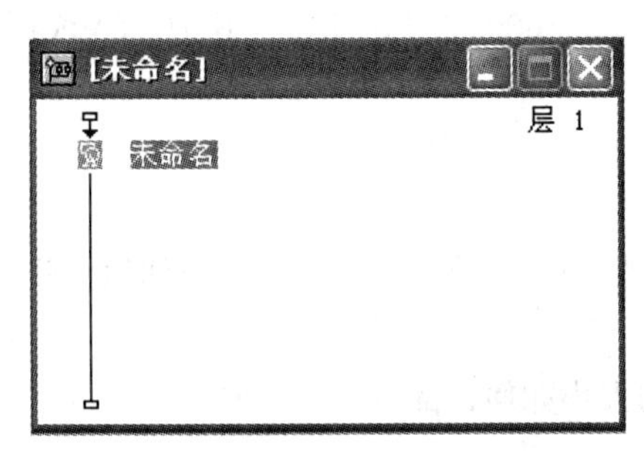

图 3-1 设计窗口

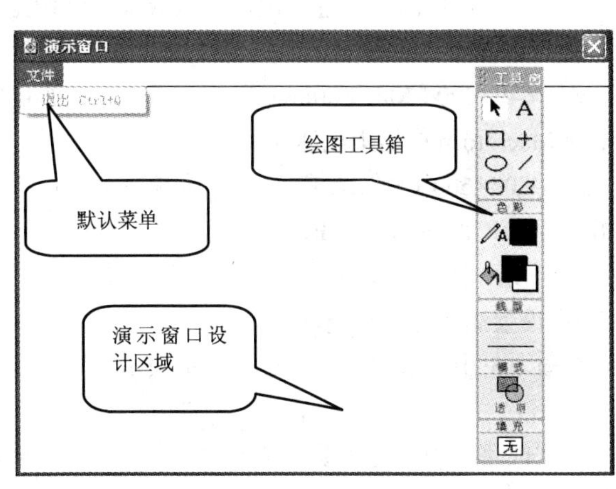

图 3-2 演示窗口

3.1.2　演示窗口设置

演示窗口设置包括设置演示窗口的背景颜色、窗口大小、标题、菜单、交互效果等属性。一般情况下，在开始设计多媒体程序之前，要先设置好演示窗口。

1. 设置演示窗口的背景颜色

单击“修改”菜单中的“文件|属性”命令，弹出“属性：文件”对话框，在对话框中单击“回放”选项卡，如图 3-3 所示。

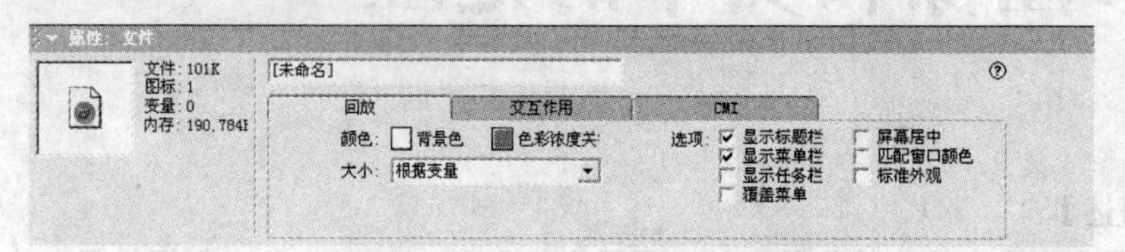

图 3-3 “属性：文件”对话框

在默认状态下，演示窗口的背景颜色为白色，如果要将演示窗口的背景颜色换成另外一种颜色，单击图 3-3 “颜色”栏目中的背景色左边的按钮，会弹出“颜色”面板，如图 3-4 所示。在“颜色”面板中选中一种颜色，然后单击“确定”按钮，就可以将这种颜色设置为演示窗口的背景颜色。

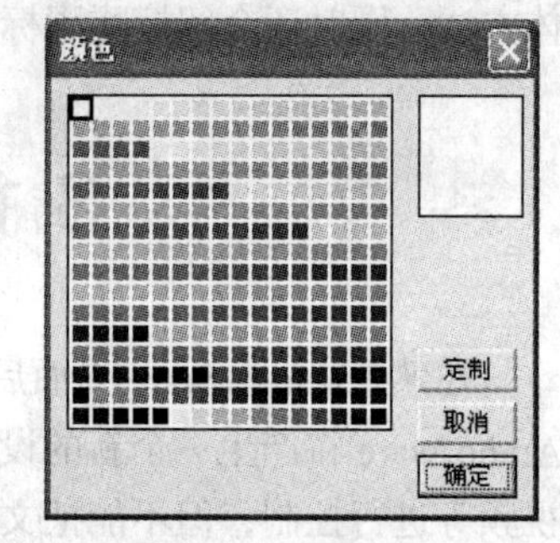

图 3-4 “颜色”面板

2. 设置演示窗口的大小

为了能够较好地在计算机上展现多媒体作品，必须正确设置演示窗口的大小。单击图 3-3 中“大小”栏目后面的下拉列表框右侧的箭头，下拉列表出现在屏幕上，如图 3-5 所示。

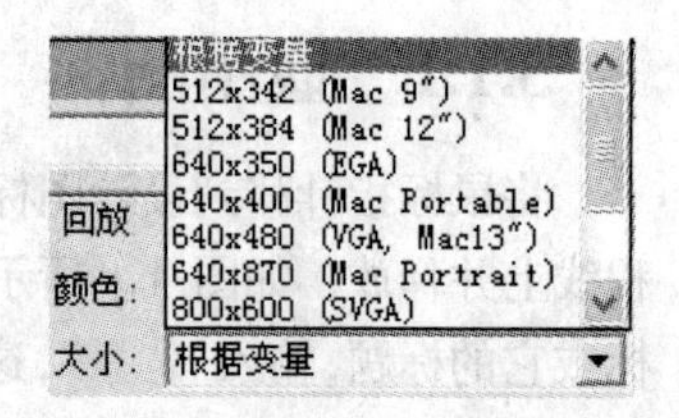

图 3-5 演示窗口大小设置

用图中的垂直滚动条可以浏览演示窗口所有能够设置的尺寸大小。下面仅介绍几种常用的尺寸，让用户对此有大致的了解。

- “根据变量”选项：它表明演示窗口的大小是可变的。当运行程序后，用户可以用鼠标按住演示窗口的边框或角，并拖动鼠标来改变演示窗口的大小。一旦用户改变了演示窗口的大小，它会保持到下一次改变大小时为止。在实际设计程序中，可以使用一个对演示窗口的大小进行设定的函数来具体设定演示窗口的大小。
- “640×400（Mac Portable）”选项：设置一个固定大小为 640×400 的演示窗口，其中“Mac”是指在 Macintosh 机器上创建作品。
- “800×600（SVGA）”选项：设置一个固定大小为 800×600 的演示窗口，其中“SVGA”是指在带 SVGA 显示卡的 PC 上创建作品。
- “使用全屏”选项：它将演示窗口扩展到当前显示器的整个屏幕。

3. 设置演示窗口的选项

在图 3-3 中“选项”栏目可以决定演示窗口的位置、标题栏、菜单栏、任务栏和其他一些显示特性。

- “屏幕居中”复选框：选中时，不管显示器屏幕的大小如何，都可以保证演示窗口位于屏幕的中央。

- “显示标题栏”复选框：选中时，在演示窗口中添加标题栏，如果不想显示标题栏，取消选中该项。
- “显示菜单栏”复选框：选中时，在演示窗口中添加菜单栏，如果不想显示菜单栏，取消选中该项。
- “显示任务栏”复选框：用来决定当 Windows 的任务栏被演示窗口覆盖时是否在屏幕上显示 Windows 的任务栏。
- “覆盖菜单”复选框：用来设置菜单和窗口名称重叠。
- “匹配窗口颜色”复选框：用来决定是否忽略设计时对背景颜色的设置。
- “标准外观”复选框：用来决定按钮和其他对象是否采用用户的颜色选择。

3.1.3　绘图工具箱

如图 3-6 所示，绘图工具箱提供了一系列用于输入文本、绘制图形的工具。在绘制图形时，可以用鼠标在绘图工具箱中单击来选择某种工具，被选择的工具会加亮显示。

现将各种工具简介如下。

- 选取工具：用于选择对象、移动对象和调整对象的大小。
- 文本工具：用于输入和编辑文本。
- 直线工具：用于绘制水平线、垂直线或 45° 直线。
- 斜线工具：用于绘制各种角度的斜线。
- 圆形工具：用于绘制椭圆和正圆。
- 矩形工具：用于绘制长方形和正方形。
- 圆角矩形工具：用于绘制圆角矩形。
- 多边形工具：用于绘制任意多边形。

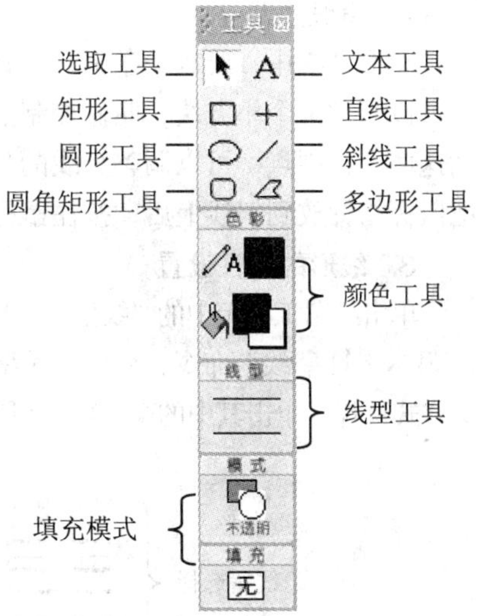

图 3-6　绘图工具箱

3.1.4　保存程序

保存程序常用的方法如下。

- 单击工具栏上的“全部保存”命令按钮。
- 选择“文件|保存”菜单命令。
- 按下 Ctrl+S 组合键。

在初次保存文件时，Authorware 会弹出“保存文件为”对话框。起一个文件名，Authorware 会自动加上扩展名“.a7p”，以表示这是一个 Authorware 的程序文件。

3.2　图形的绘制

由于 Authorware 是一个多媒体制作工具，它的优势是控制各种媒体的组合，相当于电影中导演的角色，所以在图形绘制上没有其他图形图像处理工具功能强大。为方便用户使用，Authorware 可以绘制一些简单的图形。

3.2.1 直线的绘制和调整

1. 直线的绘制

双击要在其中绘制直线的显示图标，单击“绘图工具箱”中的“直线”工具╋或“斜线”工具／，将鼠标移到要绘制直线的起点处，此时鼠标指针形状变成“+”形，表明目前处于绘图状态。

单击并按住鼠标左键，在演示窗口内拖动，在适当的位置释放鼠标左键，就完成了一条直线的绘制，如图 3-7 所示。如果按住 Shift 键，可绘制 0°、45°、90°线段。

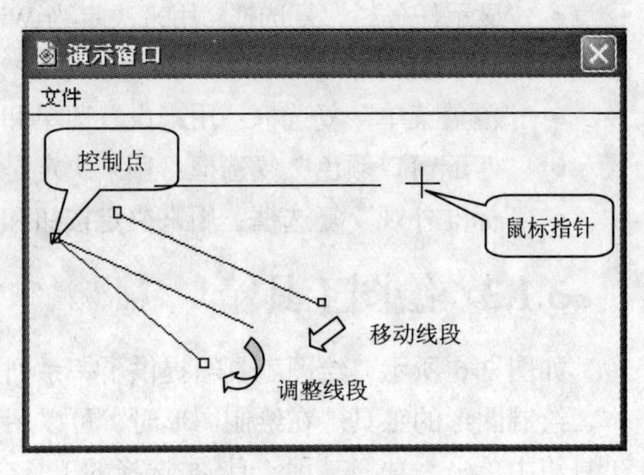

图 3-7 绘图与编辑线段

2. 直线的调整

在图 3-7 中，绘制一条斜线，在该斜线的两头可以看到两个小方块，叫做控制点。用鼠标拖动这两个控制点，可以调整直线的长度和角度。把鼠标指针放到斜线上后，按住鼠标左键可以把斜线拖到其他位置。

3. 线形的属性设置

单击绘图工具箱中的“线型”工具，或双击绘图工具箱中的“直线”或“斜线”工具，或单击“窗口|显示工具盒|线”命令，调出“线型”选择面版，该面板分上下两组，上面是线宽选择，下面是箭头样式选择。单击其中的某一项，可为处于选定状态的直线设置线型和箭头样式，如图 3-8 所示。

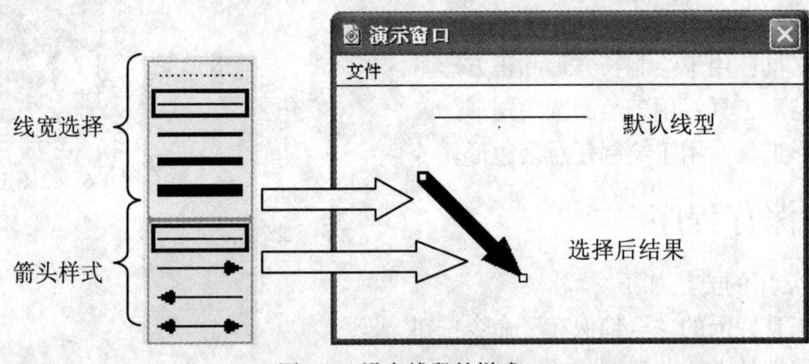

图 3-8 设定线段的样式

3.2.2 椭圆与矩形的绘制和调整

1. 椭圆与矩形的绘制

使用绘图工具箱中的“椭圆”工具按钮⬭可以绘制椭圆。按住 Shift 键，然后使用“椭圆”工具按钮可绘制圆。

使用绘图工具箱中的“矩形”工具按钮▭可以绘制矩形。按住 Shift 键，然后使用“矩形”工具按钮可绘制正方形。

2. 椭圆与矩形的调整

如图 3-9 所示，绘制一个椭圆，此时处在编辑状态。它的周围有 8 个小方块（即 8 个控制点），这 8 个控制点构成一个矩形区域，确定了椭圆的绘图范围。用这 8 个控制点可以重新调整这个椭圆的大小与形状。4 个角上的控制点可从 4 个方向，按照长、宽固定的比例调整图形的大小，上下的控制点可调整图形的高度，左右两个控制点可调整图形的宽度。这些对其他的图形、文字等有 8 个调整控制点的对象都适用。

同样，椭圆与矩形的线条粗细程度也可以用“线型工具”来加以改变，只是箭头类型的设置，对椭圆与矩形图形没有作用。

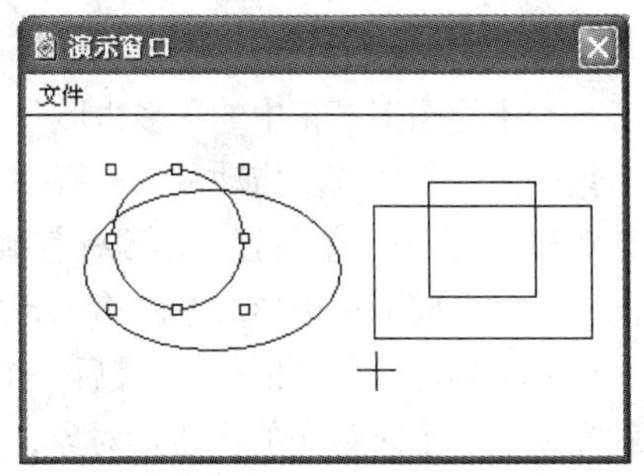

图 3-9　绘制和调整椭圆与矩形

3. 椭圆与矩形的填充

单击绘图工具箱中“色彩”部分的“文本颜色”和“填充颜色”，调出“颜色”选择面板，可以为椭圆填充前景色和背景色以及边框颜色；双击绘图工具箱中的“矩形”工具、“圆角矩形”工具或“多边形”工具，可以调出“填充模式”选择面板，如图 3-10 所示。此时可以通过两种填充方式填充颜色与底纹。

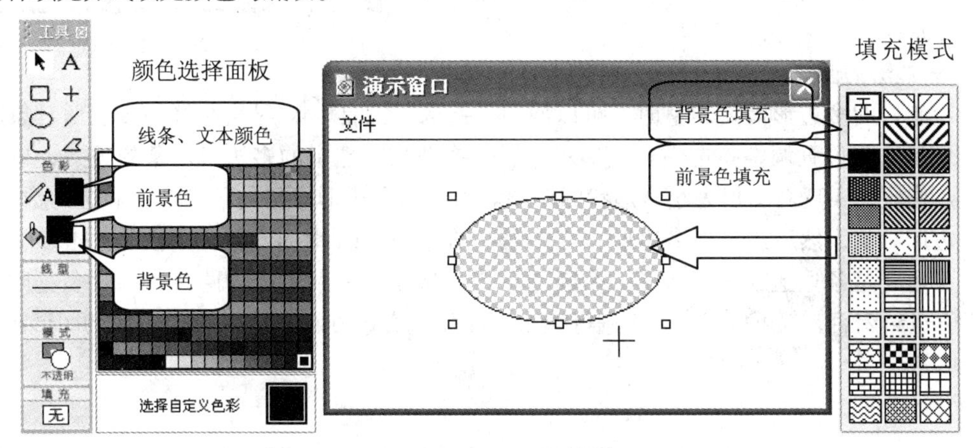

图 3-10　椭圆对象的填充

3.2.3　圆角矩形的绘制和调整

圆角矩形的制作与椭圆和矩形的绘制方法一致，所不同的是，选中绘图工具箱中的“圆角矩形”工具，在拖拉一个圆角矩形后，可以看到在待调整状态下的圆角矩形内左上角中，有一个控制点，用它可以调节圆角矩形中边角的圆滑程度，制作出不同效果的圆形、桶形和枕形，如图 3-11 所示。如果要绘制等边圆角矩形，按住 Shift 键拖动鼠标即可。

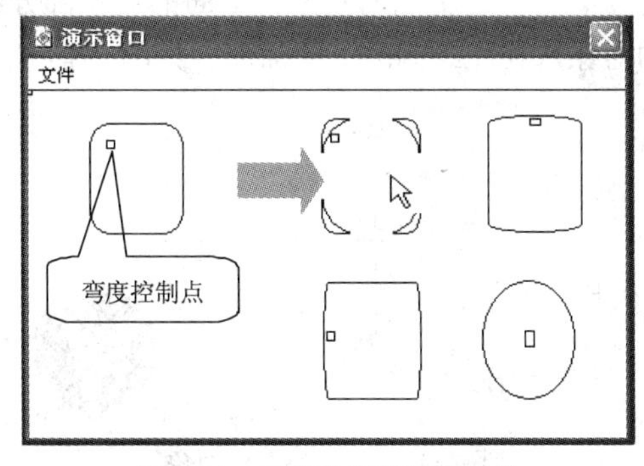

图 3-11　将圆角矩形改变形状

3.2.4 多边形的绘制和调整

1. 多边形的绘制

选中绘图工具箱中的“多边形”工具，将鼠标移到演示窗口中单击一下，确定绘制多边形对象的第一个顶点。拖动鼠标时有一条直线会随着鼠标指针移动,在另一个位置单击鼠标就确定了第二个顶点,同时也就形成了多边形对象的第一条边。重复上述操作直至绘制到最后一个顶点,在最后一个顶点处双击鼠标,就完成了一个未封闭的多边形对象，如图 3-12（a）所示；也可以将鼠标指针移至第一个顶点上，单击鼠标，完成一个封闭的多边形对象，如图 3-12（b）所示。如果在拖动鼠标的同时按着 Shift 键，可以沿着 0°、45°、90°绘制边线。

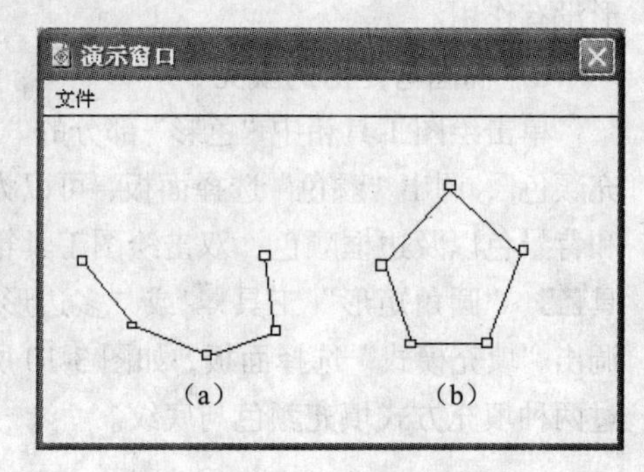

图 3-12 多边形对象

2. 多边形的调整

当绘制好的多边形需要调整时，可以使用“选取”工具，对绘制好的多边形对象进行大小、形状以及位置调整。选中多边形对象后，拖动当前选中的多边形对象的顶点，也即改变了顶点位置，实现对图形大小、形状的调整。当增加多边形对象的顶点数目和边的数目时，选中多边形对象，然后选择“多边形”工具，在按下 Ctrl 键的同时，用鼠标单击多边形对象的一条边，这条边上就被插入了一个新的顶点，从而由一条边变为两条边。对多边形填充时，不管边封闭否，都可以对其内部进行填充。而用“直线”或“斜线”工具封闭的图形，则不能进行填充。

3.3 图形对象的放置

当在一个显示图标上绘制一个以上所需的图形对象后，需要了解在“演示窗口”中如何安排摆放这些对象，下面就介绍这方面的内容。

3.3.1 图形对象先后次序的放置

如果几个图形对象发生重叠时，即上面的对象将下面的对象部分或全部覆盖时，Authorware 在默认情况下将把后绘制的对象放在先绘制的对象前面，如图 3-13 所示。

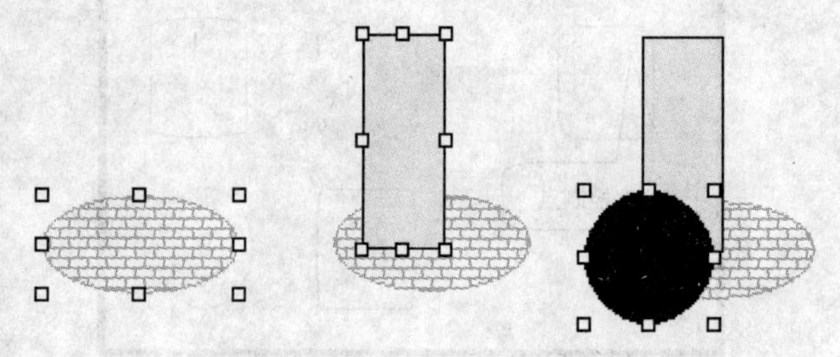

图 3-13 几个重叠的对象

当要把圆形对象放在其他所有对象之后时，首先使用“选取”工具选择圆形对象，接着执

行“修改|置于下层”菜单命令，效果如图 3-14（a）所示。

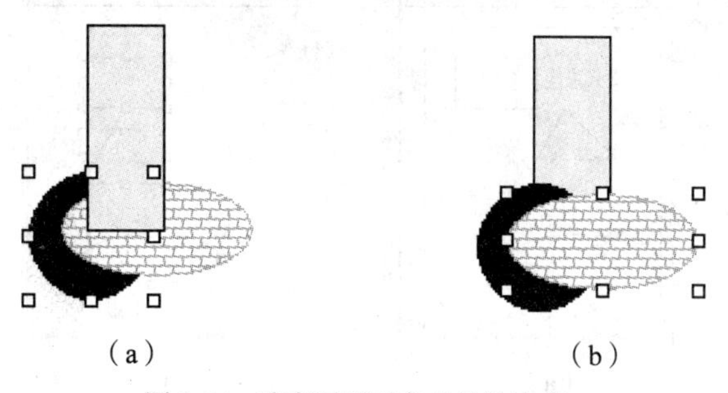

图 3-14　改变图形对象的叠放次序

当要把椭圆形对象放在其他所有对象之前时，首先使用“选取”工具选择椭圆形对象，接着执行“修改|置于上层”菜单命令，效果如图 3-14（b）所示。

3.3.2　图形对象排列与对齐

1. 使用网格线

上一小节讲了绘制图形，但总是很难对齐绘制出的图形。在这一小节将了解如何使用网格线更精确地绘制和定位对象。使用网格线后，界面如图 3-15 所示。此网格线仅在设计期间可见，在程序运行时不会出现。

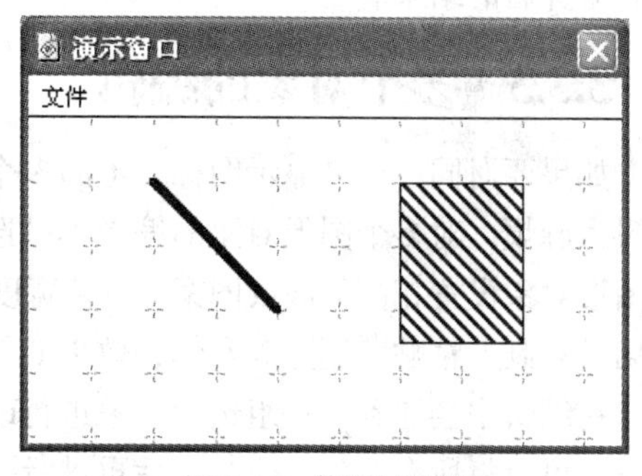

图 3-15　使用网格线

执行“查看|显示网格”菜单命令，在“演示窗口”中出现均匀分布的网格线，可以以网格线为基准绘制和定位对象。对图形位置细微的调整可以使用键盘方向键以像素为单位移动对象。如果不需要显示网格线，再次执行“查看|显示网格”菜单命令则关闭网络线显示。

2. 使用“对齐方式”选择板

执行“修改|排列”菜单命令，调出“对齐方式”选择板，如图 3-16 所示。

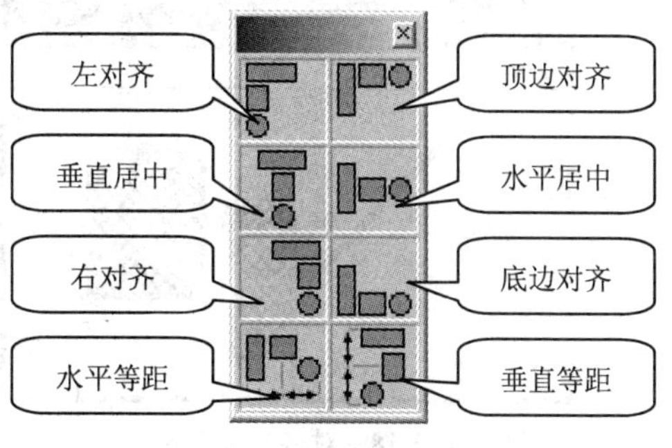

图 3-16　“对齐方式”选择板

在对齐多个对象时首先要选择多个对象，方法有以下几种。

- 执行“编辑”菜单下的“全选”命令，可选取当前演示窗口中的所有对象。
- 按住 Shift 键，同时使用“选取”工具依次单击需要选择的所有对象。这种方法适用于选择一组不相邻的对象。
- 使用“选取”工具，将鼠标指针移到需要选择的所有对象的左上方，按下鼠标左键的同时拖动鼠标到需要选择的所有对象的右下方后释放左键，被选择线包围的对象则为需要选择的所有对象，如图 3-17（a）所示。这种方法仅适用于选择一组相邻的对象。

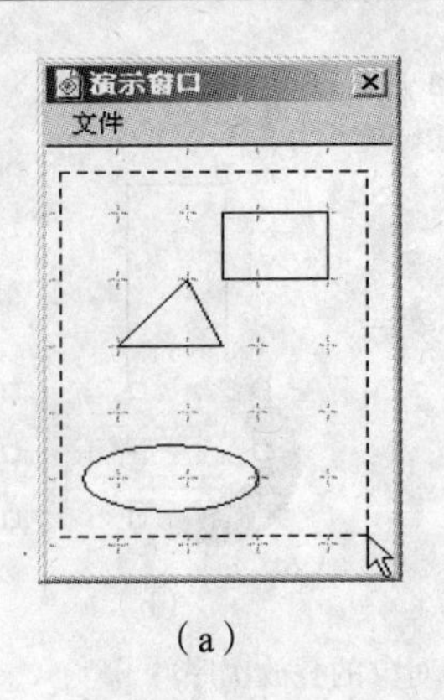

（a）

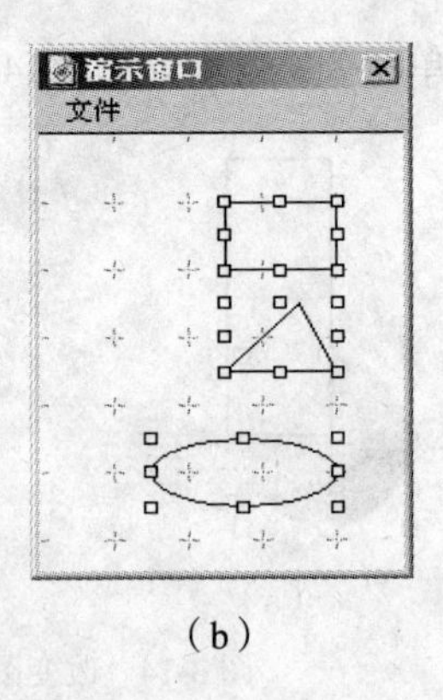

（b）

图 3-17　将选中的对象对齐

如果要撤销所选择的某个对象的选中状态，可在按住 Shift 键的同时使用“选取”工具单击该对象。

如果要撤销所选择的所有对象的选中状态，可用鼠标单击“演示”窗口中的空白处或按下空格键。选择好对象后，单击“对齐方式”选择板中的对齐方式即可。图 3-17（b）所示为选中对象右对齐后的结果。

3.3.3　多个对象的编辑

如果要对同一个“显示图标”上的多个图形对象进行同样的操作，采用前面介绍的方法逐个编辑太麻烦。对多个图形对象的编辑，可选中所有要编辑的对象再进行编辑。利用此方法可对多个图形对象设置相同的底纹图案、线条宽度、前景色、背景色等，还可对多个图形对象进行移动、剪切、复制、粘贴、删除等操作，效果如图 3-18 所示。

在编辑中会遇到对一组选中对象进行改变大小或形状的操作时，对象的相对位置会发生错乱。此时，可以将所有对象组合起来后再进行操作，方法为：选中所有需要组合的对象后，执行“修改|群组”菜单命令，完成对象的组合，如图 3-19 所示。执行“修改|取消群组”菜单命令，可取消对象的组合。

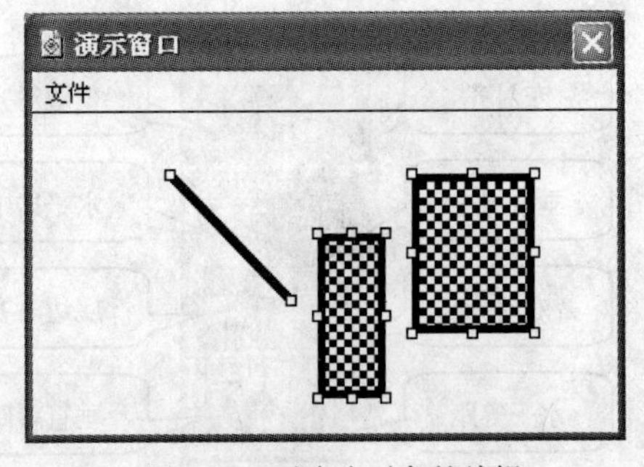

图 3-18　对多个对象的编辑

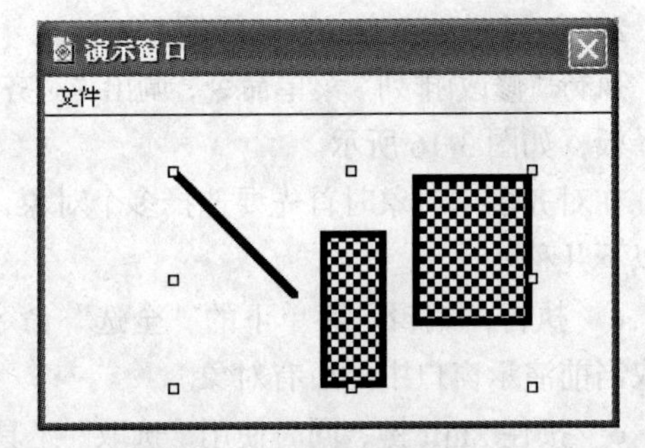

图 3-19　多个对象的群组

3.3.4　显示模式

当多个图形、图片相互重叠时，可以通过“显示模式”选择板来改变图形、图片重叠之间的相互关系。

双击绘图工具箱的“选取”工具，可打开“显示模式”选择板，如图 3-20 所示。

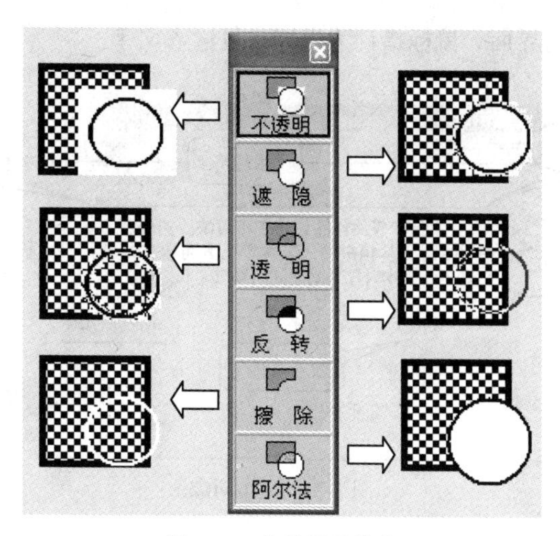

图 3-20 各种显示模式

各种显示模式介绍如下。

- 不透明模式：在该模式中，上面的图形在自己显示的范围内将完全覆盖下面的图形，也就是说，在上面图形显示的范围内，将看不到下面的内容。
- 遮隐模式：只对从外部引入的图像有效，图像边缘的白色将被透明掉，而有色部分下面的内容仍然不可见。
- 透明模式：在该模式中，上面图形的白色部分视为透明，而有色部分则不透明。
- 反转模式：在该模式中，若前景色是白色，可视为透明。其他有色部分，在与其他图形重叠部分，都以它的补色显示。
- 擦除模式：在该模式中，上面的图形在其显示范围内，以演示窗口颜色显示而使下面图形不可见，呈现出擦除现象。但该图形移走后，下面的内容将重新展示出来，也就是说，下面的图形并没有真正的擦除。
- 阿尔法模式：在该模式中，使具有 A1pha 通道的图形显示透明或发光效果。所谓 A1pha 通道，是一个特殊的通道，它使图像可以设置为局部透明或者整体透明。

显示模式的使用方法为：要对任何一个显示对象使用显示模式，可首先选择该显示对象，使其周边出现白色句柄，然后在显示模式选择板中选择相应的显示模式，便可以在演示窗口上直接观察到所选对象的显示效果。

3.4 文本对象的处理

文本是多媒体作品设计中不可缺少的内容，它能传递更加直接的信息。文本是人机之间一种最基本的交互，因此它也是多媒体中使用频率最高的对象。使用绘图工具箱中的“文本”工具A可以方便地创建文本对象并对它进行编辑。

3.4.1 文本的创建

（1）双击“显示”设计图标，打开“演示”窗口。

（2）单击绘图工具箱中的“文本”工具，再将鼠标指针移到“演示”窗口中单击鼠标左键，此时出现如图 3-21 所示的界面，鼠标指针为光标，可输入文字。

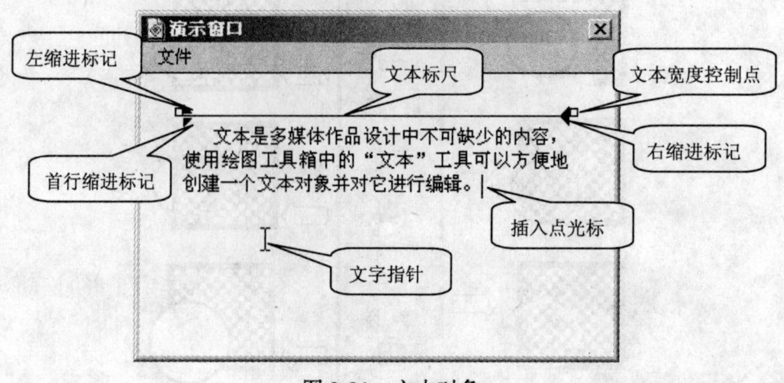

图 3-21　文本对象

（3）当输入的文字满一行时，会自动转入下一行。按 Enter 键可插入新的一行。

（4）输入完毕后，单击绘图工具箱中的“指针”工具，全部文本以对象形式显示，此时文本对象周围出现 6 个控制点；或输入完毕后，直接在“演示”窗口中单击鼠标左键，会产生另一个文本对象。

3.4.2　文本的编辑

1. 插入、删除文字

选择“文本”工具，将文字指针移到要插入或删除文字的位置后，单击鼠标左键进入文本编辑状态，进行插入、删除操作。

2. 复制、移动文字

进入文本编辑状态后，选中要复制、移动的文字，用鼠标单击工具栏中的“剪切”或“复制”按钮进行复制、移动。

3. 改变文本对象的宽度

- 用鼠标左键拖动文本宽度控制点，可改变文本对象的宽度。
- 用“指针”工具拖动文本对象周围的控制点，可改变文本对象的宽度。

4. 设置文本对象的对齐方式

在编辑状态下：

执行“文本”菜单下的“对齐”命令的“左齐”，可使文本左对齐；

执行“文本”菜单下的“对齐”命令的“居中”，可使文本居中对齐；

执行“文本”菜单下的“对齐”命令的“右齐”，可使文本右对齐；

执行“文本”菜单下的“对齐”命令的“正常”，可使文本默认左对齐。

5. 设置文本缩进

用鼠标移动缩进标记可将段落设置为首行缩进或悬挂缩进。用鼠标移动左缩进标记时，首行缩进标记会随着移动，以保持该段首行与其余各行的相对缩进量。按住 Shift 键便可单独调整左缩进。当要对多段文本设置相同的缩进量时，首先要选中全部段落。如图 3-22 所示。

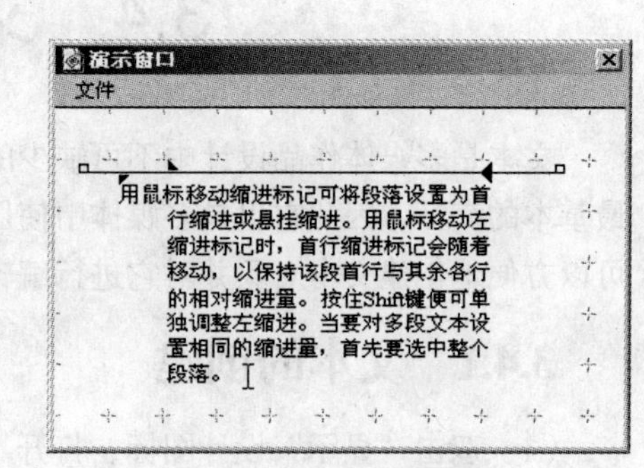

图 3-22　设置文本缩进

6．设置制表位

如果需要创建表格等分栏文本对象，可以在文本标尺上通过鼠标单击设置制表位来实现。Authorware 提供两种制表位。

- 普通制表位：形状为“▼”，用于设置一个左对齐的分栏。
- 小数点制表位：形状为“⬇”，用于设置一个对齐小数点的分栏。

操作方法如下。

（1）使用绘图工具箱中的“文本”工具创建文本对象，出现文本标尺。

（2）在文本标尺上单击鼠标左键，出现普通制表位，在普通制表位上按住鼠标左键并左右移动，可改变制表位的位置。

（3）在文本标尺上双击鼠标左键，出现小数点制表位，该制表位也可以移动。

（4）用鼠标左键按住制表位，沿文本标尺拖动到文本标尺的外面后放开鼠标，可删除该制表位，如图 3-23 所示。

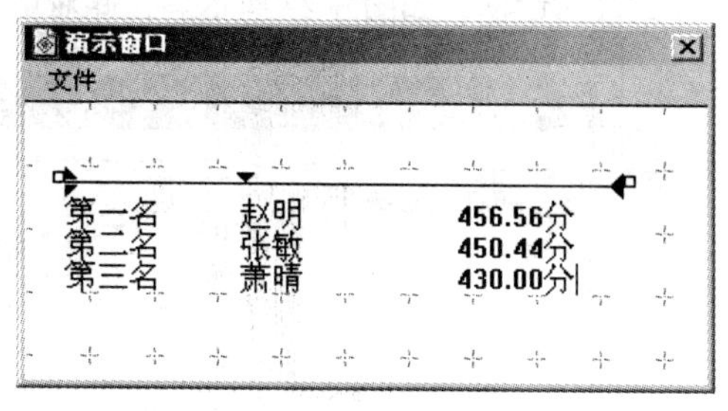

图 3-23　设置制表位

3.4.3　文字的属性设置

文字的属性包括字体、字号、样式等，通过对这些属性的设置与修改来设置文本风格，以增加文本风格的艺术性。

1．设置字体字号

选中要改变字体的文字，执行“文本|字体|其他”菜单命令，弹出“字体”对话框，选择一种字体后确定。

选中要改变字号的文字，执行“文本|大小|其他”菜单命令，弹出“字号”对话框，选择一种字号大小后确定。

2．设置文本的平滑效果

当文本的字体增大后，可以看到文字的笔画边沿有明显的锯齿现象，严重影响画面的显示效果。Authorware 提供了抗锯齿功能，方法为选中文本对象，执行“文本|消除锯齿”菜单命令后，便可得到平滑文本，效果如图 3-24 所示。

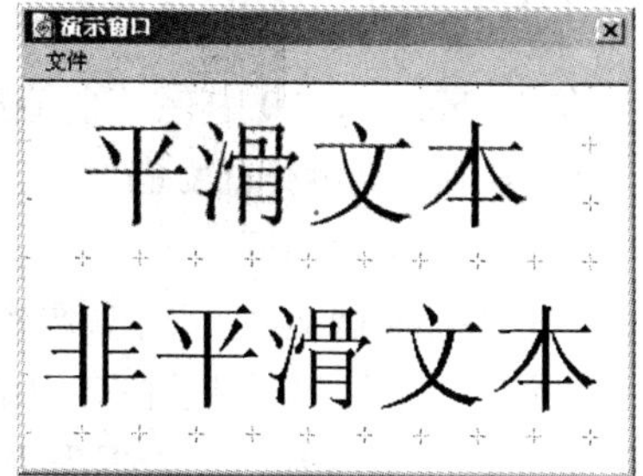

图 3-24　平滑文本效果

3．设置文本样式

文本的样式包括粗体、斜体、下划线、上标和下标。方法为选中需要修改文本样式的文本对象，执行“文本|风格”菜单命令后，显示出如图 3-25 所示的下拉菜单，在此菜单上单击鼠标选择需要的样式即可。

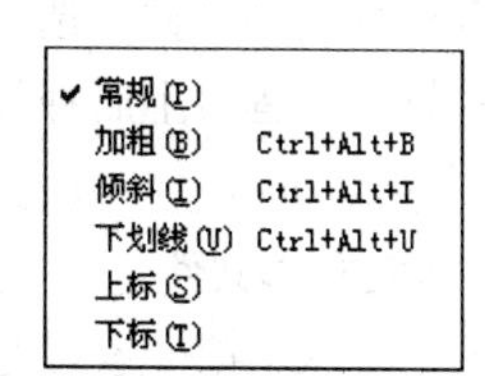

图 3-25　“风格”菜单

4．设置文本颜色

选中需要改变颜色的文字，然后双击绘图工具箱中的“椭圆”工具，弹出颜色调色板，在“文字颜色”调色板中选择需要的文本颜色。同一文本对象中文字的背景色是相同的，如需要不同的文字背景色需另选文本对象。

5. **自定义文本风格**

如果文本对象非常多，需要对它们设置相同的文本风格，可自定义文本风格。具体操作方法如下。

执行“文本|定义样式”菜单命令，弹出“定义风格”对话框，如图 3-26 所示；单击“添加”按钮，在“默认风格”处输入所定义的样式的名称；单击需要修改的文本属性前面的复选框以选中，并修改这些属性。

应用定义好的样式时，先选中文本对象，然后执行“文本|应用样式”菜单命令，弹出“应用样式”对话框，如图 3-27 所示。在此对话框中单击要使用的样式即可。

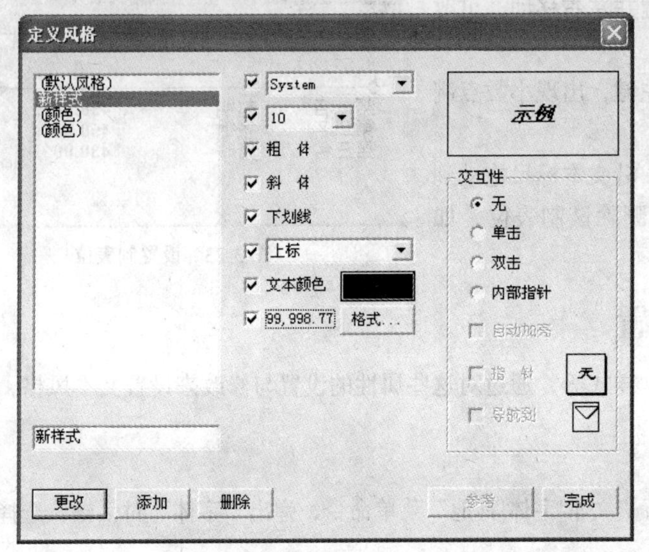

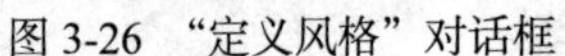
图 3-26 “定义风格”对话框

图 3-27 “应用样式”对话框

3.4.4 文本的导入

在 Authorware 7.0 中有 3 种直接导入文本对象的方法。

1. **复制、粘贴外部文档**

具体操作步骤如下。

打开外部文档文件，选中需要粘贴的文本，进行复制；在 Authorware 中打开一个显示图标后，选取“文本”工具并在显示窗口中单击；将复制好的文本粘贴上去，此时会弹出一个“导入文本”对话框，如图 3-28 所示，根据需要选择后确定。

2. **拖入文本**

打开外部文档文件，选中需要粘贴的文本；按下鼠标左键拖动鼠标，将选中的文本拖到设计窗口中；拖到流程线上后释放鼠标左键，Authorware 自动在流程线上添加一个或多个显示图标。过程如图 3-29 所示。

3. **加载文本文件**

单击“导入”命令按钮，弹出“导入哪个文件”对话框，在对话框中选择需要的文本文件后单击“导入”按钮，Authorware 自动在流程线上添加一个或多个显示图标。

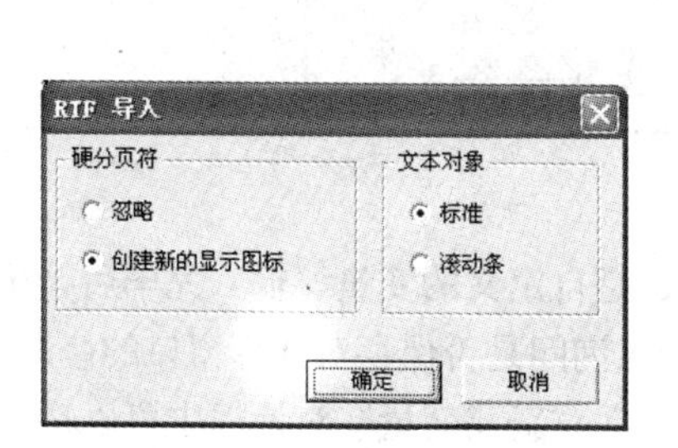

图 3-28　导入文本对话框

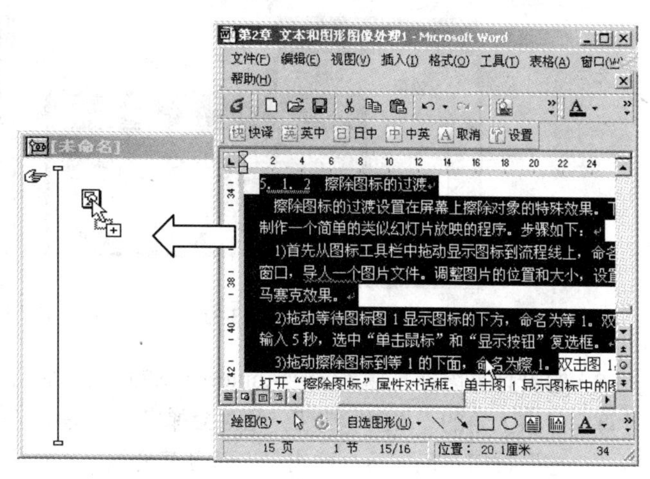

图 3-29　拖入文本

3.4.5　嵌入变量

在文本对象中嵌入变量，可以显示实时变化的信息或不同用户的信息。此时，它显示的是变量的值。嵌入变量的方法为：将变量输入到文本对象中并用花括号将它括起来。Authorware 允许使用系统变量和自定义变量两种。

1. 使用系统变量

Authorware 提供了很多丰富的系统变量，下面以两个有关时间的实例说明系统变量的使用。

打开一个显示图标，向其中添加如图 3-30（a）所示的内容，运行程序，会看到如图 3-30（b）所示的结果。此时窗口显示的时间是运行程序那一时刻的系统时间，秒针没有跳动。为了能使时间随时钟改变，可以设置显示图标的属性，方法为用鼠标右键单击显示图标，在弹出的对话框中选择“显示”选项卡，选中“更新变量显示”复选框。这时运行后显示的是随系统而改变的时间。

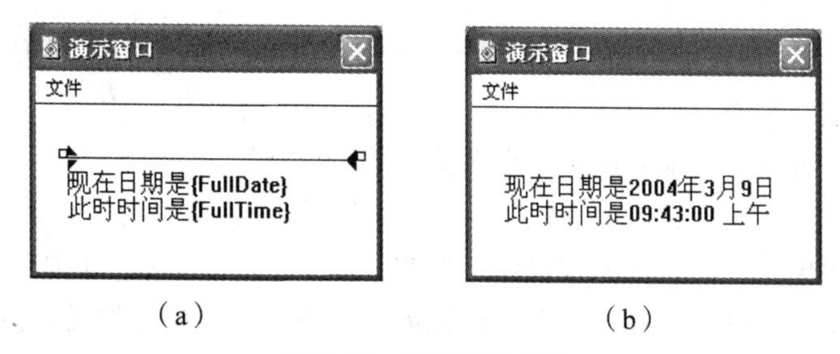

（a）　　（b）

图 3-30　使用系统变量

2. 使用自定义变量

在系统变量无法满足程序的需要时，可使用自定义变量。使用自定义变量时，必须事先设定自变量的内容，这种操作称为赋值，需要用到计算图标。

具体操作步骤如下。

（1）拖动一个计算图标和一个显示图标到设计窗口中后分别命名为“赋值”、“画面”，如图 3-31 所示。

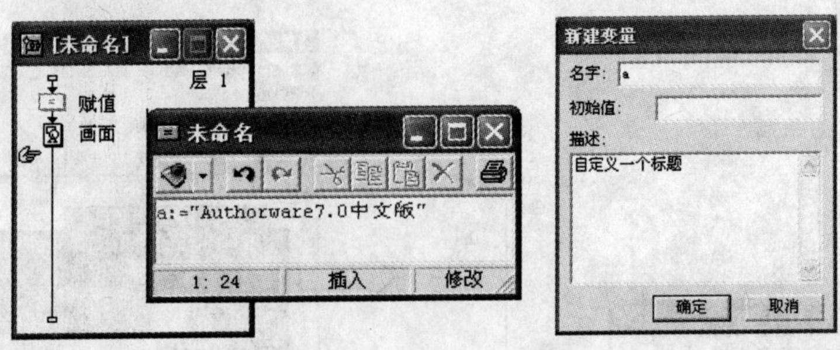

图 3-31 “新建变量”对话框

（2）打开计算图标，输入 a:="Authorware 7.0 中文版"，a 是自定义的变量。输入完毕后，单击计算窗口右上角的“关闭”按钮，此时会弹出一个提示窗口，询问是否保存对计算窗口的修改，单击“确定”按钮；确定后会弹出一个“新建变量”对话框。在“新建变量”对话框中可以输入变量名、变量的初始值以及变量描述。由于不能使用中文名，在变量描述框中输入一段关于此变量的说明性信息，使得将来在程序中有了几十个变量后也不会搞混。本例由于已经用表达式为 a 变量设定了一个值，就不用再输入初始值，输入说明性信息后，单击“确定”按钮。

（3）打开显示图标，选择文字工具输入{a}，如图 3-32（a）所示。

（4）运行程序，观看效果，如图 3-32（b）所示。

（a）　　（b）

图 3-32 嵌入自定义变量

3.4.6 动手实践：阴影文字的制作

效果：“阴影文字”程序运行后，屏幕显示带阴影的艺术字，如图 3-33 所示。

下面介绍它的制作步骤。

（1）在流程线上放置一个显示图标，命名为“阴影文字”。

（2）双击该图标，在演示窗口中输入“阴影文字”，设置其格式为隶书、60 磅、蓝色、加粗。然后单击选中它，再单击工具栏中的“复制”按钮，把文字复制到剪贴板中。

（3）将“阴影文字”移动一点儿位置，再把剪贴板中的文字粘贴到设计窗口，并设置其颜色为灰色，如图 3-34 所示。

阴影文字

图 3-33 艺术字效果

阴影文字

图 3-34 艺术字调整位置

（4）选中蓝色文字，再单击“修改|置于上层”菜单命令，将蓝色文字移到灰色文字的上方，

但此时蓝色文字的白色外框遮盖住了灰色文字，如图 3-35 所示。

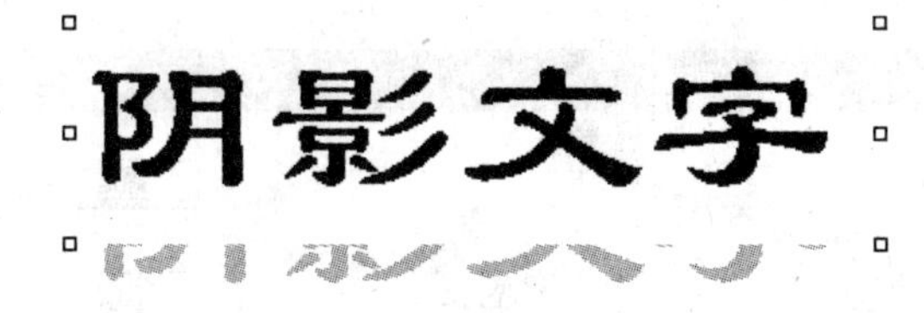

图 3-35　调整“显示模式”

（5）双击“移动”工具，可调出“显示模式”工具盒，选中“透明模式”，适当调整两个文字对象的位置关系，即可实现阴影文字的制作。再次选中两个文字对象，单击“修改|群组”菜单命令，将它们组成一个组件，实现如图 3-33 所示的效果。

3.5　显示图标的属性与使用

3.5.1　显示图标的属性

在设计窗口中选中显示图标后，单击鼠标右键选择属性，打开“属性：显示图标”对话框，如图 3-36 所示。在“属性：显示图标”对话框中，可以显示、设置或修改显示图标的多种属性。

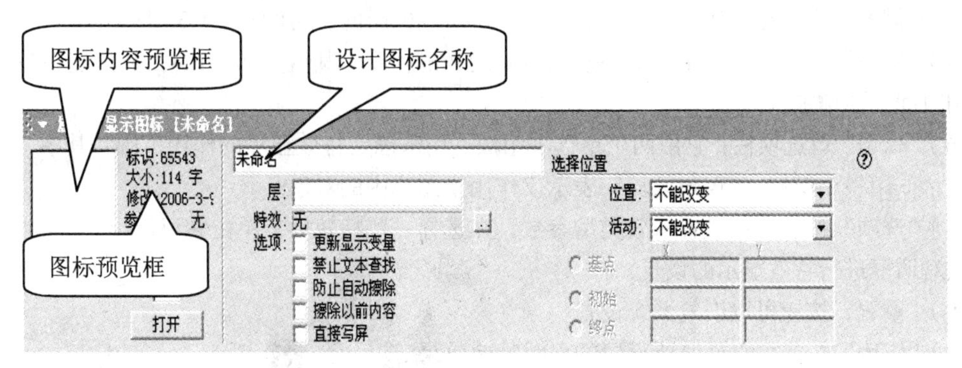

图 3-36　“属性：显示图标”对话框

1. 对话框左端显示以下信息

- 标识（图标编号）：Authorware 自动赋予每个图标一个唯一的标识号。
- 大小（存储大小）：是当前设计图标所占用的存储空间的大小，和图标的内容有关。
- 日期（修改时间）：表示最近一次修改图标的时间。
- 引用变量（命名属性）：表示程序中是否有其他地方通过图标名称引用该设计图标。

2. 对话框中间部分显示以下信息

“层”文本框：用于设置图标所处的层数，当多个显示图标的内容同时出现在演示窗口中时，若这些图标的层相同，先出现的图标内容显示在后面，后出现的图标内容显示在前面；若这些图标的层不相同，层高的图标内容会出现在层低的图标内容的前面，并且擦除和移动优先。

"特效"栏：用于指定图标内容的显示特效效果，单击右边的 对话按钮可弹出一个"特效方式"对话框，如图 3-37 所示。此时，便可以挑选所需要的显示特效效果。

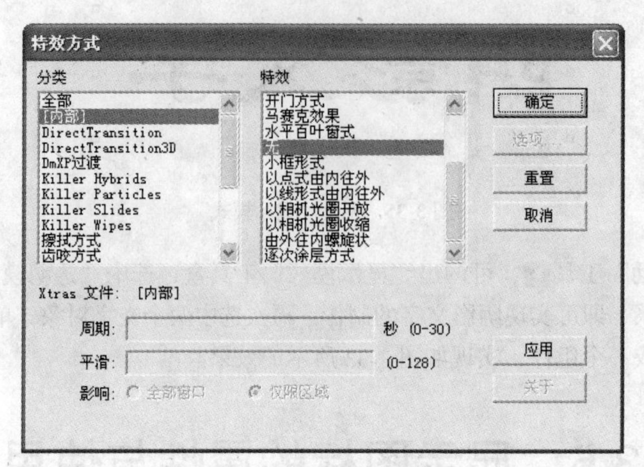

图 3-37 "特效方式"对话框

（1）"分类"列表框：显示对象的特效显示分为 12 类，单击某一项，即选中该类型。

（2）"特效"列表框：在选择某特效类型后，该列表框中会显示此类型中所有的显示特效效果名称。单击某一名称就选中了该种显示特效效果。

（3）"Xtras 文件"表示本显示特效效果使用的程序文件名，以及该文件的位置。当完成程序后，在发布软件的同时，要将它提供给用户，否则程序将不能正常运行。

（4）"周期"文本框：用来输入完成特效显示所用的时间，时间在 0～30 秒。

（5）"平滑"文本框：用来输入特效显示时的光滑程度，其值为 0～128，数值越小越精细，但所用时间也会增加。

（6）"影响"单选项栏：它由两个单选项组成，用来确定特效显示的作用范围。其中"全部窗口"表示作用整个窗口，"仅限区域"表示仅作用于图标中的对象。

（7）"选项"按钮可以设置特效类型参数，在选择一些特效后，单击它可调出相应的对话框。利用该对话框进行特效显示的设置。

（8）"重置"按钮可以恢复系统设置。

（9）"应用"按钮可以预览所设置的显示特效效果。

"选项"栏中各复选框的含义如下。

"更新变量显示"复选框：在显示图标中可以显示变量的值，选中该项后，运行中，若变量的值发生变化，将显示变化的值。

"禁止文本查找"复选框：在进行文本搜索时，将已选择该复选框的图标排除在文本搜索范围之外。

"防止自动擦除"复选框：选择该复选框后，可以使显示图标中的对象不受其他图标中设置的自动擦除的影响，要擦除这些对象，必须使用擦除图标。

"擦除以前内容"复选框：选中该复选框后，擦除该图标以前的内容。

"直接写屏"复选框：选中该复选框后，该显示图标的内容将显示在所有显示内容的最前面，不管它的层数是如何设置的，此时大多数特效效果也会失效。不选择该复选框时，该显示图标的对象的显示由图标的层数决定。

3. 对话框右端显示以下信息

“位置”下拉列表框：通过下拉列表中的各项设置，决定显示图标内容的位置。

- 不能改变：表示显示内容在程序运行时按照设计期间的位置显示。
- 在屏幕上：表示显示位置为整个屏幕，可按照“初始值”文本框中提供的坐标显示相应的位置，这里可以用变量来确定显示内容的位置。
- 在路径上：表示在定义好的路径上显示。
- 在区域内：表示在定义好的区域中显示。

“活动”下拉列表框：通过下拉列表中的各项设置，决定显示图标内容的移动方式。

- 不能改变：表示显示内容在运行时，位置不能再移动。
- 在屏幕上：表示显示内容在运行时，在不超出屏幕范围的前提下，可以任意移动。
- 任何位置：表示显示内容在运行时，可以任意移动，甚至可以用鼠标拖到窗口可视区域之外。

3.5.2　编辑多个显示图标

编辑多个显示图标会遇到放置在不同显示图标中图像的显示次序问题，在 3.3.1 小节中介绍过改变对象放置次序的方法，但该方法只适用于同一显示图标中的多个对象。对于处在不同的显示图标中的多个对象，Authorware 在默认情况下，将后执行的设计图标中的内容放置在先执行的设计图标中的内容的前面，如图 3-38（a）、（b）所示。下面我们以本实例说明如何改变多个显示图标中的多个对象的显示次序。

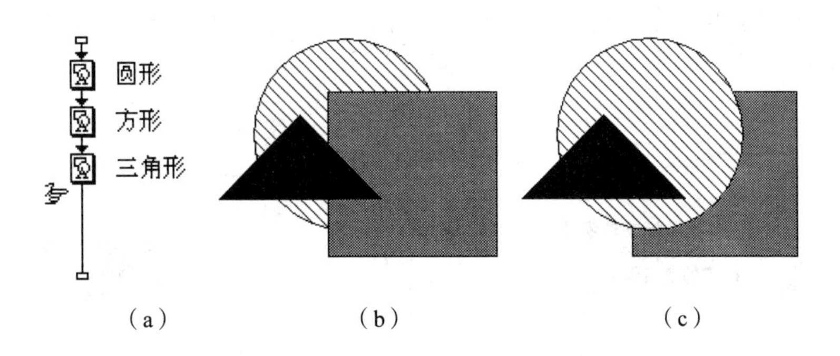

图 3-38　多个显示图标的显示次序

流程线上 3 个显示图标依次顺序执行的结果是“三角形”在最上，“方形”在中间，“圆形”在最底层。如果要将“圆形”显示在中间，“方形”显示在最底层，有两种方法实现。一种方法是用鼠标在流程线上将“圆形”拖到“方形”的下方，改变执行顺序。另一种方法是不改变图 3-38（a）的流程顺序，改变 3 个显示图标的属性设置。通过对“层”属性文本框设定不同的数值实现不同的显示，默认设置是所有显示图标均为 0 层，本例中设置“三角形”为 2，“方形”默认，“圆形”为 1，效果如图 3-38（c）所示。

在编辑多个显示图标还会遇到如何预览演示窗口中内容，如何对齐和同时编辑不同显示图标中的对象的问题。现分别介绍如下。

1. 在设计窗口中预览设计图标内容

在不打开设计图标的情况下，预览设计图标内容要方便快捷许多，其方法是按住 Ctrl 键的同时在设计窗口中用鼠标右键单击设计图标，此时设计图标的内容会出现在该设计图标的右下方。这种方法适用于预览显示图标、“数字化电影”设计图标、“声音”设计图标、“交互作用”设计图标、“导航”设计图标、“移动”设计图标和“擦除”设计图标。

2. 同时显示多个显示图标的内容

在设计中，常遇到多个显示图标显示内容相互参照的问题，为此需多个显示图标的内容同时显示，方法为按住 Shift 键的同时双击需要显示的图标，此时只有最后双击的显示图标中的所有对象呈选中状态。

3. 同时编辑多个显示图标中的显示对象

如上所述，在按住 Shift 键，将多个显示图标的内容同时显示之后，对多个显示图标内容进行同时编辑，采用的方法为按住 Ctrl+Shift 组合键的同时单击显示对象，可以同时选中处于不同显示图标的显示对象，此时就可以参照其他对象进行编辑。

3.5.3 动手实践：欧姆定律的实验演示

学习了显示图标之后，下面我们用显示图标及其相关属性设置来做一个模拟演示“欧姆定律的实验演示”的实例。如图 3-39 所示，效果是用鼠标拖动滑动变阻器指针，改变滑动变阻器的阻值，实现动态显示电流值的变化。

具体操作步骤如下。

（1）在流程线上添加一个显示图标，命名为“电路图”，双击该图标，用矩形工具绘制一个矩形并用灰色填充作为电池；用矩形工具绘制一个矩形并用绿色填充作为一个定值电阻；用椭圆工具绘制一个圆，并用文字工具输入一个红色字母 A 作为电流表；用矩形工具绘制一个矩形填充竖格线作为滑动变阻器。用文字工具做必要标注，并用直线工具把几个装置连接起来。完成后的效果如图 3-40 所示。

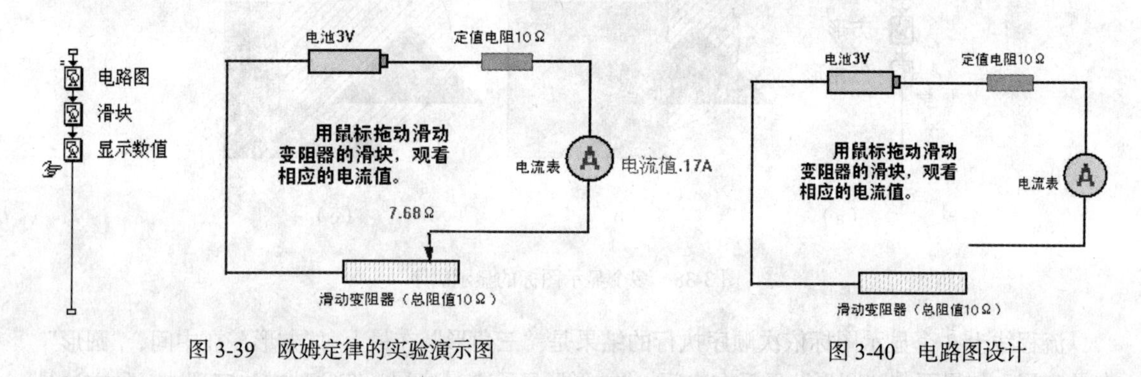

图 3-39 欧姆定律的实验演示图　　　　图 3-40 电路图设计

（2）用鼠标右键单击“电路图”显示图标，在弹出的快捷菜单中选择“计算...”，并在弹出的窗口中输入“Movable@"电路图":=FALSE”。使得在程序运行时，该图标中的内容不能被移动。

（3）继续在流程线上拖入显示图标，命名为“滑块”，按住 Shift 键的同时双击该图标，用“斜线”工具画出一条线段和一个带箭头的线段，组合成为滑块（见图 3-41（a）），把滑块与连接的导线放在同一直线上。完成后的效果如图 3-41（b）所示。

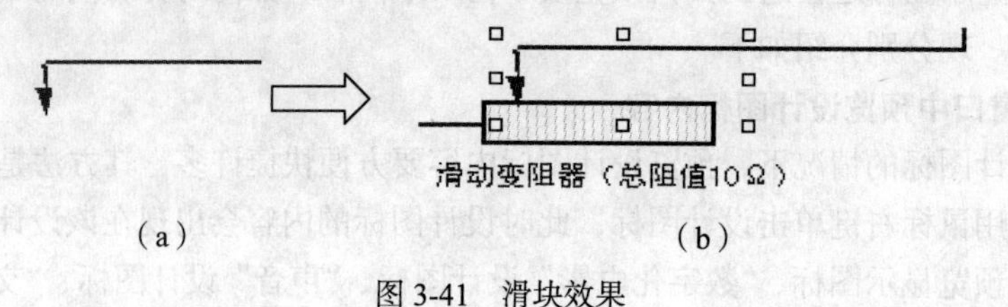

图 3-41 滑块效果

（4）右击“滑块”显示图标，选择“属性...”命令，在弹出的属性窗口中做如图 3-42（a）所示的设置（终点输入值“10”为滑动变阻器总电阻值）。单击“滑块”演示窗口中的滑块，拖动产生两个三角形拐点，设置其滑动轨迹，并与滑动变阻器在位置上重合，如图 3-42（b）所示。然后单击“确定”按钮。

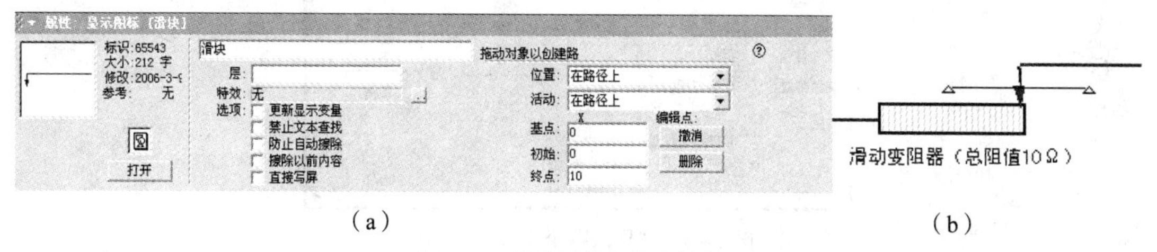

（a）　　　　　　　　　　（b）

图 3-42　滑块属性与轨迹的设置

（5）添加一个显示图标，命名为“显示数值”，按住 Shift 键的同时双击该图标，用文字工具在滑动变阻器图片的上方输入“{pathposition@"滑块"}Ω”，在电流表右方输入“电流值{3/（pathposition@"滑块"+10）}A”，分别用来显示滑动变阻器的阻值和电流表显示的电流值。然后右击该图标，打开属性窗口，在“显示”复选框中选中“更新显示变量”，然后单击“确定”按钮，使变量能够及时反映变化情况。

（6）完成后运行，观看显示效果。

3.6　图像的导入和属性

尽管 Authorware 提供了绘图工具、颜色等，但用显示图标制作的图形是很简单的，有时需要把外部丰富多彩的图像和素材调入“演示”窗口内，这就要用到图片的导入，以此可以有效地发挥 Authorware 创作工具的特点，更好地完成多媒体作品的创作。

3.6.1　图像的导入

导入图像的方法与导入文本的方法基本相似，它们包括以下 3 种方法。

1. 以粘贴方式导入图像

使用外部的图像处理工具打开外部所需图像，选中并进行复制或剪切；在 Authorware 中打开需要添加图像的显示图标；将复制或剪切的图像粘贴到演示窗口上。

2. 以拖放方式导入图像

打开图像文件所在的目录；选择所需图像文件按下鼠标左键拖动鼠标，将选中的文件拖到设计窗口中的流程线上，释放鼠标左键，Authorware 会自动在流程线上添加一个或多个显示图标。

3. 从外部文件直接导入图像

打开需要添加图像的显示图标，单击工具栏中的“导入”命令按钮，弹出“导入哪个文件”对话框，如图 3-43 所示。在对话框中选择需要的图像文件，单击“导入”按钮即可。

选择“显示预览”复选框可以预览当前选中的图像文件；选择“链接到文件”复选框可将导入的图像链接到程序文件中去，选中此复选框可以节省程序的内存空间，在打包发布时需注意打包该文件在内。

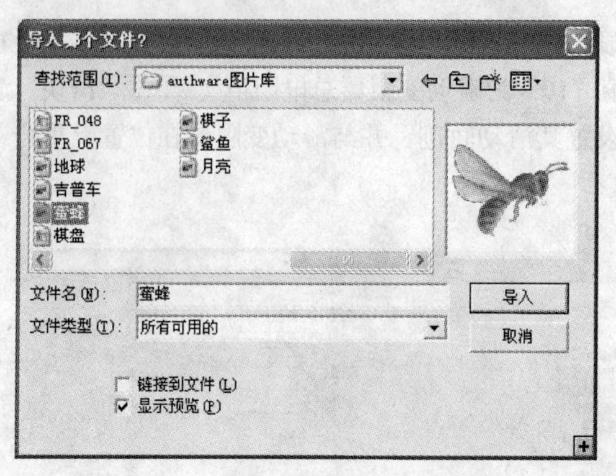

图 3-43 “导入哪个文件”对话框

如果一次想导入多个图像文件，可通过单击“导入哪个文件”对话框右下角的“扩展”按钮，出现扩展窗口。单击“导入”按钮可将选中的文件添加到扩展窗口中，单击“全部导入”按钮可将文件夹下的所有文件添加到扩展窗口中。若要删除某个文件，先选中它，然后单击“删除”按钮即可。

3.6.2 图像的属性

导入的图像仍不符合要求时，可通过属性设置对它进行编辑。这种编辑是在属性对话框中完成的。双击“演示”窗口中的图像对象，弹出如图 3-44 所示的“属性：图像”对话框，单击“导入”按钮可以重新导入图像文件。

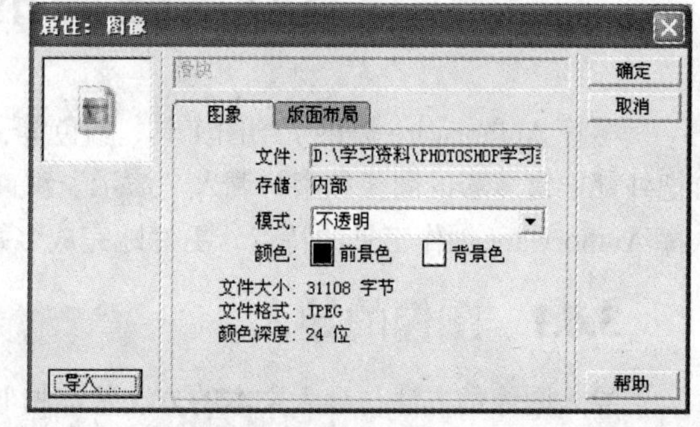

图 3-44 “属性：图像”对话框

1. “图像”选项卡

“文件”文本框：指示图像对象的来源文件。

“存储”文本框：指示图像对象的存储方式，即该文件在 Authorware 中是内部存储还是外部存储。

“模式”下拉列表框：在列表中给出了文件的显示模式，可以选择其中的任何一种。

“颜色”选择按钮：包括前景色和背景色，单击前景色按钮，从弹出的“颜色”对话框中可以选择前景色；单击背景色按钮，从弹出的“颜色”对话框中可以选择背景色。

2. “版面布局”选项卡

“选项”下拉列表框：设置图像的显示方式，3 种显示方式如图 3-45 所示。

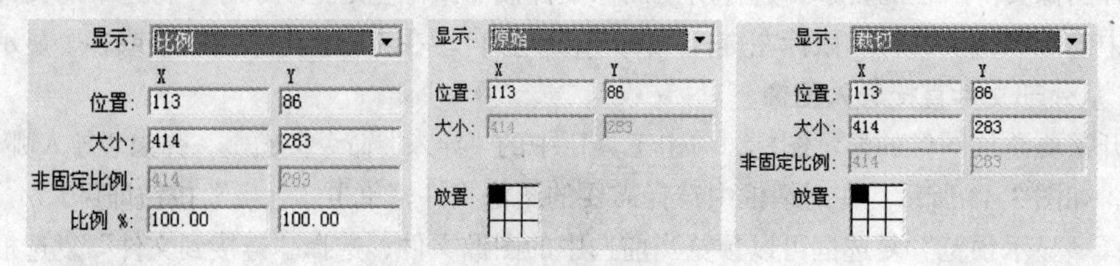

图 3-45 图像的显示方式

- 比例：当选择该选项时，图片可以任意缩放。

● 原始：当选择该选项时，图片将保持原来大小。如果要改变图片的大小，系统将弹出一个提示框，询问用户是否真的改变图片大小。如果单击“确定”按钮，图片的显示类型自动改变为“比例”类型。

● 裁切：当选择该选项时，图片的大小不变，当调整图片时，相当于对图片进行裁切。

3.7　擦除与等待图标的应用

擦除图标的作用是把显示在演示窗口的内容用丰富的动画效果擦除，可以擦除屏幕上已显示出的内容。擦除图标擦除的内容是图标中所有的内容，如果不想一次擦除一个图标内的所有内容，就必须将这个图标里的内容分别显示在不同的图标里。

等待图标则是把程序进程的控制权转移到用户手中，它是体现 Authorware 交互性的表现之一，使用它可以在程序中设置一定时间或不定时间的停留。这样使画面停顿以便观看，或者等待用户的进一步操作。

3.7.1　擦除图标的属性

双击擦除图标，弹出“属性：擦除图标”对话框，如图 3-46 所示。“属性：擦除图标”对话框用于设置擦除方式和擦除目标。

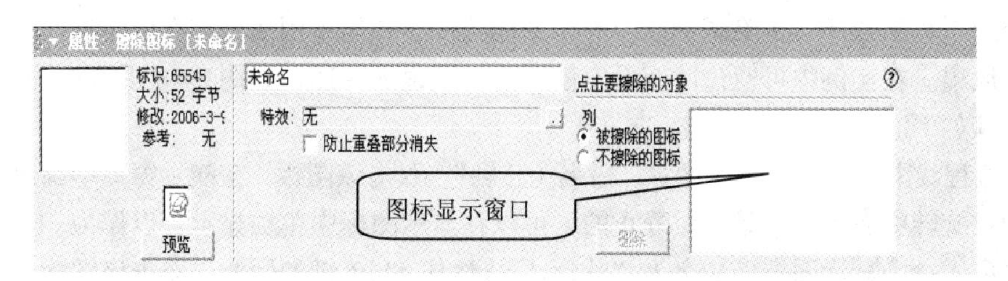

图 3-46“属性：擦除图标”对话框

“特效”文本框：单击后面的 按钮可打开特效效果选择对话框，这个对话框与显示图标的特效效果相同。

“防止重叠部分消失”复选框：防止交叉过渡。如果被选中，则图标的擦除与下一图标的显示分开进行；如果没被选中，则图标的擦除与下一图标的显示同时进行。

“图标显示窗口”：在其中显示的是所选对象的图标名称及图标类型图示。窗口中深色为当前选中的操作对象。

“删除”按钮：在“图标显示窗口”中有选中对象时，该按钮可用，单击该按钮将去掉被选中的对象。

“列”中的单选按钮：选择“被擦除的图标”，表示选择图标显示窗口中所列图标都是要擦除的对象；选择“不擦除的图标”，表示选择图标显示窗口中所列图标是保留对象。这在屏幕上显示的内容较多时非常适用，因为通过它可以选择要保留的对象，而没有选择的对象就会被擦除。

3.7.2　等待图标的属性

双击等待图标，弹出“属性：等待图标”对话框，如图 3-47 所示。

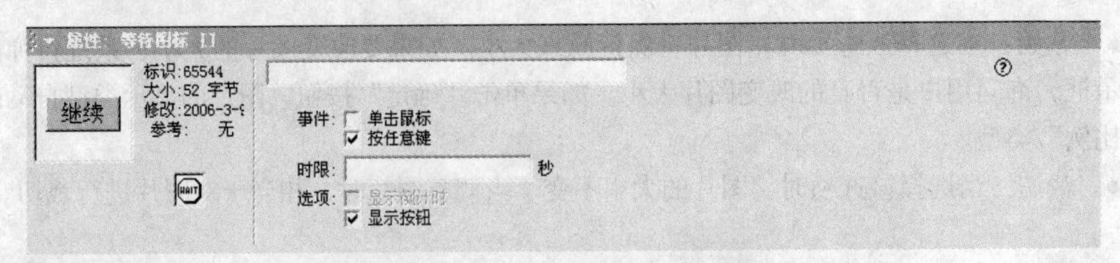

图 3-47“属性：等待图标”对话框

图标内容预览框中显示的是当前“等待”图标中的内容。

“事件”复选框：指定用来结束等待状态的事件。

- “单击鼠标”复选框：当用户单击鼠标左键时，结束等待状态。
- “按任意键”复选框：当用户按下键盘上的任意键时，结束等待状态。

“时限”文本框：在文本框中输入等待的时间，单位是秒。当输入的时间到了以后，结束等待状态。

“选项”复选框：指定“等待”图标的内容。

- “显示倒计时”复选框：程序在执行“等待”设计图标内容时，“演示”窗口中出现一个时钟，可以拖动时钟来改变其位置。此复选框只有在输入了等待时间后才有效。
- “显示按钮”复选框：程序在执行“等待”设计图标内容时，“演示”窗口中出现等待按钮，可以拖动按钮来改变其位置，也可以移动按钮旁的选择区域来改变其大小。

3.7.3 动手实践：旋转的风扇

前面介绍了显示图标、擦除图标以及等待图标的性质和简单用法，现在应用这几种图标制作一个转动的风扇。在实例中可通过改变设定值，控制风扇的转速，如图 3-48 所示。

操作步骤如下。

（1）在流程线上拖入一个显示图标，命名为“轴”，双击该图标，在演示窗口中画出风扇的转轴。由于轴在旋转中表现出来是相对静止的，可以在显示图标中单独显示，以作为一个参照。

（2）再拖入一个显示图标，命名为“叶片 1”，按住 Shift 键的同时，双击该图标，在窗口中画出风扇的 3 只叶片，在此我们可以用图像处理软件画好 3 只不同角度的叶片，导入到演示窗口，也可用绘图工具箱中的“多边形工具”绘制不同角度的叶片，效果如图 3-49（a）所示。

（3）为了使叶片在视觉上有暂时的停留现象，在流程线拖入等待图标，设置 0.1s 左右的等待时间。

（4）拖入一个擦除图标，用来擦除显示图标“叶片 1”。

（5）在擦除图标下再拖入一个显示图标，以显示图标“轴”为参照，画出风扇顺时针旋转 60°的 3 只叶片。命名为“叶片 2”，如图 3-49（b）所示。

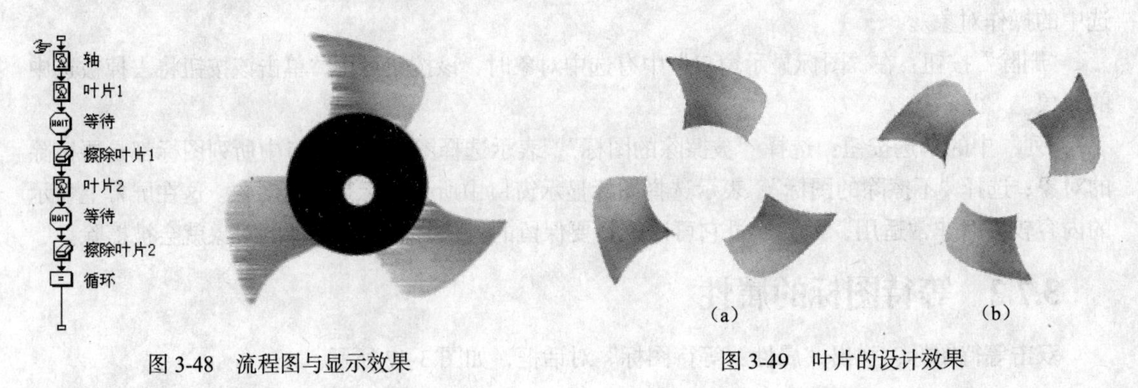

图 3-48 流程图与显示效果

图 3-49 叶片的设计效果

（6）同理，拖入等待图标，设置值与第一个等待图标相同，再拖入一个擦除图标，分别命名为“等待”和“擦除叶片2”，用来停顿和擦除显示图标“叶片2”。

（7）为达到无限转动的效果，在流程线最后拖入一个计算图标，双击该图标，打开计算编辑窗口，单击工具栏中的“函数”按钮，选择GoTo函数，设定变量如图3-50所示。

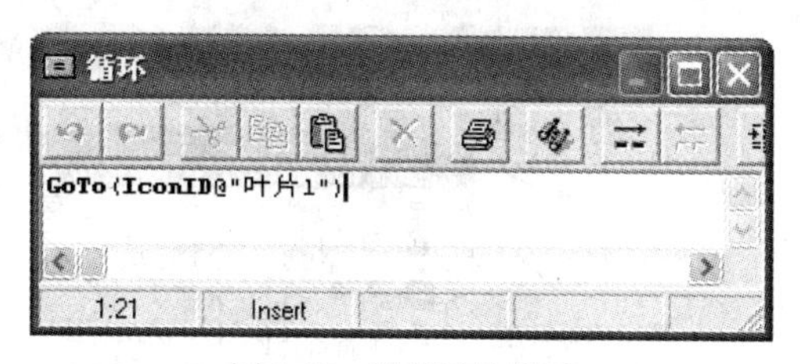

图3-50　设置叶片循环

（8）关闭变量输入窗口，保存。运行程序观看效果。

在调节风扇转速的控制时，为了方便起见，可以用自定义变量方式，加一个计算图标，并在等待图标内设置变量来改变风扇的转速，如图3-51所示。

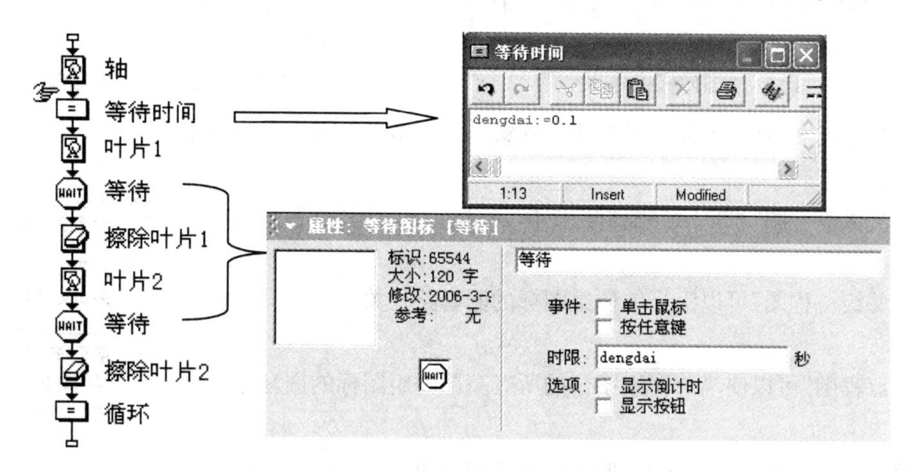

图3-51　用自定义变量控制

3.8　群组图标的应用

在进行多媒体作品创作时，会发现小小的设计窗口无法容纳下众多的设计图标，这个问题可以通过在设计窗口中单击鼠标右键，在弹出菜单中选择“使用滚动条”命令，调出滚动条来解决。但更主要的问题是当程序太大时，程序没有了条理，结构显得不清晰。为了达到结构化程序设计的思想，我们采用了“群组”图标，它可以把应用程序划为若干个模块，每个模块都完成一定的功能，而且要使每个模块都只有一个入口和一个出口。每个模块都可以作为另一个稍大模块的子模块。

3.8.1　群组图标的组合

直接拖放一个“群组”图标在流程线上，双击这个图标后会出现一个与设计窗口类似的群组图标的设计窗口，如图3-52所示。

图中层次标志的“层”与显示图标的“层”不一样，一个Authorware程序的主设计窗口的层次为1，在主流程线上的群组图标设计窗口层次为2，在层次为2的窗口的流程线上的群组图标的设计窗口层次为3，依此类推。

在使用群组图标时，常用鼠标选中多个连续的设计图标，方法为在这些图标的左上角按住鼠标左键拖动，产生一个虚线框，将这些图标框到虚线框中后松开鼠标，便将这些图标选中。执行

“修改|群组”菜单命令，可以将当前选中的多个连续的设计图标组合为一个群组图标，如图 3-53 所示。同样，执行“修改|取消群组”菜单命令，可以将一个群组图标分组为组合前的状态。

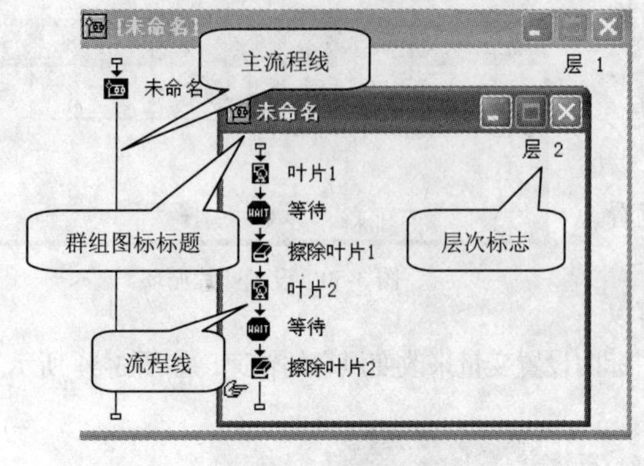

图 3-52　群组图标介绍

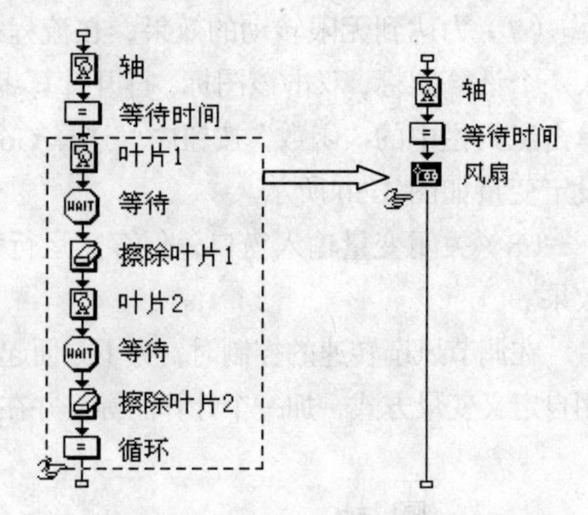

图 3-53　建组前的图标选择

对群组图标的管理，可以通过按住 Ctrl 键，并单击鼠标右键实现对多个群组图标的管理，如图 3-54 所示。

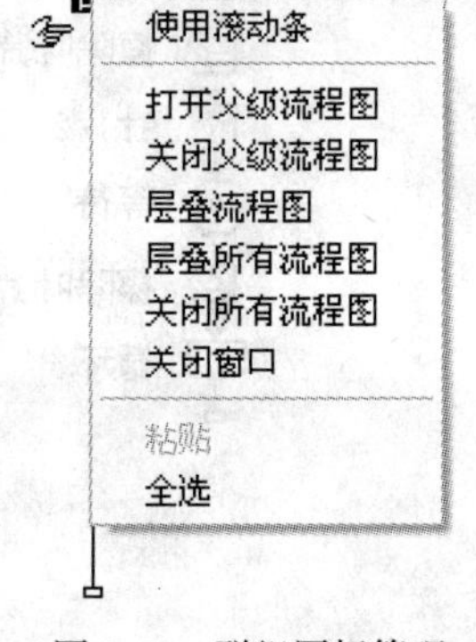

图 3-54　群组图标管理

“打开父级流程图”可以沿当前群组图标的嵌套路径打开所有高层群组图标。

“关闭父级流程图”可以沿当前群组图标的嵌套路径关闭所有高层群组图标。

“层叠流程图”可以使当前群组图标的所有高层群组图标的嵌套路径层叠显示。

“层叠所有流程图”可以使当前所有被打开的群组图标的所有高层群组图标执行“层叠流程图”。

“关闭所有流程图”可以关闭当前所有处于打开状态的群组图标。

“关闭窗口”可以关闭当前处于打开状态的群组图标。

也可新建一个群组图标并打开，将这些图标通过单击鼠标右键进行复制或剪切，然后粘贴到群组图标的流程线上；还可以将这些图标直接拖动到新建的群组图标的流程线上。

3.8.2　群组图标的属性

选择群组图标，单击鼠标右键，选择“属性”子菜单，调出“属性：群组图标”对话框，如图 3-55 所示。

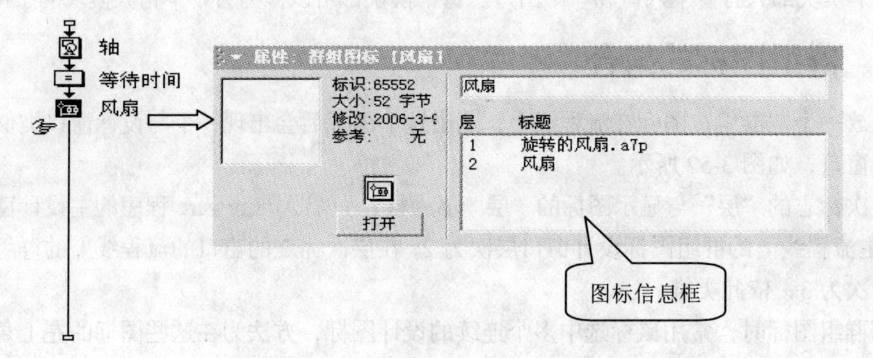

图 3-55　“属性：群组图标”对话框

图标信息框中显示了两个项目，一个是层，表示群组内每个图标的层次；另一个是标题，表示群组内每个图标的标题名称。在这个框中最下面显示的是图标本身，由上至下依次显示的是它上级群组图标。“属性：群组图标”对话框中的预览窗口始终为空。

3.8.3　动手实践：显示一个汉字的笔画

通过显示图标的特效设置应用，即利用特效分类中的“露出方式”来实现按笔画显示一个汉字的动画过程。以书写“木”字为例，其显示效果如图 3-56 所示。

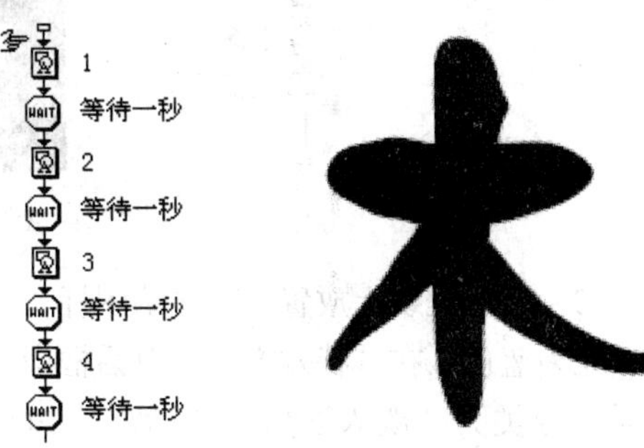

图 3-56　显示汉字笔画

制作方法如下。

（1）拖动显示图标到流程线上，命名为背景，双击它，在演示窗口中导入一张图片作为背景进行美化。设置“特效”属性为“从左上向右下露出展示”。

（2）再拖动显示图标到流程线上，命名为 1，在演示窗口中用多边形绘图工具画上“木”字的第一笔画，并调整颜色。

（3）拖动等待图标到显示图标的下面，命名为等待一秒。双击它，时限文本框输入 1，取消所有复选框的选中。

（4）依次拖动显示图标和等待图标，在显示图标的演示窗口顺次画上“木”字的其他笔画。这里的等待图标可以通过复制来完成。

（5）双击 1 显示图标，按住 Shift 键，双击 2、3、4 显示图标，在演示窗口内调整每个笔画图形的位置。

（6）右击 1 显示图标，选择快捷菜单中的特效，选择露出类别下的“从左往右露出展示”。2 显示图标的特效效果是“从上往下露出展示”，3 显示图标的特效效果是“从右上向左下露出展示”，4 显示图标的特效效果是“从左上向右下露出展示”。

（7）运行程序，实现一笔一画书写“木”字的特殊效果。

巧妙地运用显示特效效果能实现很多意想不到的效果，如实现一幅图由远及近地推进，可设置特效效果是内部分类下的以点式由内向外，然后输入周期和平滑的值。再如要制作出一个从傍晚到黑夜的动画，可取几个关键帧，然后将它们放入 Photoshop 中调整一下亮度，亮度一点一点地变暗，然后将这些处理过的图片分别导入到几个显示图标中，设置它们的特效效果为逐次图层方式，周期设置得短一点，即可模拟傍晚到黑夜的动画效果。

3.8.4　动手实践：发光的钻石

在黑色背景颜色的显示窗口内，绘制一颗蓝色的钻石，通过显示图标的特效设置，实现钻石内部发光时隐时显，同时在钻石外有光芒四射的效果。效果如图 3-57 所示。

具体步骤如下。

（1）拖动显示图标到流程线上，命名为“宝石”。双击打开，在演示窗口用多边形工具绘制一颗钻石，并填充蓝色。

（2）单击“修改|文件|属性”菜单命令，在弹出的“属性：文件”对话框中，设置背景颜色为黑色，以便更加衬托钻石的颜色效果。

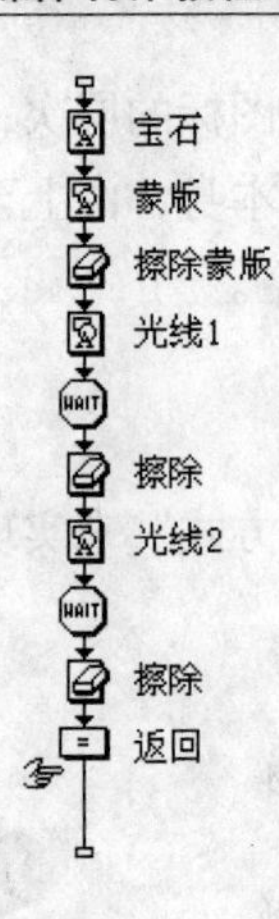

图 3-57　钻石发光的效果

（3）在流程线上放置一个显示图标，命名为“蒙版”，双击该图标，画一个圆，覆盖住钻石，并填充为蓝色，在“特效方式”对话框中设置特效效果，分类为“淡入淡出”，特效为“变色”，如图 3-58 所示。

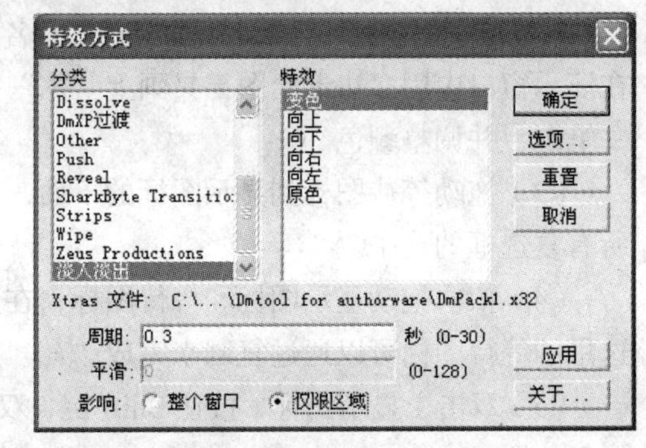

图 3-58　“特效方式”对话框

（4）在流程线上放置一个擦除图标，命名为“擦除蒙版”，擦除对象为“蒙版”。右击该图标，选择“属性”设置特效效果，同显示图标一样，分类为“淡入淡出”，特效为“变色”。

（5）绘制发光光芒，同“旋转的风扇”一样，实现视觉上光线交替显示的效果。设置擦除、等待时间，效果如图 3-59 所示。本步骤学生们可发挥自己的想象力，自己创作。

图 3-59　两组光线叠加的效果

（6）为达到无限转动的效果，在流程线最后拖入一个计算图标，双击该图标，打开计算编辑窗口，单击工具栏中的“函数”按钮，输入 GoTo(IconID@"蒙版")。

（7）运行程序，可以观察到显示图标和擦除图标的特效效果。

习　题　三

一、选择题

1. 演示窗口设计为 800 像素×600 像素，计算机显示模式为 640 像素×480 像素，内容会（　　）。

A. 全部显示　B. 不显示　C. 部分显示　D. 挤在左上角

2. 在多个显示图标中，要同时编辑不同图标中的图形需要按住（　　）键。

A. Ctrl+Alt　B. Alt　C. Ctrl+Shift　D. Ctrl

3. 在“层”属性文本框中不可输入（　　）。

A. 负整数　B. 零　C. 小数　D. 正整数

4. 按住 Shift 键，绘制线段为（　　）。

A. 0°、90°　B. 0°、180°

C. 0°、45°、90°　D. 0°、60°、90°

5. 要同时选中多个图形需要按住（　　）键。

A. Ctrl　B. Shift　C. Alt　D. Ctrl+Alt

6. 函数 Random（Min，Max，Units）中 Units 的意义是（　　）。

A. 最大值　B. 最小值　C. 步长　D. 终值

7. 在显示图标的层设置中，一般是（　　）。

A. 默认为 1

B. 数字较小的层级在数字较大的层级之前

C. 层级较大的文字优先于层级较小的文字显示

D. 层级较小的文字优先于层级较大的文字显示

8. 下面关于特效效果的叙述，错误的是（　　）。

A. “平滑”栏中列出的是特效的平滑程度，数字越大则越精细

B. “特效”栏中列出的是某种特效效果中的方式

C. “周期”栏中列出的是特效过程的持续时间

D. “分类”栏中列出的是特效效果的种类

9. 文本的输入方法中，（　　）说法是不正确的。

A. 可以利用显示图标来输入文本

B. 可以从文本文件中导入文本，并能够保留原来文本的格式

C. 可以从 RTF 文件中导入文本，并能够保留原来文本的格式

D. 可以利用绘图工具箱中的文本工具设置文本的格式

10. 利用（　　）命令可以将一组对象组合成一个对象。

A. 修改|群组　B. 查看|群组　C. 文本|群组　D. 调试|群组

二、思考题

1. 说明显示图标显示属性的各种含义。
2. 向程序导入外部文本和图像有哪些方法？
3. 如何将后面的图像显示到最顶层？
4. 如何将多个图像导入到程序文件中？
5. 删除制表位的方法是什么？

三、上机操作题

1. 用显示图标、擦除图标、等待图标以及群组图标制作一段精彩的多媒体作品。
2. 制作“红旗飘扬”的动画效果。
3. 用特效效果，制作一个文字片头。

第4章 声音、数字电影图标

【本章概述】

作为一个优秀的多媒体制作系统，Authorware 不仅能制作和输入文字、图片，而且能输入和播放声音和视频。本章主要讲述的内容就是处理声音与视频的两个图标：声音图标和数字电影图标。

4.1 声音图标

4.1.1 声音概述

声音是极其重要的携带信息的媒体。声音的种类繁多，如人的语音、乐器声、动物发出的声音、机器产生的声音以及自然界的雷声、风声、雨声等。这些声音有许多共同的特性，也有它们各自的特性，在用计算机处理这些声音时，一般将它们分为波形声音、语音和音乐 3 类。

（1）波形声音。波形声音实际上已经包含了所有的声音形式，它可以把任何声音都进行采样量化后保存，并恰当地恢复出来。

（2）语音。人的说话语音是一种特殊的媒体，它不单是一种波形声音，而且通过语气、语速、语调携带比文本更加丰富的信息。虽然与波形声音的文件相同，但须作为一个特殊媒体研究。

（3）音乐。音乐是一种符号化的声音，这种符号就是乐谱，乐谱可转化为符号媒体形式，表现形式为 MIDI 音乐。

在描述声音文件时，通常是建立一种模拟的连续波形模型，来描述声音文件，如图 4-1 所示。

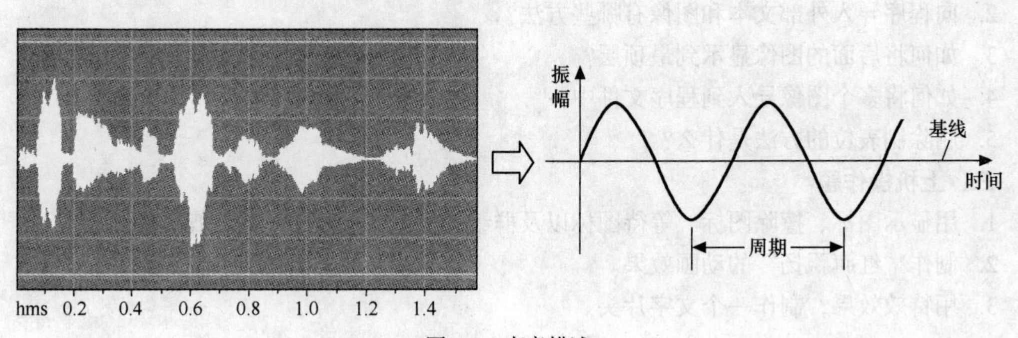

图 4-1 声音描述

波形最高点（或最低点）与基线间的距离为振幅，表示声音的强度，用采样位数描述。波形中两个连续波峰间的距离称为周期，用采样频率来描述。波形频率由 1 秒内出现的周期数决定，若每秒 1000 个周期，则频率为 1kHz。如图 4-2 所示，通过采样可将声音的模拟信号数字化，也就是在捕捉声音时以固定的时间间隔对波形进行离散采样，来达到模拟信号转为数字信号的目的。

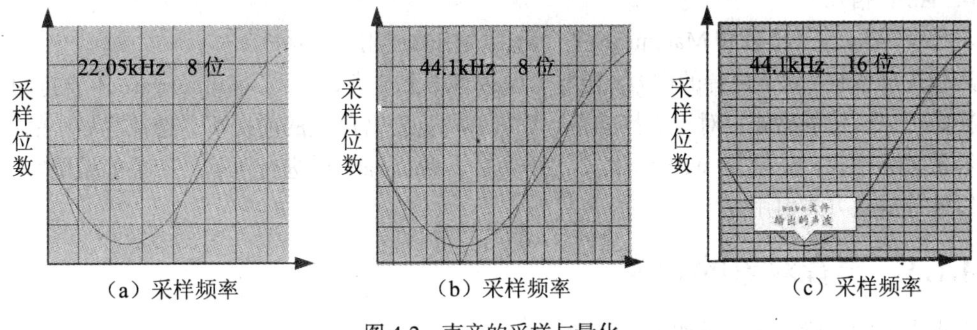

图 4-2　声音的采样与量化

影响数字声音波形质量的主要因素有 3 个。

（1）采样速率：指波形被等分的份数，份数越多（即采样频率越高），质量越好，如图 4-2（a）与（b）的比较。

（2）采样位数：即每次采样的信息量。采样通过模/数转换器（A/D）将每个波形垂直等分，若用 8 位 A/D，可把采样信号分为 256 等分；而用 16 位 A/D，则可将其分为 65 536 等分。如图 4-2（b）与（c）的比较，显然后者比前者音质好。

（3）声道数：声音通道的个数表明声音产生的波形数，一般分为单声道和立体声道。单声道产生一个波形，立体声道则产生两个波形。采用立体声道声音丰富，但存储空间要占用很多。

由于声音的保真与节约存储空间是有矛盾的，因此要选择平衡点。采样后的声音以文件方式存储。

4.1.2　声音文件格式

在 Authorware 中，声音是多媒体创作的重要组成部分之一。它可以增强程序的生动性、趣味性。Authorware 提供了声音图标工具，用于编辑、播放和控制声音文件。

Authorware 7.0 支持的声音文件格式有 WAVE、SWA、MP3 Sound、AIFF 和 PCM。

1. WAVE 格式

WAVE 格式是标准的 Windows 声音格式，为基于 Windows 的应用程序广泛支持。这种格式声音无压缩，有较高的声音品质，但文件容量相对较大。尽管数据量非常大，但在声音长度不大的前提下，不失为理想的声音记录形式，这也是为什么多媒体产品总是把 WAVE 格式作为首选的音频文件格式的原因。

2. SWA 格式

在 Authorware 中，可以将 WAVE 格式声音压缩成 SWA 格式声音。这种格式声音容量相对较小，并具有较好的声音品质。多用在当容量受到限制时，尤其是在网络环境下发行时，可以将要求较高的声音（如音乐）压缩成 SWA 格式声音。

3. MP3 格式

目前极为流行的一种压缩声音格式。MP3 是采用国际标准 MPEG 中的第三层音频压缩模式，对声音信号进行压缩的一种格式，中文也称“电脑网络音乐”。它的扩展名为“.mp3”。MP3 的突出优点是压缩比高、音质较好、制作简单，可与 CD 音质相媲美。Authorware 不提供将 WAVE 格式声音压缩成 MP3 格式声音的功能，使用超级解霸或其他相关的声音处理软件，可以实现这种压缩转换。

4. AIFF 格式

一种在 Windows 平台和 Macintosh 平台都能使用的通用声音格式。

选择声音素材，除了声音的内容，还要考虑声音的文件格式。对于 Authorware 不支持的格式，要转换成可以支持的格式；对于支持的格式，要在保证声音品质的前提下，选择容量小的格式；对于容量大的格式，如果是 WAVE 格式，可以在 Authorware 中进行压缩：如果容量确实很大，可以以外部链接方式引用。

4.1.3 声音对象的导入

引入声音的一般操作步骤如下。

（1）在流程线上放置声音图标并命名。

（2）双击声音图标，打开属性对话框，如图 4-3 所示，单击“导入”按钮，弹出“导入哪个文件？”对话框，如图 4-4 所示。

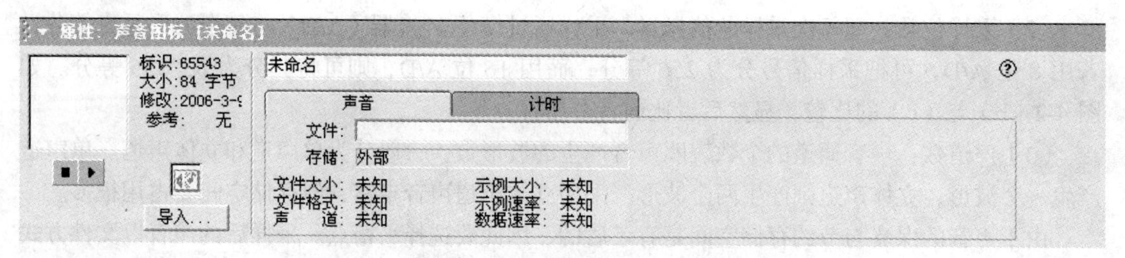

图 4-3 声音图标属性对话框

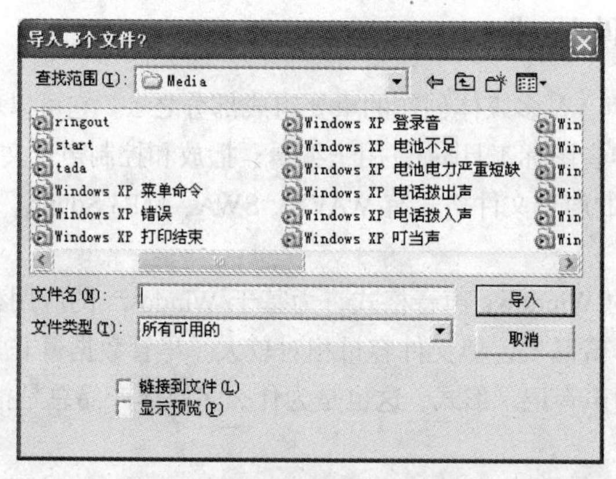

图 4-4“导入哪个文件？”对话框

（3）找到所要引用的声音文件，通过“链接到文件”复选框确定采用内部引入还是链接引入，单击“导入”按钮引入文件。

（4）如图 4-5 所示，在属性对话框中预听声音和查看导入的声音文件参数，并进行必要的设置。

（5）关闭声音图标属性对话框。

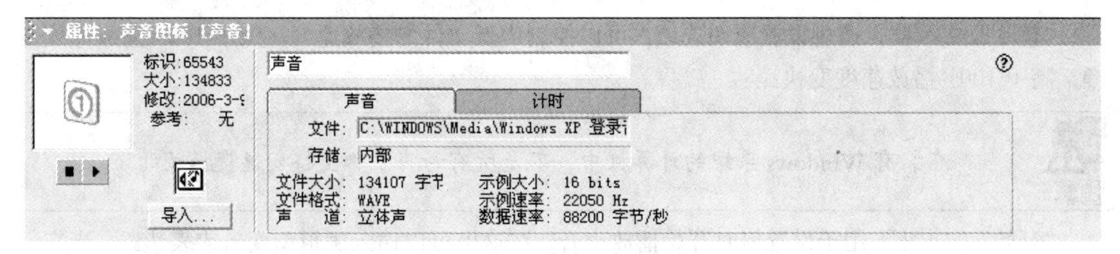

图 4-5　声音图标属性对话框

除了使用图标加载声音文件外，还可以使用拖放方式和输入对象方式加载声音文件。具体如下。

1. 使用拖放方式加载声音文件

打开资源管理器，找出相应的声音文件；将该声音文件拖放到流程线或打开的库中释放，在流程线上或库中会自动添加一个包含该声音文件的声音图标。

2. 使用输入对象对话框加载声音文件

选中“文件|导入”菜单命令，打开文件输入对话框；指定文件类型，以限制文件的搜索范围，然后在列表中选中一个文件；单击“导入”按钮，完成声音文件的加载操作。

4.1.4　声音对象属性的设置

一个声音图标在流程图上的位置决定了声音文件的播放起始时间。通过对声音图标属性对话框中的执行方式下拉列表项的设定，可以对声音文件的播放进行进一步的控制选择，如图 4-5 和图 4-6 所示。

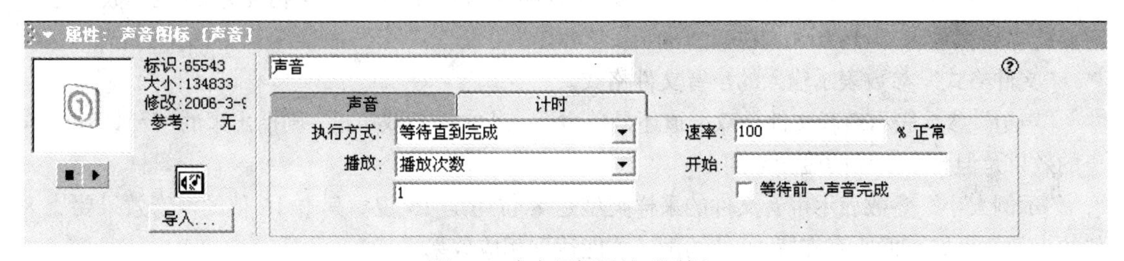

图 4-6　声音图标属性对话框

1. “计时”选项卡

“执行方式”下拉列表框：用来设置动画文件播放的同步问题，它有 3 个选项。

- 等待直到完成：直到声音播放完才执行流程线上的下一个图标。
- 同时：在播放声音的同时执行下一个图标的操作，这样可以使声音与某个执行动作结合起来。对声音用于配音或背景音乐非常有用。
- 永久：在退出声音图标后仍保持活跃状态，当 Authorware 程序监测到变量为真时，即开始播放。该属性对循环播放背景音乐非常有用。

“播放”下拉列表框：使用播放选项，可以控制声音的播放次数。播放次数的设置可有以下几种选择。

- 播放次数：输入一个数值或变量或表达式以决定声音文件重复播故的次数。
- 直到为真：如果用户在执行方式中选择“永久”选项，在播放的文本框中输入一个变量或表达式，当这个变量或表达式的值为真时播放声音。

“速率”文本框：通过设置速率选项，可以控制声音文件的播放速度。低于 100%播放速度变慢，高于 100%播放速度变快。

在装有 Windows 系统的计算机中，不是所有的声卡都支持变速度播放的。

“开始”文本框：用于设置何时开始播放声音。在这里可以输入逻辑型变量或表达式，当它们的值变为真时，Authorware 才允许播放声音。当 Authorware 执行到一个声音图标时，如果该设计图标的“开始”属性值为假，就会略过它继续向下执行。

“等待前一声音完成”复选框：在第一个声音图标中的声音还没有播放完毕时，Authorware 又遇到了第二个声音图标，这时如果第一个声音图标的“执行方式”属性没有设置为“等待直到完成”，Authorware 会提前终止它直接去播放第二个声音图标中的声音。想要改变这种状况，可以将第二个声音图标的“等待前一声音完成”复选框选中，这时该设计图标中的声音就会等待前一个声音播放完毕后才开始播放。

2. “声音”选项卡

如图 4-5 所示，“文件”输入框显示导入文件的位置和名称，但不能直接编辑修改，只有再次单击“导入”按钮选择新的文件后，其值自动改变。

“存储”参数表示声音文件是保存在程序内部还是保存在程序的外部。该值不能修改，只能在输入文件时，由链接到文件选项来确定。若选择该项，则此处显示为外部，否则为内部。

“文件大小”参数表示文件大小。此项和以下各项不能修改，而由输入文件本身的信息来确定。

声音文件大小的计算公式为：存储容量（字节）= 采样频率×采样精度/8×声道数×时间

例如，一段持续 1 分钟的双声道音乐，若采样频率为 44.1kHz，采样精度为 16 位，数字化后需要的存储容量为 44.1×1000×16/8×2×60=10.584MB。

“文件格式”参数表示输入的声音文件格式。

“声道”参数表示声音文件是双声道还是单声道。若文件是双声道，则播出来的声音具有立体声的效果，但要占双倍的磁盘空间。

“示例大小”参数表示声音文件的采样类型是 8 位还是 16 位。其中 16 位的声音效果要比 8 位的声音效果好，但要有支持 16 位的声卡才能达到相应效果。

“示例速率”参数表示声音录制时的采样频率，简单地讲就是每秒内录制声音信息的次数。一般来讲，数值越大，效果越好，声音越逼真，但占用的磁盘空间越大，需要计算机处理的时间越多。

“数据速率”参数表示回放声音时，数据读取的速率，单位为“字节/秒（B/s）”。

4.1.5 媒体同步

媒体同步是指在媒体播放的过程中同步显示文本、图形、图像和执行其他内容。Authorware 提供的媒体同步技术，允许声音图标和数字电影图标激活任意基于媒体播放位置和时间的事件。

从图标选择板中拖动一个设计图标放置到流程线声音图标的右侧，就会出现一个媒体同步分支（具有一个时钟样式的媒体同步标记，如图 4-7 所示），同时该设计图标就会自动成为一个媒体同步图标。单击媒体同步标记，就可以打开“属性：媒体同步”对话框，如图 4-8 所示。在其中可以对媒体同步分支的同步属性进行设置，以决定媒体同步图标的执行情况。现将该对话框介绍如下。

“同步于”下拉列表框：该下拉列表框设置同步并发选项，它包括如下选项。

- 位置：选择该选项，则根据数字电影图标或者声音图标的位置来并发，然后在下侧的文本框中输入一个位置值。如果媒体是一个数字电影，则位置值是帧数；如果媒体是音频，则位置值是毫秒数。

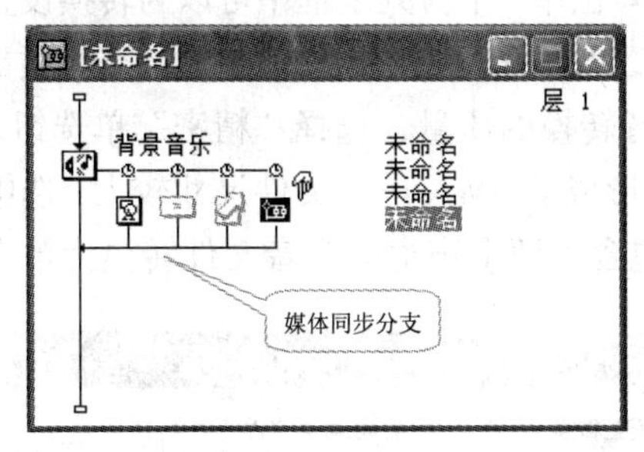

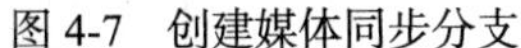
图 4-7　创建媒体同步分支

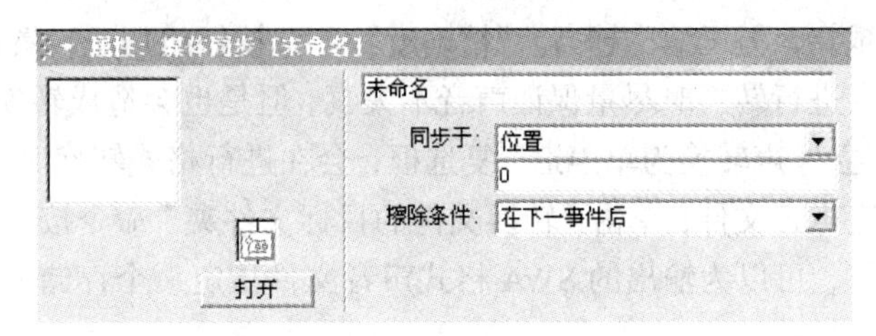

图 4-8　“属性：媒体同步”对话框

- 秒：选择该选项，则根据媒体播放过的秒数值来并发，然后在下侧的文本框中输入一个秒数数值。

“擦除条件”下拉列表框：设置擦除方式，它包括如下选项。

- 在下一事件后：选择该选项，将在进入下次事件后擦除本图标的信息。
- 在下一事件前：选择该选项，将在进入下次事件前擦除本图标的信息。
- 在退出前：选择该选项，将在退出数字电影图标或者声音图标时擦除本图标的信息。
- 不擦除：选择该选项，将不擦除本图标的信息。

单击该对话框中的“打开”按钮，可以打开展示窗口，来显示和编辑本图标的内容。单击“确定”按钮，保存并发属性的改变。

4.1.6　压缩声音

在安装 Authorware 时 SWA 格式声音文件被自动安装到系统中。这种格式声音容量相对较小，具有较好的声音品质。当存储容量受到限制时，尤其在网络环境下发行时，可以将要求较高的声音（如音乐）压缩成 SWA 格式声音。

具体操作步骤如下。

（1）进入 Authorware，执行“其他（X）|其他|转换 WAV 到 SWA”菜单命令，打开转换声音文件对话框，如图 4-9 所示。

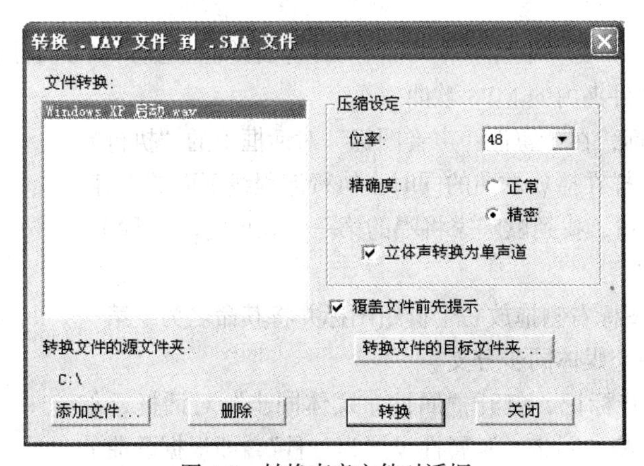

图 4-9　转换声音文件对话框

（2）单击“添加文件”按钮，弹出选择 WAVE 文件对话框，从文件夹中找到需要进行压缩转换的 WAVE 格式文件，然后单击“打开”按钮。

（3）选择所要转换的文件，在转换声音文件对话框中，“位率”下拉列表框中可以为转换设置一个采样频率，默认设置为 64。该值越小，声音质量越好，但压缩比越低；该值越大，声音质量越差，但压缩比越高。“精确度”单选按钮组用于设置声音转换的质量，选择“精密”单选钮，在进行转换时尽量保证声音不失真，但是也会造成转换后形成的.SWA 声音文件尺寸较大；选中“立体声转换为单声道”复选框，会在进行格式转换时将包含了两个声道的声音文件转换为单声道声音文件；单击“转换文件的目标文件夹”命令按钮，可以为输出的.SWA 格式声音文件指定一个存储文件夹。

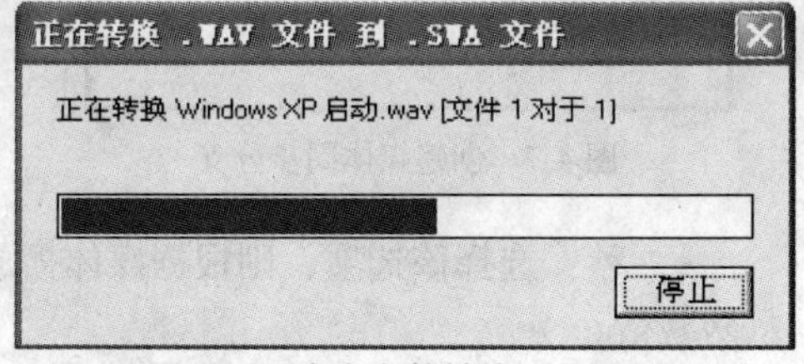

图 4-10 声音文件转换过程显示

（4）在转换声音文件对话框中设置完成后，单击“转换”按钮，开始转换，并弹出如图 4-10 所示的进程条。转换结束后，即生成 SWA 格式文件，SWA 格式文件一般只有原来 WAVE 格式文件容量的 1/5，它可直接被 Authorware 引用于声音图标播放，但不能用函数播放。

4.1.7 动手实践：实现卡啦 OK 滚动字幕

在这一节中，将利用媒体同步技术，制作一个卡啦 OK 滚动字幕的例子。选择一首 MP3 歌曲，制作出每句歌词随着歌曲的节奏从右出现至左消失的效果。

图 4-11 程序与显示效果

（1）拖入一个显示图标，制作一个背景，再向流程线上拖放一个声音图标，将其命名为“歌曲”，并向其中导入文件夹内的 MP3 歌曲。

（2）单击声音图标，在“属性：声音图标”对话框中的“执行方式”上选择“同时”，这样在播放歌曲的同时会执行流程线下面的内容。单击■▶播放控制按钮，找到歌唱家将唱的第一句歌词时间（秒），如图 4-12 所示。

图 4-12 查找歌词出现时间

（3）向“歌曲”图标右侧拖放一个群组图标并将其命名为“第一句”，这样就创建了一个媒体同步分支。

（4）单击媒体同步标记，打开“属性：媒体同步”对话框，如图 4-13 所示，在其中将“同步于”属性设置为“秒”，即根据歌曲的秒进行同步，然后将“同步于”属性的第 2 步定位于这句歌词唱完所需要的时间（秒）。将“擦除条件”属性设置为“在下一事件后”，即在下一段滚动字幕播放时，擦除本段字幕。

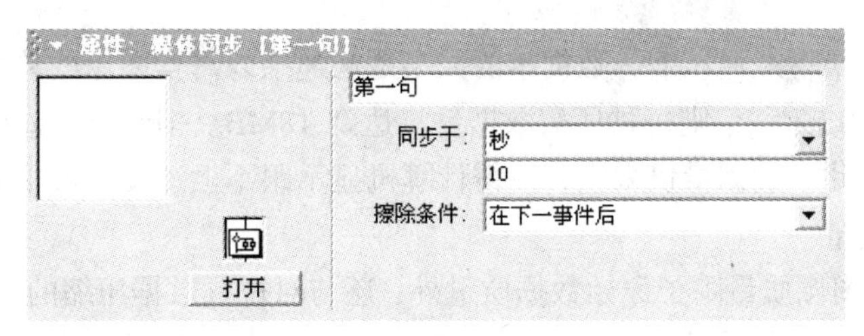

图 4-13　设置歌词与歌曲同步时间

（5）向“第一句”增加“字幕”显示图标和“字幕移动”移动图标，如图 4-14 所示。在

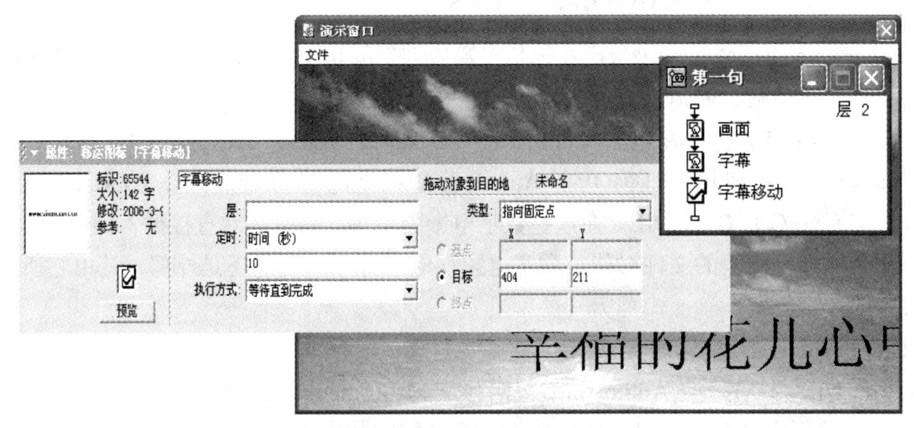

图 4-14　设置歌词速度快慢

“字幕”显示图标中创建第一句歌词文本对象，然后打开“字幕移动”移动图标设置歌词从右至左直线运动。参照上述步骤，制作“第二句”、“第三句”……歌词。

（6）运行程序，可以看到在画面中的歌词与歌曲同步的效果。

4.2　数字电影图标

4.2.1　数字电影概述

数字电影实质上是快速播放的一系列静态图像并具有伴随音效，当这些图像是实时获取的人文和自然景物图时，称为数字电影。一般它来源于使用动画软件（如 3D MAX，Animator 等）和使用视频捕获（如 Premiere）等编辑软件处理的数字电影文件。

数字电影是由一序列静止画面组成的，这些静止的画面称为帧。一般来说，帧率低于 15 帧/秒，连续运动视频就会有停顿的感觉。我国采用的电视标准是 PAL 制，它规定视频每秒 25 帧（隔行扫描方式），每帧 625 个扫描行。当计算机对视频进行数字化时，就必须在规定的时间内（如 1/25 秒内）完成量化、压缩和存储等多项工作。

在数字电影中主要有以下几个技术参数。

（1）帧速：指每秒钟顺序播放多少幅图像。根据电视制式的不同，NTSC 制 30 帧/秒、PAL 制和 SECAM 制 25 帧/秒。有时为了减少数据量而减慢了帧速，如只有 16 帧/秒，也可达到一定的满意程度，但效果略差。

（2）数据量：如果不经过压缩，数据量的大小是帧速乘以每幅图像的数据量。假设一幅图像为 0.6MB，帧速为 30 帧/秒，则每秒所需数据量将达到 18MB。但经过压缩后可减小到几十分之一甚至更多。尽管如此，数据量仍太大，使得计算机显示跟不上速度，可采取降低帧速、缩小画面尺寸等来降低数据量。

（3）图像质量：图像质量除了原始数据质量外，还与对视频数据压缩的倍数有关。一般来说，压缩倍数比较小时，对图像质量不会有太大影响，而超过一定倍数后，将会明显看出图像质量下降。所以数据量与图像质量是一对矛盾，需要折中考虑。

4.2.2 电影图标支持的文件格式

在 Authorware 中，数字电影与声音都是多媒体创作的重要组成部分。它除了可以达到生动、形象、逼真外，在仿真、模拟系统中也发挥着很大的作用。

Authorware 7.0 支持的数字电影文件格式有以下几种：Director（DIR，DXR），Video for Windows（AVI），QuickTime for Windows（MOV），Autodesk Animator，Animator pro，3D MAX（FLC，FLI，CEL），MPEG（MPG），BMP/DIB。在这些数字电影类型中，有些必须直接插入到 Authorware 中，有些必须作为外部可链接的文件对待。数字电影存储于程序的内部还是外部，是由它所加载的文件类型决定的。

1. DIR 格式

Director（DIR，DXR）与 Authorware 一样都是 Macromedia 公司开发的多媒体创作软件工具，在 Authorware 使用中，Director 开发的包含有交互性能的数字电影可以应用在 Authorware 中，DIR 格式文件存储在程序文件外部。

2. AVI 格式

AVI 是 Audio Video Interlaced 的缩写，意为“音频视频交互”。该格式的文件是一种不需要专门的硬件支持就能实现音频与视频压缩处理、播放和存储的文件。AVI 视频文件的扩展名是“.avi”。AVI 格式文件可以把视频信号和音频信号同时保存在文件当中，在播放时，音频和视频同步播放。所以人们把该文件命名为“视频文件”。AVI 视频文件应用非常广泛，并且以其经济、实用而著称。该文件采用 320×240 的窗口尺寸显示视频画面，画面质量优良，帧速度平稳，可配有同步声音，数据量小。因此，目前大多数多媒体产品均采用 AVI 视频文件来表现影视作品、动态模拟效果、特技效果和纪实性新闻。AVI 格式文件存储在程序文件外部。

3. MOV 格式

MOV 是苹果公司推出的一种数字电影文件格式，其压缩比较大，质量较高。若要播放这种格式的数字电影文件，在 Windows 操作系统中必须安装 QuickTime for Windows。MOV 格式文件存储在程序文件外部。

4. FLC 格式

FLC 格式的文件叫做“动画文件”，主要用于存储一组位图图像，Autodesk Animator，Animator pro，3D MAX（FLC，FLI，CEL）格式文件都属于此类，使用时必须直接插入到 Authorware 之中，存储在程序文件内部。

5. MPG 格式

MPEG 是 Motion Picture Experts Group 的缩写，MPEG 方式压缩的数字电影文件包括 MPEG1、MPEG2、MPEG4 在内的多种格式。我们常见的 MPEG1 格式被广泛用于 VCD 的制作和一些视频片段下载的网络应用上面。使用 MPEG1 的压缩算法，可以把一部 120 分钟长的电影压缩到 1.2GB 左右大小。MPEG2 则是应用在 DVD 的制作方面，同时在一些 HDTV（高清晰电视广播）和一些高要求视频编辑、处理上面也有相当的应用。MPEG 格式文件存储在程序文件外部。

6. 位图序列（BMP，DIB）

该系列文件由一系列的 BMP 格式的文件组成。这些 BMP 文件的文件名要求是同系列的，例如第 1 张图像命名为 Name001，第 2 张图像命名为 Name002，一直到 Name00n。在播放这一系列图像的时候，选定第 1 张图像，Authorware 会自动把剩下的图像按图像名称顺序播放。BMP、DIB 格式文件存储在程序文件外部。

对于存储于外部的文件可以分为两类，其中 MPEG 或 AVI 类型的数字电影文件不能使用擦除特效方式。而其他类型的外部数字电影文件，用户在选择了擦除设计图标属性对话框中的“防止重叠消失”选项后，就可以使用该功能。在使用外部数字电影文件的时候，用户要注意：该文件的路径要事先定义好，以防 Authorware 7.0 在运用该文件时找不到。存储于内部的数字电影文件 FLC、FLI、CEL、PIC 等会增大程序的大小，但用户可以对调用该类型的数字电影图标选用擦除设计图标的擦除方式。

4.2.3　数字电影的导入与属性设置

导入数字电影，首先要在流程线上需要的位置放置一个数字电影图标，然后双击该数字电影图标，打开“属性：电影图标”对话框，如图 4-15 所示。

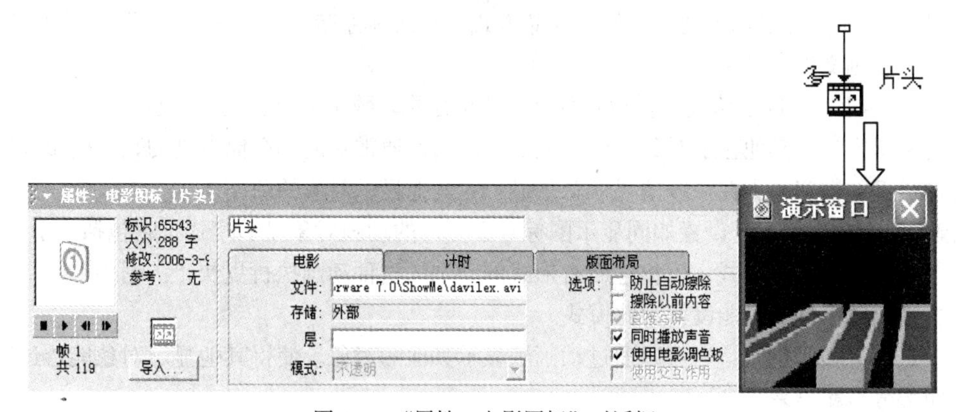

图 4-15　“属性：电影图标”对话框

单击“导入”按钮，导入一个数字电影文件，弹出“导入哪个文件？”对话框，如图 4-16 所示。此处需要说明的是，“选项”按钮仅对“内部”存储文件（FLC、FLI、CEL、PIC）数字电影文件起作用，单击此按钮，弹出“电影输入选项”对话框。

“使用全部结构（为了较好地动态回放）”复选框：选择此复选框，将数字电影的每一帧都完全加载到 Authorware 中，而不是仅加载其与前一帧不同的部分。这样做会占用更多的内存，但是有利于数字电影的单步播放或倒播。

“使用黑色作为透明颜色”复选框：选择此复选框就将黑色设置为透明色，当数字电影的覆盖模式被设置为透明模式或褪光模式时，其中黑色部分会变成透明。不选择此复选框则将白色设置为透明色。在默认情况下此复选框处于选中状态。

图 4-16　导入数字电影文件

在图 4-15 的左侧可以看到导入文件的一些文件信息。

- “帧 1”表示当前播放的帧数，即正在播放第几帧。
- “共 119”表示当前动画文件所有的帧数。

此处帧与总帧数在设计电影同步以及电影播放快慢时要用到。

- “标识”表明该电影图标唯一的标识 ID 号。
- “参考”表明该文件是否引用参考变量。

1. **“电影”选项卡**

“文件”文本框：显示了当前导入的动画文件的名称和路径。

“存储”文本框：显示了动画文件的存储方式，有两种存储方式——“外部”方式和“内部”方式，它由动画文件本身决定。

“层”文本框：使用数值或变量设置数字电影的层数。数字电影也是一个显示对象，其层数决定了它与演示窗口中其他显示对象的前后关系。此属性通常对内部存储类别的数字电影起作用，外部存储类型的数字电影在一般情况下总是显示在其他显示对象的前面。

“模式”下拉列表框：设置如同显示图标对象一样的动画对象显示模式，它包括 4 个选项。

- “不透明”显示模式：可描述所有形式的动画，这种动画执行更快，占据很少的空间，外部存储类别的数字电影只能设置为此模式。
- “透明”显示模式：它可以通过动画帧显示其他的对象。使得其他显示对象能透过数字电影的透明部分显露出来。
- “遮隐”显示模式：这种模式使得数字电影边沿部分的透明色起作用，而内部的黑色（或白色）内容仍然保留；在默认情况下，AutoDesk 动画中白色像素从框架边缘切割出来，用户可以将其从黑色像素改变为白色像素。
- “反转”显示模式：数字电影在播放时以反色显示，其他显示对象能透过数字电影显露出来，但是它们的颜色也会发生变化。

“选项”选项：用户可以根据该选项，设置数字电影文件的声音通道是否播放，以及动画文件的调色板。

- “防止自动擦除”复选框：默认值为选中。如果选中此复选框，那么动画文件在播放结束之后不会被自动擦除，用户必须使用擦除图标来擦除该动画对象。
- “擦除以前内容”复选框：默认值为选中。如果选中此复选框，在播放动画文件之前，将擦除演示窗口中已经存在的显示对象。

- “直接写屏”复选框：选中后使动画对象可以在其他显示对象前播放，当想在当前层前指定动画时可以关掉此选项。
- “同时播放声音”复选框：设置动画文件执行时声音通道继续播放，默认值选中。
- “使用电影调色板”复选框：选择是否用动画调色板，可确定使用数字电影调色板还是 Authorware 调色板，该选项并不是对所有动画形式使用。
- “使用交互作用”复选框：用来对 Director 动画进行交互作用，如通过单击鼠标或键盘开始播放，通常不可选。

2. “计时”选项卡

“计时”选项卡用来设置数字电影文件的播放同步以及播放速率等。“计时”选项卡的属性选项如图 4-17 所示。

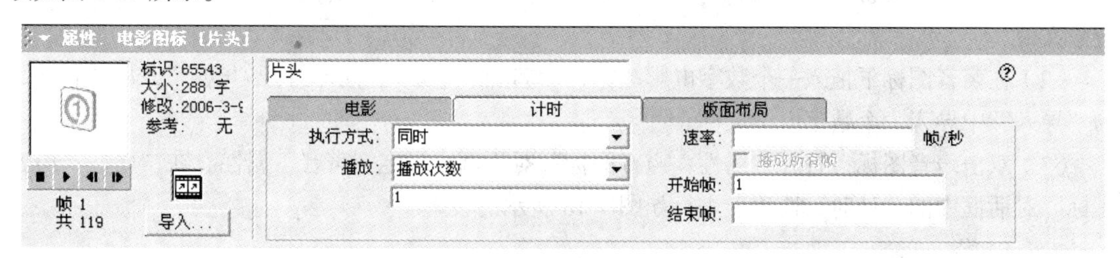

图 4-17　“计时”选项卡

“执行方式”下拉列表框；用来设置动画文件播放的同步问题。其中有 3 个选项：“等待直到完成”、“同时”和“永久”。

- 等待直到完成：在加载的数字电影播放完毕后，再沿程序流程线向下执行其他设计图标。
- 同时：在播放数字电影的同时，程序流程不会在数字电影图标上等待，会继续执行流程线下面的图标。
- 永久：选中该选项时，用户可以在“Authorware”退出数字电影图标时激活动画，系统将一直监控在数字电影图标属性对话框中所定义的变量，如果变量的值改变，系统将立即做出相应的调整，同时其他设计图标继续执行。利用这个选项，可以实现控制数字电影播放速度、播放次数和播放长度（帧数）等功能。

“播放”下拉列表框：用户可以设置动画文件播放的次数。它包括以下 3 个选项。

- 重复：重复播放动画，直到擦除或用“MediaPause”函数暂停。
- 播放次数：在“播放”下拉列表框下面的文本框中输入动画文件播放的次数。如果为 0，系统将只显示第一帧动画。
- 直到为真：动画文件将一直播放，直到下面文本框中的条件变量或者条件表达式值为真。比如，如果输入系统变量“MouseDown”，动画文件将重复播放直到用户按下鼠标。

“速率”文本框：用户可以设置一个支持可调节速率形式的以外部文件存储方式的数字电影。通过输入一个数、变量名或者一个条件表达式来加快或减缓动画播放的速率。如果所设的速率太快，无法按所设速率显示所有动画帧，除非用户选中“播放所有帧”复选框，系统将略过部分动画帧从而以接近所设速率播放动画。

“播放所有帧”复选框：打开此复选框，Authorware 将以尽可能快的速度播放数字电影的每一帧，不过播放速度不会超过在“速率”文本框中设置的速度。该选项可以使动画在不同的系统中以不同的速率播放。它只对以内部文件存储方式保存的动画文件有效。

“开始帧”文本框和“结束帧”文本框：用来设定动画文件的播放起始帧和结束帧。Authorware 在播放数字电影时，将从起始帧开始，播放至终止帧结束，将终止帧数设置为小于起始帧数，数字电影会倒放。

3. “版面布局”选项卡

可以在“版面布局”选项卡中设定动画对象在演示窗口中是否可以被移动，以及其可以移动的区域。此选项卡与显示图标的版面布局选项卡设置相同，所以就不再一一赘述。

4.2.4 动手实践：电影与音乐同步

给电影配上音乐不仅可以让学习者掌握数字电影和声音的基本用法，而且还可以让学习者学会怎样将两者联系起来。具体制作步骤如下。

（1）拖入一个声音图标，命名为“声音”。打开“声音”，从“属性”的“导入”中导入一个音乐文件。

（2）在声音图标下拖入一个数字电影图标，命名为“电影”。同样打开“电影”，从“属性”的“导入”中导入一个数字电影文件。

（3）双击声音图标，打开“属性：声音图标”对话框，设定“声音”属性。在“属性：声音图标”对话框中的“计时”选项卡进行如图 4-18 所示的设置。

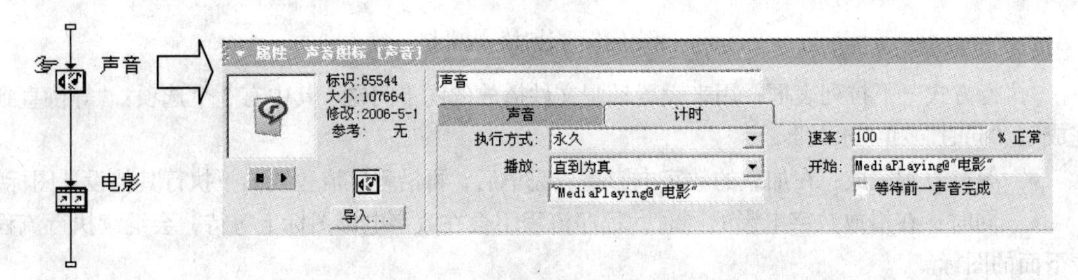

图 4-18　“声音图标”属性设置

在“播放”下拉列表框中选择“直到为真”，并在下面的条件栏内输入表达式 MediaPlaying@"电影"。其实，MediaPlay 是个函数，它的意义是“说明使指定图标中的数字电影开始播放，若已经在播放，则重启”。也即当电影播放时，声音也开始播放。

（4）双击声音图标，打开“属性：电影图标”对话框，设定“电影”属性。在“属性：电影图标”对话框中进行如图 4-19 所示的设置。

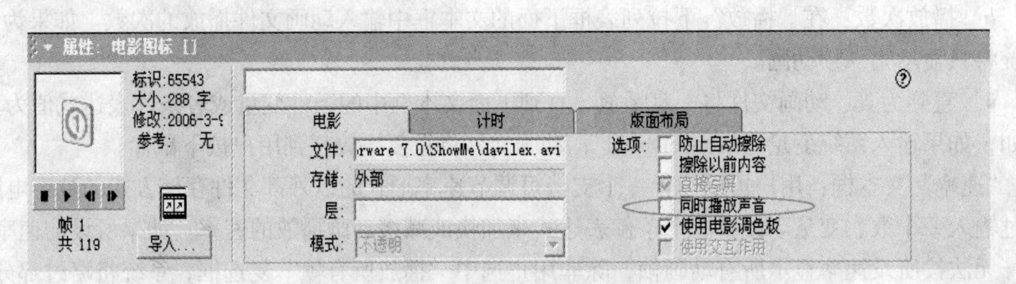

图 4-19　“电影”选项卡属性设置

（5）在“电影”选项卡中，默认的选项“同时播放音乐”复选框是被选中的，此时为了突出背景音乐效果，我们把录制中的电影声音屏蔽掉，突出电影的画面和背景声音的同步。在“计时”选项卡中设置“执行方式”为“等待直到完成”；在“开始帧”文本框输入为“1”，意思是从电影中的第 1 帧开始播放电影，但如果是在“开始帧”文本框中输入“0”，则不能播放。运行程序观看预定的效果。

4.2.5　动手实践：给电影配音和配字幕

外出旅游时，我们经常会录制一段沿途的美丽风景，回到家会想到把它合成，配上背景音乐。在这里我们将利用媒体同步技术，制作一个有背景音乐、配音、字幕同步播放的数字电影实例。程序及画面如图 4-20 所示。

图 4-20　数字电影与程序示意图

（1）在主流程线上拖入一个显示图标，命名为“片头”，在“片头”图标里插入背景图片和相应的主题文字等。

（2）在“片头”下放一个等待图标，设定为“等待 2 秒”或“单击鼠标”等，这样可以防止背景和电影的转入太快而不能看到主题内容。

（3）如同上一实例“电影与音乐同步”一样导入并设置背景音乐，电影图标还不能直接导入数码录像机录制的视频文件，还需要转换为“*.avi”标准格式。具体做法是打开 Windows 操作系统附件中自带的 Windows Movie Maker 电影编辑软件，如图 4-21 所示，导入拍摄的视频片段，编辑完成后，选择工具栏中的“保存电影”按钮保存文件，此时打开 Authorware 电影图标即可以使用。

图 4-21　Windows Movie Maker 界面

导入的电影需要调整视频文件大小，方法是当运行播放电影时，选择“控制|暂停”菜单命令或快捷键 Ctrl+P，暂停程序，电影画面就会出现句柄，直接将其拖曳到合适大小即可。需要说明的是 FLC/FLI 格式的文件不能改变画的大小。

（4）在数字电影图标属性对话框中，关闭数字电影片段本身具有的声音，这样就不会干扰配音的播放。同时使用播放控制按钮，找到所需要插入文字标题和配音的地方（比如在第 10 帧的位置插入文字标题，在第 50 帧的位置插入配音等），记下插入点帧数。

（5）向电影图标右侧拖放一个群组图标并将其命名为“字幕 1”，创建了一个媒体同步分支，单击媒体同步标记，打开“属性：媒体同步”对话框，如图 4-22 所示。在其中将“同步于”属性设置为“位置”，即根据数字电影的帧进行同步，然后将同步帧设置为第 10 帧。将“擦除条件”属性设置为“在下一事件后”即在下一段配音播放时，擦除本段字幕。完成后在“字幕”显示图标中创建文本对象内容。同理，向电影图标右侧拖放第二个群组图标并将其命名为“配音 1”，将同步帧设置为第 50 帧，完成后在“配音”声音图标中导入配音。

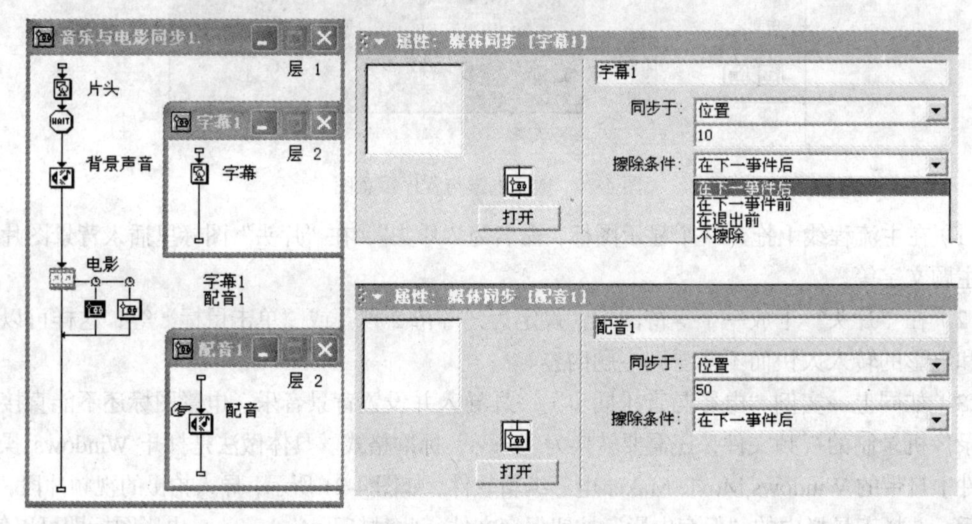

图 4-22　添加字幕和配音

（6）试运行一下程序，可以看到出现片头与主题，单击鼠标后在背景音乐的伴奏下画面在播放。对应的在 10 帧处出现字幕，50 帧处出现配音。

如果数字电影图标已经被设置为“永久”方式，则在创建了媒体同步分支之后，会自动转换为“同时”方式。同时，在所有媒体同步分支执行完毕之前，程序流程线上数字电影图标之后的设计图标不会得到执行。如果为数字电影图标创建了媒体同步分支，则数字电影图标的“执行方式”属性只能被设置为两种方式：“等待直到完成”和“同时”。

图 4-23　添加字幕的位置

需要说明的是，在显示图标内输入的字幕与标题是不能显示在视频图像上面的，只能显示在视频之外的演示窗口上。如图 4-23 所示。这是因为在使用数字电影图标播放视频文件时，由于“电影”选项卡属性中的“直接写屏”不能选择（FLC/FLI 文件除外），所以视频文件总处在屏幕最上方，结果造成显示图标的内容不能被显示在视频面上。如欲使显示图标的内容显示在视频面的上方，可以使用 QuickTime 插件播放视频文件，详见下一章的使用 QuickTime 介绍。

习 题 四

一、选择题

1. CD 音质要求的采样频率和采样深度分别是（　　）。

A. 22.05kHz　16 位　　B. 44.1kHz　16 位

C. 48kHz　16 位　　D. 11.05kHz　8 位

2. 下列哪个不是声音文件格式（　　）。

A. mp3　　B. wave　　C. bmp　　D. swa

3. 下列哪个不是电影文件格式（　　）。

A. avi　　B. mov　　C. mpeg　　D. doc

4. 以 30 帧/秒速度播放的数字电影是（　　）。

A. PAL　　B. SECAM　　C. NTSC　　D. MPEG

5. 在声音图标属性对话框的计时选项卡中，速率文本框内输入（　　）数值表示声音按原速度播放。

A. 50　　B. 1　　C. 200　　D. 100

6. 在数字电影同步属性设置中，同步于选择位置，下面的文本框输入 5，表示分支结构的图标在播放电影的（　　）时候执行。

A. 在电影播放的第 5 秒执行　　B. 电影一播放就执行，到第 5 秒时终止

C. 在电影播放的第 5 帧执行　　D. 电影一播放就执行，到第 5 帧时终止

7. 下面（　　）格式的数字电影文件必须作为外部文件链接。

A. FLC　　B. MPEG　　C. CEL　　D. FLI

二、思考题

1. 有几种导入数字电影的方法？哪些格式的数字电影可以存储到程序文件内部？
2. 如何实现媒体同步？
3. 如何使声音能够循环播放？
4. 如何改变数字电影与图形图像等显示对象的层次关系？
5. 带有媒体同步分支的数字电影图标不能具有哪一种同步属性？

三、上机操作题

1. 给一段背景音乐加入诗朗诵。
2. 给一段 MTV 配横向移动的文字。
3. 显示文字主题，给一段歌曲配画面。

第 5 章 视频与动画文件的导入

【本章概述】

作为一个优秀的多媒体制作系统，Authorware 不仅能制作和输入文字、图片、声音和数字化电影，而且能支持其他媒体格式。本章主要讲述的内容是如何导入和处理 DVD 视频、Flash、GIF 和 QuickTime 文件。

5.1 DVD 视频图标

DVD 视频播放程序，英文全名是 Digital Video Disk，即数字视频光盘或数字影盘。它集计算机技术、光学记录技术和影视技术等于一体，其目的是满足人们对大存储容量和高性能的存储媒体的需求。DVD 光盘现在已在音视频领域内得到了广泛应用，和 CD/VCD 相比，它具有 3 个方面的优点：大容量和快速读取；高分辨率的视频；高传真的音质。要想播放 DVD 视频，计算机必须具备两个条件：一个 DVD 视频文件和播放 DVD 的硬件。

5.1.1 硬件设备的使用与加载

在 Authorware 7.0 中要想使用 DVD 视频信息，必须保证安装了 Microsoft Direct 8.1（或以上版本）和 MPEG-2 解码驱动程序以及一台 DVD-ROM 驱动器。

在使用视频图标之前，先来介绍一下如何加载视频图标，具体的操作步骤如下。

（1）执行“文件|参数设置”菜单命令，打开对话框。在对话框中设置视频设备配置的选项，单击“确定”按钮保存用户的设置。

（2）将显示图标拖放到流程线上，在显示图标中创建一个可观看视频的对象。

（3）关闭显示图标，将视频图标放在流程线上的显示图标的后面。

（4）双击视频图标，打开视频图标对话框。此时单击用来显示视频的对象，建立“显示图标”与视频图标间的关联，则被关联的“显示图标”名称就会显现在视频图标对话框的顶部。

（5）根据播放需要进行视频选项的设定。

（6）单击对话框中的“预览”按钮预览演示窗口中的视频图像。单击“确定”按钮保存视频播放控制设置。

（7）运行，观看视频图像的播放。

5.1.2 DVD 视频的属性设置

1. “视频”选项卡

双击 DVD 视频图标，打开如图 5-1 所示的 DVD 视频图标属性对话框。

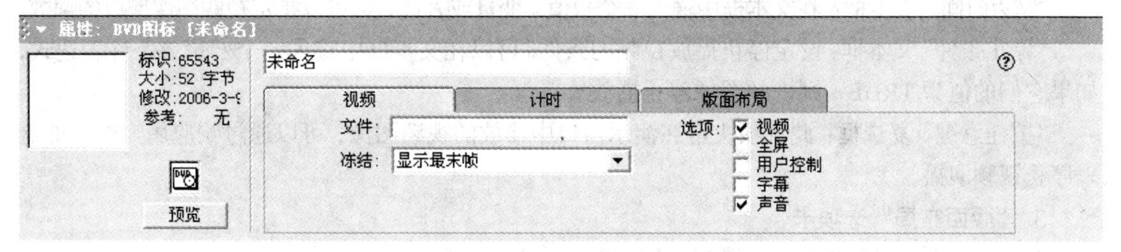

图 5-1 “视频”选项卡

在打开“属性：DVD 图标”对话框的同时，还打开了“控制器”控制面板，如图 5-2 所示。在该控制面板中从左至右各个按钮的作用分别是：快退，倒放，慢退，逐帧倒放，暂停，逐帧播放，慢动作，播放，快放。

图 5-2 “控制器”对话框

在“视频”选项卡中各选项的作用如下。

“冻结”下拉列表框：用于确定在视频播放停止后，最后一帧是否保留在演播窗口中，它的选项包括以下几个。

- 从不：选择此项表示当前播放的视频完毕后，将清除所有视频图像。
- 显示最末帧：选择此项表示播放完当前视频后，保留最后一帧图像在演播窗口内。

“选项”包括以下几个可选项。

- “视频”复选框：控制是否播放 DVD 视频图像。
- “全屏”复选框：决定是否全屏播放 DVD 视频。
- “用户控制”复选框：选取该复选框，将会显现一个 DVD 视频控制器，通过此控制器的面板，可以随意控制视频的播放。用户可以移动该控制器的位置，当结束观看时，也可以将它关闭。
- “字幕”复选框：是否显示 DVD 的说明信息。
- “声音”复选框：控制是否播放音频信息。

2. “计时”选项卡

单击“计时”选项卡，弹出如图 5-3 所示的对话框。

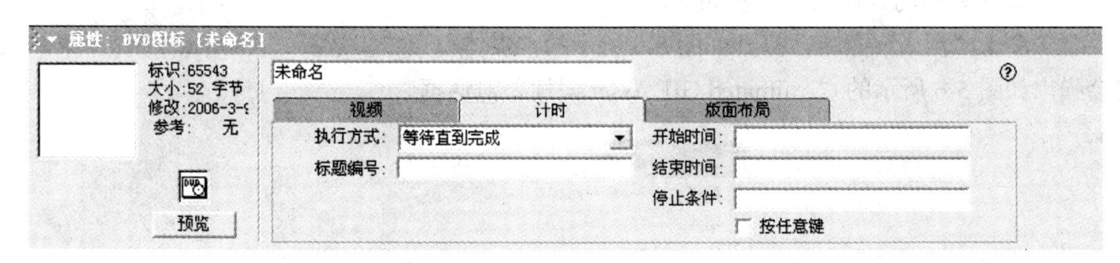

图 5-3 “计时”选项卡

“执行方式”下拉列表框：此选项决定视频图像播放过程的同步方式，它包含两个选项。

- 等待直到完成：此选项为系统默认项。用来决定当前视频图像被完整播放后，才执行流程线上的下一个图标。

- 同时：该选项决定视频图像与流程线上的下一个图标可以同时被执行。

"标题编号"文本框：给视频图像标题编号。

"开始时间"文本框：在文本框中输入一个数值、变量或表达式，可以指定视频图像播放的起始帧数。

"结束时间"文本框：在文本框中输入一个数值、变量或表达式，可以指定视频图像播放的帧数。

"停止条件"文本框：设定停止播放视频的条件。可以在文本框中输入一个变量或条件表达式，如果它们的值为 TRUE，则视频图像停止播放。

"按任意键"复选框：此选项决定在演示窗口中播放的视频图像，可以通过响应用户输入的键来停止视频演播。

3. "版面布局"选项卡

单击"版面布局"选项卡，弹出如图 5-4 所示的对话框。

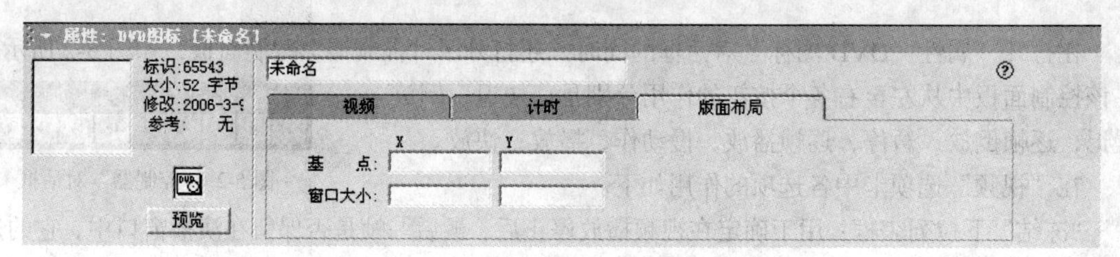

图 5-4 "版面布局"选项卡

"基点"选项：此选项决定在演示窗口中，DVD 视频图像的基点坐标。

"窗口大小"选项：此选项决定在演示窗口中，DVD 视频图像的大小。

5.2 GIF 动画导入

GIF 动画是非常常见的一种动画文件格式，它是基于位图的动画，一般都制作成幅面小、播放长度短、容量较小的文件，但内容和形式生动活泼。在数字电影图标中不能导入 GIF 动画文件，因此，Authorware 7.0 提供了一种可以播放 GIF 动画的方法。

5.2.1 导入 GIF 动画

导入 GIF 动画的具体操作步骤如下。

（1）单击"插入"菜单，打开如图 5-5 所示的"媒体"菜单。选择"Animated GIF"菜单项，将会弹出如图 5-6 所示的"Animated GIF Asset 属性"对话框。

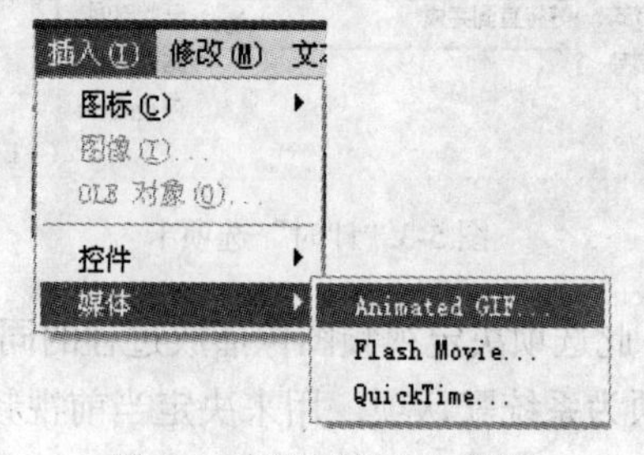

图 5-5 打开"插入"菜单

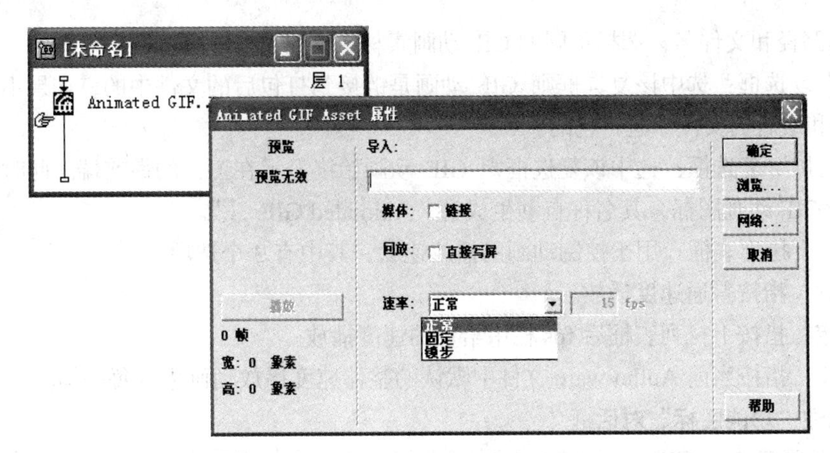

图 5-6　GIF 图标与“Animated GIF Asset 属性”对话框

（2）单击该对话框中的“浏览...”按钮，将会弹出“打开 GIF 文件”对话框。在该对话框中选择需要导入的 GIF 动画文件，单击“打开”按钮即可打开该文件。

还可以用另外一种方法导入 GIF 动画。单击“Animated GIF Asset 属性”对话框中的“网络...”按钮，打开如图 5-7 所示的“Open URL”对话框。在该对话框中的文本框中输入 GIF 动画所在的 URL 地址，可以实现对 GIF 动画文件的链接。然后单击“OK”按钮，关闭该对话框。

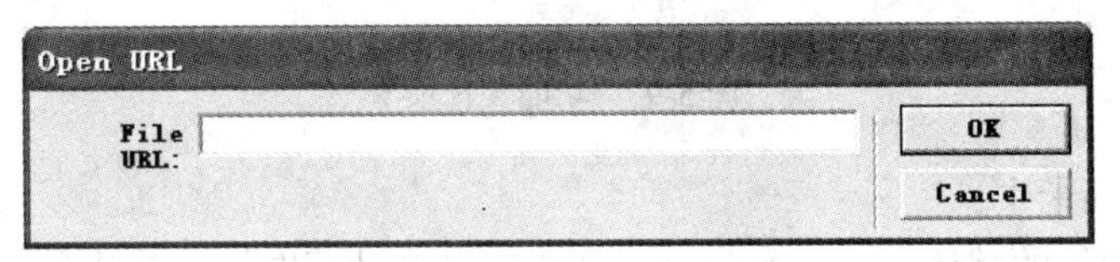

图 5-7　“Open URL”对话框

（3）运行程序，将看到所引入 GIF 动画的播放效果，如图 5-8 所示。

图 5-8　GIF 动画播放效果

5.2.2　设置 GIF 动画的属性

GIF 动画的属性设置可以在两个对话框中进行，一个是“Animated GIF Asset 属性”对话框，另一个是“属性：功能图标”对话框。

1．“Animated GIF Asset 属性”对话框

“Animated GIF Asset 属性”对话框如图 5-6 所示，左上方的预览区用于演示所打开的 GIF 动画，如果所打开的动画不能预览，则出现图中所示的信息，且“播放”按钮不可用；左下方显示所打开的动画的总帧数和幅面大小；上方的文件栏显示所打开的动画的路径和文件名，可以在这

里输入新的路径和文件名，选择不同的 GIF 动画素材。

“链接”复选框：选中该复选框则 GIF 动画是链接到打包后的文件中的，如果不选中它，则 GIF 动画是和最后的文件一起打包的。

“直接写屏”复选框：选中该复选框则 GIF 动画始终显示在窗口的最前端。此时，在流程线上生成一个 GIF 动画图标，其名称自动生成为“Animated GIF...”。

“速率”下拉列表框：用于控制动画的播放速度，其中有 3 个选项。

- 正常：指按普通速度播放。
- 固定：指按下拉列表框后 fps 栏中给定的速度播放。
- 锁步：指按当前 Authorware 文件中默认的整体速度播放动画中的每一帧。

2. “属性：功能图标”对话框

双击设计窗口中的 GIF 动画图标，或者双击演示窗口中的 GIF 动画，可以打开如图 5-9 所示的“属性：功能图标”对话框。

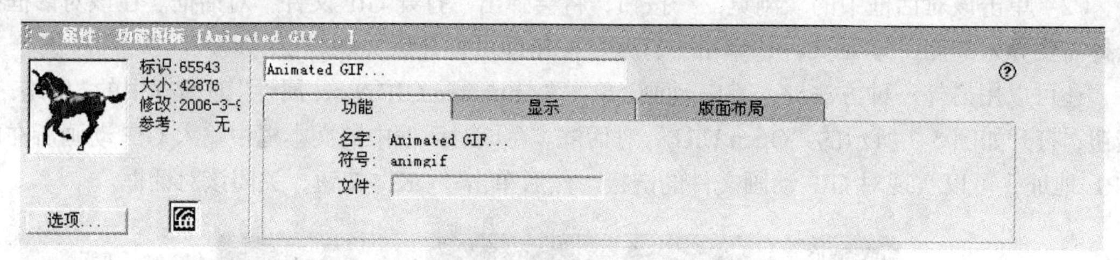

图 5-9 “功能”选项卡

在“功能”选项卡中：

- 名字：该图标的默认名称。Animated GIF 为 GIF 动画图标的默认名称。
- 符号：该图标的类型。animgif 表示该图标为 GIF 动画图标。
- 文件：该文本框中给出播放 GIF 动画所使用的 Xtras 文件的路径和文件名。该文件需要随作品一起发行。

“显示”和“版面布局”选项卡分别如图 5-10、图 5-11 所示。由于与前面介绍的其他图标的属性类似，此处不再一一赘述。

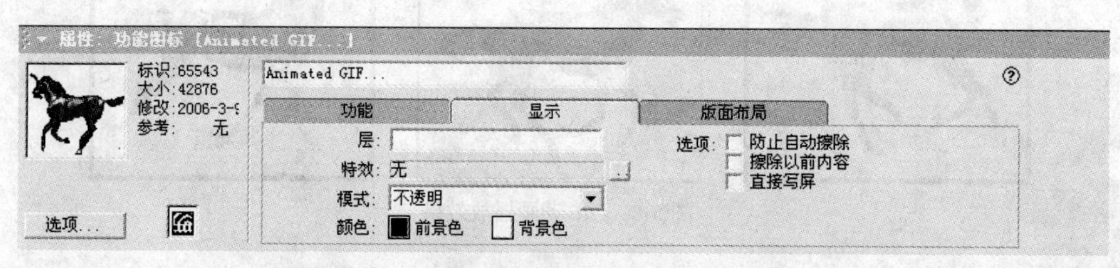

图 5-10 “显示”选项卡

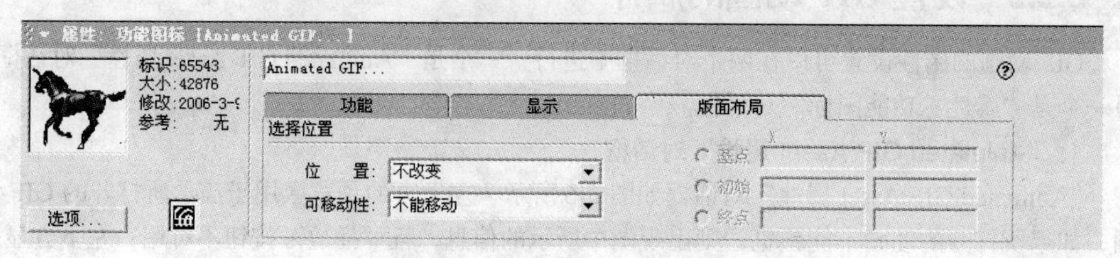

图 5-11 “版面布局”选项卡

5.3　Flash 动画导入

Flash 动画是目前较为流行的一种动画文件格式，它是一种基于向量图的动画，改变大小后不影响画面质量，除了使用自身功能制作动画效果以外，还可以引入图像和声音等更多的媒体形式。特别是，Flash 动画可以包含交互功能。由于在数字电影图标中也不能导入该种格式的动画文件，因此，Authorware 7.0 提供了一种可以播放 Flash 动画的方法。

5.3.1　导入 Flash 动画

导入 Flash 动画的具体操作步骤如下。

（1）单击“插入|媒体|Flash Movie”菜单命令，打开如图 5-12 所示的“Flash Asset 属性”对话框。

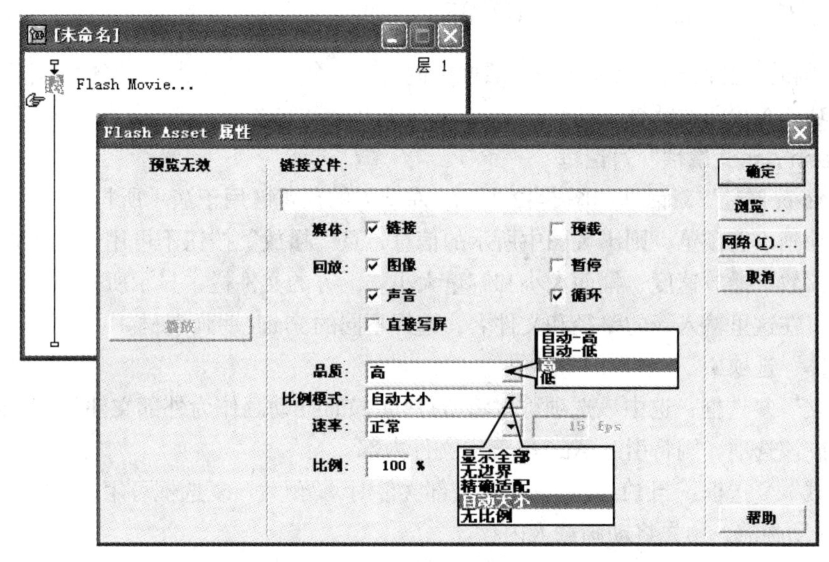

图 5-12　“Flash Asset 属性”对话框

（2）单击该对话框中的“浏览...”按钮，将会弹出“打开 Shockwave Flash Movie”对话框。在该对话框中选择需要导入的 Flash 动画文件，然后单击“打开”按钮打开该文件。也可以单击“Flash Asset 属性”对话框中的“网络...”按钮，打开“Open URL”对话框。在“Open URL”对话框中的文本框中输入 Flash 动画所在的 URL 地址，可实现对 Flash 动画文件的链接。

如果该引入的 Flash 作品具有目标区域交互时，在拖动交互区域时会使整个 Flash 画面移动，则无法进行交互作用，此时不允许 Flash 移动。如图 5-13 所示，可右击 Flash 图标，在下拉菜单中选择“计算”，弹出计算图标，在计算图标内输入可移动性系统变量“为假”，即“Movable@"设计图标名称":=0”，即可使其固定位置。

（3）运行程序，即可看到所引入 Flash 动画的效果，如图 5-14 所示。

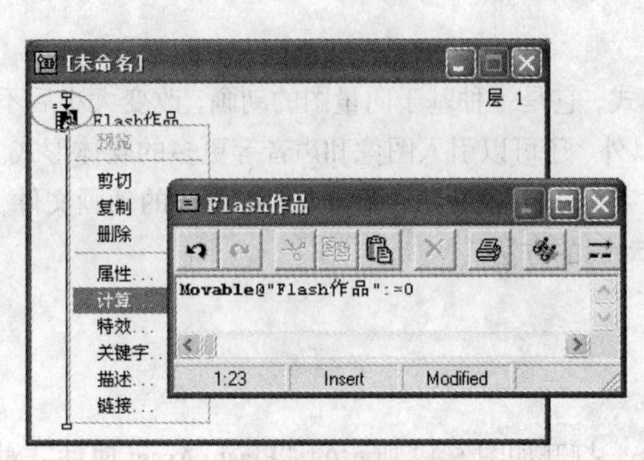

图 5-13　改变设计图标的可移动性

图 5-14　演示效果

5.3.2　设置 Flash 动画的属性

Flash 动画的属性设置可以在两个对话框中进行，一个是“Flash Asset 属性”对话框，另一个是“属性：功能图标”对话框。

1. “Flash Asset 属性”对话框

“Flash Asset 属性”对话框如图 5-12 所示。左上方的预览区用于演示所打开的 Flash 动画。如果所打开的动画不能预览，则出现图中所示的信息，且“播放”按钮不可用。左下方显示所打开的动画的总帧数、播放速度、幅面大小和容量大小。上方的文件栏，显示所打开的动画的路径和文件名，可以在这里输入新的路径和文件名，选择不同的 Flash 动画素材。

在“媒体”选项中：

- “链接”复选框：选中该选项可以将所打开的 Flash 动画作为外部文件与 Authorware 文件链接；不选中该选项，则将引入 Authorware 文件内部。
- “预载”复选框：当 Flash 动画作为外部文件时，“预载”复选框可用；选中该选项，可以在播放 Flash 动画前，预先将动画载入内存。

在“回放”选项中：

- “图像”复选框：用于确定是否显示 Flash 动画中的画面。
- “声音”复选框：用于确定是否播放 Flash 动画中的声音。
- “直接写屏”复选框：用于确定是否将 Flash 动画显示在所有对象的最前面。
- “暂停”复选框：选中该选项时，将仅播放 Flash 动画的第 1 帧后即暂停，需要使用系统函数 CallSprite(@"IconTitle", #play) 才能继续播放。如果不选中该选项，将立即播放。
- “循环”复选框：选中该选项，将循环播放 Flash 动画；不选中该选项，则播放完第 1 遍后即停止。

“品质”下拉列表框：有 4 个选项可选，这些选项可以确定播放 Flash 动画时，抗锯齿特性、显示质量高低以及执行速度快慢。

“比例模式”下拉列表框：有 5 个选项可选，这些选项用于控制 Flash 动画在演示窗口中的显示方法。当选中 Flash 动画，并拖动句柄改变其显示幅面后，才能看出这些选项的含义和区别。

- 显示全部：指改变幅面后，保证显示动画的全部内容并保持长宽比，多出的空间用动画的背景色填充。

- 无边界：指改变幅面后，保证不出现多余的空间并保持长宽比，但不保证显示动画的全部内容。
- 精确适配：指改变幅面后，保证不出现多余的空间并不保持长宽比。
- 自动大小：指改变幅面后，保证不出现多余的空间，不保持长宽比，自动保持该选项为默认值 100%。
- 无比例：指改变幅面后，保持动画的比例大小，不保证显示动画的全部内容。

2. “属性：功能图标”对话框

双击设计窗口中的 Flash 动画图标，或者双击演示窗口中的 Flash 动画，可以打开如图 5-15 所示的“属性：功能图标”对话框，该对话框的结构、选项及设置与 GIF 动画的“属性：功能图标”对话框相似，此处不再赘述。

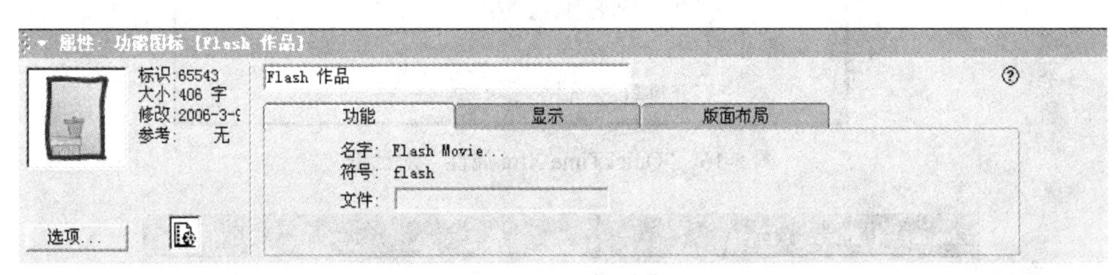

图 5-15　“属性：功能图标”对话框

5.4　QuickTime 视频文件导入

前面介绍的电影图标、GIF 和 Flash 动画都可以播放外部视频文件，播放时是将其直接显示到屏幕上，但在视频显示区域中均无法再叠显其他对象，即视频被摆放在最高层上。运用 QuickTime 播放功能则可在视频显示窗中任意叠显其他对象，并扩充对视频的控制能力。

5.4.1　导入 QuickTime 文件

在导入 QuickTime 文件前，首先应确认使用的计算机必须安装 QuickTime 4.0 以上版本的软件，如没有安装则无法导入视频文件。

导入 QuickTime 文件的具体操作步骤如下。

（1）单击“插入|媒体|QuickTime”菜单命令，弹出如图 5-16 所示的“QuickTime Xtra 属性”对话框。

（2）单击对话框中的“浏览…”按钮，将会弹出“Choose a Movie File”对话框，如图 5-17 所示。在该对话框中可以导入多种格式的视频文件，包括“.avi，.gif，.swf”等文件。单击“打开”按钮后，此按钮变成“转换”按钮，确认后即可打开该文件。也可以单击“QuickTime Xtra 属性”对话框中的“网络…”按钮，打开“Open URL”对话框。在该对话框中的文本框中输入视频文件所在的 URL 地址，实现对视频文件的链接。

（3）运行程序，即可看到所引入视频文件的效果，如图 5-18 所示。如果需要调整画面尺寸及位置，按 Ctrl+P 组合键，可使画面暂停下来调整。

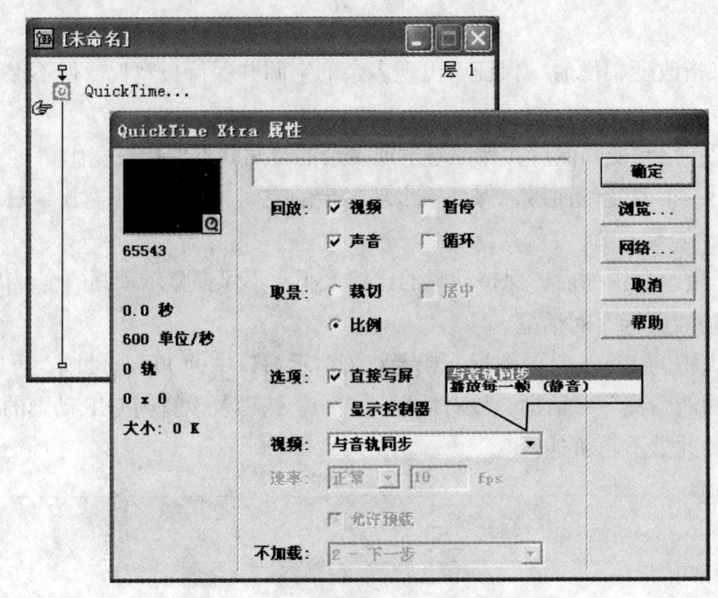

图 5-16 “QuickTime Xtra 属性”对话框

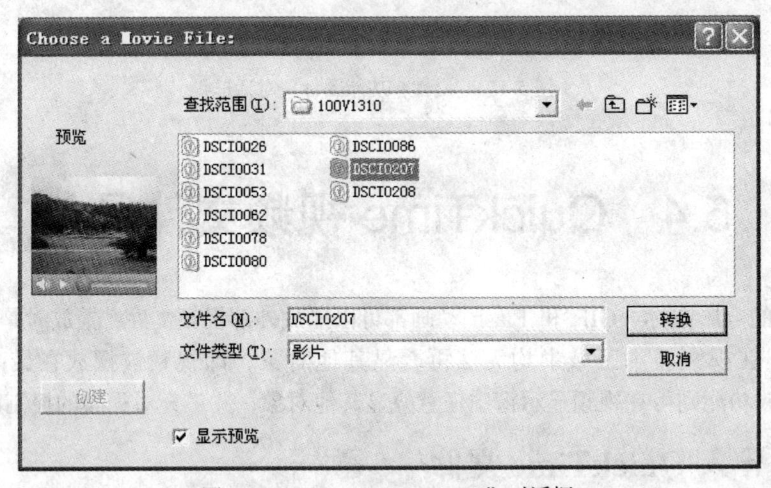

图 5-17 “Choose a Movie File”对话框

5.4.2 设置 QuickTime 文件的属性

设置 QuickTime 文件的属性可以在两个对话框中进行，一个是“QuickTime Xtra 属性”对话框，另一个是“属性：功能图标”对话框。

1. “QuickTime Xtra 属性”对话框

“QuickTime Xtra 属性”对话框如图 5-16 所示。左上方的预览区用于演示所打开的 QuickTime 文件。左下方显示所打开的视频文件的总帧数、播放速度、幅面大小和容量大小。上方的文件栏，显示所打开的动画的路径和文件名，也可以在这里输入新的路径和文件名，选择不同的视频文件。

图 5-18 演示效果

在“回放”选项中有如下选项。

- “视频”复选框：用于确定是否显示视频文件中的画面。

- “声音”复选框：用于确定是否播放视频文件中的声音。

在“取景”选项中有如下选项。

- “裁切”单选钮：用于确定视频文件缩放按裁切形式进行。
- “比例”单选钮：用于确定视频文件缩放按比例形式进行。

在“选项”中有如下选项。

- “直接写屏”复选框：用于确定是否将 QuickTime 视频文件显示在所有对象的最上一层。
- “显示控制器”复选框：用于确定是否将播放控制面板显示出来。

“视频”下拉列表框：有两个选项，“与音轨同步”选项用于确定声音与视频同时播放；“播放每一帧（静音）”选项用于确定 Authorware 会播放每一帧，但不与声音同步。

“速率”下拉列表框：用于设置播放速率，它包括 3 个选项。

- 正常：选择该选项时，该 QuickTime 影片会以普通播放速率播放。
- 最大：选择该选项时，该 QuickTime 影片将以最大播放速率播放。
- 固定：选择该选项时，右侧的文本框被激活，可以在文本框中自行输入该 QuickTime 影片的播放速率。

“允许预先载入”复选框：选中该选项，允许进行预装载。

“不加载”下拉列表框：用于设置卸载该 QuickTime 影片方式，它包括 4 个选项。

- 3-一般：一般卸载。
- 2-下一步：执行完该 QuickTime 影片后卸载。
- 1-最后：执行完该应用程序后卸载。
- 0-从不：不卸载。

2. “属性：功能图标”对话框

双击设计窗口中的 QuickTime 图标，或者双击演示窗口中的视频文件，可以打开如图 5-19 所示的“属性：功能图标”对话框，该对话框的结构、选项及设置与 GIF 动画的“属性：功能图标”对话框相似，此处不再赘述。

图 5-19　“属性：功能图标”对话框

5.4.3　动手实践：一组视频叠加播放的实例

1. 视频叠加图片、文字

运用电影图标、GIF、Flash 等视频不能叠加图片、文字，这是因为在使用数字电影图标播放视频文件时，由于“电影”选项卡属性中的“最优显示”不能选择（FLC/FLI 文件除外），所以视频文件总处在屏幕最上方，结果造成显示图标的内容不能被显示在视频面上。如欲使显示图标的内容显示在视频面的上方，可以使用 QuickTime 插件播放视频文件。

具体操作方法有两种，第 1 种方法如下。

（1）执行“插入|媒体|QuickTime”菜单命令，可在流程线上插入 QuickTime 播放图标。

（2）在弹出的“QuickTime Xtra 属性”对话框中取消“直接写屏”复选框，如图 5-20 所示。单击“浏览”按钮选取要播放的视频文件，然后关闭该对话框。

（3）在 QuickTime 播放图标之下拖放一个显示图标，并在其相对于视频演示区域的位置输入文字“天涯海角欢迎您”，当然也可以放置图形或图片。

（4）运行流程，可以看见“天涯海角欢迎您”几个字已经叠加在视频之上了，如图 5-21 所示。运用此法可以给需要的视频片段方便地配字幕和片头。

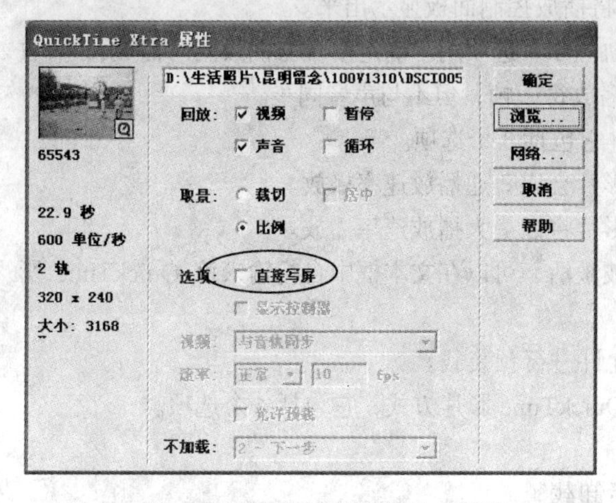

图 5-20 “属性：功能图标”对话框

图 5-21 显示效果

第 2 种方法如下。

（1）执行“插入|媒体|QuickTime”菜单命令，可在流程线上插入 QuickTime 演示图标，导入视频文件。

（2）双击 QuickTime 图标，弹出“属性：功能图标”对话框，在 QuickTime 插件的属性设置中取消选择“直接写屏”复选框，如图 5-22 所示。

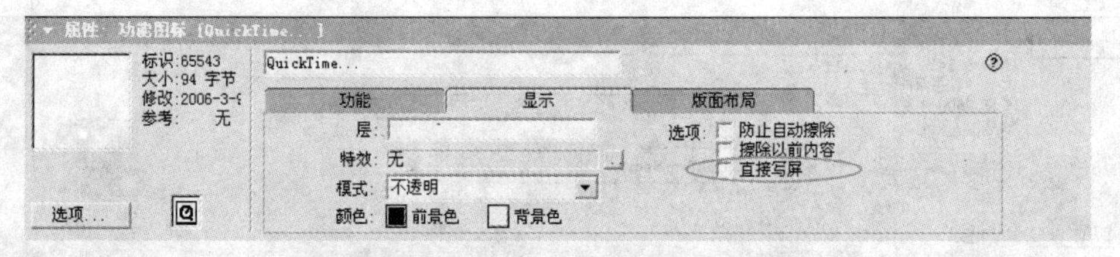

图 5-22 QuickTime 属性设置

（3）拖入一个显示图标，在演示窗口输入文字，并且将显示文本的“覆盖模式”设为“透明模式”。右击显示图标，弹出“属性：显示图标”对话框，在显示图标的属性中选中“直接写屏”复选框，如图 5-23 所示。这样文本内容就可以显示在视频面的上方，如图 5-21 所示。

2. 有效控制视频的播放和音量

（1）按照上面讲到的方法用 QuickTime 插件导入视频片段。

（2）在弹出的“QuickTime Xtra 属性”对话框中选中“显示控制器”复选框，要注意“显示控制器”选项只有在选取“直接写屏”的时候才有效。

（3）运行流程，在视频下面出现一个美观的控制条，单击“播放”按钮▶播放文件，此按钮将自动转换为“暂停”状态，在控制条的右边还可以看到单帧“前进”和“后退”按钮。

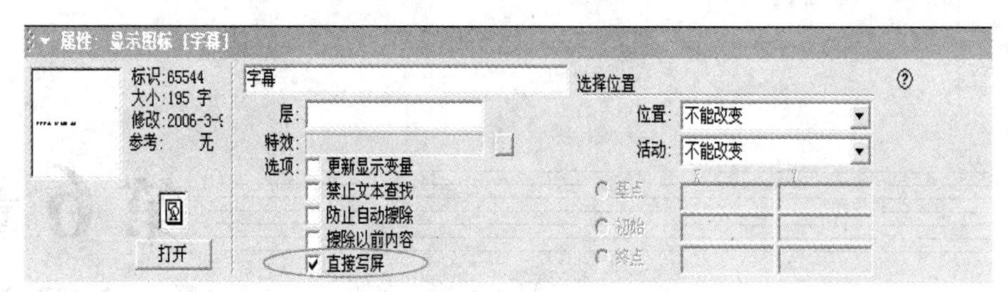

图 5-23　“属性：显示图标”对话框

（4）用鼠标按住控制条最左边的小喇叭按钮，即出现音量滑块，通过该滑块的上下移动，可以直接调节视频配音音量，而计算机的系统音量并没有任何改变。

3. 播放 GIF 图片

（1）通常情况下，在 Authorware 中播放 GIF 图片需要使用外部函数，也可以用其他的第三方插件如 DirectMedia Xtra 等，但对于 GIF 图片的控制都没有针对性。使用 QuickTime 插件导入 GIF 后可以实现单帧播放和停、放控制。

（2）操作菜单“插入|媒体|QuickTime”，同插入视频的方法一样选取合适的 GIF 文件，并且在“QuickTime Xtra 属性”对话框窗口中选中“显示控制器”复选框（不选中将不出现下文中的控制条）。

（3）运行程序后，在 GIF 图片下面出现控制条，左侧为“播放/暂停”按钮，右侧为单帧“顺放/倒放”按钮。如果在“QuickTime Xtra 属性”对话框窗口中选中“循环”复选项，则可循环播放。此方法不但便于播放控制，而且还可以用鼠标实时拖动 GIF 文件的显示位置，比起函数导入要灵活得多。

习 题 五

一、思考题

1. GIF 动画有什么特点？
2. 引入的 GIF 动画为什么不能动？
3. 引入的 GIF 动画为什么不能透明？
4. 如何改变 Flash 动画画面的大小？
5. 为什么插入的 Flash 动画只有声音没有图像？
6. QuickTime 视频文件有什么特点？
7. 引入 QuickTime 视频文件有哪些操作步骤？

二、上机操作题

制作一首 MTV 歌曲，要求有动态字幕，并且字幕在视频文件画面中可移动。

第 6 章 动画设计

【本章概述】

在前面的章节中，我们主要学习了多媒体素材的制作与导入，接触了各种媒体，如文字、图形、图像、视频和各种动画。在本章中，我们学习使用动画图标（亦称移动图标），使这些视觉媒体的位置发生相对变化，即所谓动画设计。

Authorware 具有较强的动画功能，提供了特效、运动、定位 3 种方式来实现动画效果。其中特效与定位我们在显示图标中已经作了介绍，运动方式是指利用移动图标设置对象在屏幕上的运动。3 种方式都是为了让静态媒体活动起来，从而产生更加精彩、生动的视觉效果。

6.1 动画图标的类型与特点

在“移动”图标使用中，一个移动图标只能控制一个独立（即一个图标所包含）对象的运动，它可以是显示、动画、数字电影以及视频等图标对象。移动图标为对象提供了 5 种运动方式：指向固定点、指向固定直线上的某点、指向固定区域内的某点、指向固定路径的终点和指向固定路径上的任意点。

“指向固定点”是直接移动到终点的动画。这种动画效果是使显示对象从演示窗口中的当前位置直接移动到另一位置。

“指向固定直线上的某点”是终点沿直线定位的动画。这种动画效果是使显示对象从当前位置移动到一条直线上的某个位置。被移动的显示对象的起始位置可以位于直线上，也可以在直线之外，但终点位置一定位于直线上。停留的位置由数值、变量或表达式来指定。

“指向固定区域内的某点”是沿平面定位的动画。这种动画效果是使显示对象在一个坐标平面内移动。起点坐标和终点坐标由数值、变量或表达式来指定。

“指向固定路径的终点”是沿路径移动到终点的动画。这种动画效果是使显示对象沿预定的路径从路径的起点移动到路径的终点并停留在那里，路径可以是直线段、曲线段或是二者的结合。

“指向固定路径上的任意点”是沿路径定位的动画。这种动画效果也是使显示对象沿预定的路径移动，最后停留在路径上的任意位置而不一定非要移动到路径的终点。停留的位置可以由数值、变量或表达式来指定。

虽然，Authorware 通过移动图标所能制作的动画仅仅是二维的，即动画的对象只能在一个平面内运动，但是，Authorware 提供的 5 种动画方式在多媒体作品的制作中已经足够了，它为制作多媒体作品提供了很大的方便。

6.2　指向固定点的动画 Direct to Point

在 Authorware 中，“指向固定点”是动画设计中最基本的动画设计方法。“指向固定点”的动画是使对象由起点位置沿直线移动到终点位置。这里的起点是对象在屏幕上的最初位置，可以是屏幕坐标内的任意点，终点是程序预先指定的运动的目标点。

6.2.1　移动对象与移动属性的设置

在创建动画的过程中，设置移动图标属性对话框中的各种选项是常被用到的。本小节采用一小人跑步的例子来介绍移动图标的属性设置以及“指向固定点”的动画设计。运行效果是：程序运行后，小人将从演示窗口的左边移动到演示窗口的右边。

具体操作如下。

（1）单击工具栏中的“新建”按钮，新建一个文件。

（2）从设计图标工具栏中拖放显示图标到流程线上，并命名为“背景”。

（3）使用“插入 | 媒体 | Animated GIF”菜单命令，插入一个“小人”的 GIF 动画。然后再拖放移动图标到流程线上，命名为“运动”，此时程序设计流程线与实例如图 6-1 所示。

图 6-1　程序设计流程线与实例

（4）双击“运动”移动图标，打开“属性：移动图标”对话框，在“类型”列表框中选择“指向固定点”动画类型。单击演示窗口中的小人作为移动对象，选定移动对象之后移动图标的属性对话框就会提示用户拖放移动对象到目的位置，在这里我们拖放小人到演示窗口的右边，对话框的设置如图 6-2 所示。

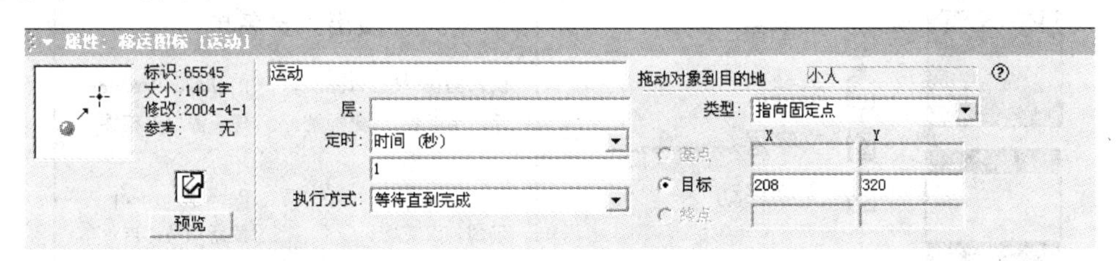

图 6-2　动画图标“属性”

“属性：移动图标”对话框中各选项的意义如下所述。

“预览”区域：对话框的左下角为预览区域。它显示当前移动图标使用什么移位方式或者显示当前移动图标的目标对象是什么。如果当前移动图标已经选中了目标对象，则该预览窗口显示该目标对象的内容。在设计中，一般将运动的对象单独放在某个图标内，如“小人”。而将静止不动的对象，如“背景”放在其他的图标内。

“层”文本框：在文本框中可以输入一个数字，用于设置移动对象的层。

“定时”下拉列表框：在“定时”下拉列表中有两个选项，如选择时间（秒）选项，在下面的文本框中便可输入在整个流程中对象移动的时间，单位是秒；如选择速率（秒/英寸）选项，在下面的文本框中便可输入对象移动的速率，如果输入数值是 10，那么速率为 10 秒/英寸，因此数值越大，速率越小。

“执行方式”下拉列表框：该列表框中的选项主要是在处理多个对象运动时使用。

- 等到直到完成：表示动画图标执行完毕后才执行后续图标。
- 同时：表示动画图标执行的同时，也执行后续图标。

“基点”、“目标”和“终点”：在这个区域内，用户可以定义被移动对象的运动终点所在的区域（或直线、路径）。Authorware 允许用户通过拖放对象，输入数值、变量或表达式的方法来定义这些区域的值。Authorware 提供的是一种相对的数值关系，即定义初始点数值为 0，终点数值为 100，所以用户定义的目标点的数值一般为 0～100。目标对象从它的初始位置（由图像属性对话框决定）移动到目标点表示的位置。

6.2.2 移动对象的层属性

在演示动画过程中总会出现显示对象重叠和显示次序的问题。移动图标中的“层”属性就可以解决这个问题。当有多个显示图标时，可以在该属性中输入不同的数字，来决定重叠时哪个显示对象位于上面，哪个显示对象位于下面，以产生不同的动画效果，Authorware 就用层次级别的高低决定这种关系。

当两个显示对象重叠时，层次级别高的显示对象就位于层次级别较低的显示对象的上面。在图层文本框中可以输入负整数、零和正整数，或者变量与表达式。下面举一个制作影片片尾的例子来说明层次级别是如何影响动画演示效果的。在程序中“文字层”移动设计图标控制“演出人员”从下边向上边移动，以产生影片结束效果。

（1）建立如图 6-3 所示的程序，在此“背景层”、“遮挡层”和“文字层”图标的显示层数使用默认设置，调整三者之间的位置，使它们看起来像一幅完整的“影片片尾”。此时，“文字层”完全覆盖下面两层，无法看到“背景层”和“遮挡层”，双击“选取工具”，设置为透明覆盖模式，调整画面与文字。

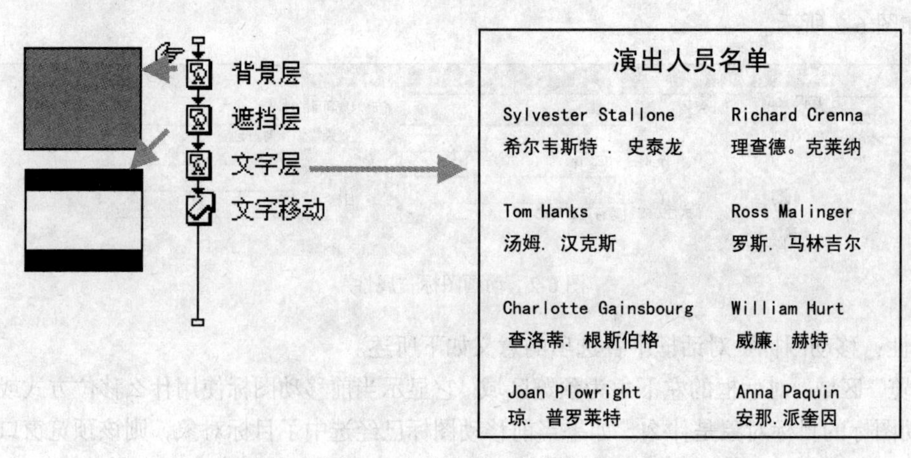

图 6-3 制作滚动文字与背景

（2）完成上述操作后，观察 3 个显示图标中的显示对象重叠显示，“文字层”会显示在“遮挡层”的上面，而“遮挡层”又显示在“背景层”的上面。我们希望的是“文字层”显示在“遮挡层”的下面，“背景层”的上面。可通过拖动鼠标互换调整 3 个图标的位置，或分别设置“背景层”、“遮挡层”和“文字层”图标的显示层数为 1、3、2。

（3）创建一个命名为“文字移动”的移动图标，以“文字层”显示图标为作用对象，保持默认的层不变，用鼠标向上拖动“演出人员名单”文字，由最底部拖动到顶端，只显示出“演出人员名单”的末尾名字，从而确定移动终点的位置，如图 6-4 所示。

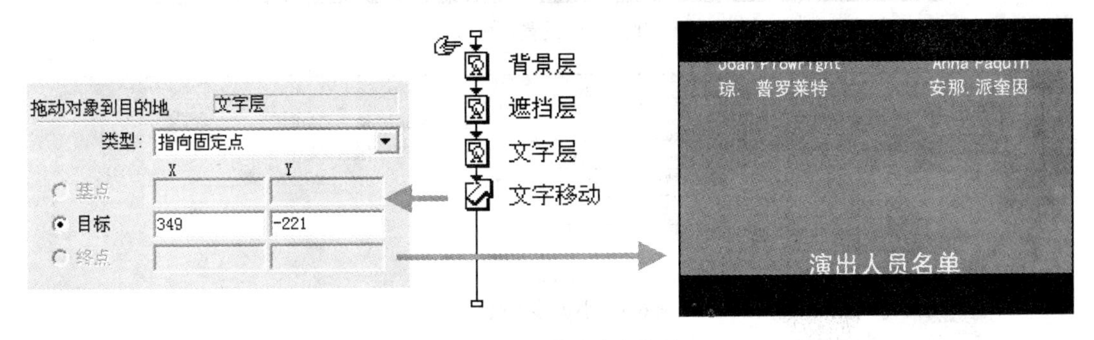

图 6-4　设置滚动文字效果

（4）单击“运行”命令按钮运行程序，此时，“演出人员名单”从画面的底部出现，直到完全从上方移出画面。

6.2.3　动手实践：遨游的鱼儿

前面介绍了一些简单的动画的移动例子，下面举一个应用随机函数控制鱼儿游动的速度与角度的例子，在实例中大鱼与小鱼前后位置还可以实现随机的互换，程序及效果如图 6-5 所示。

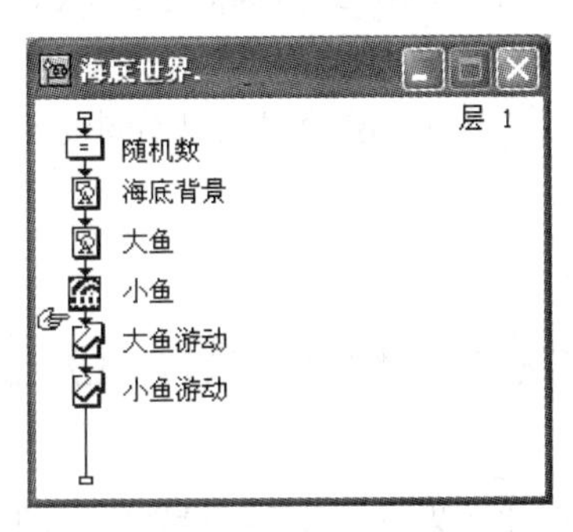

图 6-5　制作程序与效果

具体操作如下。

（1）在流程线上拖入一个计算图标，双击该图标，打开计算窗口，如图 6-6 所示。设定一个变量 R，单击工具栏中的“函数”按钮，选择 Random（min, max, units），设定变量如图中所示。

（2）分别导入“背景”、“大鱼”图片和“小鱼”GIF 动画，完成上述操作后，此时将 3 个显示图标中的显示对象重叠在一起显示，设定好起始位置。

（3）导入移动图标，分别命名为“小鱼移动”和“大鱼移动”。双击移动图标，打开“属性：移动图标”对话框，如图 6-7 和图 6-8 所示。在对话框中可以用输入数值、变量或表达式的方法来定义这些区域的值。在设置鱼的游速与前后次序时，在“大鱼移动”选择“层”固定，“小鱼移动”选择“层”随机变量 k，这样可以实现大小鱼之间的随机前后次序变化，“定时”也选择随机数 k，表示两条鱼速度都是变化的。

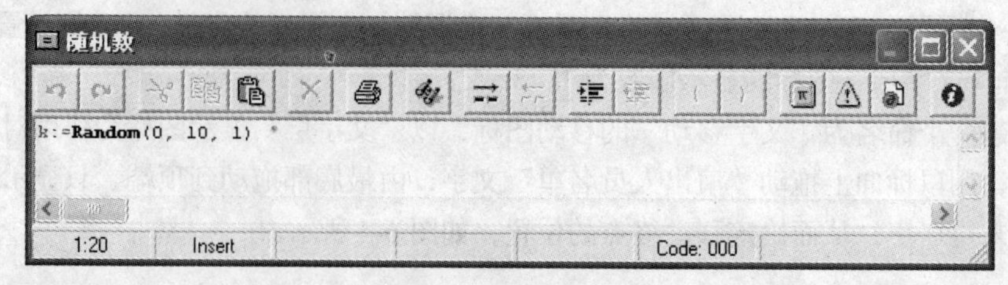

图 6-6　设置随机数

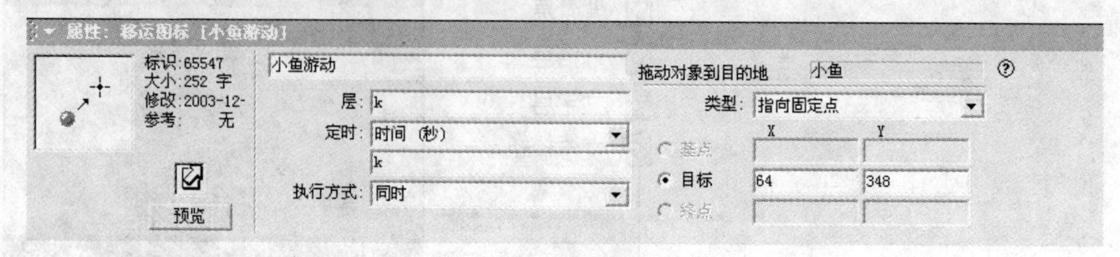

图 6-7　小鱼移动属性设置

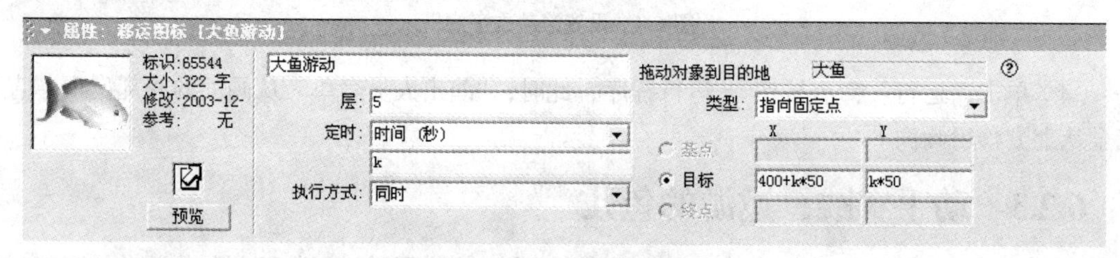

图 6-8　大鱼移动属性设置

（4）设置鱼沿直线移动到终点的位置。这里设置“小鱼移动”终点为固定，“大鱼移动”终点 *X*、*Y* 方向随机变化，此处设置如图 6-8 所示。

（5）每次单击“运行”命令按钮，程序运行时，“大鱼”游动展现出不同的游速和不同的游动方向。

6.3　指向固定路径的终点动画 Path to End

“指向固定路径的终点”运动效果即沿路径移动，在此效果下，对象将沿着定义的曲线在起始位置和结束位置之间移动。使用“指向固定路径的终点”运动效果，不但可以控制对象沿着折线运动，还可以控制对象沿着圆滑的曲线运动。

6.3.1　移动路径与移动属性的设置

创建“指向固定路径的终点”运动效果的动画是比较常见的，本小节选用皮球弹跳的例子来介绍“指向固定路径的终点”的动画设计。运行效果是：程序运行后，小球将从演示窗口的左边高处弹下，弹跳几次后到演示窗口的右边结束。

具体操作如下。

（1）首先单击工具栏中的“新建”按钮，新建一个文件。

（2）从设计图标工具栏中拖放显示图标到流程线上，并命名为“皮球”；双击该图标打开其演示窗口，然后在窗口中画一个“皮球”作为移动对象。

（3）向流程线上添加一个移动图标并双击该图标，将会打开“属性：移动图标”对话框。与此同时，还会在该对话框的后面打开一个演示窗口，窗口中出现已经设置过的“皮球”对象。

（4）在“属性：移动图标”对话框打开的情况下，单击演示窗口中的移动对象“皮球”，此时该移动对象将会出现在对话框的预览窗口中，如图 6-9 所示。

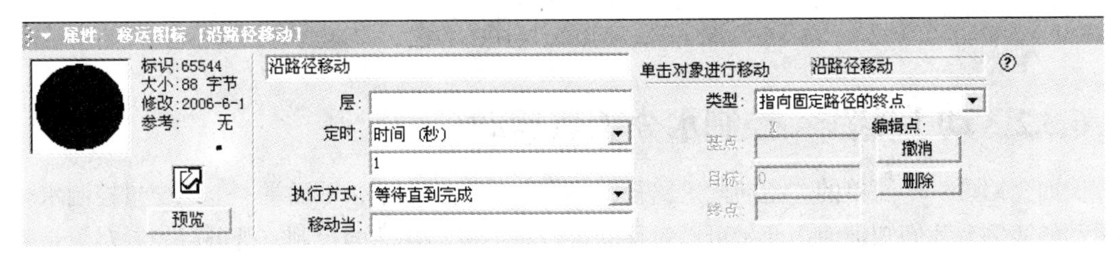

图 6-9“属性：移动图标”对话框

（5）选择运动类型为“指向固定路径的终点”，在移动对象“皮球”上单击鼠标左键，此时在皮球的中心会出现一个黑色的三角，它表示移动对象的运动起点。

（6）拖动移动对象“皮球”（不能拖动黑色的三角，否则移动的是对象的起始位置），到某一个点放开鼠标左键，此时会出现一个路径的关键点，表示为一个空心的三角形拐点（任意两个关键点之间的路径都是直线的）。拖动这些三角就可以改变对象的运动途径，如图 6-10 所示。

（7）双击任意一个三角形拐点，三角形拐点将会变为圆形拐点，表示它两侧的路径是圆滑的；再双击圆形，将会重新变为三角。依次下去，会产生一个运动路径，如图 6-11 所示。

在操作过程中如果出现错误，可以打开“属性：移动图标”对话框，选择编辑点“删除”或“撤销”按钮进行修改，也可以拖放圆形控制点改变曲线的形状，如图 6-9 所示。

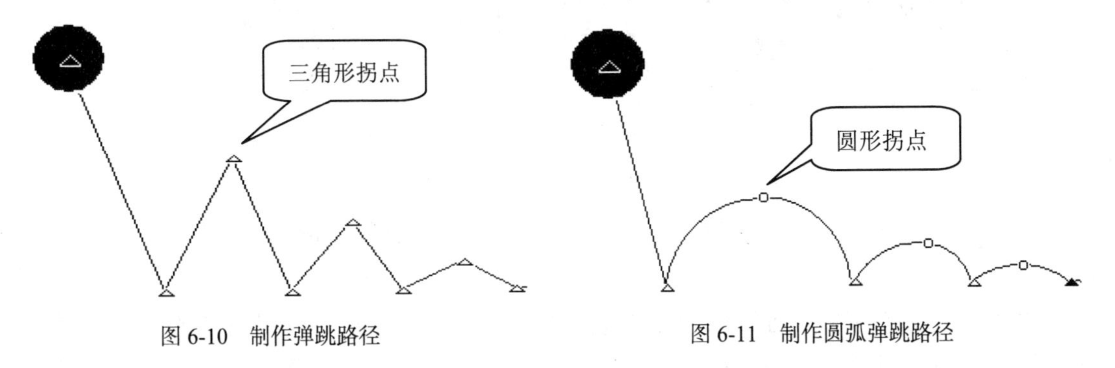

图 6-10　制作弹跳路径　　　　图 6-11　制作圆弧弹跳路径

（8）单击“确定”按钮，关闭对话框。运行程序，即可看到皮球的弹跳动作。

在选择了“指向固定路径的终点”移动方式之后，在“属性：移动图标”对话框中多了一项“移动时”属性，如图 6-12 所示。在该文本框中输入的逻辑常数、变量或表达式将作为此移动图标是否执行的条件。当实例程序运行到移动图标时，会首先检查“移动时”属性的值是否为真（TRUE，1 或 ON），如果为真，就会执行此移动图标；如果为假（FALSE，0 或 OFF），就将此设计图标忽略，如果保持该文本框为空的话，程序仅在第一次遇到该移动图标时执行它一次。此时我们设置“三角形移动”运动图标的“移动时”属性为“FALSE”，当 Authorware 运行时，就会跳过“三角形移动”而直接往下进行。

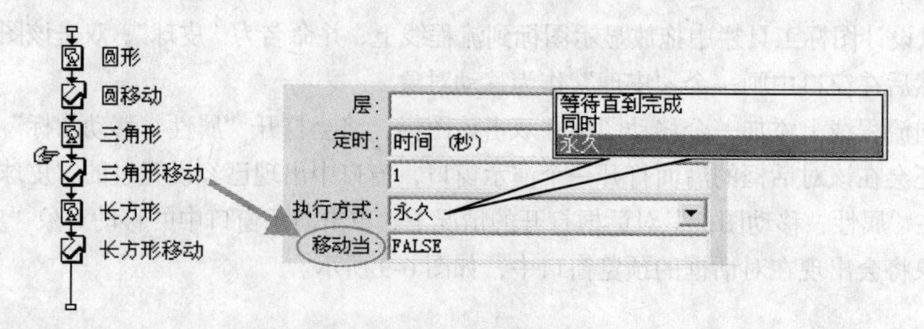

图 6-12　移动条件与执行方式

6.3.2　动手实践：控制水分子热运动

前面介绍了一个简单的“指向固定路径的终点”动画的例子，下面举一个用变量控制水分子热运动的实例。我们知道使用变量可以对移动进行更加机动灵活的控制，既可以控制对象是否移动，又可以控制对象的移动速度。在实例中我们使用自定义变量和系统变量的方法控制水分子移动，使用变量控制水分子运动速度快慢。

1. 使用自定义变量控制水分子运动

图 6-13 所示为水分子沿着所设定的路径移动的过程。此例中是通过设置“属性：移动图标”对话框中的“移动时”属性来对水分子是否进行移动控制的。

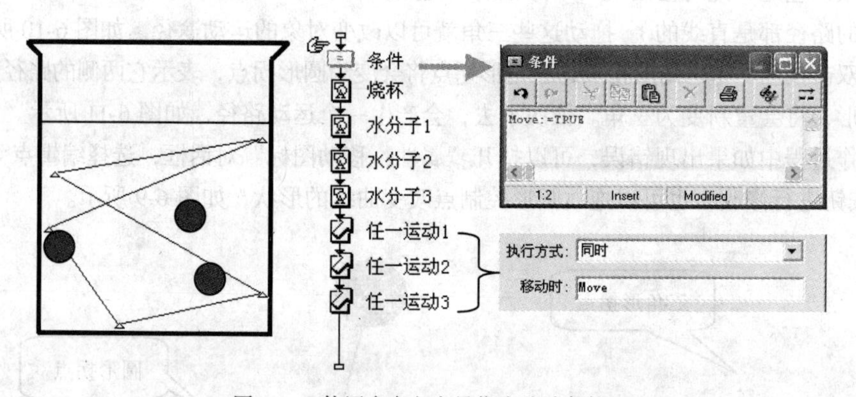

图 6-13　使用自定义变量作为移动条件

（1）拖入一个计算图标，命名为“条件”，在“条件”计算图标中自定义变量 Move，并将它赋值为 TRUE。

（2）拖入显示图标，分别命名，并画好烧杯、水分子，由于每个水分子有自己的运动轨迹，需要拖入多个显示图标。

（3）针对每个水分子，拖入各自的移动图标，并分别命名。双击移动图标，打开“属性：移动图标”对话框，在“移动时”文本框中输入“Move”，由于 Move 是一个自定义的逻辑变量，所以此程序运行时，水分子会不停地沿封闭的多边形路径运动，每转完一圈，Authorware 会检查“移动时”属性的值，当还是 TRUE，移动就会重复进行，如果变为 FALSE，移动就会停止。如果在“条件”计算图标中将 Move 赋值为 FALSE，运行程序就会看到水分子停在原处不动。

2. 使用系统变量控制水分子运动

使用系统变量可以分别控制水分子运动，如图 6-14 所示程序，在“移动时”文本框中分别输入系统变量“CommandDown”、“ShiftDown”和“MouseDown”来分别控制水分子“任一运动 1”、

“任一运动 2”和“任一运动 3”。当程序运行时，按下 Ctrl 键为 TRUE，“水分子 1”运动一周；当按下 Shift 键为 TRUE，“水分子 2”运动一周；当单击鼠标左键（MouseDown）为 TRUE，“水分子 3”运动一周。以上“执行方式”设置均为“永久”，当设置为“同时”或“等待直到完成”时，Authorware 会认为此移动图标已经执行完毕，不会执行。

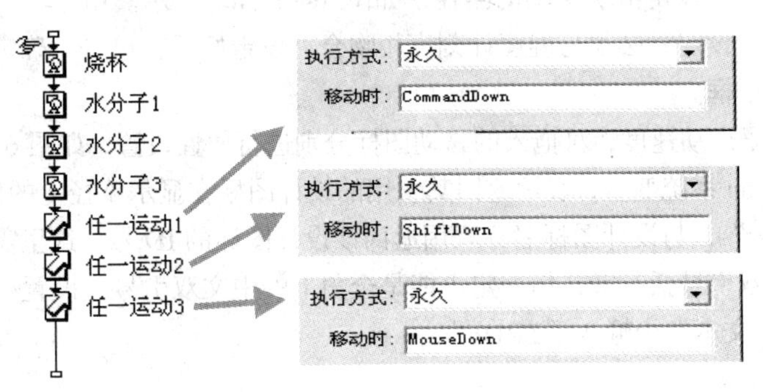

图 6-14　使用系统变量作为移动条件

使用系统变量控制水分子运动实现了程序在运行期间直接控制移动的启停，从而表现出具有一定的交互功能。表 6-1 列出了常用的 Windows 操作系统逻辑变量。

表 6-1　常用 Windows 操作系统逻辑变量

变量名称	说明
AltDown	指按下 Alt 键逻辑变量值为真（TRUE）
CapsLock	指按下 CapsLock 键进入大小写锁定为真（TRUE）
CommandDown	指按下 Ctrl 键逻辑变量值为真（TRUE）
DoubleClick	双击鼠标左键时逻辑变量值为真（TRUE）
MouseDown	单击鼠标左键时逻辑变量值为真（TRUE）
RightMouseDown	单击鼠标右键时逻辑变量值为真（TRUE）
ShiftDown	指按下 Shift 键逻辑变量值为真（TRUE）

3. 使用变量控制移动速度

使用变量可以控制水分子的移动速度。如图 6-15 所示程序，用鼠标上下拖动“水温刻度”滑块，水分子运动速度会加快和放慢。

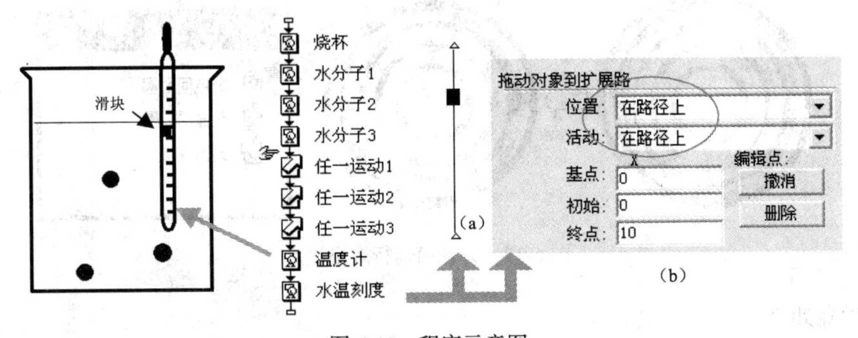

图 6-15　程序示意图

（1）如前所述，在创建好水分子运动的基础上，拖入显示图标，命名为“温度计”，画一个温度计放在烧杯中。

（2）再拖入一个显示图标，命名为“水温刻度”，打开显示窗口创建一个小滑块，用鼠标右键单击“水温刻度”显示图标，选择“属性”下拉菜单，弹出“属性：显示图标”对话框，设置“位置”、“活动”属性为“在路径上”，如图 6-15（b）所示。

（3）拖动小滑块，设定滑块移动的路径，如图 6-15（a）所示。由于小滑块移动的路径表示温度计温度的变化，设定时必须与温度计刻度相吻合，设定好后，单击“确定”按钮，退出“属性：显示图标”对话框。

（4）控制水分子运动速度，对拖入的移动图标分别进行属性设置，如图 6-16 所示。在属性设置中引入 PathPosition 系统变量，表示返回其引用的设计图标在显示路径上的位置；符号“@”是引用符号（读做“at”），与设计图标名称联用返回该设计图标的 ID 号。这里需要注意的是，设计图标名称一定要用双引号括起来，但一定不能是全角下的中文双引号。设置“执行方式”为“永久”，在“移动时”文本框中输入“TRUE”。

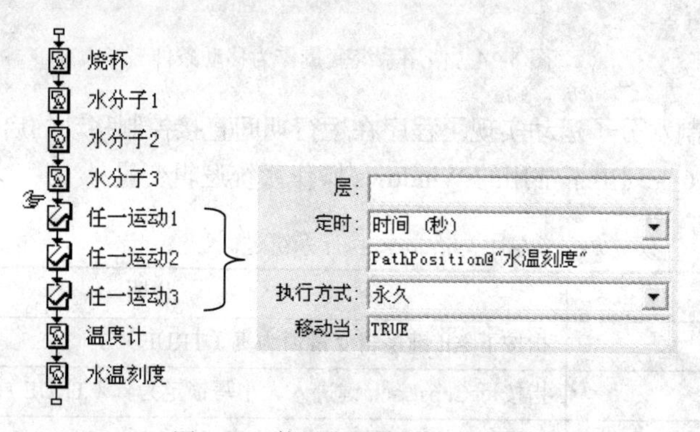

图 6-16　使用变量控制移动速度

（5）运行程序，用鼠标拖动滑块，滑块只能沿标尺上下移动，将滑块拖向上方，水分子会跑得飞快，将滑块拖向下方，水分子会跑得很慢。

这个实例提供了一个可视化的调整手段，可以应用在很多地方，比如可用它来调节数字化电影的播放速度、调节音乐的播放速度等。

6.3.3　动手实践：万花筒

万花筒是一个应用重叠模式和移动图标一起来实现其效果的实例，如图 6-17 所示。

图 6-17　万花筒运行效果演示

操作步骤如下。

（1）添加一个显示图标，命名为“彩色同心圆”，在该图标里选择线型为最粗，填充模式为“无”，按 Shift 键同时绘制一系列大小不同的圆，将边框设置为不同的颜色。对齐这些圆，使它们成为同心圆。

（2）再添加一个显示图标，命名为“反显同心圆”。同样绘制一系列大小不同的圆或选择工具栏“复制”按钮，把“彩色同心圆”复制到“反显同心圆”中，设置重叠模式为“反转”。

（3）在流程线上拖放一个移动图标，将“反显同心圆”中的图形作为运动对象，运动类型设置为“指向固定路径的终点”，执行方式设置为“永久”，在“移动时”文本框中输入“TRUE”，在显示图标里添加圆运动拐点。如图 6-18 所示，在制作正圆路径时拖动对象到拐点（2），然后再拖动对象返回到拐点（1），此时在拖回的过程中有跳出线控制的感觉。最后在拐点（2）处双击鼠标，产生一个正圆路径。

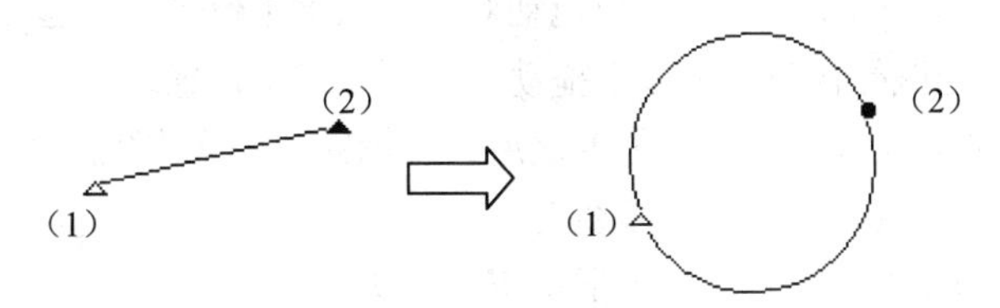

图 6-18　制作正圆路径

（4）运行程序，即可观看效果。

6.4　指向固定直线上的某点动画 Direct to Line

“指向固定直线上的某点”的动画设计是终点沿直线定位的动画。对象是直接移动到指定直线上的某一点上，移动对象的起始位置可以在演示窗口任意位置。移动对象在直线上的停留位置由数值、变量或表达式确定。

6.4.1　移动路径与移动属性设置

下面通过一个气垫导轨的例子来介绍创建“指向固定直线上的某点”运动效果的动画。如图 6-19 所示，运行效果是：程序运行后，输入刻度值，滑块滑向该刻度。

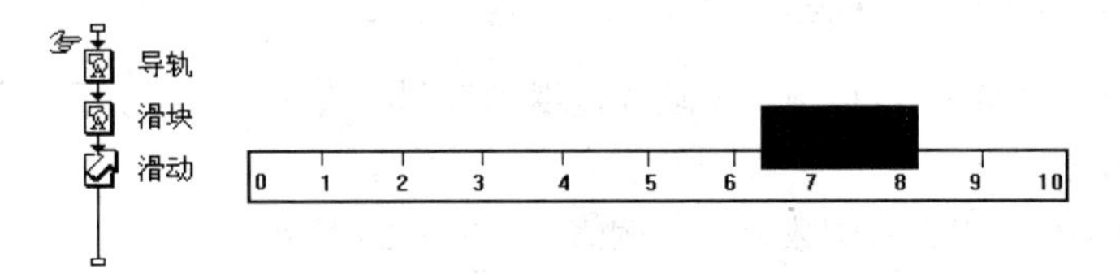

图 6-19　气垫导轨与程序示意图

（1）首先创建一个命名为“导轨”的显示图标，并向其中画一幅带刻度的导轨图；接着创建一个命名为“滑块”的显示图标，并画一幅“滑块”的图像。

（2）创建一个命名为“滑动”的移动图标，双击该设计图标打开移动图标属性对话框，在“类型”下拉列表框中选择“指向固定直线上的某点”移动方式，单击演示窗口中的滑块，将“滑块”显示图标作为它的作用对象。

如图 6-20 所示，“指向固定直线上的某点”移动方式的移动图标属性对话框中有如下内容。

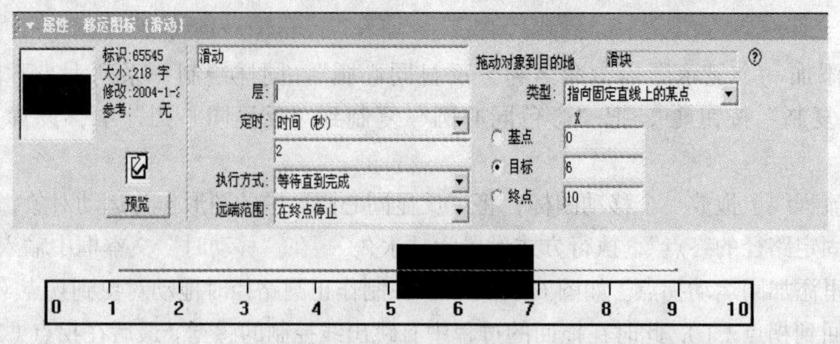

图 6-20　设置移动方式

“基点”单选钮：用鼠标在演示窗口中拖动对象可以确定位置线的起点。

“终点”单选钮：用鼠标在演示窗口中拖动对象可以确定位置线的终点。

在确定了位置线的起点位置和终点位置之后，演示窗口中会出现一条直线，这就是位置线。对象移动结束后，位置一定会处在这条直线上。

“远端范围”下拉列表框：该下拉列表框中有 3 个选项，它们分别为“在终点停止”、“循环”和“到上一终点”，如图 6-21 所示。

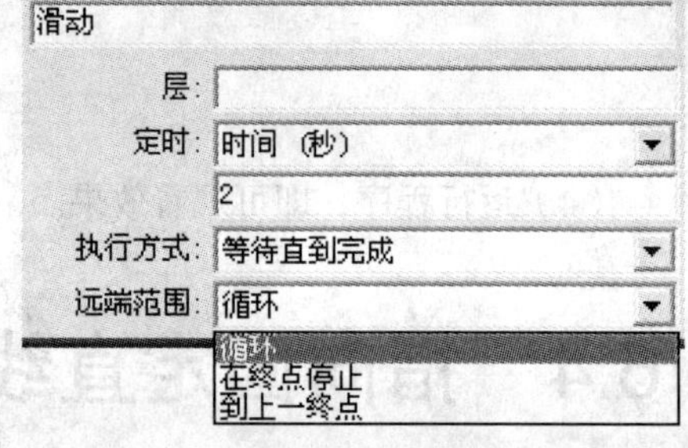

图 6-21　“属性：移动图标”对话框

- 在终点停止：选择该选项时，如果“目标”的值超出了“基点”或“终点”的值（如 12 刻度），对象会停止在位置线的起点（或终点）处。
- 循环：选择该选项时，如果“目标”的值超出了“基点”或“终点”的值（如 12 刻度），对象会按给定值与设定值两者差值执行，12−10=2 执行，定位在 2 刻度处；如果给定值为−2，按−2+10=8 执行，定位在刻度 8 处。
- 到上一终点：选择该选项时，如果“目标”的值超出了“基点”（或“终点”）的值，则 Authorware 会将位置线从起点处（或终点处）向外延伸，最终对象移动的终点仍会位于伸长了的终点位置线上，但已经超出了“基点”和“终点”所定义的范围。例如，将“目标”的值设为 12，运行程序后滑块在终点外延伸 2 刻度处。

6.4.2　动手实践：任意移动的气垫滑块

在上面的例子中需要输入刻度值，滑块才能滑到该刻度值处。下面动手实践一个滑块在气垫上随机滑动的例子。

在上例的基础上，使用随机函数为变量赋值，如图 6-22 所示。

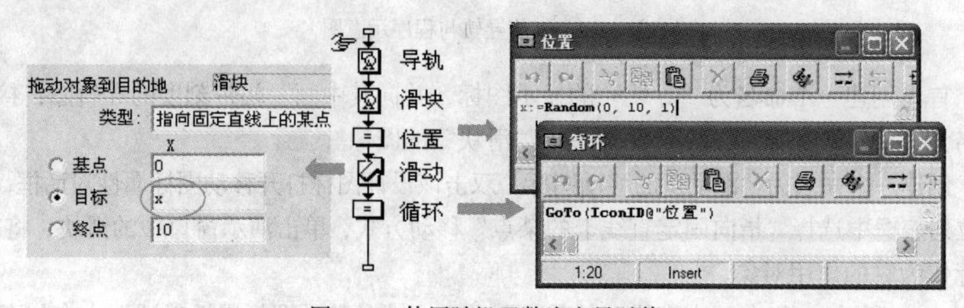

图 6-22　使用随机函数为变量赋值

（1）在“滑块”显示图标后拖入一个计算图标，命名为“位置”，双击鼠标打开计算窗口，单击工具栏中的“导入函数”按钮，选择需要引入的函数，此例中引入系统随机函数 Random 为变量赋值，每次执行这个计算图标时，变量 x 都会得到一个 0～10 的随机整数。

（2）在“滑动”移动图标下方拖入一个计算图标，命名为“循环”，双击鼠标打开计算窗口，单击工具栏中的“导入函数”按钮，导入转向函数 GoTo，给出函数参数“位置”，使程序转向计算图标“位置”。

（3）单击工具栏上“运行”按钮，运行程序观看效果。

6.4.3　动手实践：浏览画卷

浏览画卷是一个应用移动图标中的“指向固定直线上的某点”属性设置实现浏览长画卷效果的实例，如图 6-23 所示。

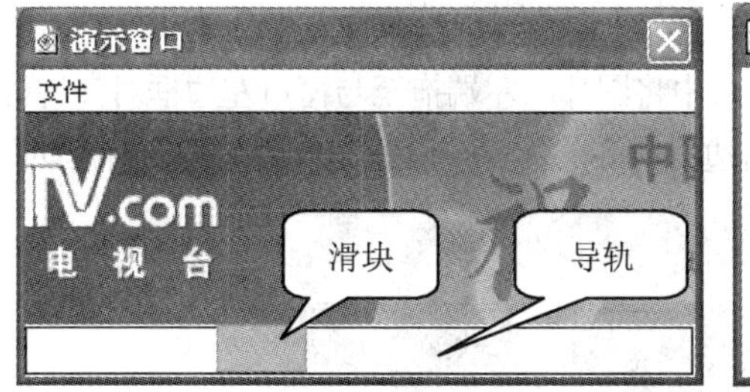

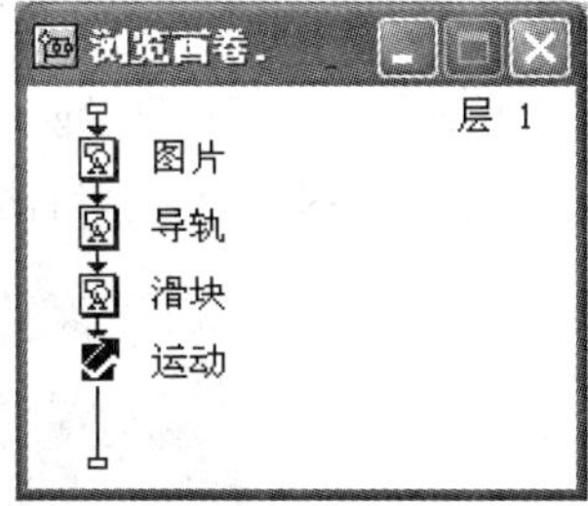

图 6-23　流程图与效果

操作步骤如下。

（1）新建一个文件，在属性窗口中将窗口尺寸设置为可变的“根据变量”选项，并将窗口调整至合适大小。

（2）在主流程线上添加两个显示图标，分别命名为“图片”和“导轨”。在“图片”显示图标中导入一张比显示窗口大的图片，在“导轨”显示图标对应的显示窗口中用矩形绘图工具绘制一个矩形条作为滑块的导轨。

（3）再添加一个显示图标，命名为“滑块”。双击该显示图标，在弹出的窗口中绘制一个方块作为滑块。

打开该显示图标的属性窗口，在“位置”和“活动”下拉列表框中选择“在路径上”选项。单击“基点”文本框，然后将滑块拉至导轨的左端，确定起始位置；单击“终点”文本框，将滑块拖至导轨的右端，确定终点位置。确定后的路径如图 6-24 所示。

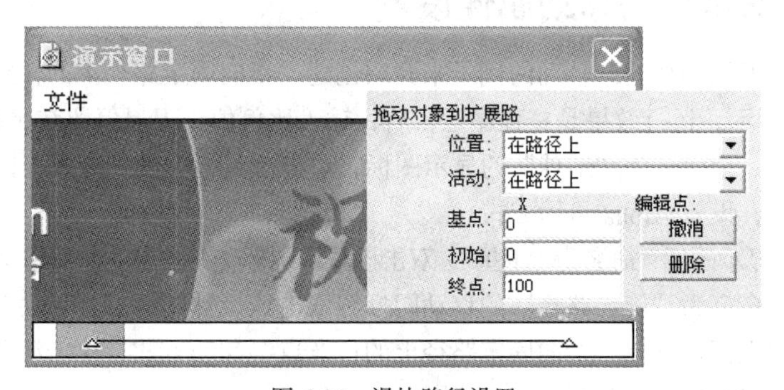

图 6-24　滑块路径设置

（4）添加一个运动图标。单击“图片”显示图标，按住 Shift 键，双击该运动图标，弹出设置窗口，选择图片为运动对象。在“属性：移动图标”对话框中设置，在“定时”下拉列表框中选择“时间（秒）”选项，并在下面的文本框中输入 0；在“执行方式”下拉列表框中选择“永久”选项，在“远端范围”下拉列表框中选择“在终点停止”选项，并确认“基点”和“终点”文本框中的数值分别为 0 和 100，并在“目标”文本框中输入“PathPosition@"滑块"”，表示图片的位置将取决于滑块的位置。完成后的设置窗口如图 6-25 所示。

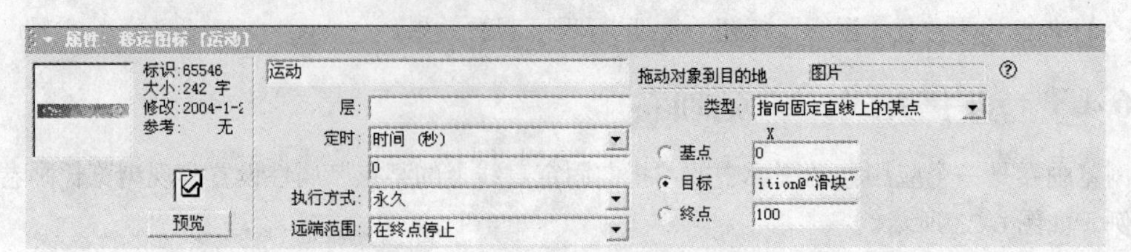

图 6-25 “属性：移动图标”对话框

单击“基点”单选钮，然后在显示窗口中将图片的左端拖至与窗口左边框对齐的位置；单击“终点”单选钮，将图片的右端拉至与窗口右边框对齐的位置。设置完成后的运动路径如图 6-26 所示。

图 6-26 图片运动路径设置

（5）至此浏览画卷设置已经完成，运行程序即可观看效果。

6.5 指向固定路径上的任意点动画 Path to Point

“指向固定路径上的任意点”是沿路径定位的动画。这种动画效果也是使显示对象沿预定义的路径移动，但最后可以停留在路径上的任意位置而不一定非要移动到路径的终点。停留的位置可以由数值、变量或表达式来指定。

6.5.1 移动路径与移动属性设置

下面通过一个卫星围绕地球转动的例子来介绍创建“指向固定路径上的任意点”运动效果的动画。如图 6-27 所示，运行效果是：程序运行后，输入比例值，卫星停留在比例值位置。

（1）首先创建一个命名为“地球”的显示图标，单击工具栏中的“导入”按钮，并向其中导入一幅地球图像，设置 Alpha 显示方式。

（2）拖入一个显示图标，命名为“卫星”，双击该显示图标，在弹出的窗口中绘制一个卫星图片。

（3）创建一个命名为“旋转路径”的移动图标，双击该设计图标打开移动图标属性对话框，在“类型”下拉列表框中选择“指向固定路径上的任意点”移动方式，单击演示窗口中的卫星将“卫星”显示图标作为它的作用对象。

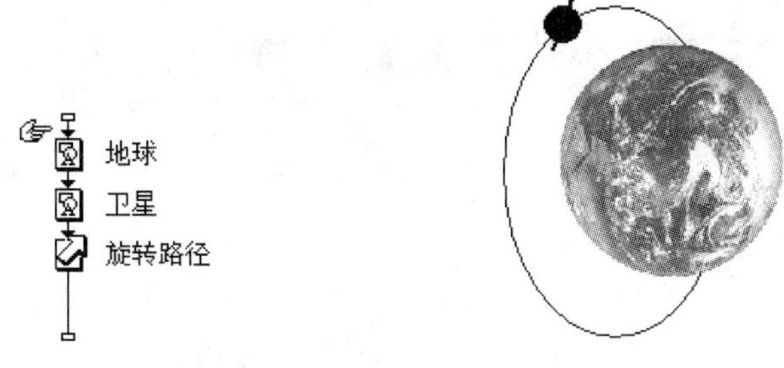

图 6-27　地球卫星与程序示意图

如图 6-28 所示，“指向固定路径上的任意点”移动方式的移动图标属性对话框中有如下内容。

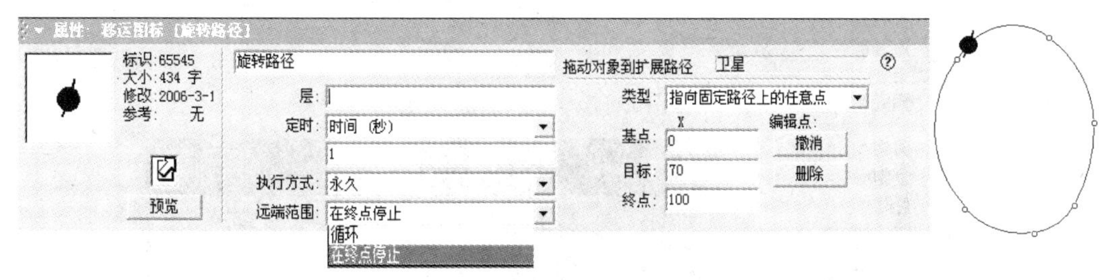

图 6-28　“属性：移动图标”对话框

“基点”单选钮：用鼠标在演示窗口中拖动对象可以确定位置线的起点。

“终点”单选钮：用鼠标在演示窗口中拖动对象可以确定位置线的终点。

在确定了位置线的起点位置和终点位置之后，调整中间的拐点，形成椭圆形路径。这里默认的“基点”0、“终点”100 和“目标”70 均是比例值，此例中“卫星”运行停留在路径中 70%的位置。

“远端范围”下拉列表框：该下拉列表框中有两个选项，它们分别为“在终点停止”和“循环”。

- 在终点停止：选择该选项时，如果“目标”的值超出了“基点”或“终点”的值（如 130），对象会停止在位置线的起点（或终点）处。
- 循环：选择该选项时，如果“目标”的值超出了“基点”或“终点”的值（如 130），对象会按给定值与设定值两者差值执行，130−100=30 执行，定位在移动路径的 30%处。

6.5.2　动手实践：控制卫星移动位置

在上面“卫星围绕地球转动”例子的基础上，对程序做一些修改，如图 6-29 和图 6-30 所示。

（1）在流程线上，拖入一个显示图标，命名为“定位仪”，在演示窗口绘制一幅定位仪图片。为了防止在拖动“滑钮”的过程中，造成定位仪图片位置移动，可给“定位仪”加上一个辅助计算图标，表现为在显示图标左上角出现一个等号标志，如图 6-31 所示。具体操作为，用鼠标右键单击“定位仪”显示图标，在下拉菜单中选择“计算”，弹出“定位仪”计算图标窗口，输入“Movable@"定位仪":=FALSE”，单击“关闭”按钮，保存退出。

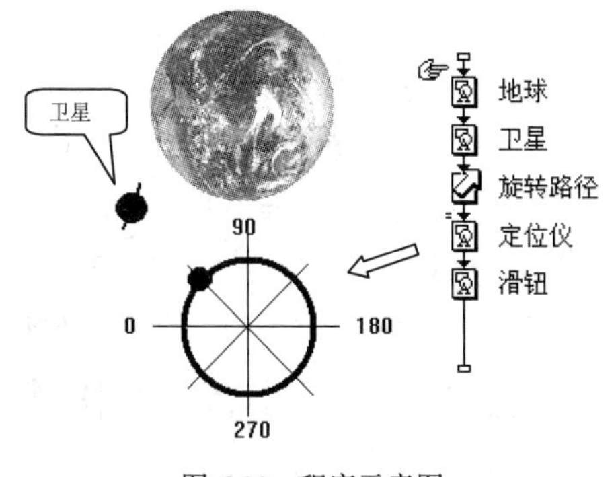

图 6-29　程序示意图

Movable 是个系统变量，专门用来设置对象是否可以移动，如果将它赋值为 TRUE，则表示对象可以移动。

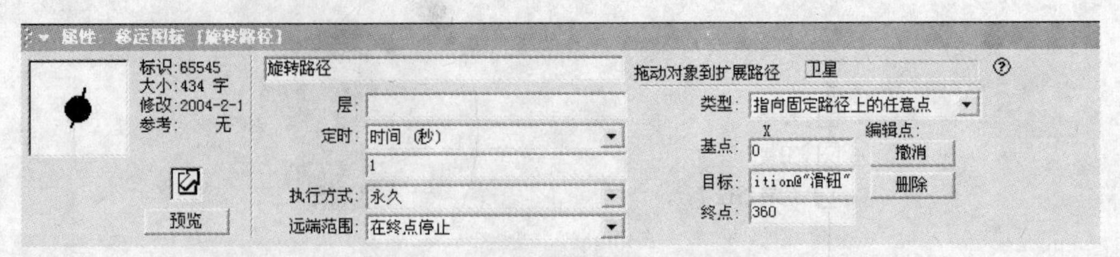

图 6-30 “属性：移动图标”对话框

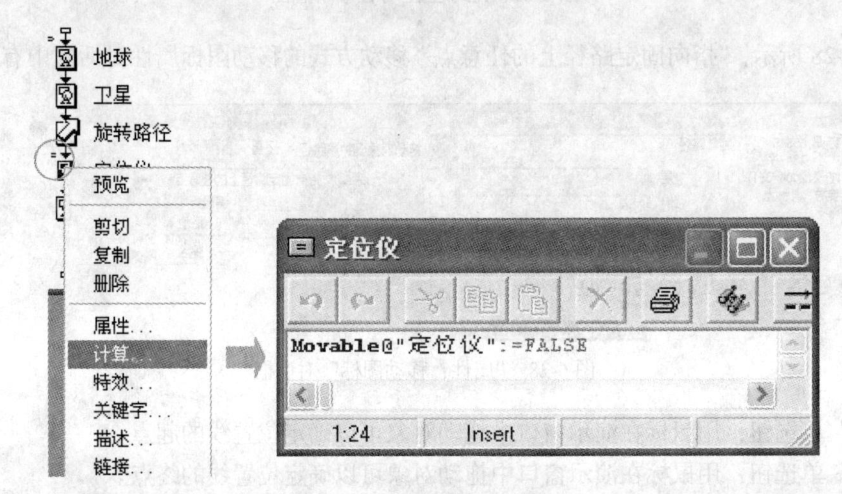

图 6-31 附属计算图标的使用

（2）拖入一个显示图标，命名为“滑钮”，用鼠标右键单击显示图标“滑钮”，选择“属性”，弹出“属性：显示图标”对话框，如图 6-32 所示。“位置”与“活动”选项设置均为“在路径上”，“终点”为 360。

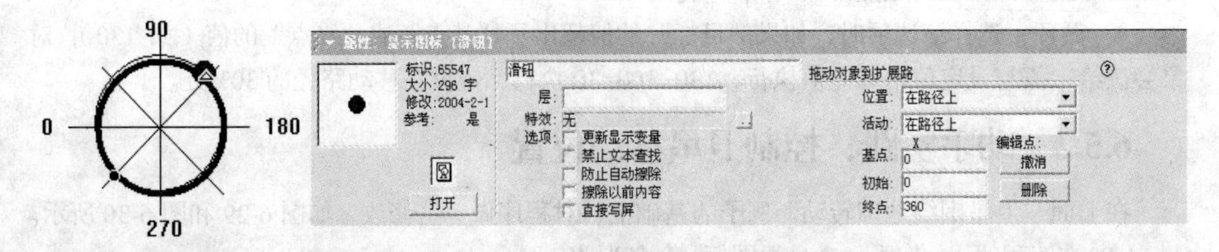

图 6-32 “属性：显示图标”对话框

（3）修改运动图标“旋转路径”属性，如图 6-30 所示。在“执行方式”下拉列表框中选择“永久”选项，在“类型”下拉列表框中选择“指向固定路径上的任意点”选项，并确认下面的“基点”和“终点”文本框中的数值分别为 0 和 360，并在“目标”文本框中输入“PathPosition@"滑钮"”，表示卫星的位置将取决于滑钮的位置。

（4）单击工具栏中的“运行”按钮，运行程序，拖动滑钮观看效果。

6.5.3 动手实践：圆形数字钟

“圆形数字钟”程序运行后，屏幕显示一个圆形数字钟，有一个小红球沿圆形钟架按秒移动，每过一秒移动一位，一分钟转一圈，然后再重复转圈移动。在圆内上方有一个小动物图像，两眼中黑眼球交替变化，下方还有一个数字表，显示当前时间。该程序运行中的画面如图 6-33 所示。

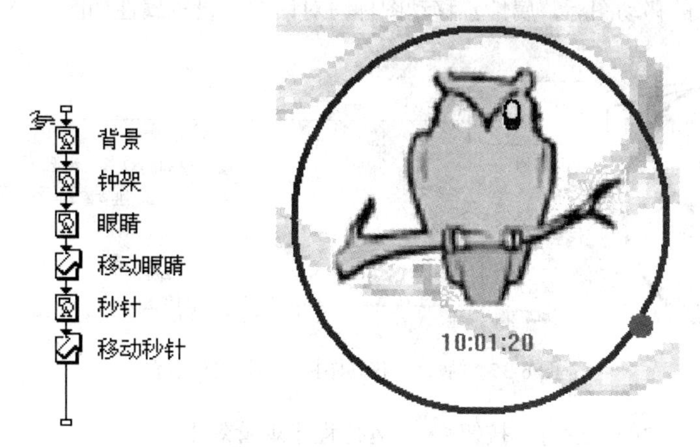

图 6-33　数字钟程序与效果图

“圆形数字钟”程序设计的方法具体如下。

（1）在流程线上拖入一个显示图标，导入一幅图片作为背景。

（2）在“钟架”显示图标内画一个蓝色粗边框的圆，圆内加载一个小动物图像，小动物图像下边输入“{FullTime}”，FullTime 是一个系统变量，它给出计算机系统的当前时间，格式为小时：分钟：秒。在显示图标中，用一组大括号括起变量，则程序运行后，变量的值会显示出来。注意：在图标属性的“显示”复选框中选中“更新变量显示”，则时间的显示是变化的。

（3）“眼睛”和“移动眼睛”图标是用来产生按秒来回移动的黑色眼珠。在“眼睛”显示图标内加载一个黑色的眼珠，将它调整到与眼睛内框的大小一样，并将它移至左边的眼眶内。

（4）调出移动图标的“属性：移动图标”对话框，选中眼睛作为对象。对话框的设置如图 6-34 所示。在“类型”列表框内选择“指向固定路径上的任意点”选项；移动路径设置好后，在“执行方式”列表框内选择“永久”选项；在“远端范围”列表框内选择“循环”选项；在“定时”列表框内选择“时间（秒）”选项，其文本框内输入 0.01；在“目标”文本框内输入“Sec/2=INT（Sec/2）”，“基点”文本框内输入 0，“终点”文本框内输入 1。

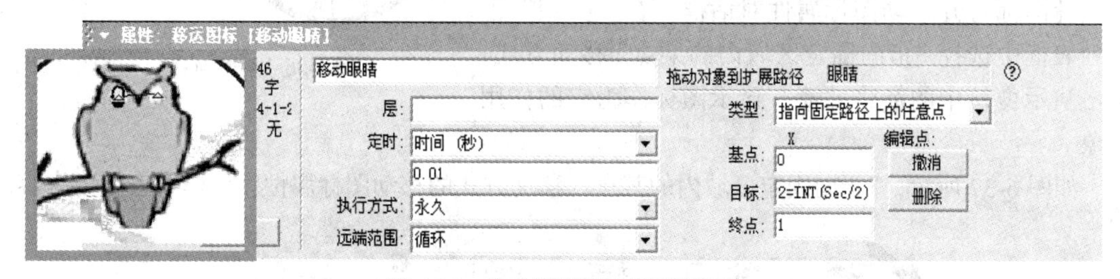

图 6-34　移动眼睛图标的属性设置

出发点坐标值为 0，结束点坐标值为 1，目的是让小红球只在这两点交替移动；移动过程所用的时间定为 0 秒是为了不让人们看到移动过程，产生跳跃的效果。INT 是系统的取整函数，当 Sec 值为偶数时，该表达式成立，其值为 1；当 Sec 值为奇数时，该表达式不成立，其值为 0。

（5）在“秒针”显示图标内加载一个红色小圆图像，并将它移至表框最上边 0 秒处。同时，在“秒针”图标下方拖入一个移动图标，命名为“移动秒针”，将它设定为指向固定路径上的任意点移动方式，路径为与表框位置一样的一个圆，但是终点与起点控点不重合，终点控点在 59 秒处，打开“移动秒针”的移动图标“属性：移动图标”对话框，设置属性如图 6-35 所示。

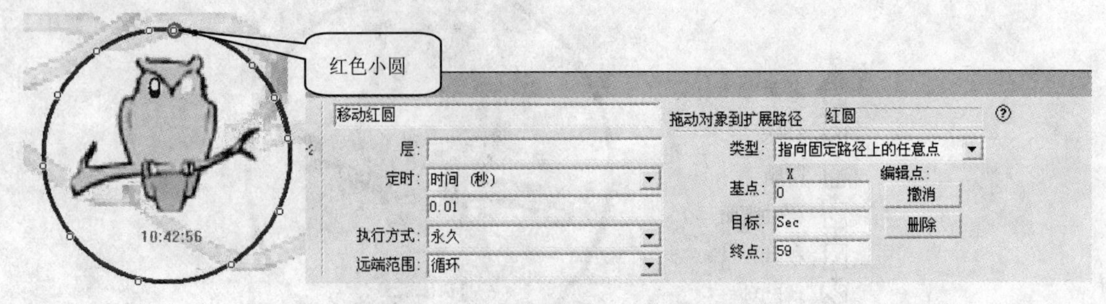

图 6-35 “属性：移动图标”对话框的设置

（6）单击工具栏中的“运行”按钮，运行程序观看效果。

6.6 指向固定区域内的某点动画 Direct to Grid

“指向固定区域内的某点”是沿平面定位的动画。这种动画效果是使显示对象在一个坐标平面内移动。起点坐标和终点坐标由数值、变量或表达式来指定。

6.6.1 移动路径与移动属性设置

下面通过一个射箭的例子来介绍创建“指向固定区域内的某点”运动效果的动画。如图 6-36 所示，运行效果是：程序运行后，箭射向靶的区域内。

（1）首先创建一个命名为“靶”的显示图标，并在其中画一幅带靶环的图；接着创建一个命名为“箭”的显示图标，并画一个箭。

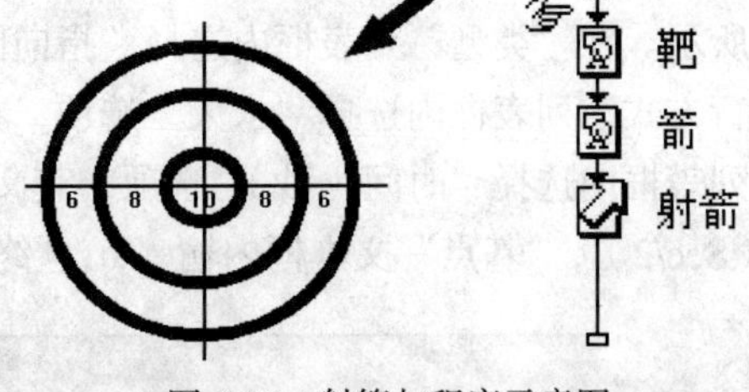

图 6-36 射箭与程序示意图

（2）创建一个命名为“射箭”的移动图标，双击该设计图标打开移动图标属性对话框，在“类型”下拉列表框中选择“指向固定区域内的某点”移动方式，单击演示窗口中的箭将“箭”显示图标作为它的作用对象。

如图 6-37 所示，“指向固定区域内的某点”移动方式的移动图标属性对话框中有如下内容。

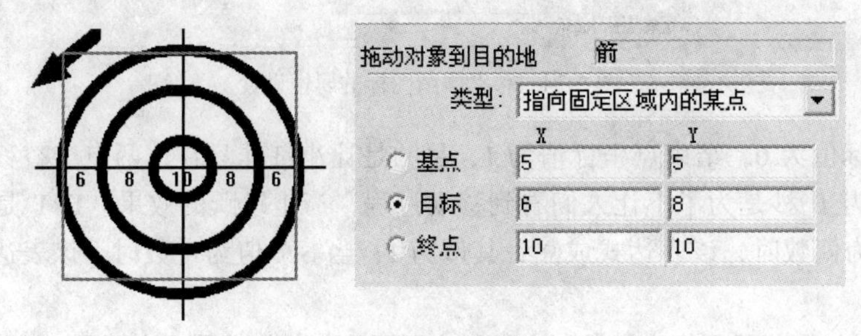

图 6-37 设置移动方式

“基点”单选钮：用鼠标在演示窗口中拖动对象可以确定区域的起点 X 轴和 Y 轴的平面坐标。

“终点”单选钮：用鼠标在演示窗口中拖动对象可以确定区域的终点 X 轴和 Y 轴的平面坐标。

在确定了区域的起点位置和终点位置之后，演示窗口中会出现一个区域方框，这就是位置区域。对象移动结束后，位置一定会处在这个区域内。

“远端范围”下拉列表框：该下拉列表框中有 3 个选项，它们分别为“在终点停止”、“循环”和“到上一终点”，如图 6-38 所示。

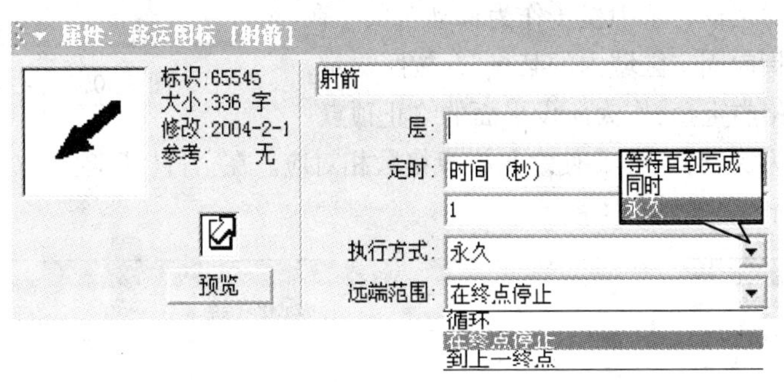

图 6-38“属性：移动图标”对话框

- 在终点停止：选择该选项时，如果“目标”的值超出了“基点”或”终点”的值（如 X=12，Y=12），对象会停止在区域的起点（或终点）处。
- 循环：选择该选项时，如果“目标”的值超出了“基点”或“终点”的值（如 12 刻度），对象会按给定值与设定值两者差值执行。
- 到上一终点：选择该选项时，如果“目标”的值超出了“基点”（或“终点”）的值，则 Authorware 会将区域从起点处（或终点处）向外延伸，最终对象移动的终点仍会位于伸长了的终点区域内。

6.6.2 动手实践：自动下棋

用一个棋盘作为所要设置的平面，用一个棋子作为移动对象，使用变量和函数使棋子在棋盘上不停地、随机地走动。设计的流程图如图 6-39 所示。

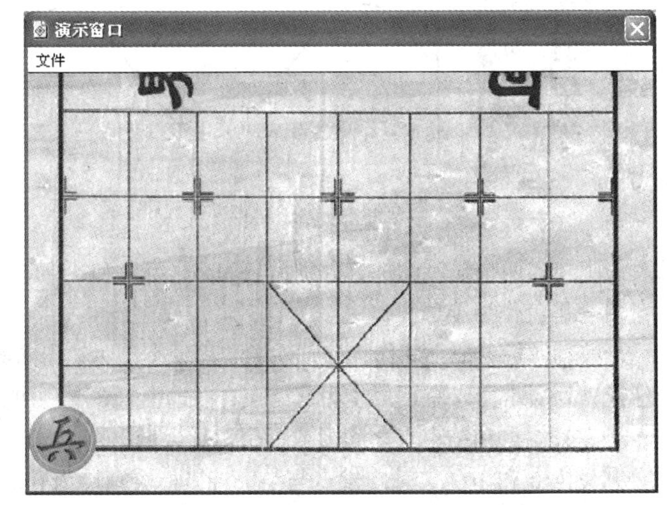

图 6-39 自动下棋与程序示意

（1）建立显示图标“棋盘”，引入棋盘图像。棋盘中的矩形棋盘格将作为所要设置的平面。

（2）建立显示图标“棋子”，引入棋子图像，将其摆放在棋盘左下角，作为棋子的起始位置。

（3）建立一个计算图标命名为“定义”，确定变量 x、y 的值，x 为 0～8 的随机整数，y 为 0～4 的随机整数，使之与棋盘布置相对应，设置如图 6-40 所示。

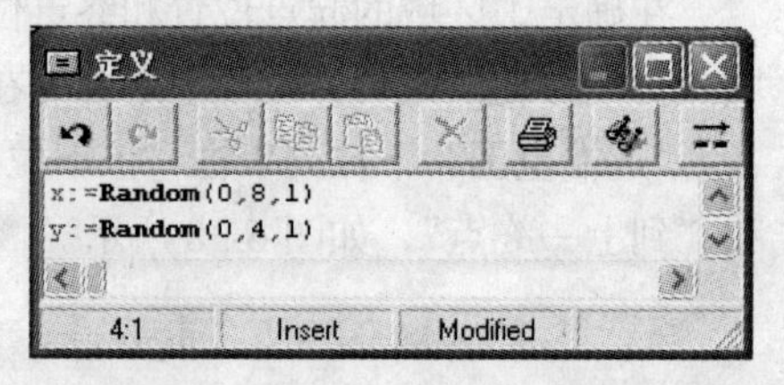

图 6-40　定义变量 x 和 y 的值

（4）在流程线上拖入一个移动图标，命名为“走棋”，打开动画图标属性对话框，选中棋子作为移动对象。在移动类型中选择“指向固定区域内的某点”，按照提示，将棋子拖放到棋盘格右上角，作为所设平面的终止顶点。将终止顶点坐标改为 X=8，Y=4，使之与棋盘格数相对应。在“目标”项的 X 栏和 Y 栏中，填入自定义变量 x、y，设置如图 6-41 所示。

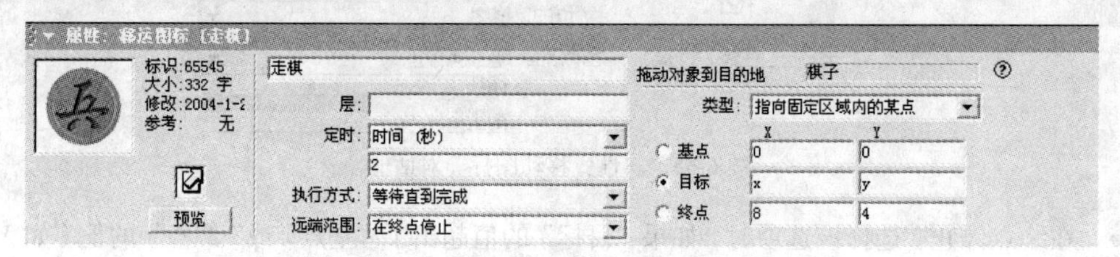

图 6-41　“属性：移动图标”对话框属性设置

（5）在移动图标后加入一个“等待”图标，等待 0.5 秒钟，作为两步棋之间的停顿。

（6）为实现棋子的不停移动，在流程线最后加入一个计算图标，引入转向函数“GoTo(IconID@"定义")”，则程序执行完一次后将自动返回，开始重新一次的移动。

（7）运行程序，将看到预期的效果。

6.6.3　动手实践：小球沿正弦轨迹运动

“小球沿正弦轨迹运动”程序运行后，屏幕将显示如图 6-42 所示的画面。小球按正弦规律运动。“小球按正弦轨迹运动”程序设计的方法如下。

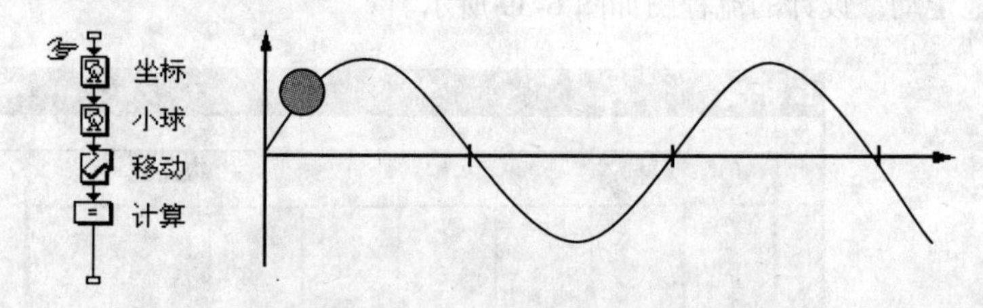

图 6-42　正弦轨迹运动与程序示意

（1）在流程线上拖入两个显示图标，分别命名为“坐标”和“小球”，用绘图工具画出坐标和一个圆，圆内部填充黑色作为小球。

（2）拖入一个移动图标，把小球作为移动对象，移动类型为“指向固定区域内的某点”，选中“基点”，把小球拖曳到演示窗口左下角作为起始点；再选中“终点”，把小球拖曳到演示窗口右上角作为结束点，则在开始点和结束点之间形成一个矩形区域，即小球的可移动范围。*X* 轴起始点与终止点坐标分别设为 0 和 10，*Y* 轴出发点与结束点坐标分别设为 0 和 100；在“目标”的水平文本框和垂直文本框内分别输入 x，y 变量，如图 6-43 所示。

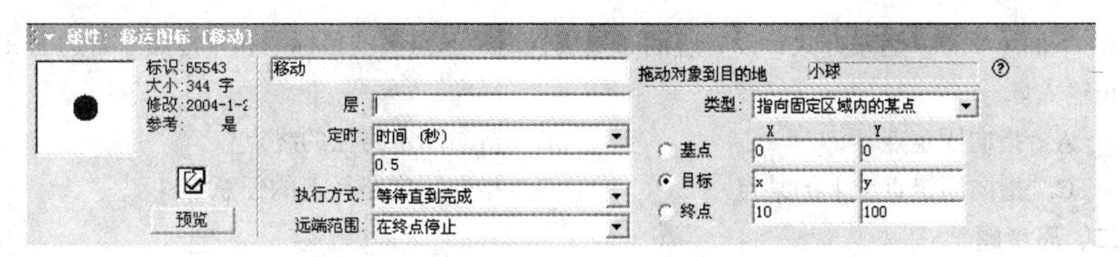

图 6-43　“属性：移动图标”对话框属性设置

（3）在“移动”图标下边加入一个名称为“计算”的计算图标，“计算”图标内的内容如图 6-44 所示。其中，x:=x+1 是给变量 x 每次累加 1，y:=50+50*sin(x)，是计算 y 的正弦值，正弦最大值为 50，最小值为−50，为使整个正弦轨迹均在坐标区内，所以加上一个基准值 50。第三条语句 if x<=10 then Goto（IconID@"移动"）的作用是：如果 x 不大于 10 则转至“移动”图标去执行，这样可构成一个循环。

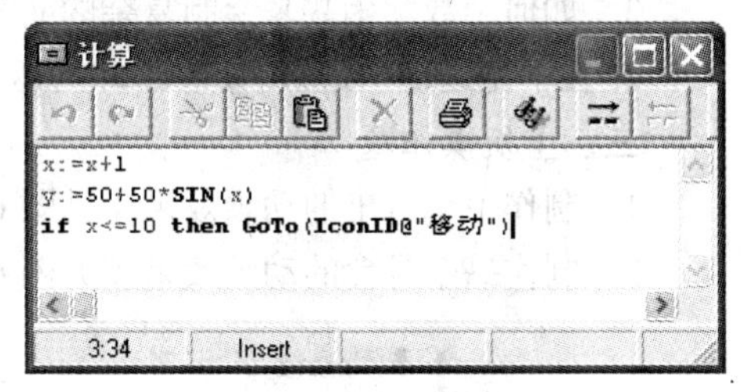

图 6-44　计算图标的设置

（4）运行该程序，可以看到小球在演示窗口内做正弦轨迹的移动。

习　题　六

一、选择题

1. 控制小球的运动速度快慢使用（　　）类型的动画。

   A. 指向固定区域内的某点　　B. 指向固定路径的终点

   C. 指向固定直线上的某点　　D. 指向固定路径上的任意点

2. 控制小球的运动位移使用（　　）类型的动画。

   A. 指向固定区域内的某点　　B. 指向固定路径的终点

   C. 指向固定直线上的某点　　D. 指向固定路径上的任意点

3. 使用一个“移动图标”可以控制（　　）个显示图标。

   A. 1　　B. 2　　C. 3　　D. 多个

4. 一个“显示图标”可以被（　　）个移动图标控制。

   A. 1　　B. 2　　C. 3　　D. 多个

5. 一个“显示图标”内包含了多个显示对象，如果使其中 3 个按不同速度运动，需要（　　）个移动图标。

   A. 1　　B. 2　　C. 3　　D. 4

6. 移动图标的 5 种运动方式中，（　　）运动方式只要调整运动的起点位置，其运动效果和“指向固定点”的运动方式相同。

   A. 指向固定区域内的某点　　B. 指向固定路径的终点

   C. 指向固定直线上的某点　　D. 指向固定路径上的任意点

7. 一般情况下，如果不设置层次，层次的默认值是（　　）。

   A. 0　　B. 1　　C. 2　　D. 3

8. 下面（　　）运动方式，设置版面布局属性时“基点”、“目标”和“终点”右边的文本框皆禁止输入。

A. 指向固定点　　B. 指向固定路径的终点

C. 指向固定直线上的某点　　D. 指向固定路径上的任意点

二、思考题

1. 如果物体上升运动中，允许有左右的偏移，应如何设置？
2. 建立固定路径中，如何建立锯齿、弧形以及圆形路径？
3. 如何用数学函数来绘制复杂的曲线？
4. 在平抛运动中，如何修改小球的运动速度，使其在轨道上速度加快，到平面上时速度减慢？

三、上机操作题

1. 制作一个日出的动画效果（见图 6-45）。
2. 制作一个月食的动画效果（见图 6-46）。

图 6-45　日出

图 6-46　月食

3. 练习对 GIF、Flash 对象施加动画，如制作一个蜜蜂飞舞、采蜜和悠然离去的过程。
4. 设计一个控制卫星绕地球转动快慢的程序。
5. 练习对电影图标施加动画。
6. 设计汽车在乡间行驶，经过树林、房屋，时隐时现的程序，效果如图 6-47 所示。

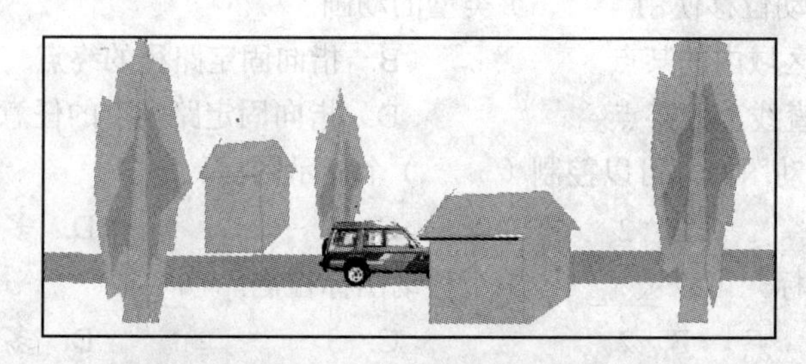

图 6-47　汽车行驶效果图

7. 设计一个小球跟随鼠标移动的程序。

提示：按图 6-48 所示设置属性。

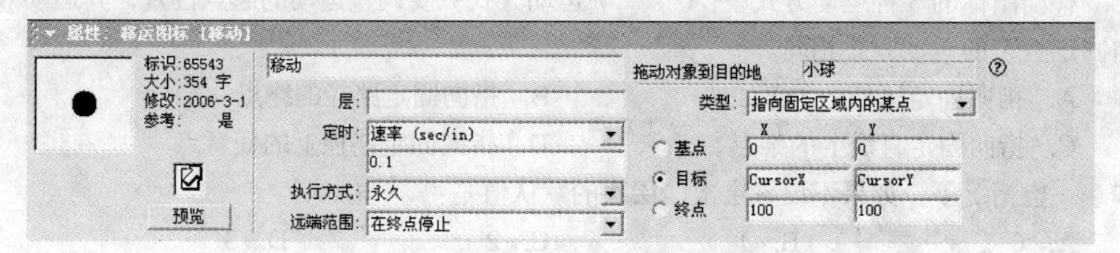

图 6-48　“属性：移动图标”对话框

第7章 交互控制

【本章概述】

在进行了前面几章的学习后，我们已经掌握了各种媒体素材的制作技术，如文字、图形、图像、视频、声音和 Authorware 所提供的各种动画的制作。那么怎样将这些素材整合成我们所需要的课件呢？这就需要建立起用户与素材之间的联系，来实现人机交互。Authorware 拥有强大的交互功能，并且为我们提供了包括按钮、热区域、条件等在内的共 11 种交互类型。对于它们的具体应用及属性设置将会在接下来的各节中做详细介绍。

7.1 交互作用分支结构

7.1.1 交互的类型与特点

Authorware 为用户提供了强大的交互功能，而这些功能均由交互作用分支结构来实现，如图 7-1 所示。交互作用分支结构由“交互”图标和“响应”图标共同构成。单独的交互图标没有任何意义，同时也没有单独的响应图标存在。下面介绍图 7-1 所示交互作用分支结构各组成部分的作用。

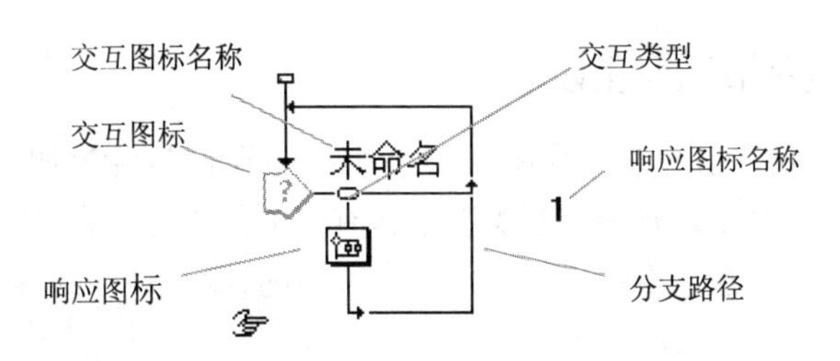

图 7-1　交互作用分支结构

- 交互图标名称：作为一个控件的名称，它随用户任意确定，但在课件制作和修改过程中，为了便于阅读程序，给其命一个合适的名字非常重要。
- 交互图标：作为交互作用的载体在其单独存在时没有任何意义，它与其右边的响应图标一起实现画面以及功能的跳转。
- 响应图标名称：同样作为控件的名称，对于部分交互类型（按钮、热区域等），它有着与交互图标名称同样的功能，但对于另一部分（条件、文本输入等）来说它有着另外的功能（这在以后会一一的介绍）。

- 响应图标：为交互图标右边横向排列的所有控件，其作用是实现制作人在执行此步交互后所预期的效果。

交互设计、框架和决策判断图标不能直接作为响应图标置于交互图标的右边，但可以存在位于响应图标位置的组合图标中。

- 分支路径：为响应图标中程序执行完以后决定机器读取程序的方向，也就是箭头的指向。在 Authorware 的交互作用中存在 4 种分支路径，将在交互属性中做具体介绍。

- 交互类型：为用户进入响应图标所要完成的操作的不同类型。除常用的按钮、热区域、菜单等传统的交互响应类型以外，Authorware 还提供时间限制响应、重试限制响应等在内的共 11 种交互类型，如图 7-2 所示，这也是其强大交互功能的体现。在图 7-2 中左边的符号在编辑窗口响应类型处各代表一种交互类型。

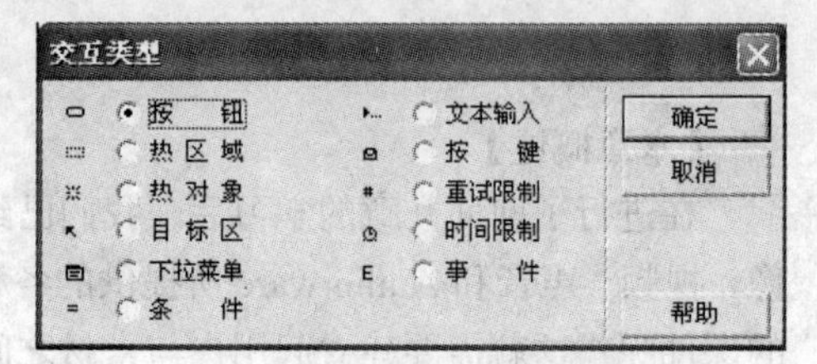

图 7-2　交互类型

在设计程序时当第一次移入控件至交互图标右边或移入控件于所有响应图标左边都会弹出如图 7-2 所示的对话框供制作者选择交互类型，而在已有响应图标右边移入控件，则此响应图标与其左边相邻的响应图标具有相同的交互类型和分支路径。

在这里如果要彻底理解 Authorware 中交互作用产生的原理，从而更深层次地掌握交互作用，就必须对计算机是如何执行交互作用分支结构中的程序这一问题做进一步的了解。如图 7-1 所示，当计算机在主流程线上执行程序进行到此交互图标时，计算机便先读取该交互图标在演示窗口中的设置并执行，将其中的设置显示在用户运行时的演示窗口中。然后，计算机沿着该交互图标右边的分支流程线继续读取程序。此时，在此分支流程线上可能存在很多个响应类型图标，在每个响应类型图标的下方还存在一条分支路径，而此处的每个响应类型图标就相当于计算机从该分支流程线进入每一个分支路径读取程序的门户，只有当用户的操作与该处的交互作用相匹配时计算机才能执行该分支路径中的程序。

7.1.2　交互响应的属性设置

在 Authorware 中交互控制的类型虽有 11 种之多，但同为交互控制也存在着一些共同的属性。当双击响应类型图标时，会发现每种交互类型都具有一个共同的“响应”选项卡，且其中的属性也基本相同。所以在此先对这些属性进行介绍，在以后的各章节中再对各种交互特有属性做单独介绍。

打开如图 7-3 所示的“响应”选项卡，现将其属性设置介绍如下。

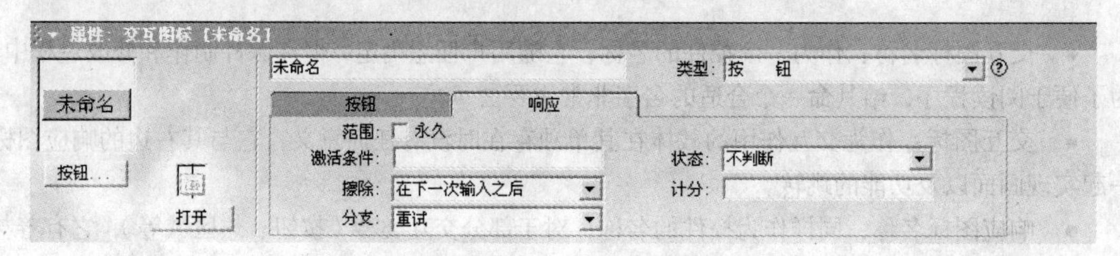

图 7-3　“响应”选项卡中的属性设置

"范围"：其中只包括一个"永久"复选框，它的属性设置要与"分支"属性一起才起作用，我们在介绍"分支"属性时再做详细阐述。

"激活条件"文本框：用于设置使响应起作用的条件。只有当用户的操作符合所设的条件时，响应才被激活，否则将不会作出响应。

"擦除"下拉列表框：用于设置何时擦除响应图标中的内容。系统提供了4个擦除时间供用户选择。

- 在下一次输入之后：此项为Authorware的默认选项。当用户选中此项时，系统会在用户在此交互作用分支结构中进行下一次交互的同时，将其相应的分支路径中的程序在演示窗口中的显示内容擦除。
- 在下一次输入之前：选中此项，系统的擦除时间变为执行完该响应图标。
- 在退出时：当用户选中此项时，只有在计算机退出当前的交互作用分支结构读取程序时，擦除该处交互作用在演示窗口中所显示的内容。
- 不擦除：如果选择了此项，在计算机读取完其中的程序以后，只要不特地设置"擦除"图标将该处演示窗口中的显示内容擦除，其显示将始终存在。

为了使大家更直观地理解各种擦除时间，在这里将它们的擦除时间与交互作用分支结构流程图相应的位置对应起来，如图7-4所示。

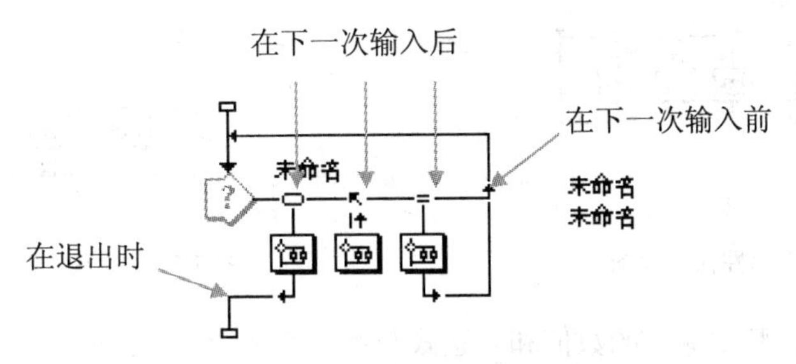

图7-4 擦除时间所对应的位置

"分支"下拉列表框：用于设置执行完响应图标内容后程序的走向。在此，"分支"属性中的选项数就会随"范围"属性设置的不同而不同。如图7-5所示，当用户选中"范围"属性中的"永久"复选框时，"分支"属性的选项中将会比不选中时多一个"返回"选项。现在就分别介绍这4种分支属性（为了便于大家理解和应用各分支属性，在图7-6中向大家一一展示了各种分支属性在流程图上的表示形式）。

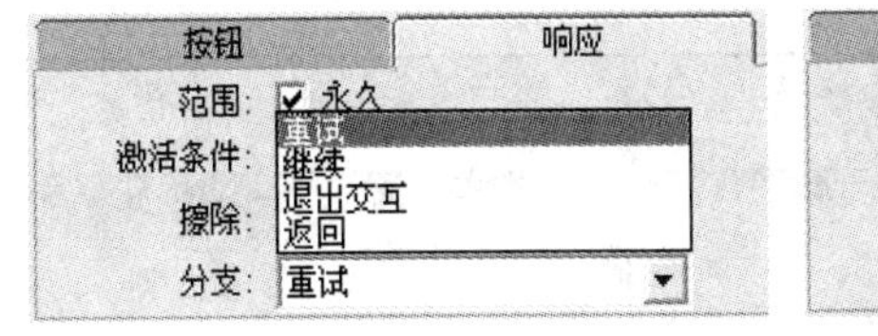

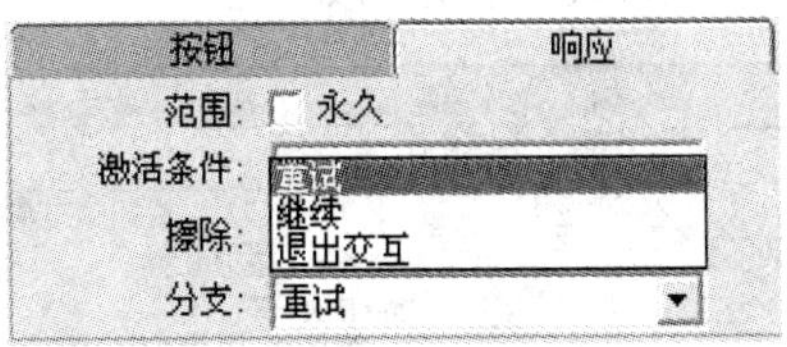

图7-5 "范围"属性设置与"分支"的关系

- 重试：当选择此分支类型时，系统在响应完此处交互后将会回到主流程线的交互分支起点开始读取程序，在此等待用户做出另一次交互操作。对照图中重试路径上的箭头指向，我们可以很容易理解计算机读取程序的方向。
- 继续：当用户选择此分支类型时，沿箭头的方向看，此时计算机读取程序的路径是其分支结构上方的闭合矩形，计算机会在此流程线上反复检查，等待用户匹配该响应的操作。在系统响应完此处交互后，计算机又回到闭合矩形的路径上等待下一次匹配响应的操作。

- 退出交互：当系统响应完具有此分支类型的交互程序后，顺着箭头的指向，计算机将回到主流程线上读取程序。
- 返回：选择了此交互分支类型的响应，只要始终处于激活状态，系统等待用户的匹配操作并随时响应，从而进入该分支路径读取程序；该分支执行完毕后，返回到原来调转起点继续往下执行。

如果将多个分支路径类型均设为“重试”，计算机就会顺着箭头的指向从第三条流程线直接返回主流程线的交互分支的起点读取程序。如果它们具有相同的匹配条件，此时只有最靠前的一个交互分支可以被响应。若此时需要同时响应其他交互分支，则需要改变其分支类型为“继续”。

“状态”下拉列表框：仅仅用于标记编辑窗口中的响应图标，以便于用户调试程序和另外的用户读懂该程序。其中的 3 个选项“正确响应”、“错误响应”和“不判断”分别对应响应图标名称左边的“+”，“−”和空格，如图 7-7 所示。

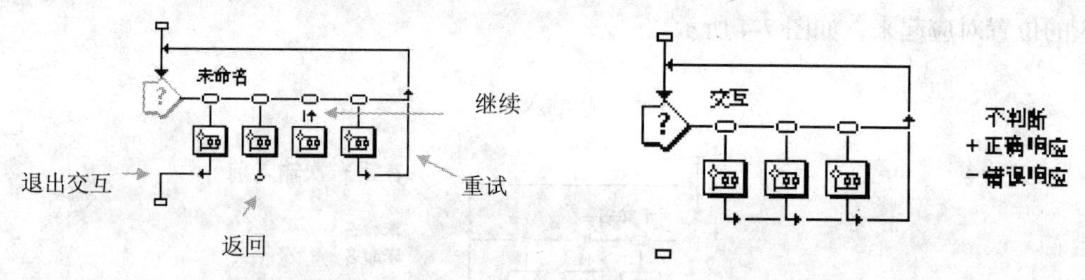

图 7-6　各分支属性在流程图上的表示形式　　图 7-7　“状态”属性的设置效果

“计分”文本框：其中输入的数值和表达式与系统变量“TotalScore”相联系，可以在演示窗口中显示用户的得分。在整个程序的运行过程中，每当计算机进入一个交互分支读取程序，系统就会将系统变量“TotalScore”的值在原有的基础上再加上该响应的“计分”文本框中的数值或是表达式的值。

7.1.3　交互图标的属性设置

按住 Ctrl 键双击交互图标（或按 Crtl+I 组合键），均可以打开“属性：交互图标”对话框，如图 7-8 所示。现将其内容介绍如下。

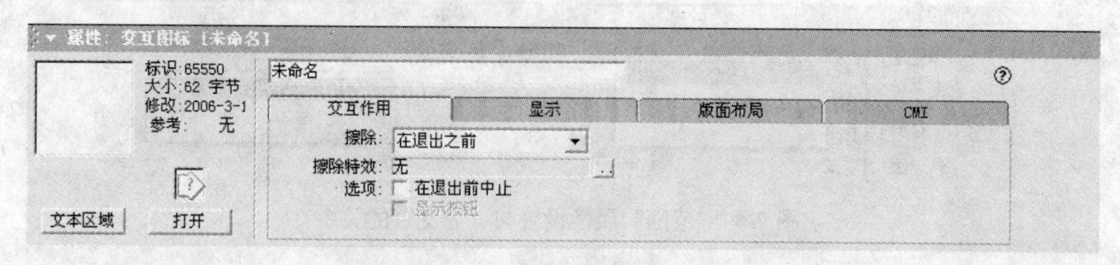

图 7-8　“属性：交互图标”对话框

“图标内容”预览窗：用于预览在交互图标中创建的文本、图形图像等显示对象，但不包括按钮等交互作用控制对象。

“打开”命令按钮：单击此按钮，可以创建或编辑交互作用显示信息。

"文本区域"命令按钮：用于设置文本输入框的样式，单击此按钮可以打开如图7-9所示的"属性：交互作用文本字段"对话框。对于此对话框的属性设置将在本书的文本交互中做详细的介绍。

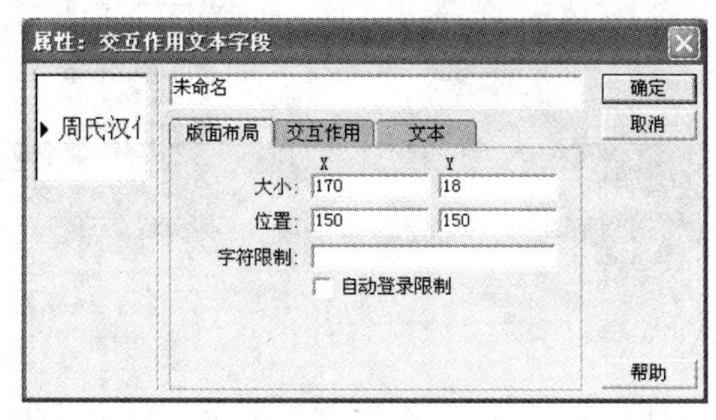

图7-9　"属性：交互作用文本字段"对话框

1. "交互作用"选项卡

用于设置与交互作用有关的选项，如图7-10所示。

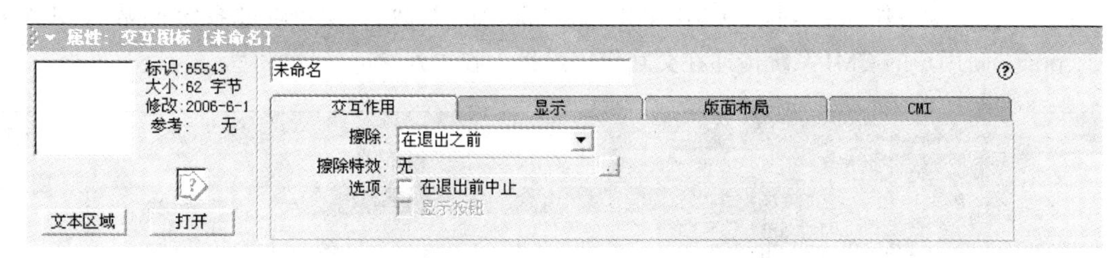

图7-10"交互作用"选项卡

"擦除"下拉列表框：使用相应的擦除功能，可以确定何时擦除交互图标的显示内容。该下拉列表中有3个选项。

- 在退出之前：在Authorware退出交互作用结构之前擦除其显示信息，这是Authorware的默认设置。
- 在下一次输入之后：程序在同用户开始下一次交互作用时，擦除交互作用显示信息。但如果Authorware遇到一个"重试"时，交互作用信息在消失后又会重新显示在演示窗口中。
- 不擦除：交互作用显示信息始终都保存在显示窗口之中，直至用户使用擦除图标擦除该对象，才能擦除交互作用显示信息。

"擦除特效"文本框：用于设置交互作用信息的擦除效果，使用方法与在擦除图标中指定一种擦除效果相同，在此不再赘述。

"选项"复选按钮组：它包括以下两个复选框。

- "在退出前中止"复选框：使用该项则在程序退出交互作用分支结构时，Authorware会暂停执行下一个设计图标，这样用户可以有足够的时间观看屏幕上的显示信息。当用户看完后，可以按键盘上的任意键或单击鼠标，使Authorware执行后面的内容。
- "显示按钮"复选框：只有选中了"在退出前中止"复选框后，该项才是可以用的。如果选择该复选框，当程序退出交互作用分支结构时，屏幕上会出现一个"继续"命令按钮，单击该命令按钮，才能使Authorware执行后面的内容。

2. "显示"选项卡和"版面布局"选项卡

如图7-11所示，由图可以看出"显示"选项卡与"显示"设计图标属性对话框中的内容完全相同，"版面布局"选项卡的属性在前面章节已介绍，在此不再赘述。

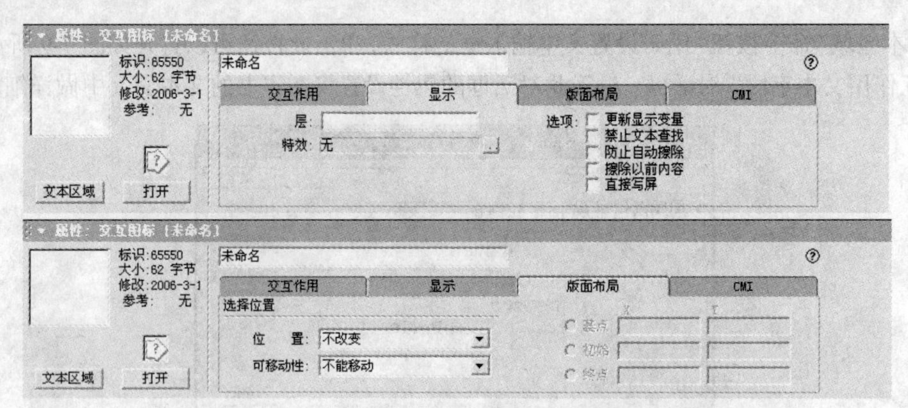

图 7-11 “显示”选项卡和“版面布局”选项卡的属性设置

3. “CMI”选项卡

该选项卡提供了应用于计算机管理教学方面的属性，如图 7-12 所示。Authorware 将“CMI”选项卡中的内容用作系统函数 CMIAddInteraction( )的参数，然后通过系统函数 CMIAdd-Interaction( )向用户的 CMI 系统传递在交互作用过程中收集到的信息。

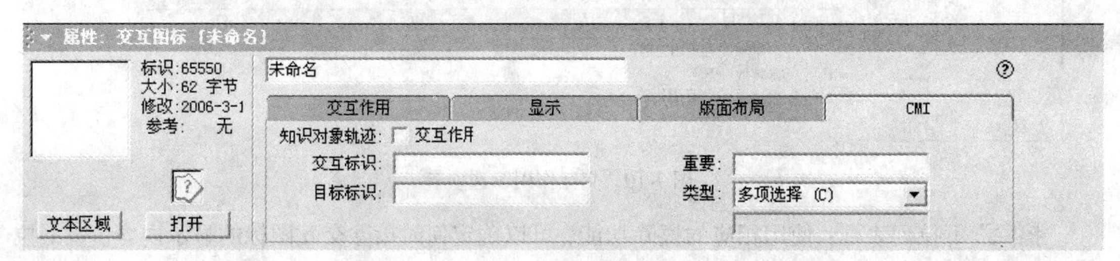

图 7-12 “管理数学”选项卡

“交互作用”复选框：打开或关闭对交互作用过程的跟踪。在选中此复选框之前，必须使“文件属性”对话框中的“所有交互作用”复选框处于打开状态。系统变量 CMITrackInteractions 同样可以用于打开或关闭对交互作用过程的跟踪，该变量的当前值将取代对于“交互作用”复选框的设置。

“交互标识”文本框：用于为交互作用过程设置一个唯一性的标识。在这里输入的内容将被 Authorware 用来作为系统函数 CMIAddInteraction( )的交互标识参数。

“目标标识”文本框：用于设置与交互作用过程绑定的目标标识。在这里输入的内容将被 Authorware 用来作为系统函数 CMIAddInteraction( )的目标标识参数，如果在此没有输入任何内容，Authorware 将交互图标的标题作为目标标识使用。

“重要”文本框：用于设置交互作用在整个程序中的相对重要性。在这里输入的内容将被 Authorware 用来作为系统函数 CMIAddInteraction( )的重要参数。

“类型”下拉列表框：用于设置交互作用的类型。在这里的选择将被 Authorware 用来作为系统函数 CMIAddInteraction( )的类型参数。交互作用分为以下 3 类。

- 多项选择（C）
- 填充在空白（F）。
- 从区域：也就是使用用户输入的类型的意思。选择该选项，Authorware 将使用下方文本框中的内容作为系统函数 CMIAddInteraction( )的类型参数，在文本框中可以输入字符串和表达式，在输入表达式之前必须首先输入字符“＝”。尽管可以使用任意字符串作为类型参数，但是符合

AICC 标准的字符串及其含义仅限于表 7-1 中列出的内容。

表 7-1　　符合 AICC 标准的字符串及其含义

字符串	含义	字符串	含义
C	多项选择	P	成绩
F	填空	S	次序
L	类似	T	正确或错误
M	匹配	U	无法预料

7.2 按钮响应

在众多交互类型当中按钮是最传统、最实用也最容易为用户所接受的交互类型。它就可以认为是我们现实生活中的按钮，按下按钮就可执行某项任务。或者可以这样认为，按钮（其他交互类型也一样）就好像“响应类型”处的一个开关，计算机沿着流程线读取程序，读到此处如果用户按下按钮也就相当于打开开关，那么计算机继续往下读取该响应分支中的程序。

7.2.1 按钮响应及其属性设置

在介绍按钮响应的属性之前让我们先对其有一个感性的认识。先看一个简单的实例。在运行程序后首先进入图 7-13 中左图的界面，用鼠标左键单击“内容简介”按钮便会进入右图的界面，再单击显示窗口右下方的“返回”按钮便又回到左图的界面，此时再单击“退出”按钮，便能退出此程序回到程序编辑窗口。

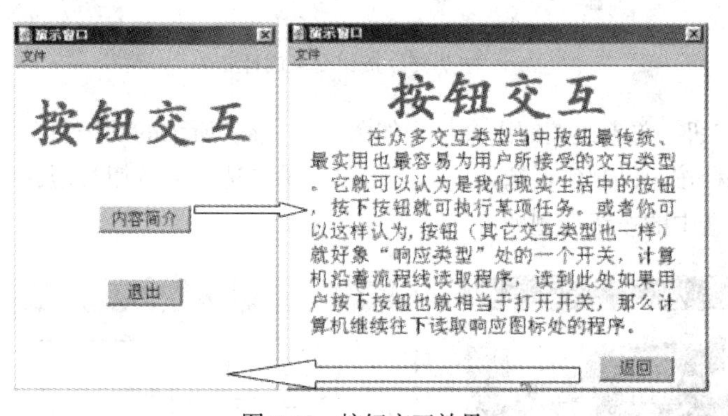

图 7-13　按钮交互效果

实现此效果的程序流程图如图 7-14 所示。那么我们现在模拟计算机读取以下内容，在读取完“背景文字”这一显示图标后计算机则会在演示窗口出现这一背景，然后继续往下读，在读到名为“交互 1”的交互图标后计算机则会在演示窗口的背景上添加“内容简介”和“退出”两个按钮。此时计算机会在此等候用户的命令。当用户单击“退出”按钮，计算机便执行第二个交互分支，读取计算图标中的内容，退出该程序；当用户单击“内容简介”按钮时，计算机则读取第一个交互分支中群组图标的内容，在读完“简介”后计算机则在演示窗口添加这一显示图标中的内容，读到“交互 2”时显示“返回”按钮，此时用户只能命令返回。在“返回”的计算图标中所用的“GoTo”语句使计算机又从“背景文字”重新读取程序。

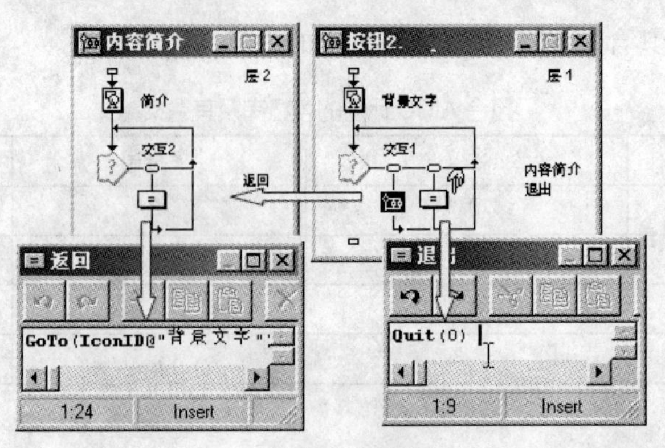

图 7-14　程序流程图

以上仅为一个简单的按钮交互的实例，旨在使读者大概明白交互控制的基本原理和按钮交互的简单概况。如果制作者想实现更精彩、更完美的交互效果则还须掌握其具体属性的设置。接下来我们就进入按钮交互具体属性的学习。

首先建立交互作用分支结构，选择交互类型为按钮交互，双击流程图上的交互类型便可打开如图 7-15 所示的按钮交互属性对话框。此对话框“响应”选项卡中的属性在前面已经做过介绍，在此不作赘述。

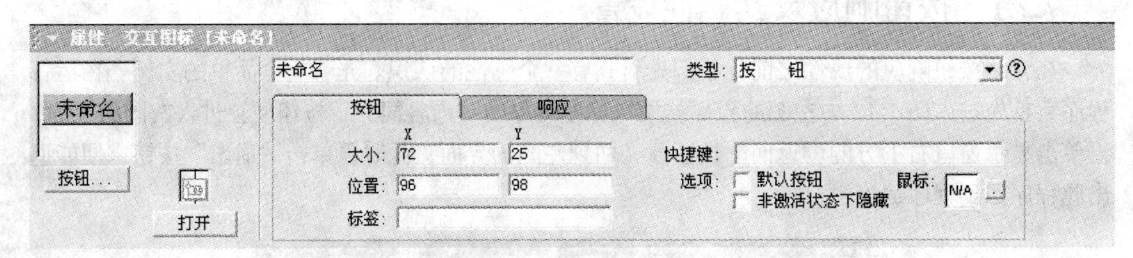

图 7-15　按钮交互属性

“按钮”命令按钮：单击此按钮则会打开如图 7-16（a）所示的“按钮”对话框。在此对话框中有系统自带的几种按钮供制作者选择，只需用鼠标单击选中的按钮类型，然后再单击“确定”按钮，或直接双击选中的按钮类型即可。

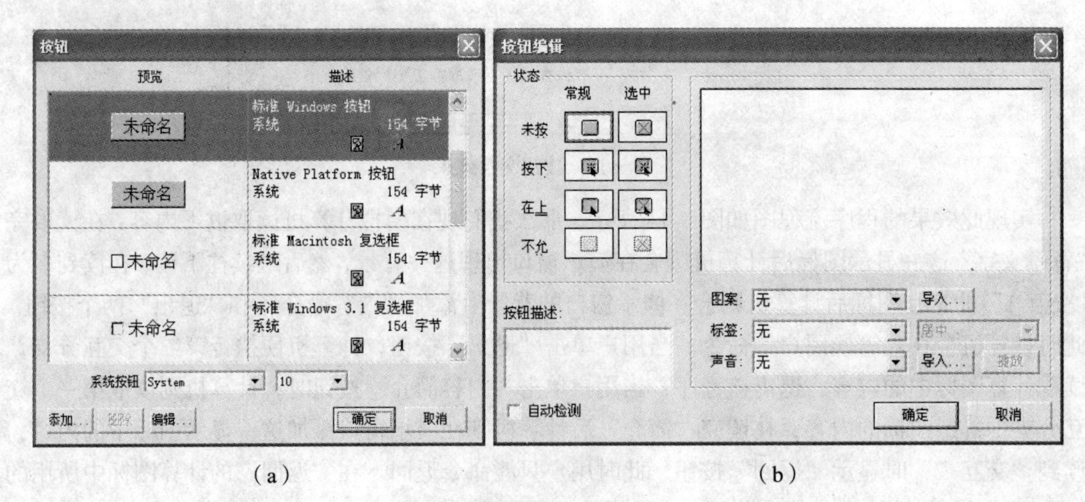

（a）　　　　　　　　　　　　（b）

图 7-16　按钮类型对话框

如果上述对话框中显示的按钮都不如意，也可以单击“添加”按钮进入图 7-16（b）所示的“按钮编辑”对话框，单击“图案”下拉列表框右边的“导入”按钮，选择你满意的图片作为按钮导入图中右边的对话框，然后便可选中此图片按钮添加到程序中。

“打开”按钮：单击此按钮便可打开此对话框所属的交互分支路径的响应图标。此外，直接双击响应图标也可打开此响应图标。

“响应图标标题”文本框：在此处输入的内容将作为此响应图标的标题以及此按钮的标题分别在编辑窗口和演示窗口中显示。

“类型”下拉列表框：此列表框中包含了 11 种交互类型，制作者也可在此处选择其所需要的交互类型。

“大小”和“位置”文本框：其上的“X”、“Y”分别表示其大小的长和宽，以及此按钮左上那一点所在整个窗口的横坐标和纵坐标。用户也可以双击交互图标在演示窗口中选中此按钮，直接用鼠标调整其大小，改变其位置。

“标签”文本框：可输入数字和英文字母，输入的英文字母将视为变量，在此文本框中输入的数字和变量只改变演示窗口中按钮的标题，即按钮上显示用户所输入的数字或是变量值，而不会影响到响应图标的标题。

“快捷键”文本框：在此文本框中输入键盘上有的任意一个字母、标点或是数字，那么所输入的字母、标点或数字在键盘上所对应的键就成为快捷键。另外，如果是以“x|x”此种格式输入此文本框（其中“x”表示任意一个字母、标点或是数字），那么两个所对应的键都将成为快捷键，用户在键盘上按下此快捷键所对应的键就相当于按下此分支路径的按钮。此外，功能键和组合键也可以作为快捷键使用，此时在此文本框中输入此功能键或是组合键的名称即可。如在此处输入“Alt”或是“CtrlC”，那么在程序运行状态下，用户按下键盘上的“Alt 键”或是同时按下“Ctrl”和“C”两个键也可以使计算机进入此交互分支路径读取程序。表 7-2 列出了键盘上常用功能键的名称。

表 7-2　　常用功能键名

功能键名	对应按键	功能键名	对应按键
Alt	Alt 键	Home	Home 键
Backspace	退格键	Ins 或 Insert	Ins 或 Insert 键
Break	Break 键	LeftArrow	向左方向键
Control	Control 键	PageDown	PageDown 键
Ctrl	Ctrl 键	PageUp	PageUp 键
Delete	Delete 或 Del 键	Pause	Pause 键
DownArrow	向下方向键	Return	回车键
End	End 键	RightArrow	向右方向键
Enter	回车键	Shift	Shift 键
Escape	Esc 键	Tab	Tab 键
F1～F15	F1～F15 键	UpArrow	向上方向键

“选项”：包括两个复选框。当选中“默认按钮”复选框，你所编辑对话框所对应的按钮在演示窗口中出现时，按钮的周围将会围有一个黑色边框。程序运行时用户可以按 Enter 键来触发此处的按钮响应。“非激活状态下隐藏”复选框与“响应”选项卡中的“激活条件”相联系，控制按钮在被屏蔽的状态下是否在演示窗口中显示。

在多个按钮的“默认按钮”属性同时背选中时，只有最左边的那个按钮可以拥有此属性，其余的都不是默认按钮属性。

“鼠标”选择框：单击此选择框右边的按钮，就可打开如图 7-17（a）所示的“鼠标指针”对话框，其中有几种 Authorware 系统自带的鼠标指针类型，用户选择的鼠标指针类型将在该处的预览框中显示。如果还需要添加指针的类型，则单击“添加”按钮，打开如图 7-17（b）所示的“加载指针”对话框，添加所需的鼠标指针类型。

（a）

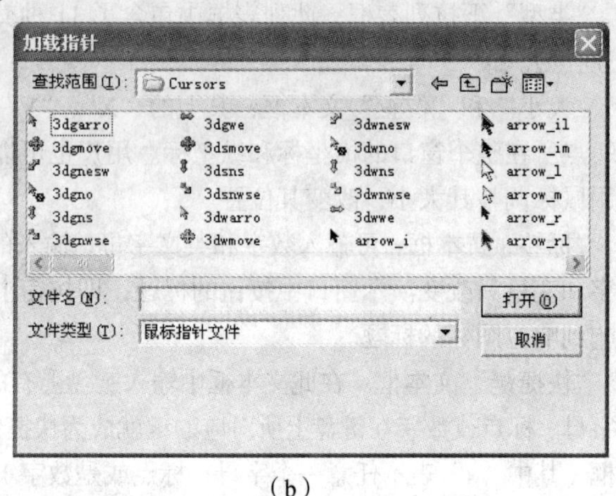

（b）

图 7-17　鼠标指针类型

7.2.2　动手实践：星空动画

在介绍完一个简单的实例和按钮交互的属性后，大家对按钮交互应该有了更进一步的认识，下面我们就一起来完成一道按钮交互的操作题。

（1）如图 7-18 所示，在流程线上拖入一个计算图标和声音图标，对它们分别进行如图 7-19 所示的设置。其中计算图标中的“a:=1”与右图相对应，使音乐在程序运行时处于播放状态。由于声音图标的属性设置在前面已经做过介绍，在此不做赘述。

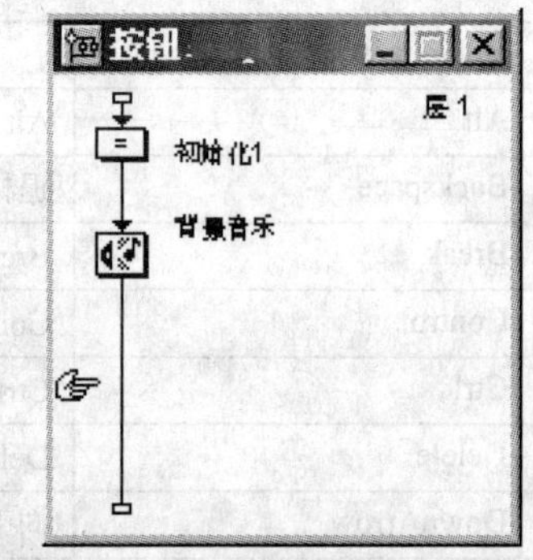

图 7-18　按钮流程图设置

在编辑刚才所介绍的程序时，当关闭计算图标并选择保存对计算图标所进行的修改后，系统便会弹出如图 7-20 所示的对话框，表示“a”为此程序中用户自定义的一个变量，只仅仅在此程序中成立。此处“初始值”文本框中输入的内容表示用户对“a”所赋的初值，此值可以是数值也可以是字符串。而“描述”文本框中的文本内容则表示制作者对此自定义变量功能的说明，对程序的运行效果没有任何影响，但对以后进行程序的调试有一定的意义。

（2）在已有的程序后加入一个如图 7-21 所示的交互分支结构，用来控制音乐的开关。我们先在按钮属性对话框的“按钮”选项卡里选中“非激活状态下隐藏”复选框，然后将“音乐开”和“音乐关”两个按钮在演示窗口的位置重叠。分别在“音乐开”和“音乐关”的“激活条件”文本框中输入“a=0”和“a=1”，然后在“音乐开”和“音乐关”的两个计算图标中将“a”分别赋值“a:=1”和“a:=0”。此时运行此程序，当音乐播放时，在演示窗口中只会见到“音乐关”按钮，而当按下“音乐关”以后，音乐停止，在“音乐关”按钮相同的位置就会出现“音乐开”按钮，而“音乐关”按钮又在演示窗口中消失。此外，我们还需在其“响应”选项卡中选中“永久”复选框，并且在“分支”属性中选择“返回”分支路径。这样就可以使这两个按钮在激活条件下始终存在于演示窗口中。

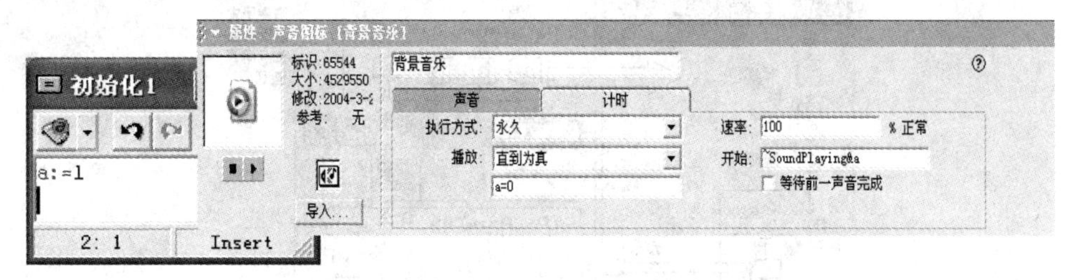

图 7-19　“计算”和“声音”图标中的属性设置

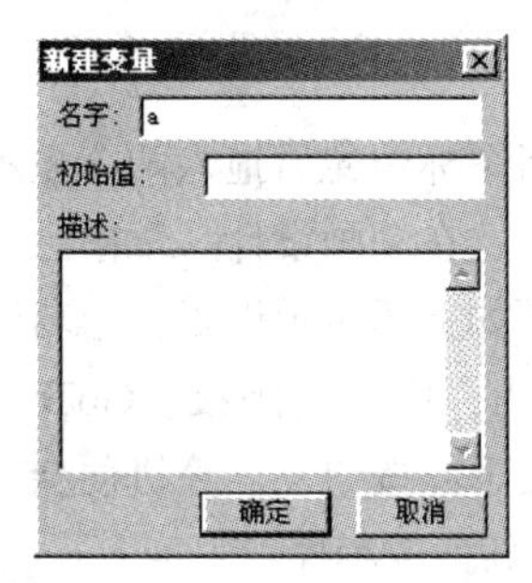

图 7-20　新建变量对话框

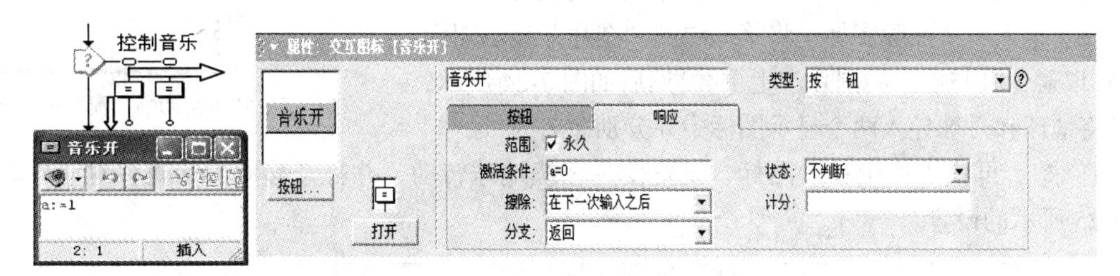

图 7-21　音乐开关的设置

（3）在流程线上加入一个显示图标，放入所需的背景，再拖入另一个显示图标放入图片，如图 7-22 所示。这样使不同的背景设置处于不同的显示图标内，方便以后对其进行擦除。

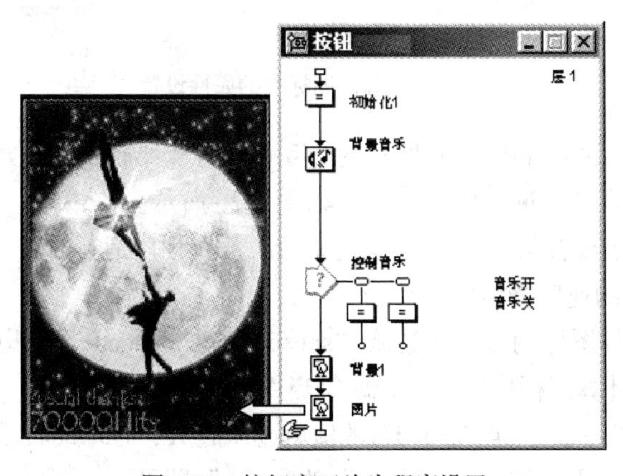

图 7-22　按钮交互片头程序设置

上述操作只制作出了程序的片头效果，下面我们进入主体交互的设置。

（4）建立如图 7-23 所示的交互作用分支结构，并将这些分支路径上的响应图标依次命名为“浩瀚宇宙”、“星空动画”和“知识问答”。接下来再具体编辑每一个群组图标中的内容。

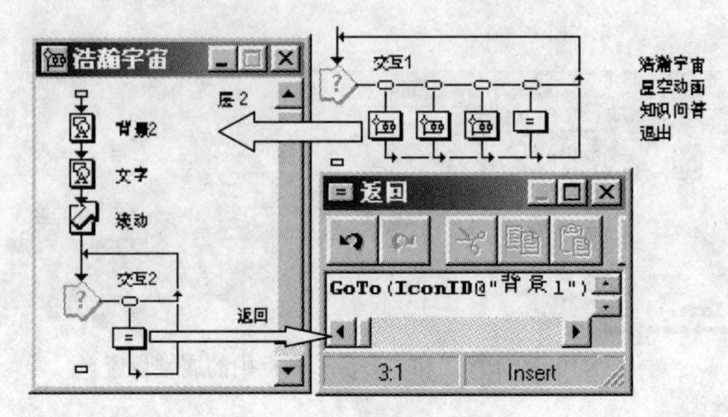

图 7-23　按钮交互结构

（5）在名为“浩瀚宇宙”的群组图标中先后拖入两个显示图标分别放入图片和文字，再设置一个移动图标使文字产生滚动效果，这在动画设计一章中已经做过详细介绍，在此不做赘述。再如上图所示设置一个名为“返回”的交互按钮，并在计算图标中输入函数“GoTo（IconID@"背景 1"）”。此时用户若按下此按钮，计算机便会回到名为“背景 1”的显示图标处重新读取程序。

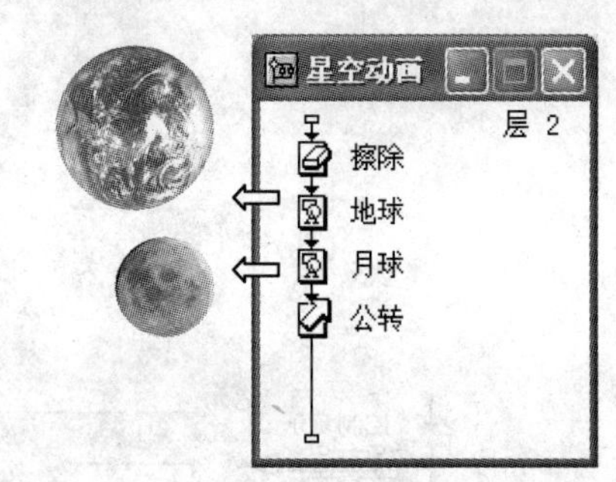

图 7-24　“星空动画”流程图设置

接下来我们看“星空动画”群组图标该如何设置。

（6）拖入一个擦除图标，将第一层的“图片”显示图标擦掉，以避免其与后来的图片产生重叠。然后如图 7-24 所示，分别将地球和月球导入两个显示图标中并分别命名为“地球”和“月球”。再拖入一个移动图标，设置使月球绕地球转动，并打开移动图标属性对话框做如图 7-25 所示的设置。

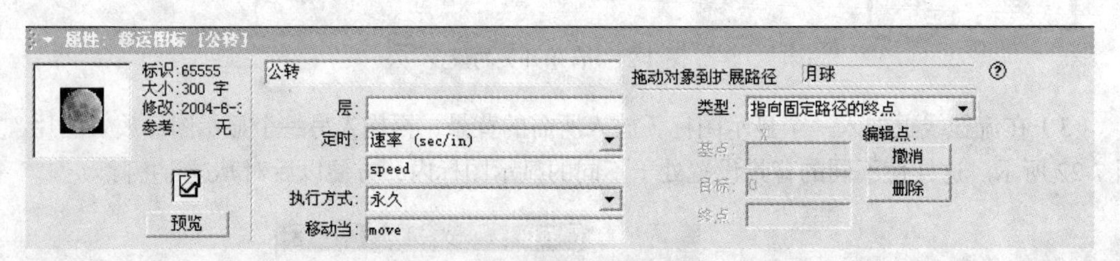

图 7-25　移动图标中的属性设置

（7）在移动图标下，建立如图 7-26 所示的交互作用分支结构。在“开始”计算图标内将两个变量“move”和“speed”分别赋初值 1 和 5，如图 7-26 所示。

我们将此计算图标的设置与图 7-25 联系起来看，若在程序运行时，当用户单击“开始”按钮时月球便会以 5 秒/英寸的速度绕地球运动。

（8）在“减速”计算图标内输入表达式“speed:=speed+speed/3”，此表达式的含义是：计算机每读取一次“减速”计算图标中的内容，即每当用户单击一次“减速”按钮，变量“speed”的值就增加了原来的三分之一，这样“speed”的值就越来越大，月球的转动速度就越来越慢。加速与减速的设置差别不大，只是将减速中的“+”改为“−”即可。

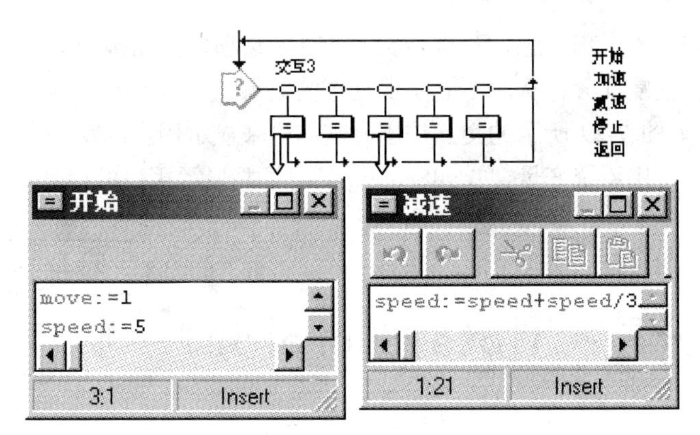

图 7-26　交互功能的设置

（9）在“停止”计算图标赋值“move:=0”，使月球停止转动，再在“返回”计算图标中使用“goto”语句返回到“背景 1”。这样“星空动画”的程序设置就完成了。

最后进入“知识问答”群组图标进行编辑。在此有 3 道知识问答题，由于设置都一致，所以只对其中一道题的设置进行介绍。它的整体流程图如图 7-27 所示。

（10）先在两个不同的显示图标中分别设置背景图片和所出题目的文字。

（11）如图 7-27 所示，在名为“初始化 3”的计算图标中对 3 个自定义变量分别进行赋值，并在名为“水星”、“金星”的两个计算图标内都输入赋值语句“q:=0”。此处用 3 个变量来分别控制 3 道选择题按钮的激活状态。这些变量的具体功能，我们在介绍交互设置时再做阐明。

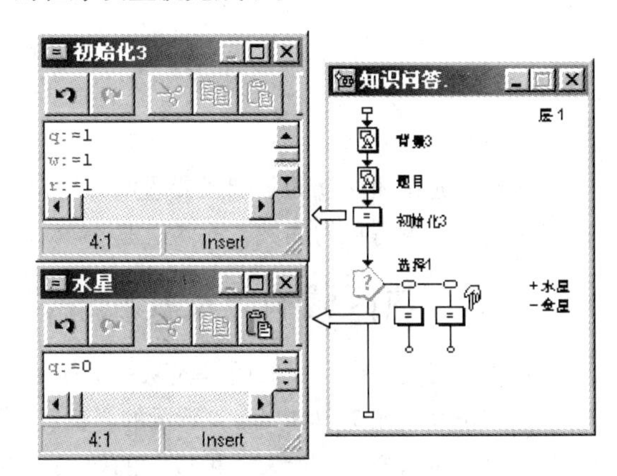

图 7-27　选择题程序设置

（12）如图 7-28 所示，将该交互结构中两个按钮的属性对话框中的“激活条件”属性均设置为“q=1”。我们将此处的设置与交互结构的程序设置对应起来看，不难发现，当程序运行时，该处的两个按钮均处于可选状态，而当用户单击了其中任何一个按钮后，两个按钮都将变为不可选状态。这一效果恰好符合单选题的答题规则。图 7-27 中的其他两个变量分别对应另外两道选择题实现这一效果。

图 7-28　交互属性设置

（13）如图 7-28 所示，该选项“水星”为本题的正确答案，故设置其响应“状态”为“正确响应”，并在“计分”文本框中输入数值“10”，同时将其分支路径类型设置为“返回”。那么用户在单击“水星”按钮以后，系统便会将系统变量“totalscore”在原有的值的基础上再加 10。

在此，我们再回过头来想一想，若是不设置变量使选项的按钮被屏蔽，那么用户就可以进行重复选择，系统也将重复计分，从而不能实现理想的效果。

（14）设置一个如图 7-29 所示的交互作用分支结构来显示用户的得分和返回主页面。在“显示成绩”显示图标中使用系统变量“TotalScore”来记录并显示用户的得分。

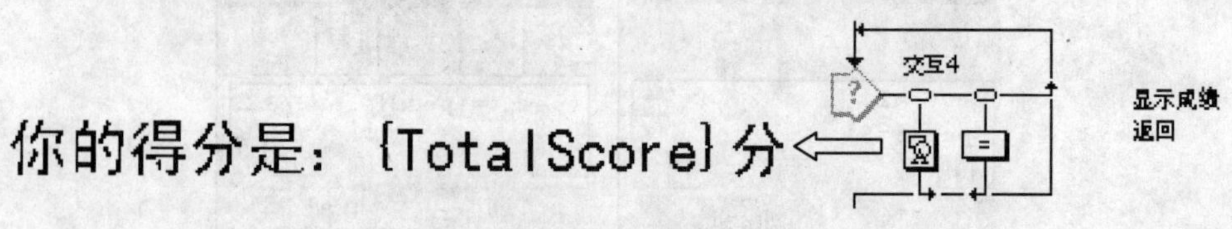

图 7-29　总分设置

通过对本节的学习，大家应该对按钮的属性有一个较全面的掌握，并且对 Authorware 的交互原理有一个基本的认识，这一点很重要。在掌握好按钮交互的基础上，以后的学习就会水到渠成了。

7.3　热区域响应

在学习完按钮交互的基础上要理解热区交互就是一件很轻松的事了，所不同的是按钮在演示窗口中是一个看得见的区域，而热区是一个看不见的矩形区域。

7.3.1　热区域响应及其属性设置

同按钮交互一样，我们还是先从一道简单的例题入手来建立起对热区交互的感性认识。运行程序，首先进入如图 7-30（a）所示的界面，当用户在小图上单击鼠标左键时就会进入如图 7-30（b）所示的演示窗口，给人一种放大的效果。再单击大图则又返回到小图，这样就使得图像可以不断地放大和还原。当单击演示窗口右下方的“退出”图标时便会退出程序。

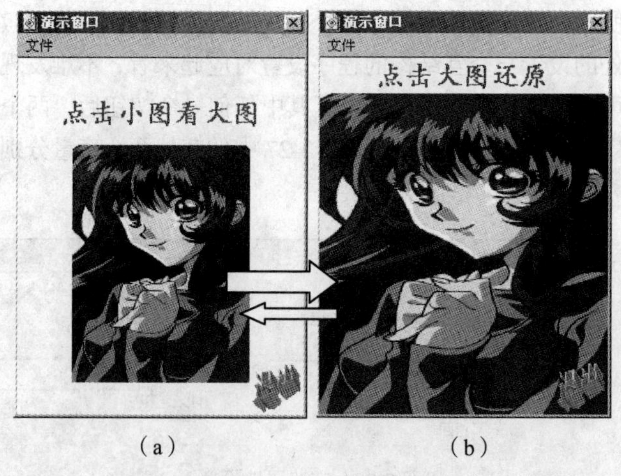

（a）　（b）

图 7-30　热区交互效果

实现此效果的程序如图 7-31 所示，现在我们来解读上图程序。计算机读到“交互 1”时就等待用户发号施令，此时展现在用户面前的是“小图片”中的内容，即为图 7-30（a）。

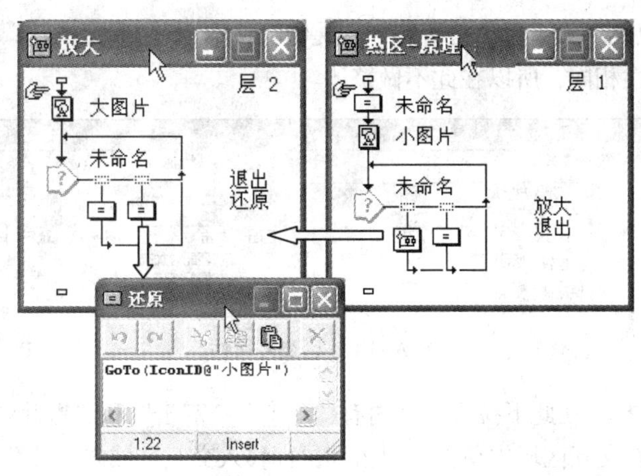

图 7-31　热区交互程序

热区交互不同于按钮交互，它的交互区域不像按钮是可见的，所以为实现上述效果，我们做了如图 7-32 所示的设置。首先双击交互图标进入下面左图的演示窗口，调整交互区域至所需要的位置和大小如右图所示。现在两个图片区域均与两个交互区域重叠，所以当用户在小图片或是“退出”的图标上单击时便会进入相应的分支路径。当单击“退出”时，计算机便执行计算图标中的函数，退出程序；当单击小图片时便进入群组图标，读到“交互 2”时，演示窗口便呈现出图 7-30（b）所示的画面。此时再如图 7-32 所示，使两个交互区域与所需的图片重合，当单击大图片时就执行计算图标中的函数回到“小图标”处重新读取程序；单击“退出”时则退出此程序。

图 7-32　交互区域设置

在程序编写过程中要根据显示的顺序以及显示效果设置各个显示事物层的关系。在热区交互中系统将最前面的交互区域至于最上层。在图 7-31 所示的程序流程图上将左图中的“退出”图标放在“还原”图标的前面，其原因是：“大图标”的演示窗口中大图片的区域包括了“退出”二字的区域，如果把“还原”图标放在前，就会覆盖“退出”的交互区域，达不到预期的效果。

在读懂这个简单的热区交互实例后，我们接着来看热区交互的具体属性，以达到更好的交互效果。

双击“交互类型”，就可打开如图 7-33 所示的对话框。在此我们不难发现热区交互的属性对话框与按钮交互的属性对话框比较相似。具体来说，其中的“打开”按钮、“响应标题”文本框、

“类型”下拉列表框以及“大小”、“位置”、“快捷键”文本框、“鼠标指针”按钮和“响应”选项卡都与按钮交互的属性相同，所以在此不做赘述。

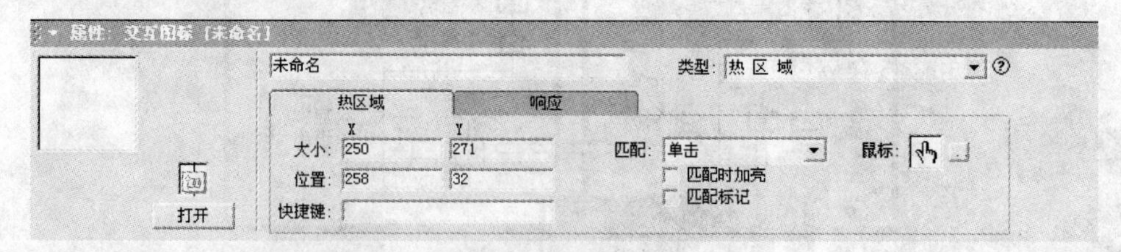

图 7-33　热区交互属性

“匹配”下拉列表框：在此下拉列表框内有“单击”、“双击”和“指针处于指定区域内”3 个选项，分别表示鼠标在交互区域内单击、双击和鼠标移入交互区域内，计算机就往下执行此分支路径的程序。

“匹配时加亮”复选框：若选中此复选框，在程序运行后，当用户单击或双击该交互区域时，整个交互区域会产生瞬间变黑又恢复的效果。

若在“匹配”下拉列表框内选中“指针处于指定区域内”时，则“匹配时加亮”复选框处于不可选状态。

“匹配标记”复选框：当选中此复选框时，在交互区域中便会出现图 7-34（a）所示的标记，而当用户在交互区域内符合了相应的匹配类型，则匹配标记就会变为图 7-34（b）所示的标记。

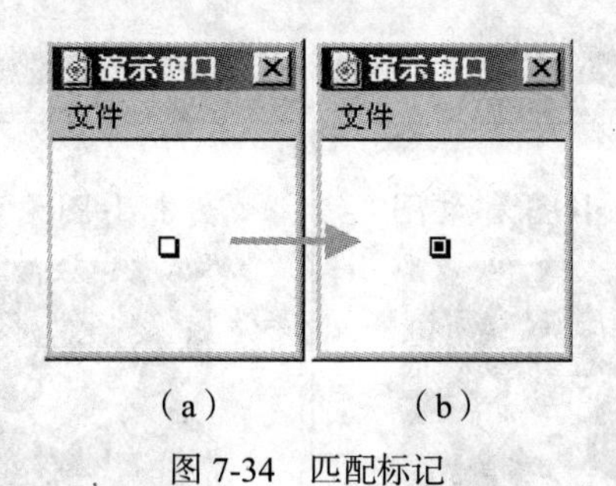

（a）　（b）

图 7-34　匹配标记

7.3.2　动手实践：几何画板

制作一个“几何画板”，绘制几何图形，从中体会热区响应图标的应用。效果如图 7-35 所示。

（1）新建一个文件，在流程线上拖放一个显示图标，命名为“背景”，并导入一张图片作为背景，在“背景”显示图标上添加一个“附属计算”图标，在其中输入“Movable@"背景"：=0”用于固定背景图像。拖放一个交互图标，并拖放一个计算图标、三个群组图标和一个擦除图标到交互图标右侧，依次命名为“退出”、“绘制矩形”、“绘制椭圆”、“绘制直线”和“全部擦除”。分别设置“交互”图标属性为“不擦除”，按钮响应的属性除设置它们的按钮形状和位置外，也设置为“不擦除”，并将它们的“范围”都设置为“永久”。

（2）在计算图标中输入表达式“Quit（0）”用于退出程序。

（3）打开“绘制矩形”群组图标，在其中添加如图 7-36 所示的流程线，将“交互类型”设置为“热区域”，使热区覆盖图像中的绘图区域，将“矩形交互”图标属性设置为“不擦除”，“热区域”响应也设置为“不擦除”。

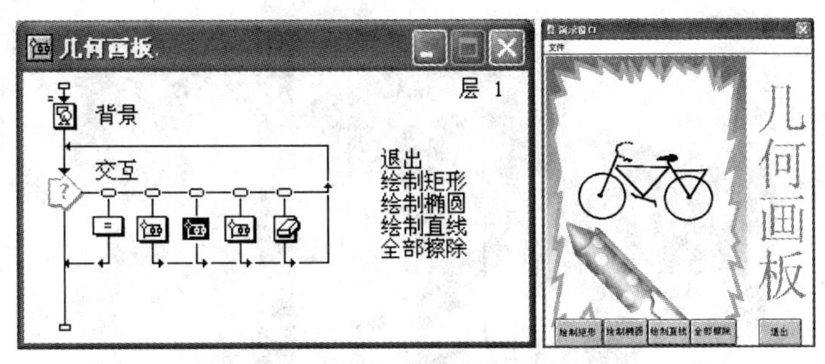

图 7-35　外观效果与流程图

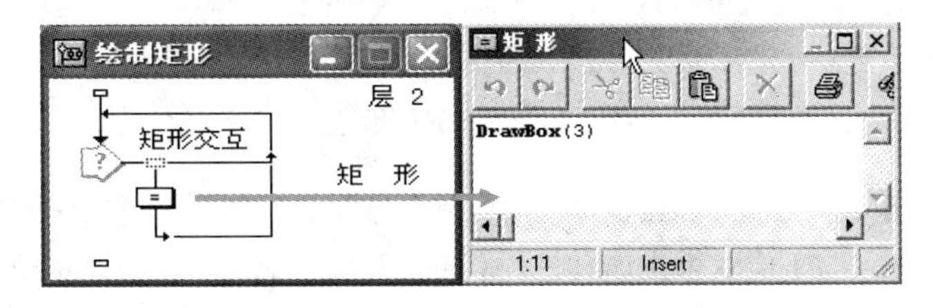

图 7-36“绘制矩形”“群组”图标设置

在计算图标中，导入函数“DrawBox(pensize ,x1, y1, x2, y2)”用于绘制矩形，由于不设定起止位置，只设置线型粗细为 3 像素，修改参数为“DrawBox(3)”。用同样的方法，在“绘制椭圆”和“绘制直线”中进行类似的设置，分别在它们的计算图标中设置函数为“DrawCircle(5)”和“DrawLine(4)”，绘制椭圆和矩形。

（4）在交互图标右侧在拖入一个擦除图标，设置擦除对象如图 7-37 所示。

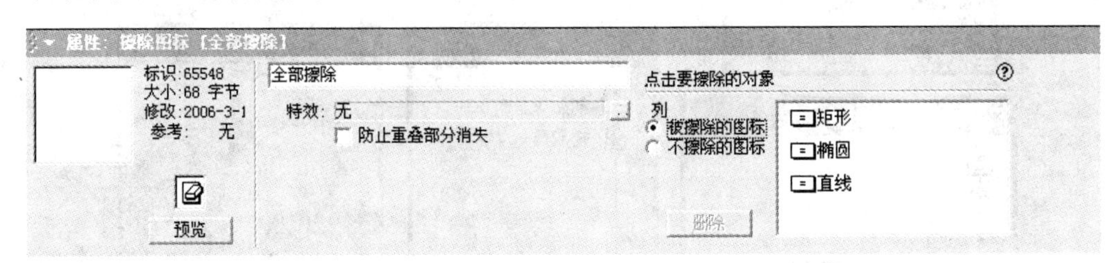

图 7-37　设置擦除对象

（5）运行程序，绘制“自行车”图形，如果不满意，单击“全部擦除”按钮，擦除全部对象后重新绘制。

7.3.3　动手实践：控制电影的播放

现在我们需要这样一种交互效果：就好像我们上网收看在线电影一样，单击电影所对应的图片就进入播放器开始观看电影，单击“quit”图标就退出整个程序。观看电影时，有“前进”、“后退”、“快进”、“快退”等按钮，如图 7-38 所示。

（1）如图 7-39（a）所示，在流程线上拖入一个计算图标命名为“初始化”，在其中使用“ResizeWindow（191，200）”函数调整演示窗口大小，并拖入一个显示图标，用来显示整个演示窗口中的图像和文字。

在已有背景的基础上要实现上述的交互效果，很明显，由于此时需要产生响应的是一些大小不等，规则的矩形区域，所有选用热区交互较合适。在此处导入了 4 部电影，由于 4 部电影的各种设置均一样，所以在此仅以其中一部为例，为大家做详细讲解。

图 7-38　演示界面示意

（2）建立交互作用分支结构，并且选择“热区域”作为响应类型。将响应区域调至相应电影图片所对应的大小和位置，为了使效果更逼真，我们可在其交互属性中设置其鼠标指针类型为手形。

（3）在分支路径上的群组图标中进行如图 7-39（b）所示的设置，拖入一个计算图标命名为“初始化 1”用来重新设置窗口大小，再将播放按钮的图片作为电影播放器交互控制的图形界面导入显示图标并命名为“播放器 1”。此时，若单独运行群组图标中的程序则会出现如图 7-39（c）所示演示窗口的效果。

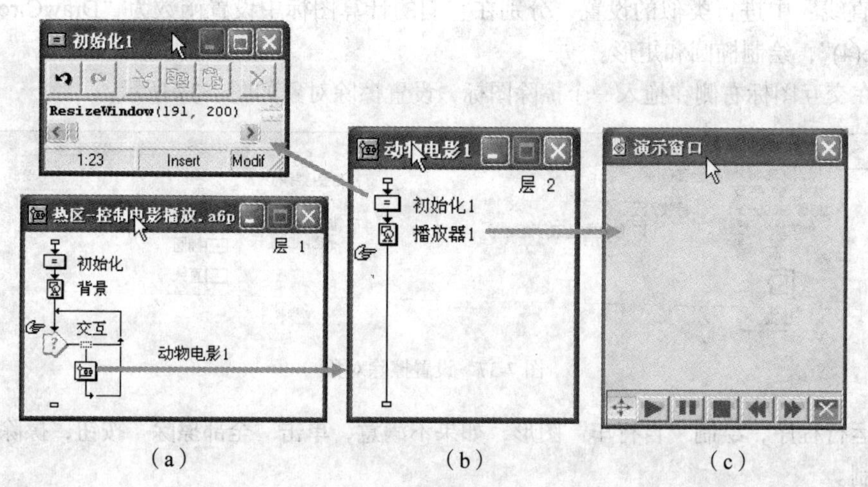

图 7-39　热区响应

（4）在“动物电影 1”的群组图标内的流程线上加入一个数字电影图标，并在其中导入制作者所需的电影，并在数字电影图标的“计时”选项卡中做如图 7-40 所示的属性设置，这在媒体设计一章中已做过介绍，在此不做赘述。至于其中属性设置产生的效果，将在介绍交互设置时再阐明。

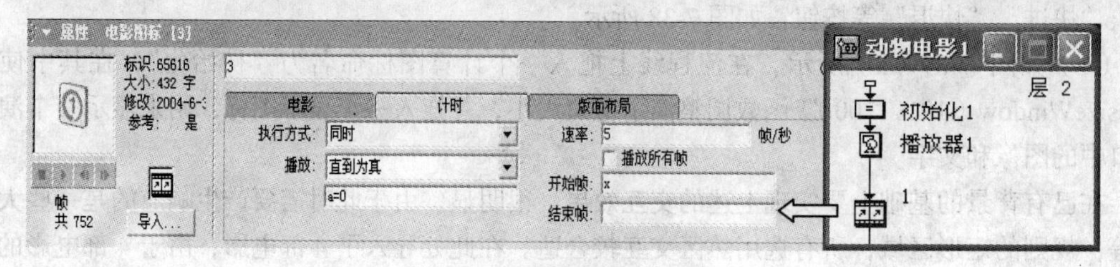

图 7-40　电影计时属性的设置

接下来就该进入“播放器”的程序设置了。在图 7-39 中已经导入了交互按钮的图片，既然用按钮图片进行交互就不可能再用按钮进行交互，而这些按钮图片又都是一些规则的矩形区域。基于这一创作思路，我们再次使用热区交互来实现这一交互效果。根据图 7-39 中播放交互按钮的种类和数目，建立如图 7-41 所示的交互作用分支结构。

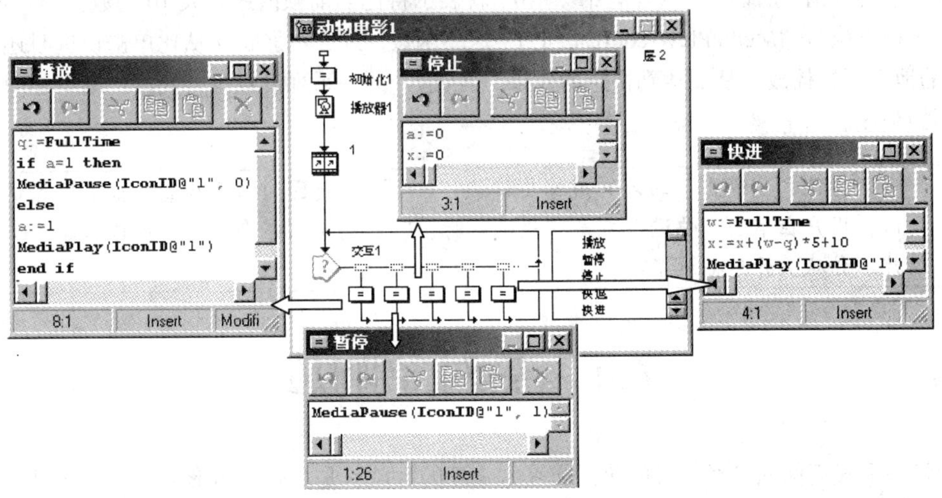

图 7-41　播放交互“按钮”程序设置

（5）如图 7-41 所示，建立交互作用分支结构，并选择交互类型为“热区域”，然后将每个热区域的大小和位置调至与其相应的“按钮”图片重合，再对每一个计算图标做如图 7-41 所示的程序设置。

下面我们就来一一探讨其功能。首先来看较简单的“暂停”和“停止”计算图标，“暂停”图标内的系统函数“MediaPause（IconID@"1", 1）”所执行的功能是使电影播放暂停。而“停止”图标内的“a:=0”这一变量设置与“数字电影”中所设置的“播放”属性相对应，使电影停止播放；而“x:=0”与“数字电影”中所设置的“开始帧”属性相对应，使影片在下一次播放时从头播放。

下面介绍“播放”响应图标。如图 7-41 所示，在“播放设置”的计算图标内输入了如下程序语句：

```
q:=FullTime
if a=1 then
  MediaPause(IconID@"1", 0)
else
  a:=1
  MediaPlay(IconID@"1")
```

这段语句所要完成的任务是要实现电影暂停后的继续播放以及停止后的重新播放。将它翻译成自然语言就是：先将系统的时间值赋给变量“q”，也就是用变量“q”来记录用户单击“播放”交互区域时的系统时间。然后进行判断，如果“a=1”那么就执行“MediaPause（IconID@"1", 0）”这个函数使电影继续播放，针对的是“暂停”响应图标；而其他情况下，也就是当“a≠1”时，则将“a”赋值为 1，并且执行“MediaPlay（IconID@"1"）”这个函数使电影从头播放，针对的是“停止”响应图标。而这里的“a”的值与图 7-38 中的“播放”属性相对应控制电影的播放。

最后来看“快进”计算图标中的设置。我们同样在其中输入了一段程序语句：

```
 w:=FullTime
x:=x+(w-q)*5+10
MediaPlay(IconID@"1")
```

我们现在来解读这些语句。首先，将此时即用户单击“快进”交互区域时的系统时间值赋给变量“w”。在前面（见图 7-40）已将电影的“开始帧”赋于变量“x”的值，将其“速率”设为 5 帧/秒，而“x”在前面没有赋初值即初值为 0。所以很容易理解，“x+(w−q)*5”就表示从用户单击“播放”交互区域到单击“快进”交互区域这一段时间里面总共播放的帧数，其实也就是播放的电影当前的帧值，所以“x:=x+(w−q)*5+10”就表示将比当前帧值还要大 10 的数作为“开始帧”的值，再往下执行“MediaPlay(IconID@"1")”这一函数，那么电影将会从比单击快进时还要前进 10 帧的地方开始播放，从而达到快进的效果。“快退”的一系列设置与“快进”基本相同，所以在此不做赘述。

为什么“停止”的计算图标要赋值“x:=0”也是因为这个原因。如果删除这一句的话，用户在单击“快进”或是“快退”时，“x”的值将不会是 0，所以再单击“播放”就不会从头开始播放了。

7.4 热对象响应

回忆一下我们前面已经学过的热区交互，交互的区域只是规则的矩形区域，而在很多情况下交互的对象很可能是不规则的区域，此时就需要用到热对象响应，它的交互区域就是整个对象所占的区域。这样就解决了上面的这样一个问题。

7.4.1 热对象响应及其属性设置

在进入其属性设置以前，我们先来看一道例题。运行程序后产生如图 7-42 所示的效果，当用户将鼠标移至图片的范围内，单击鼠标左键，就会看见整个图片加亮，而图形以外的空白区域则不会加亮，并且在图片的下方显示出图的解释。此时用户单击图形以外的任何空白区域都不会产生此效果。

接下来介绍它的程序及其属性设置，其流程图如图 7-43 所示。程序最开始的计算图标用于设置窗口的大小，随后是两个群组图标，两幅图片就分别导入在这两个群组图标中。

图 7-42　程序运行效果

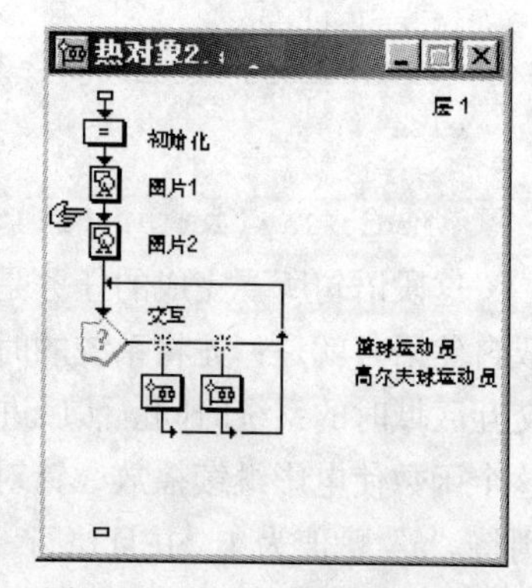

图 7-43　热对象程序实例程序

在 Authorware 中当制作者需要几个热对象进行交互时，就必须用几个群组图标来存放这些热对象图片，否则同一个群组图标中的图片就会作为一个热对象来产生交互响应。

在建立的交互作用分支结构中，分别将两张图片设为两个热对象，且设置图片为透明覆盖模式。这样，当用户单击其中某一个图片区域时，计算机就会沿着相应的分支路径读取程序，而在分支路径上的两个“群组”中放入的是对两幅图片说明的文字，这样在用户单击图片区域时就会出现上述效果。

热对象的属性，如图 7-44 所示。在本节最开始已经提到，热对象交互相对于热区域交互只是在某些情况下提供了一个较合理的交互区域。至于其属性，在热区域中可以全部找到，而且与热区域的属性设置只是在打开其属性对话框后，需要选定一个热对象，其余设置完全相同。所以在此也就不做赘述。

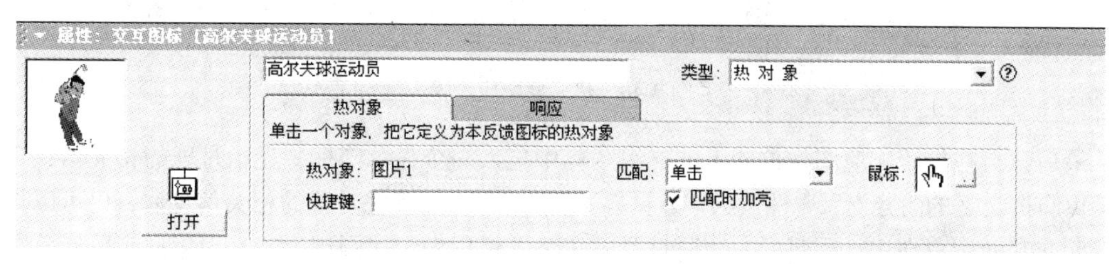

图 7-44　热对象交互属性

7.4.2　动手实践：会说话的月亮

在读懂上面例题的程序和学习完热对象响应的属性设置后，大家应该更进一步地理解热对象响应和热区域响应的异同。正如本节开始提到的一样，热对象响应其实就是边界不规则的热区域响应，它们二者的属性设置近乎一致，所以接下来的操作题就不着重介绍复杂的交互设置，我们将会继续对比它们二者在用途方面的差异。

在此我们用曾在按钮交互中出现过的“月亮绕着地球转”这个实例来介绍。这段程序经过对“月亮”加入热对象响应后，可以实现鼠标移动到月亮上，即会显现出一段提醒文字，如图 7-45 所示。

图 7-45　月亮绕着地球转运行效果

在设置好上面的程序后，需要提醒的是在流程线上的交互作用分支结构须做如图 7-46 所示的设置。

在这里我们双击响应类型图标打开“交互属性”对话框，并选中已作为移动图标所设置对象的月亮。在做完此步工作以后，用户在运行此程序后，单击正在围绕地球转动的月亮后就会进入此交互分支路径。

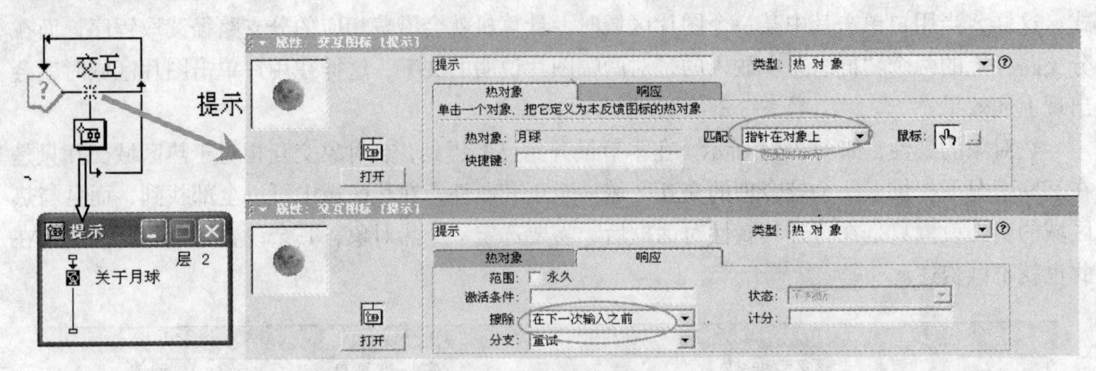

图 7-46　热对象响应设置

最后，再在位于响应图标位置上的群组图标中拖入一个显示图标，显示月球的相关信息，在此，我们将交互的“分支”属性设为“重试”，这样用户在阅读完月球的相关信息后，仍可以再次进行此交互。用户在运行程序后，会看见月球正绕着地球做匀速圆周运动，当用户将鼠标放在月球上时，鼠标指针就会变为“手形”，并且在图下方会出现文字提示。

7.5　目标区响应

与以前介绍的静态的交互类型所不同，目标区响应需要用户移动对象进入已经预设好并且与之相匹配的区域内方可进行交互，相对来说它是一较特殊的动态交互。这也在一定程度上反映了目标区响应在某些方面的优越性。

7.5.1　目标区响应及其属性设置

在具体介绍其属性设置以前，还是让我们先来看一道简单的有关目标区响应的小实例。

运行该程序，在程序的演示窗口中会出现如图 7-47 中左图所示的设置。此时，用户可以用鼠标随意地拖动图中的图片在此演示窗口中移动。当用户将图片放置在图中“椰子树”所对应的黑色方框区域内时，在演示窗口中便会出现右图所示的效果，并且此时的图片不能再被用户的鼠标所移动。而如果用户选择在除此区域外的任何地方放置该图片，图片都会自动地移回它的初始位置，并且向用户提示出错的信息。此时，用户可以再次拖动图片进行选择，直到答对为止。

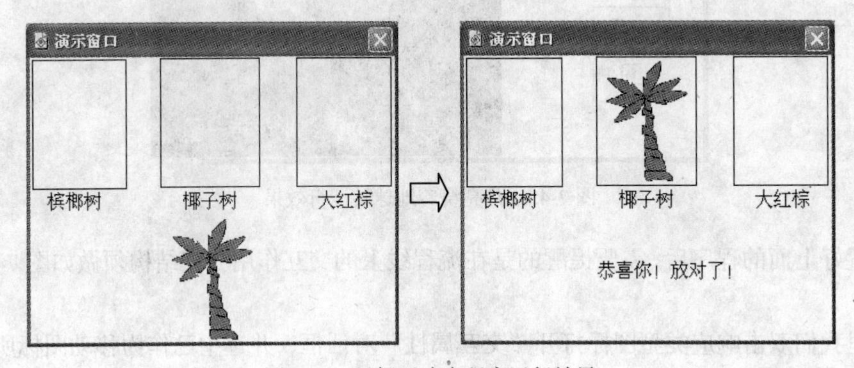

图 7-47　目标区响应程序运行效果

现在让我们一起来看实现这一效果的程序设置。图 7-48 所示为该实例的程序流程图，先用一个“初始化”计算图标调整窗口的大小，再将所需用户移动的图片置于“图片”显示图标中。

然后我们来看本题交互作用分支结构的设置。首先双击交互图标，打开如图 7-49 所示的演示窗口，图中的黑色方框和文字内容均为此识图题的题目内容。此外，我们还能看见两个具有对角线的矩形虚线框，这就是图 7-48 所示的程序中两个目标区响应的区域。我们可以清楚地看到，名为“正确”的目标区恰好与“椰子树”所对应的黑色边框所围的区域相重合，而另一个名为“错误”的目标区恰好与整个演示窗口的大小一致。这就意味着只有将图片放在“椰子树”所对应的黑色边框内才能进入响应图标名为“正确”的分支路径，而将其置于除此区域以外的演示窗口区域都将进入“错误”分支路径。

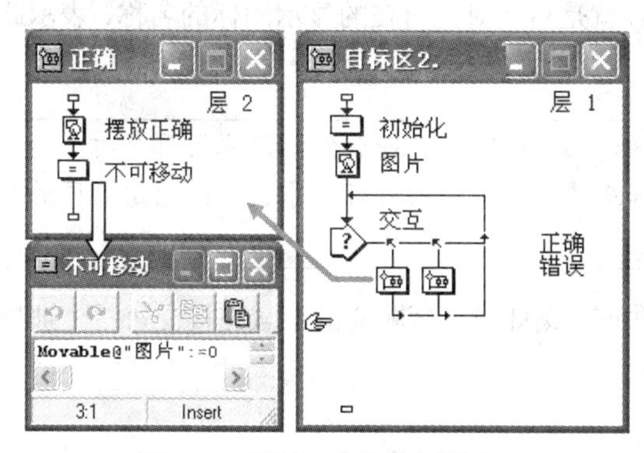

图 7-48　目标区响应程序设置

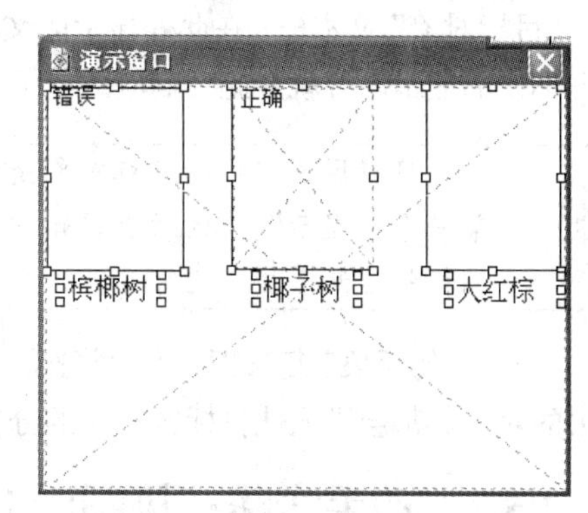

图 7-49　“交互”图标的显示设置

我们再接着看分支路径上的群组图标中的内容，如图 7-48 所示，制作者在命名为“正确”和“错误”的群组图标中分别放入了相关的反馈信息，并在计算图标中使用函数“Movable@"图片":=0”，这就使得摆放正确的图片不能再次被移动。

另外，在本题中被错误摆放的图片自动移回其初始位置的效果牵涉到其交互属性的设置，我们将会在接下来的属性设置中进行说明。

在学习完刚才的简单实例以后，我们应该对目标区响应的交互原理有一定程度的认识，那么接下来就进入其交互属性的学习。

此处“响应”选项卡中的属性已经介绍过，所以在此也不做赘述。双击响应类型图标，打开“交互属性”对话框，并选择如图 7-50 所示的“目标区”选项卡，看一看其中的属性设置。

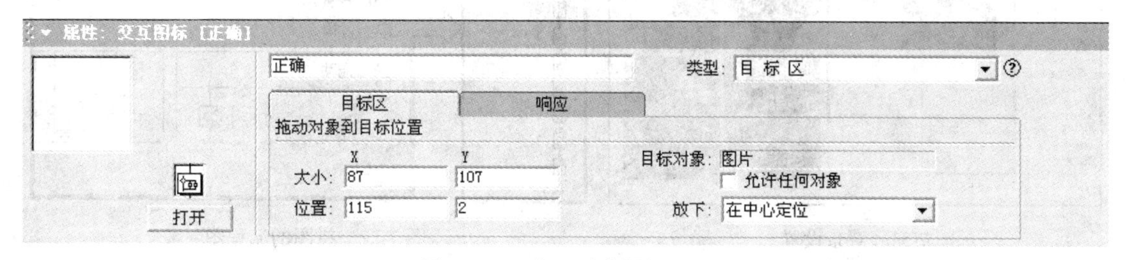

图 7-50　目标区响应属性设置

“大小”和“位置”文本框：此处文本框中输入的数值表示的是图 7-49 所示的具有对角线的矩形虚线框的尺寸和在演示窗口中的位置。它们的属性设置与按钮交互中对于这两者的属性设置方法一致，在此不做赘述。

“放下”下拉列表框：其中有“在目标点放下”、“返回”和“在中心定位” 3 个属性项，下面就分别介绍它们各自的功能。

- 在目标点放下：用户在将对象拖入到制作者所设的目标区内释放鼠标左键，被拖动的对象将会停留在被释放处。
- 返回：用户将对象拖入到制作者所设的目标区域内释放鼠标左键，对象会自行移动到它的初始位置。
- 在中心定位：用户将对象拖入到目标区域内释放鼠标左键，对象最后会停留在该目标区的中心位置。

在理解“放下”下拉列表框的这几个属性项各自的特点以后，我们就能很容易地知道上题中错误响应分支的“放下”属性应该设置为“返回”。

“目标对象”文本框：在此处显示的文本内容就是目标对象所在的显示图标的名称，表示此显示图标中的显示内容就是此处响应的目标对象。

目标区响应中的目标对象是针对显示图标而言的，即我们所设立的目标对象必然是某一个“显示”中的所有显示内容，如果要设立不同的目标对象，就必须用不同的显示图标将这两个显示内容分开。

“允许任何对象”复选框：当此复选框被选中时，则此目标区响应的区域在接受每一个被拖放进去的对象后都会进入此目标区响应的分支路径。

7.5.2 动手实践：拼图游戏

在掌握了目标区响应的属性设置以后，让我们一起来完成下面这个拼图游戏的程序设置。现在，我们可以这样来思考：“拼图游戏”顾名思义，用若干的图形拼块组合成一个完整的图形。我们可以将每一个图形拼块都作为一个目标对象，然后将每个对象所对应的响应区域按照正确的拼块摆放位置进行摆放。那么，当用户把所有的拼块都拖放到相应的响应区域以后，这一幅完整的图片也就拼装成功了，示意图如图 7-51 所示，流程图如图 7-52 所示。

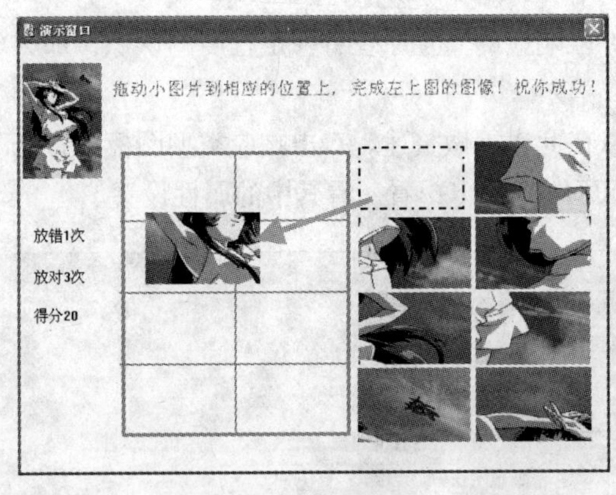

图 7-51　背景设置

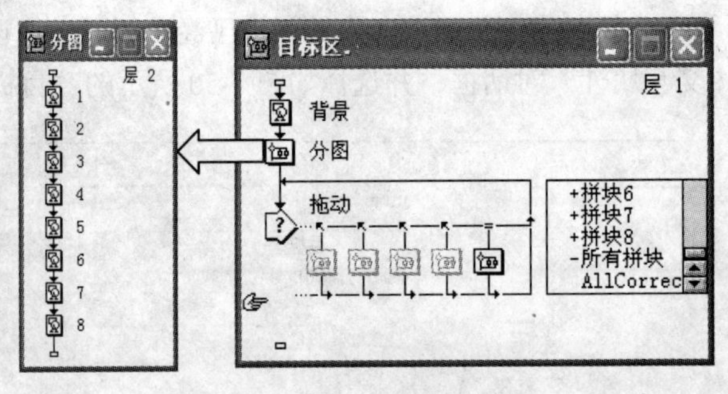

图 7-52　拼图的流程图

（1）制作中由于目标区响应的目标对象是针对显示图标而言，所以首先用一个显示图标来显示不作为目标对象的图像背景。图中的方格区域表示图形拼块所放置的区域，因为在程序运行时，对象的响应区域是不可见的，所以我们在响应区域上设置这些方格区域，以便于用户对拼块进行拼装。

（2）将所有的图形拼块分别放入不同的显示图标中，为了避免由于拼块过多而使得流程线太长，我们将这些显示图标放入一个群组图标中。

（3）在流程线上拖入一个交互图标，并在其演示窗口中用“TotalCorrect”、“TotalWrong”和“TotalScore”3 个系统变量分别记录用户摆放正确次数、错误次数和总分数，如图 7-53 所示。与此相关的属性设置在前面已经做过详细介绍，在此不做赘述。

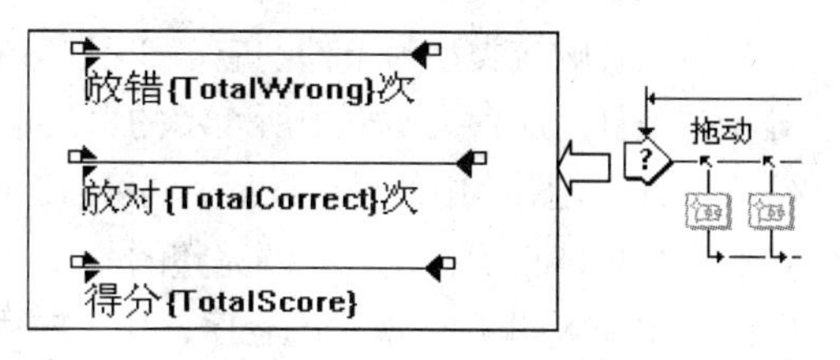

图 7-53　设置系统变量

（4）在建立好上述分支结构以后，双击响应类型图标，打开“交互属性”对话框。此时我们可以看见对话框中左上方的“目标对象预览框”为空白，且“目标对象”文本框也无任何文本内容。这表示我们还没有选定此分支路径的目标对象。此时双击目标对象所在的显示图标，选定演示窗口中显示的图片为目标。对于“正确响应”设置响应区域如图 7-54（a）所示，调整此响应区域置合适的大小和位置，重复上述操作，设置好每一个“拼块”。对于“错误响应”设置响应区域为整个区域，如图 7-54（b）所示。除此之外，双击“所有拼块”处的响应类型图标，选中“允许任何对象”复选框，设置其“放下”下拉列表框的属性为“返回”，再调整此响应区域覆盖整个演示窗口，并设置其“状态”属性为“错误响应”。“计分”可以设置“-10”，这样，任何一个目标对象只要没有被放入正确的响应区域内就会自动移回其初始位置，如图 7-55 所示。

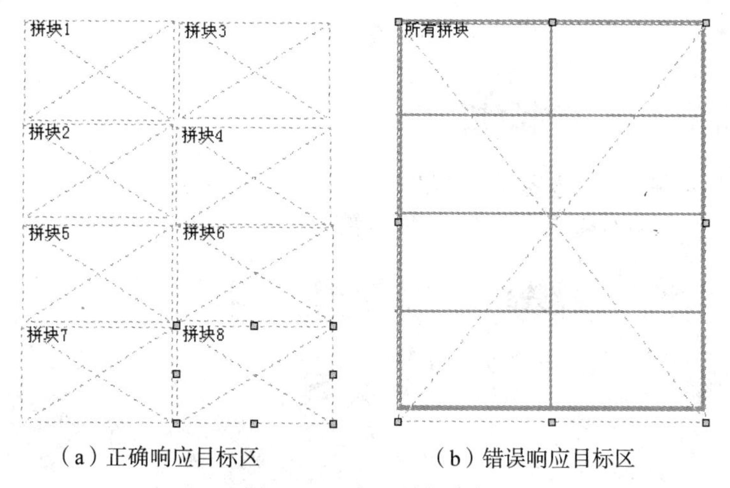

（a）正确响应目标区　　（b）错误响应目标区

图 7-54　目标区域的确定

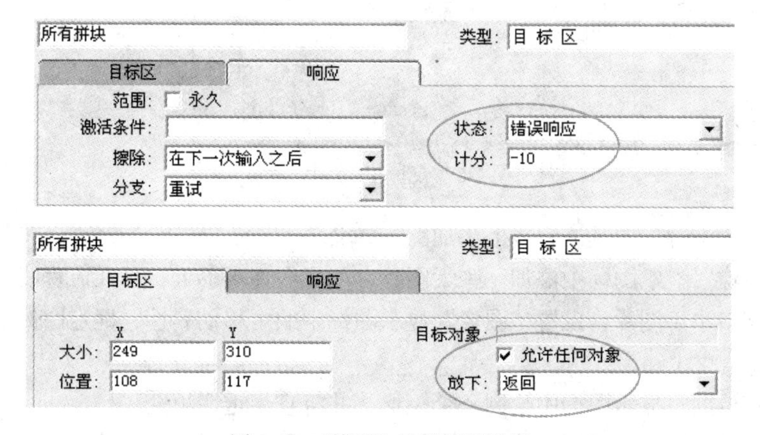

图 7-55　“错误”选择属性设置

（5）在已经设置好的所有“拼块”和“所有拼块”右边加入“AllCorrectMatched”一个响应图标，设置响应类型为条件响应，如图 7-56 所示。名为“AllCorrectMatched”的系统变量，此时处于“条件”属性文本框中所表示的含义是：当计算机已经执行完所有的“状态”属性为“正确响应”的分支路径中的程序以后，就可以匹配此条件从而进入此交互分支路径。在本题中就表示，当所有拼块被正确拼接为一幅完整的图片时，计算机便进入此交互分支路径。最后，我们在此群组图标中加入图 7-56 所示的程序，用来向用户反馈拼接正确的信息。

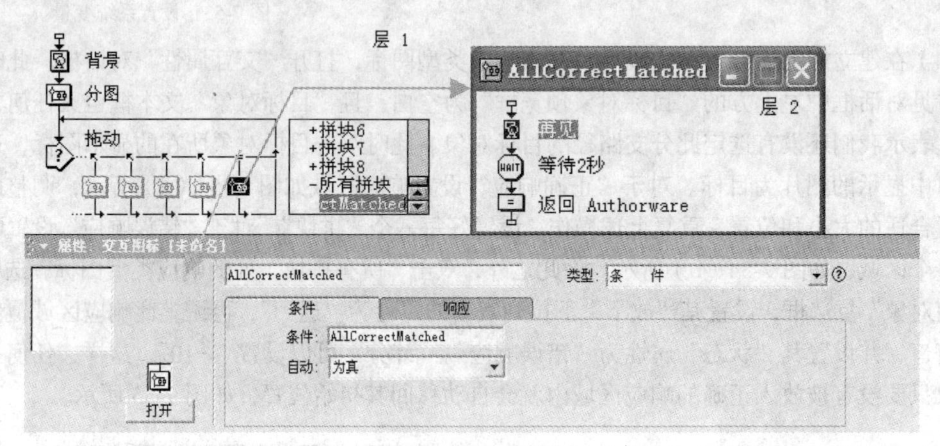

图 7-56　条件响应设置

7.5.3　动手实践：浏览超大图像

浏览超大图像是制作一个可以在较小的窗口中浏览相对较大的图片的程序，用户可以拖动取景器上下左右移动，以查看图片的全貌，同时取景器只能在定位框中移动，如图 7-57 所示。

图 7-57　超大图像浏览示意

（1）新建一个文件，向其流程线上添加图标并命名。

（2）向“图像”显示图标中添加一张大图片，如果图像不够大，可在流程线开始加入一个计算图标，设置窗口小于图片，设置“图像”显示图标中的可移动属性，确定图像的起止范围，如图 7-58 所示。

（3）在“定位框”显示图标中绘制一个矩形，并将它半透明填充。

（4）在“取景器”显示图标中绘制一个红色的长方形，设置“取景器”显示图标中的可移动属性，确定图像的起止范围，并在初始值处设置“PositionX”、“PositionY”两个系统变量，用它和设计图标联用取得该设计图标在显示定位区域中的横、纵坐标，同时设置该图标所在的层为 1，如图 7-59 所示。

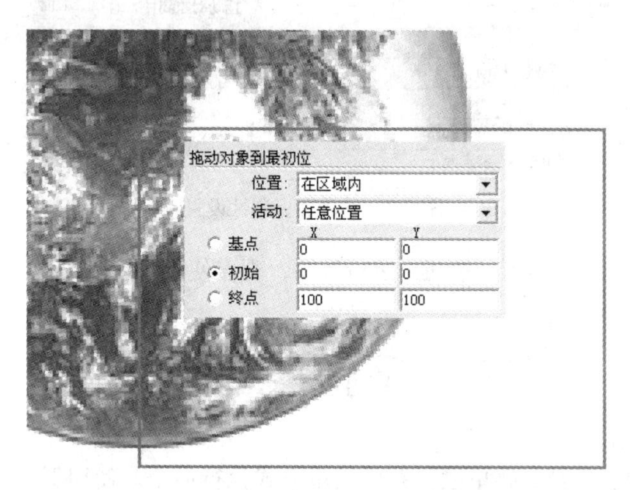

图 7-58　“图像”显示图标属性设置

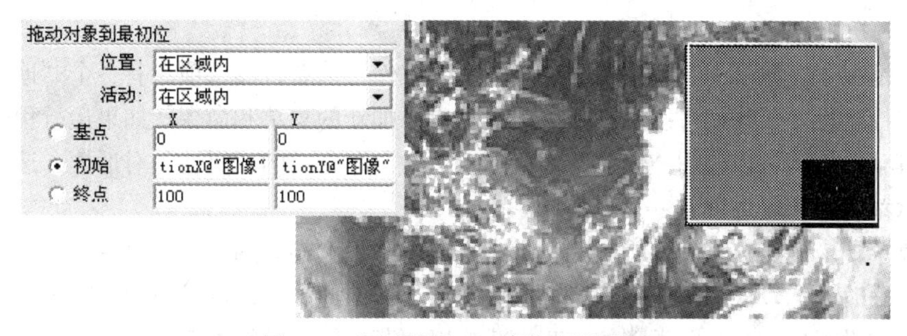

图 7-59　“取景器”显示图标属性设置

（5）打开如图 7-57 所示的目标区交互，设置对象为“取景器”图标中的红色矩形，设置目标区域如图 7-60 所示。另外，“响应”选项卡的内容保持不变，最后单击“确定”按钮完成设置。

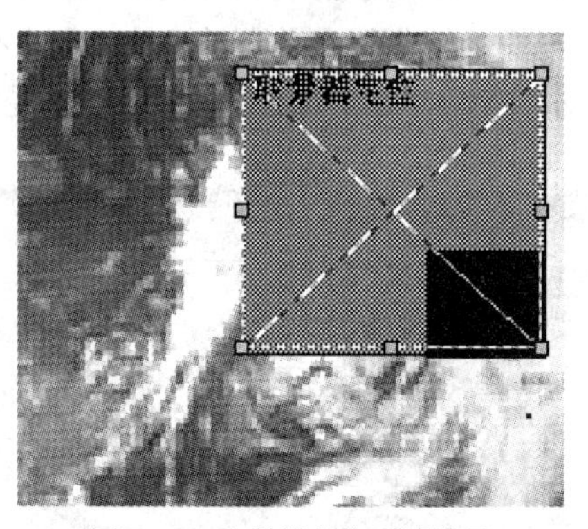

图 7-60　取景器定位区域设置

（6）双击如图 7-57 所示的目标区交互分支下的移动图标，打开其属性设置对话框，选择移动对象为“图像”显示图标，设置移动时间为 1 秒，移动类型为“指向固定区域内的某点”，设置基点坐标为（0，0），终点坐标为（100，100），目的地坐标为（PositionX@“取景器”，PositionY@

"取景器"），如图 7-61 所示。

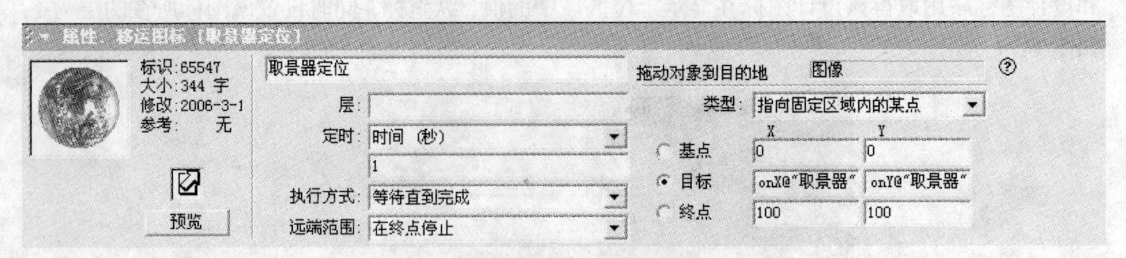

图 7-61　移动图标属性设置

（7）单击工具栏上的"运行"按钮，运行程序，观看使用效果。

7.6　下拉菜单响应

我们常用的应用软件都有菜单栏，并用菜单方式执行命令。使用下拉菜单响应可以设置菜单栏，利用该菜单可以选择所需要的命令来响应各个分支，得到反馈信息，这样用户也非常容易接受。

在默认情况下，演示窗口菜单栏上只有一个"文件"菜单，其选项只有一个"退出"命令，为了进一步控制程序，我们可以使用下拉菜单响应添加新的菜单和命令。如果运行程序时，演示窗口中没有菜单栏，可以使用"修改"菜单下"文件"命令中的"属性"对话框，选中"选项"下的"显示菜单栏"复选框。

下拉菜单响应的交互与其他响应的交互方式有一个很大的区别，就是菜单通常需要在屏幕上保留很长一段时间，以便用户能够随时与它进行交互。因此，在运用菜单响应时，通常把各个菜单的交互方式设置成"永久"类型的交互方式，以便菜单能够始终处于激活状态。

7.6.1　下拉菜单响应及其属性设置

下面通过一个实例来完成对下拉菜单交互类型的介绍。先观看程序运行效果，运行程序进入图 7-62（a）所示的界面，在"时间和日期"上单击时间时就会进入图 7-62（b）所示的界面。如果单击日期，演示窗口上会显示日期。单击"文件"菜单中的"退出"命令便会退出程序。

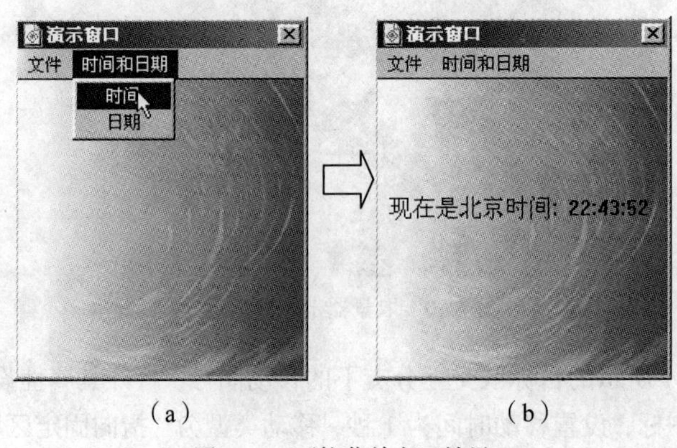

（a）　　（b）

图 7-62　下拉菜单交互效果

上述效果的程序如图 7-63 所示，现在我们来解读该程序。在“计算”图标中输入 ResizeWindow(200，200)是用来设定窗口大小，“显示图标”中的图片作为演示窗口的背景，这两个图标主要是用来设置视觉效果，可以设置任意的大小和背景。接着计算机读到“交互”图标时，演示窗口的菜单栏上多了一个“时间和日期”菜单，此时用户单击此菜单的“时间”命令，则会显示图 7-63 所示“输入时间”显示图标中所输入的内容“现在是北京时间{ FullTime }”。{ FullTime }是一个系统变量，运行程序时，显示的是时间。单击此菜单中的“日期”命令，则会显示图 7-63 所示“输入日期”显示图标中所输入的内容“今天是{FullDate}”。{FullDate}也是一个系统变量，运行程序时，显示的是日期。要想使时间和日期是走动着的，即随时更新，则需选中“输入日期”和“输入时间”两个显示图标的显示属性的“更新变量显示”复选框。之所以可以反复单击“时间”和“日期”，是因为把菜单的交互方式设置成“永久”类型的交互方式。

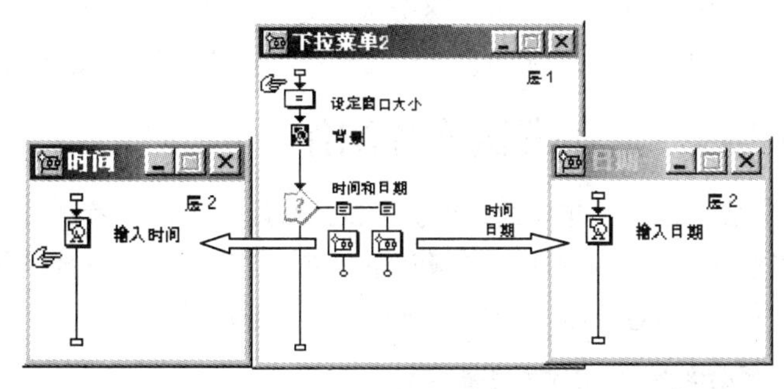

图 7-63　下拉菜单交互

在读懂这个简单的下拉菜单交互实例后，我们接着来看下拉菜单交互的具体属性，以达到更好的交互效果。

双击“下拉菜单”响应类型便会弹出如图 7-64 所示的“属性：交互图标”对话框。其中，“打开”按钮、“响应图标标题”文本框、“类型”下拉列表框和“响应”选项卡的属性设置与前面所介绍完全相同，此处不做赘述。

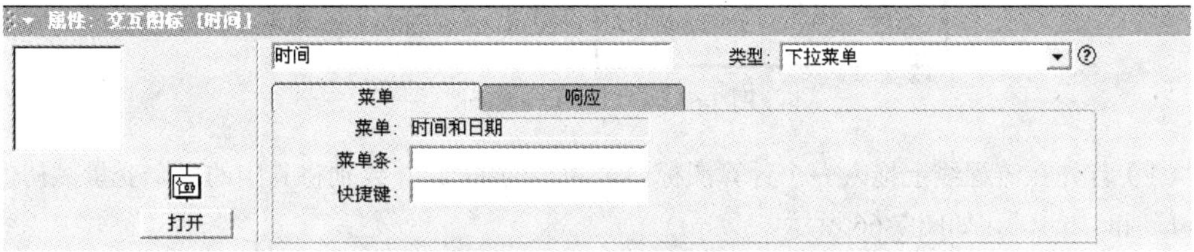

图 7-64　“下拉菜单”响应属性对话框

我们重点介绍“菜单”选项卡中的属性设置。

“菜单”文本框：此文本框是不可以被用户所编辑的，它所显示的是当前菜单选项所处的菜单组的名称，即程序设计窗口中交互图标的名称。此文本框中的内容将直接显示在演示窗口的菜单栏中。对照图 7-62 和图 7-63 中的“时间和日期”菜单组可以很容易地理解它的设置与显示效果的关系。

“菜单条”文本框：用户在其中所输入的文本内容在演示窗口中显示的是菜单组的下拉菜单中的交互命令的名称。在此可以使用一些特殊字符来控制菜单项的显示方式。

例如：输入“(-”，则菜单中显示一条分隔线；

在菜单命令前方输入“(”，则菜单命令为灰色，当前不能被使用；

输入空格，则菜单中显示空行；

在菜单命令的某个字母前输入“&”，则该字母被加上了下画线，且被设置为该命令的快捷键，如果想显示“&”字符本身，则需要输入“&&”。

“快捷键”文本框：它的功能是设置与单击菜单命令等价的快捷键。如果要使用 Ctrl 键和其他键组合，比如 Ctrl+A，可以输入“CtrlA”或者“A”；如果要使用 Alt 键和其他键组合，比如 Alt+A，可以输入“AltA”。另外，利用键盘的上挡键和下挡键所对应的特殊字符也可以设置一些特殊的快捷键。例如，输入“+”所对应的快捷键是 Ctrl+Shift+(+/=)。其中，(+/=)代表“+”和“=”两个符号的按键，“+”是上挡键，“=”是下挡键；输入“=”所对应的快捷键是 Ctrl+(+/=)。在设置下拉菜单响应的快捷键时，一般不允许对同一个命令设置几个等同的快捷键，也不允许使用通配符，以免引起歧义。另外，Authorware 并不区分大小写，因此要避免在一个菜单命令中使用“c”作为快捷键，在另一个菜单命令中使用“C”作为快捷键，这样实际上是同一个快捷键。

7.6.2 动手实践：简单考试系统制作

下面我们一起来完成一道菜单响应的计算机考试系统题。单击“考试系统”下拉菜单，出现“初级水平”和“高级水平”菜单，并出现二级菜单，进入二级菜单，选择试题测试。本题中有一个“补考系统”菜单项，当同意补考时，允许补考一次，否则退出系统，如图 7-65 所示。

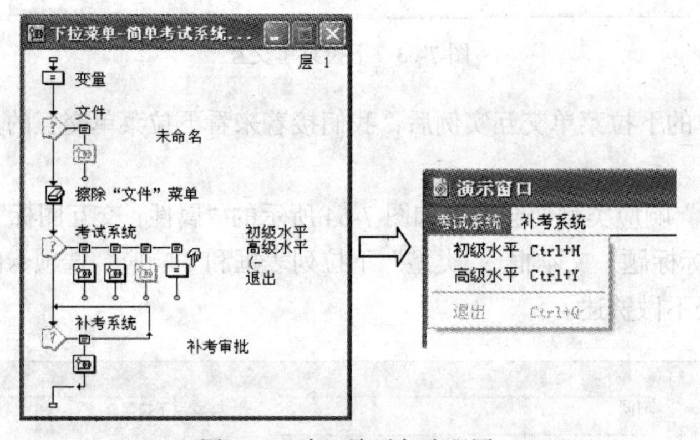

图 7-65 窗口演示与流程图

（1）首先在流程线上拖入一个计算图标命名为“变量”，并分别将其中的两个变量赋初值为“a:=1”和“b:=0”，如图 7-66 所示。

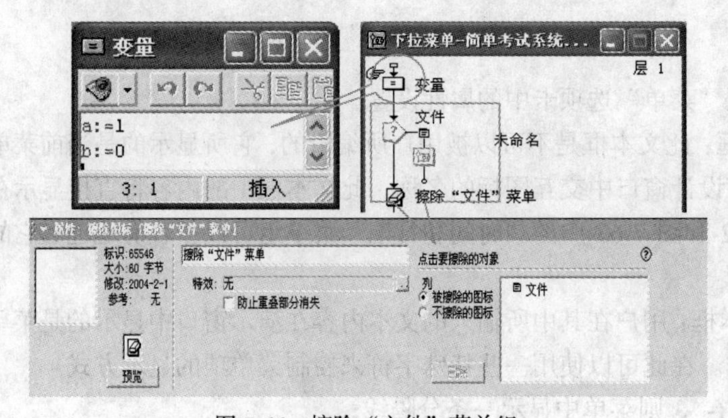

图 7-66 擦除“文件”菜单组

其次需要注意的就是在每运行一个程序时，只要不设置不显示菜单栏，在演示窗口的菜单栏中就会有“文件”菜单组，其中有“退出”这一菜单项。显然，这在设计菜单交互时是不需要的，那么接下来我们就编辑一段程序来去掉这个多余的“文件”。

（2）如图 7-66 右图所示，拖入一个交互图标，添加一个名为“文件”的菜单组，由于和系统菜单组重名，所以在计算机读取程序时就会认为此菜单组就是系统预制的“文件”菜单组。

（3）创建一个擦除图标，并将擦除对象设置为“文件”菜单组，如图 7-66 所示。此时运行此段程序，就可以看到菜单栏中没有了“文件”菜单组。

图 7-66 右图方框中的程序就是在 Authorware 中用来去除演示窗口菜单栏中“文件”菜单组的固定方法，大家可以将它作为一个“公式”来运用。

（4）创建一个交互图标，在其右边拖入群组图标，选择响应类型为“下拉菜单”响应，在内设置各考试题内容，如图 7-67 所示。

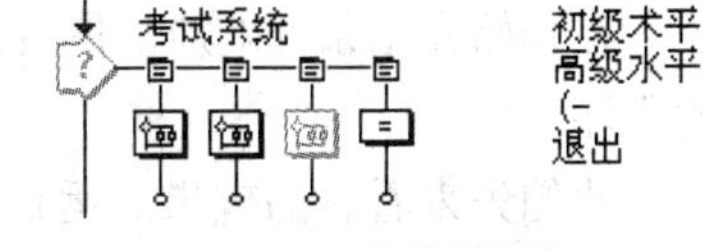

图 7-67　菜单栏制作

（5）接下来在“补考系统”交互图标中建立如图 7-68 所示的菜单交互作用分支结构，并将两个响应图标分别命名为“同意”和“退出”。这样用户在程序运行时，在“补考系统”菜单下单击“补考审批”，在菜单栏就会出现“补考”下拉菜单，单击这一菜单组，在其下方便会下拉出“同意”和“退出”两个菜单项。

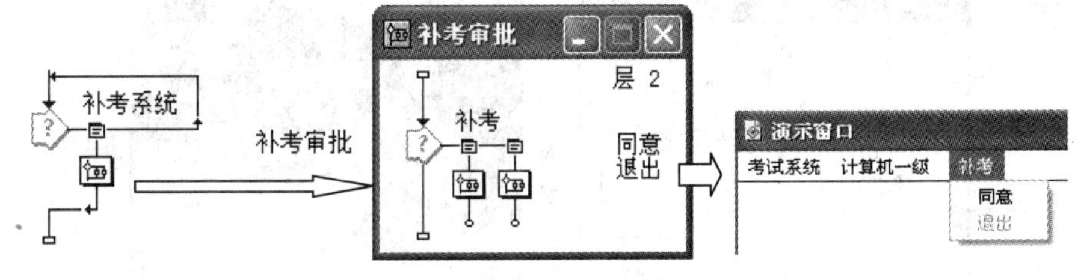

图 7-68　多级菜单制作

（6）双击响应类型图标，打开其属性对话框如图 7-69 所示，分别设置“同意”和“退出”的“激活条件”为“b=0”和“b=1”。在“同意”群组图标中的流程线上拖入一个计算图标，在其中输入赋值语句“b: =1”，随后设置“显示”和“等待”图标向用户反应“允许补考”的信息，最后用擦除图标擦除“考试系统”菜单组。在“退出”群组图标中进行相应的设置，只是将计算图标中赋值语句改为“b: =0”。

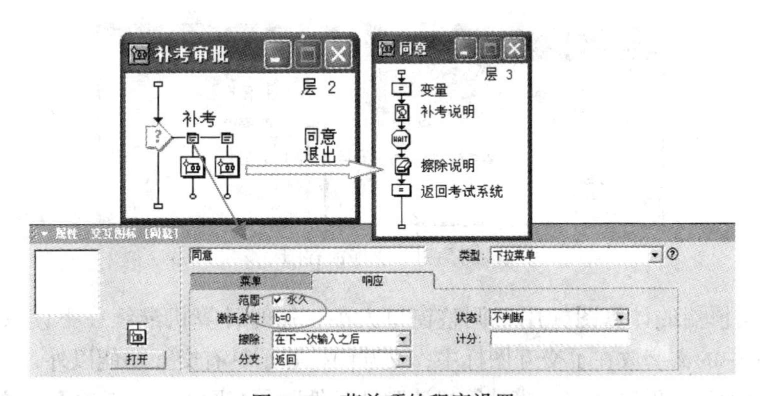

图 7-69　菜单项的程序设置

在此我们将此处计算图标中的设置与上述交互作用的“激活条件”联系起来考虑，当用户在选中“同意”菜单项后，若是再打开此下拉列表框，此时的“同意”菜单项就处于不可选状态，而“退出”的菜单项则处于可选状态，反之亦然。设置此效果的目的很好理解，用户在补考一次之后当然就不允许再考了。

7.7 条件响应

条件响应属于系统性交互，是 Authorware 中最“理性化”的交互类型，当用户的操作符合制作者所设置的交互条件时，计算机才会进入交互分支路径，读取响应图标中的程序。

7.7.1 条件响应及其属性设置

在开始介绍条件响应的属性之前，我们再充当一次计算机的角色，一起来解读以下这个简单的程序。

我们先来看它的效果。运行此程序，首先进入如图 7-70（a）所示的演示窗口，然后，根据文字提示右击鼠标，演示窗口就会出现如图 7-70（b）所示的图片，再单击鼠标或是按下键盘上的任意键，就可以退出程序。

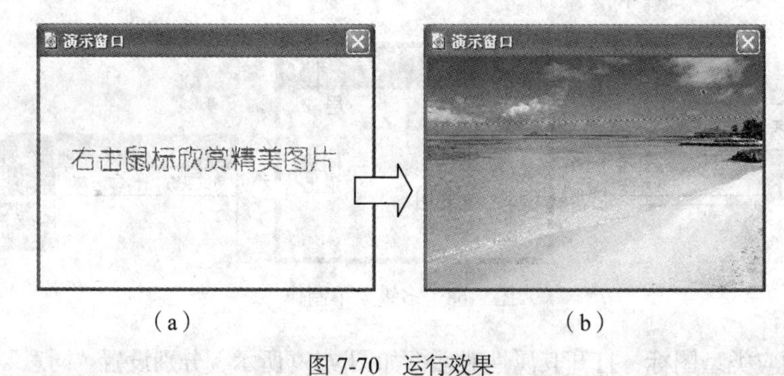

（a）　　（b）

图 7-70　运行效果

从上述运行效果来看，似乎有一点像前面所提到的按键交互，但是此处所用的是鼠标右键，而按键所用的是键盘上的键，这也是条件交互的一个特点。现在我们来看实现上述效果的流程图，如图 7-71 所示。

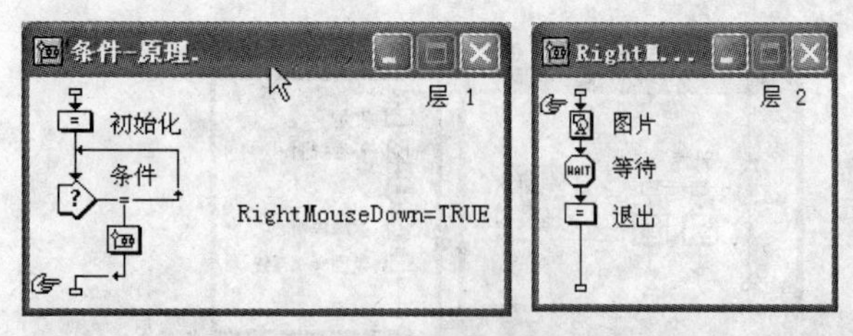

图 7-71　程序流程图

位于流程线顶端的计算图标用于调整窗口大小，这时计算机继续往下读取程序，制作者将图 7-70（a）中的文字放在了交互图标中，交互图标除了具有交互功能以外，还具有显示图标的功能，这在前面已经做过介绍。当计算机读到“条件”交互图标时，就会显示文字。

从图 7-71 中响应图标名称——“RightMouseDown=true”可以看出制作者所设置的条件是“右击鼠标”。所以当用户按下鼠标右键时，就匹配了此条件，使得计算机进入交互分支路径读取响应图标中的程序。

在读懂上面这个简单的程序后，我们来了解一下条件响应的属性设置。在条件响应中“响应”选项卡除了激活条件为灰色的不可选状态以外，其余的属性设置与“交互控制的一般属性”完全一致，在此不做赘述。

如图 7-72 所示，在“条件”选项卡中仅有“条件”和“自动”两个是条件响应所特有的属性，其余均在前面的章节中做过介绍。

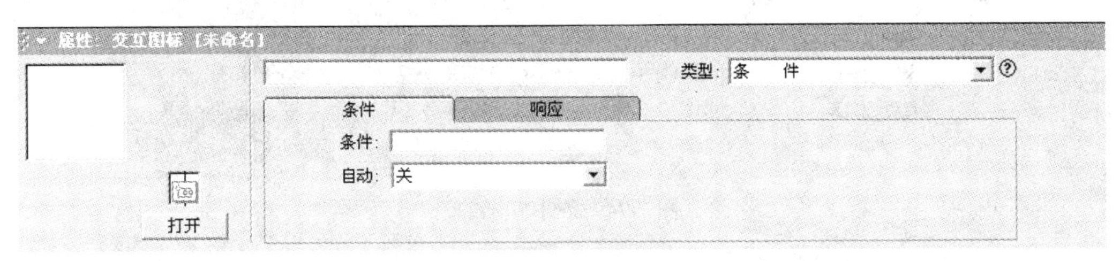

图 7-72　条件交互属性

此处的“条件”文本框与“响应标题”文本框的文本内容是相关联的，即在这两个文本框中的任意一个中输入的文本内容都会同时出现在另外的一个文本框中。其中所输入的文本就是产生交互作用时所匹配的条件。

在“自动”下拉列表框中系统提供了“关”、“为假”和“为真”3 个属性供用户选择，下面对它们各自的特点一一介绍。

- 关：若将某处响应的“自动”属性设为“关”时，只有当存在其他交互分支路径，并且它们的路径“分支”属性均设为“继续”时，当计算机顺着交互分支从左到右逐个读取程序进行到此条件响应为“TRUE”时，Authorware 才会执行该响应分支的内容。
- 为假：当“自动”属性设置为“为假”时，计算机读此条件响应会重复不停地监测该条件，只有条件的值从“FALSE”变为“TRUE”时，Authorware 才会匹配该条件响应。
- 为真：当“自动”属性设置成“为真”时，计算机读到此交互作用分支结构时，当匹配条件成立时，就会读取其分支路径上的程序。

7.7.2　动手实践：交通红绿灯

下面通过一个实例来说明条件响应的应用，如图 7-73 所示。

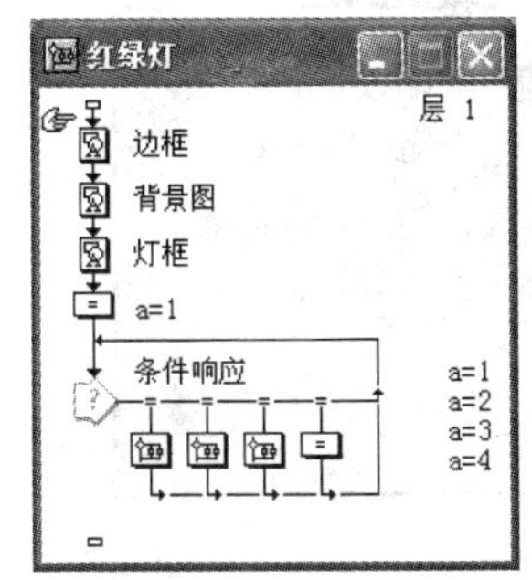

图 7-73　“红绿灯”控制示意图

此实例为马路上的交通“红绿灯”控制。在此实例中主要运用自定义变量来控制，希望通过这个例子学会条件响应的运用以及自定义变量的灵活使用。

新建一个文件夹，命名为“红绿灯.a7p”，并拖动 3 个显示图标到流程线上，依次命名为“边框”、“背景图”和“灯框”，并导入相应的图片。再拖动一个计算图标到流程线上，命名为“a=1”，并打开编辑窗口，设置自定义变量“a:=1”用于匹配值自动反应。

拖动一个交互图标到流程线上，命名为“条件响应”，并拖动 3 个群组图标到交互图标的右侧，分别命名为“a=1”，“a=2”，“a=3”。在条件文本框内分别设置激活条件如图 7-74 所示。

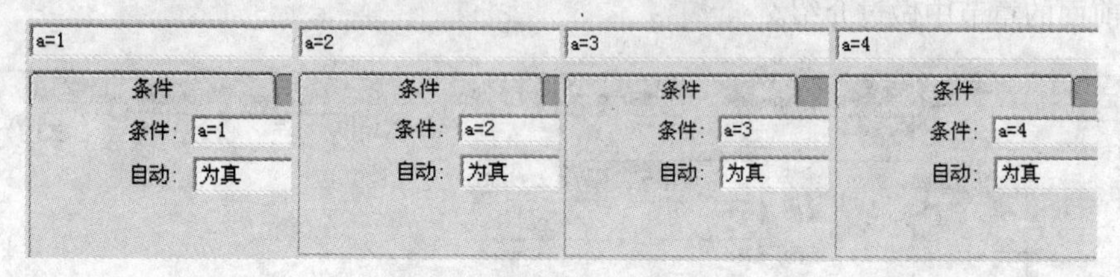

图 7-74　条件响应设置

打开这 3 个群组图标，并拖动显示图标、等待图标和计算图标。在显示图标中导入相应的图片，设置等待图标的属性为“等待 3 秒”，在 3 个计算图标中都输入“a:=a+1”，如图 7-75 所示。

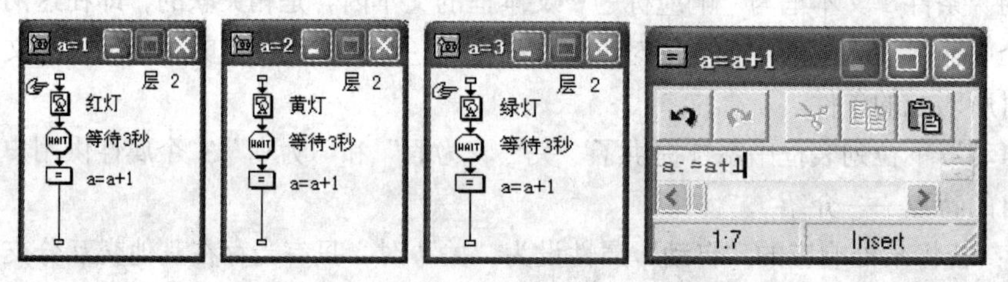

图 7-75　设置红绿灯颜色与时间

最后拖动一个计算图标到流程线上，命名为“a=4”，并打开计算编辑窗口，设置自定义变量“a:=1”用于匹配值自动返回到开始执行，依此下去达到红绿灯自动循环显示的目的。

7.7.3　动手实践：猜数游戏

在了解了条件响应的属性设置以及它的交互原理后，我们来共同完成以下这道稍微复杂一点的实践操作题——“猜数游戏”，共同体验一下条件响应在实践操作中的具体运用，效果与程序如图 7-76 所示。

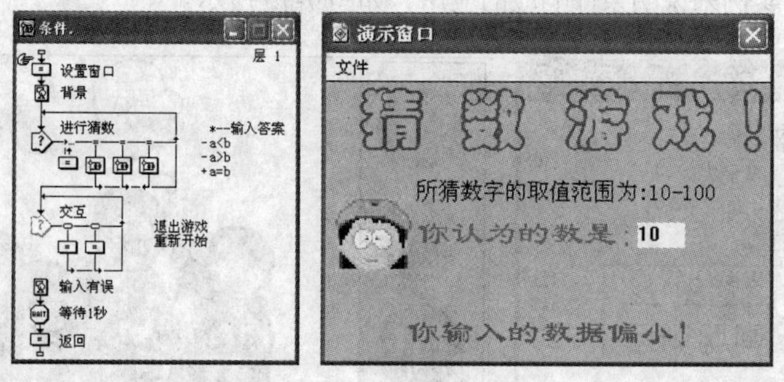

图 7-76　效果与流程图

（1）在流程线上拖入一个计算图标，在其中输入“ResizeWindow”函数调整窗口大小，再用

“Random”函数随机选取一个制作者所选数值范围内的数。然后，拖入一个显示图标，在其中完成所需的图片背景设置，如图 7-77 所示。

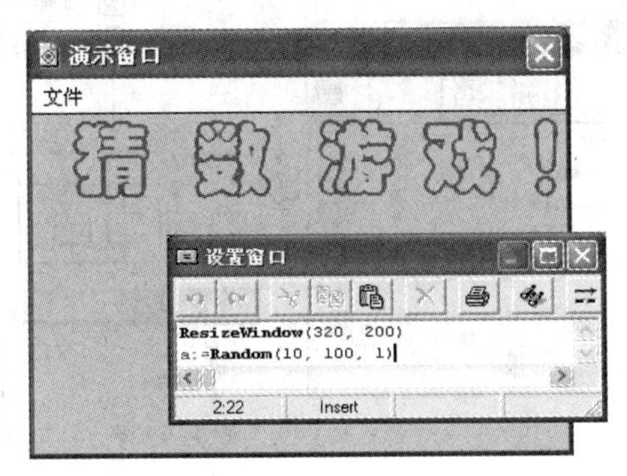

图 7-77　初始化设置

（2）如图 7-78 所示，建立交互作用分支结构，并双击交互图标打开演示窗口添加背景设置。此处不将该设置与“背景”显示图标中的设置合并，原因在于在流程线上有两个交互图标，执行此交互图标完成后，进入下一个交互图标区域，其界面和内容会发生变化。

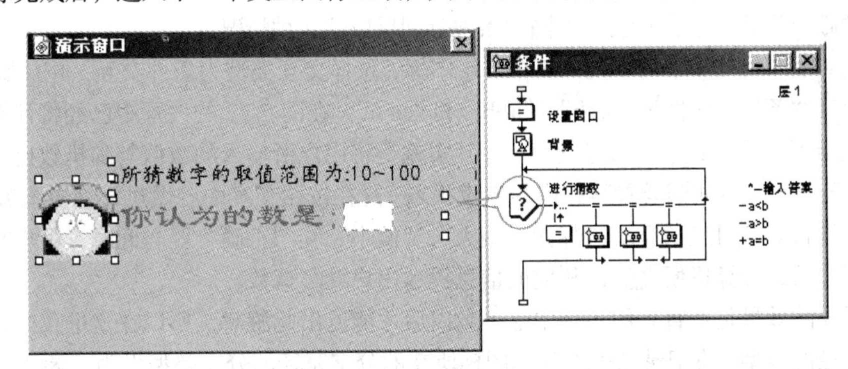

图 7-78　“交互”图标中的背景设置

（3）如图 7-79 所示，在交互作用分支结构的第一个分支建立一个文本响应分支，并设置其“分支”属性为“继续”，用以记录输入的数据。然后在该处的计算图标中输入如图 7-79 左图所示的程序语句：

```
b:=NumEntry
if  b>100  then
  GoTo(IconID@"输入有误")
else if  b<10  then
  GoTo(IconID@"输入有误")
end if
```

我们来解释以上这段程序。第一行的“b:=NumEntry”是用“NumEntry”这个系统变量记录下用户在文本交互时在文本输入区域中所输入的数值，然后将这个值赋给制作者定义的变量“b”。第二、第三、第四、第五行的意思是说当“b>100”或者是“b<10”时，那么计算机就转到从图标名称为“输入有误”的图标开始读取程序。

此时，若用户在文本输入区域内输入文字、标点、字母或是其他什么符号，计算机都将此时的 NumEntry 值默认为 0，也同样会转到从图标名称为“输入有误”的图标开始读取程序。

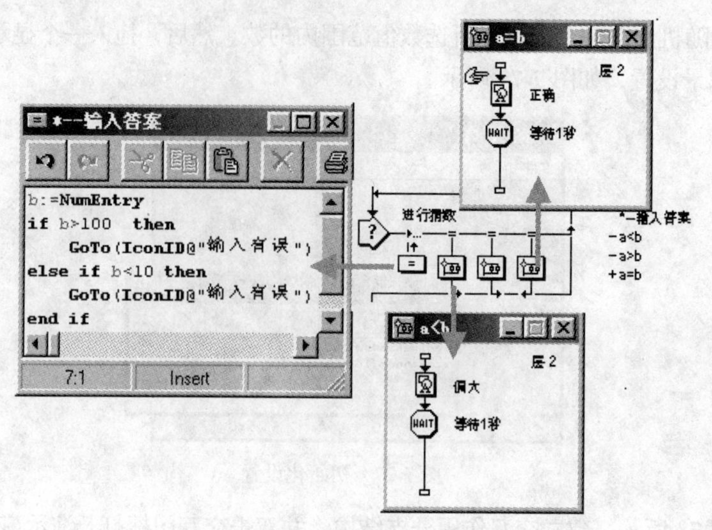

图 7-79　条件响应交互作用分支结构

在猜数字时，结果只能是“偏大”、“偏小”和“正确”3 种情况。所以在此时，我们的设计思路非常清晰，设置 3 个交互设置不同的条件分别反应这 3 种情况。

（4）在交互作用分支结构中拖入 3 个群组图标，选择交互类型为条件交互，并且如图 7-79 所示分别设置其“条件”属性为“a<b”、“a>b”和“a=b”。在图 7-77 的设置中已经将计算机所选的随机数的赋给了变量“a”，所以这里的条件其实就是将用户所输入的数值与随机数比较，然后进入相应的交互分支。再如图设置其相应的响应状态（这在按钮交互中已做过详细介绍），在相应的群组图标中设置与其对应的显示内容如“偏大”、“偏小”和“正确”等。此时，用户在输入自己所猜的数字之后，计算机便会反馈相应的信息提示用户继续猜数。

我们需要的效果是：直到用户猜中这个数以后才能退出此游戏，所以在这里我们要特别注意它们分支路径的类型。将记录数值的计算图标所在的分支路径的分支类型设为“继续”，而将名为“a<b”和“a>b”的“分支”属性均设为“重试”，这样计算机在执行完此处群组图标中的程序后，又回到交互结构的起点读取程序。此程序的运行效果为：用户阅读完计算机反馈的信息之后，继续进入交互分支结构输入自己所猜的数，然后系统再根据所符合的条件进入相应的分支路径，这样循环直到用户猜中此数，此时就匹配了条件“a=b”，此时游戏结束，所以此“分支”路径属性应设为“退出”，使计算机回到主流程线上读取程序。

在设置好上述交互作用分支结构以后，用户已经可以顺利地做这个游戏了，但为了使此游戏的操作更合理化，在此交互后可以再加入另一个按钮交互来控制游戏的重新开始和退出。类似的设置我们在以前的实例中已经介绍过，在此不做详细描述，具体设置如图 7-80 所示。

在图 7-79 中，为了控制用户输入的内容，在此处的一个计算图标中使用了“GoTo(IconID@"输入有误")”函数来显示用户输入有误的信息。所以我们在设置完上面的交互后，还需另作设置。

（5）在整个流程图的末端再依次加入显示图标、等待图标和计算图标并做如图 7-76 所示的设置。那么在用户输入的数值超出制作者所设置的范围时，计算机则会从“输入有误”显示图标开始读取程序，在演示窗口中显示提示信息，然后等待 1 秒，计算机便返回到第一个交互作用分支结构，又从那里开始读取程序。

此外，我们还可以在用户猜中数后统计用户的尝试次数，可以用“Tries”这一系统变量在显示图标中显示。此操作与按钮交互中介绍过的显示分数同理，在此不做赘述。

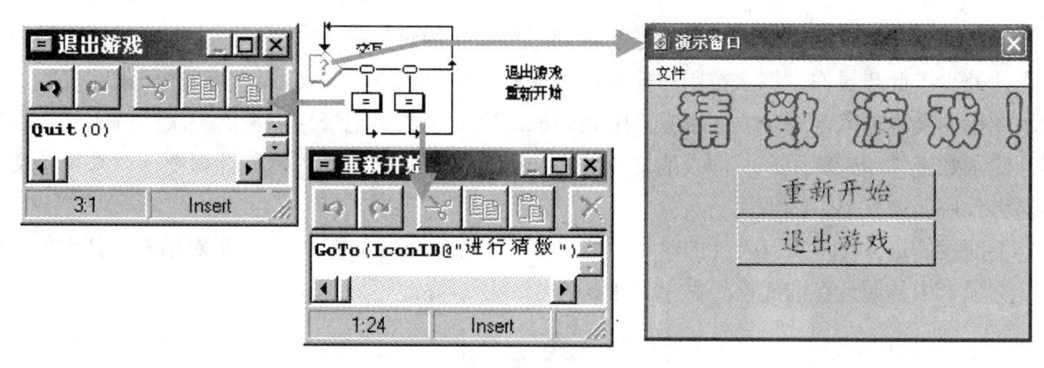

图 7-80　交互程序设置

7.8　文本输入响应

文本响应是一类以文本为交互媒介的交互类型。与以前所讲的按钮、热区、热对象以及时间交互都有所不同，它只在用户输入的文本与制作者的设置相符时，计算机才会读取相应分支路径中的程序。

7.8.1　文本输入响应及其属性设置

与以前介绍其他交互一样，我们先从一个简单的例子入手，让大家对它先有一个大概的了解，从而进一步介绍它的一些基本属性。实例运行的效果如图 7-81 所示。用户在演示窗口中的光标处输入任意的文本后按下 Enter 键，在演示窗口就会出现右图所示的显示效果。

图 7-81　文本交互效果

我们先看图 7-82 所示的流程图，“初始化”计算图标用来重新设置窗口的大小，然后在背景中导入所需的图片，再建立如图所示的交互分支结构并选择交互类型为文本输入。在响应图标标题上有“*--输入任意文本”这样一段文字，“*”所表示的含义是用户在输入任何文本的情况下都可以进入此交互分支路径，而后面的“输入任意文本”则是制作者对“*”的注释，而“--”则是在程序中做注释用来分隔注释语句与程序语句的指定符号。

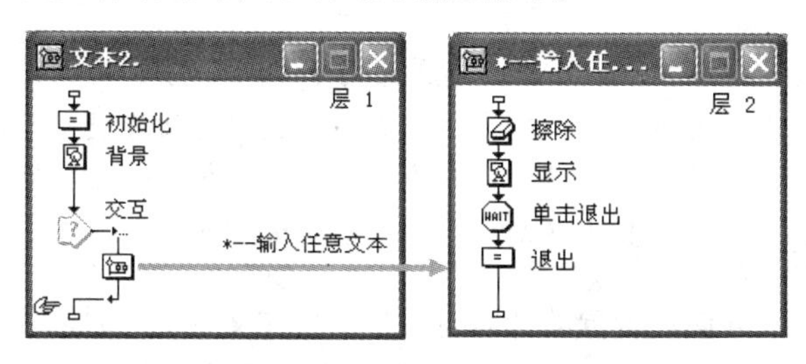

图 7-82　文本交互例题程序

沿着此路径进入群组图标，在此处擦除图标所擦除的对象是文本交互的输入区域，如果制作者在此处少了此步操作，那么在用户退出这个交互结构以前输入的文本将会留在原来的位置。在显示图标的文本输入区域中放入函数“{EntryText}”，此函数会记录用户最后一次所输入的文本内容，此函数经常用来将用户所输入的文本留在原处。接下来的等待图标和计算图标用来保持文本和退出程序，在此不做详细说明。

下面我们进入文本交互属性的学习。双击交互类型，打开如图 7-83 所示对话框，其中的“响应”选项卡中的属性在前面已经做过详细的介绍，所以在此不做赘述。

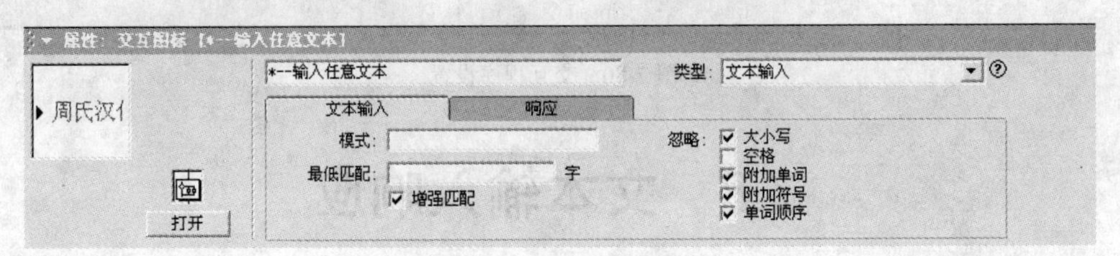

图 7-83　文本交互属性

文本交互的“永久”复选框处于不可选状态，所以它的“分支”属性中就没有“返回”的分支选项。

“响应图标标题”文本框：在文本输入这种交互类型中该文本框不仅仅具有标题的作用，还具有设置匹配文本的功能，即在此文本框中输入的内容也就是用户在进入交互分支所需输入的指定文本内容。

“模式”文本框：在此文本框中输入的内容将作为相应的文本响应的匹配文本，而此时的“响应图标标题”文本框中的内容就和其他交互的“响应图标标题”文本框中的内容一样，仅仅只是作为一个图标的名称。

作为文本输入的匹配，在此有“*”、“?”、“|”和“#”4 个符号需要向大家介绍。“*”已经介绍过就不再重复。“?”表示单个字母或是文字的任意匹配，如制作者设置的匹配文本为“我?谁”，那么在问号处输入任意文字或字母都可，如“我信谁”或是“我 a 谁”都是相应的匹配。“|”是或者的意思，它表示其前后的两个文本都可以是该处文本响应的匹配，如设置的匹配文本为“我是谁|我信谁”，那么两者中任何一个都是相应的匹配。“＃”号的匹配如果和“|”连起来使用，如设置的匹配文本为“我是谁|＃3 我信谁”，当用户前两次都没有输入正确的匹配，第三次则可以用“我信谁”来匹配该响应，当然在任何时候都可用“我是谁”来匹配响应。我们也会在用文本响应设置密码时用到“#”号，如图 7-84 所示。“#3*”则表示输入 3 次错误密码执行第 2 个文本响应分支。

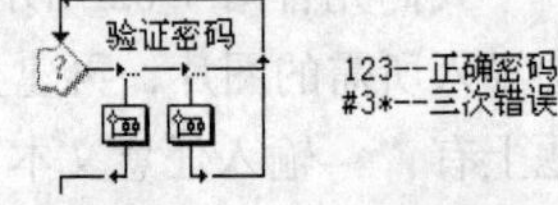

图 7-84　验证密码示例

在“模式”文本框中输入的只能是字母和数字，字母将被计算机认为是变量名，而此变量的值将作为该处文本响应的匹配文本；数字将被直接用作该处文本响应的匹配文本。并且，“*”、“?”、“|”、“#”等符号的功能只在“响应图标标题”文本框中出现才具有上述含义，而出现在“模式”文本框中就不再具有上述含义。

“最低匹配”文本框：此属性设置的针对对象是用户在文本交互时输入的文本。当制作者设置此匹配为一句话或是一个词的时候，处于两个分隔符号之间的文本就是匹配中的一个“字”。此处的分隔符一般为“空格”。当制作者在此文本框中输入一个值，那么用户只需输入相应数量的文本就可进入该交互分支路径。比如说，如果制作者将匹配文本也就是“密码”设置成用“空格”隔开的文本，如“我 是 谁”，并且设置“最低匹配”为 2 的话，用户在程序运行时只需输入“我 是”、“我 谁”或是“是 谁”中的任意一种就可进入该处的交互分支路径。此处的文本内容也可以是英文。

在此处，即“模式”与“响应图标标题”两项属性设置处，Authorware 7.0 与 Authorware 6.0 有一个很大的差别。在 Authorware 6.0 的版本中这两项是没有任何区别的；而在 Authorware 7.0 中，当“模式”没有值的时候，“响应图标标题”具有双重功能，而在“模式”有值的时候，“响应图标标题”就仅仅是一个标题，并且此时的匹配文本为数字，而且“最低匹配”也就没有任何意义。

“忽略”：在该属性设置中有 6 个复选框，选中则表示忽略该项，很简单，大家可以自己摸索，在此不多做介绍。

双击如图 7-85 所示的交互图标，就可打开文本交互的文本输入区，再双击此虚线框内的区域，就可进入文本输入对话框。

在“版面布局”选项卡中，有如下的文本框。

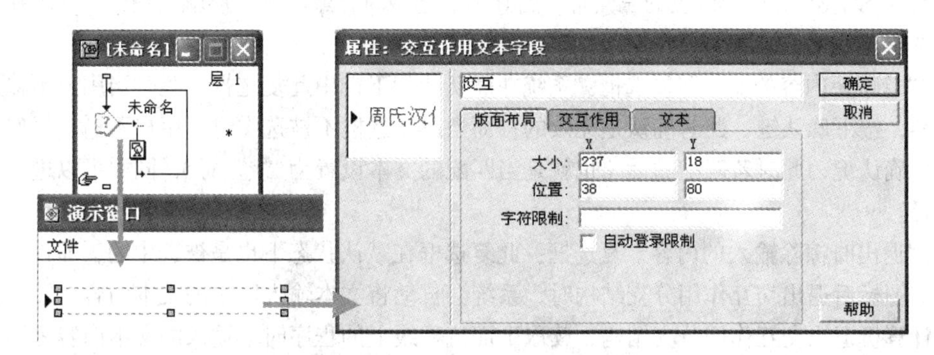

图 7-85　文本输入区属性对话框

“大小”和“位置”文本框：此二者的属性表示的是图 7-85 中左下方的文本输入区域的大小和位置。此二者的属性与按钮交互处的相似，在此不做赘述。

“字符限制”文本框：在此文本框中输入的可以是数值，也可以是变量，此数值或变量值表示的是用户在输入文本时最多可输入的文字或是字母个数，其中“空格”也算一个字母。当用户输入的文本数量超过了此数值时，超过的文本将不会在此文本输入区域内显示。

当制作者没有设置字符限制值时，文本输入区域的大小也限制输入的文字，也就是说，当文本内容将此区域填满后，也就不能再输入了。

“自动登录界限”复选框：与“界限”属性相关联。如果“界限”文本框中没有值，那么此属性是无意义的。一般情况下，不选中此复选框时，用户通常在输入完文本后要按 Enter 键进行登录；当“界限”文本框中有值时，并选中该复选框，用户在输入与“界限”文本框中的值相同多的字符数时，计算机就会自动登录。

接下来我们来看“交互作用”选项卡中的属性设置，如图 7-86 所示。

“作用键”文本框：用户可以在此文本框中，输入与键盘上任意键相对应的名称，表示用户在文本输入完以后的确认键就是此名称所对应的键。例如，将其文本内容改为“Tab”、“a”或是

“Tab|a”，则相应的确认键将改为“Tab”键、“a”键或是“Tab”键和“a”键。在 Authorware 中系统默认的设置是“返回”二字，对应于键盘上的 Enter 键。这就是为什么在没有改动此属性以前我们在输入完文本以后总是需要单击进入该处的响应图标的原因。

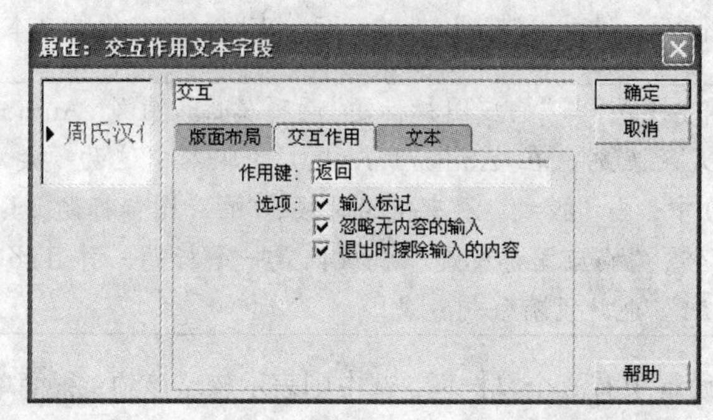

图 7-86 “交互作用”中的属性

“选项”：该属性中包括 3 个复选框，下面就一一介绍它们的功能。

● “输入标记”复选框：当此复选框被选中时，用户运行程序时在演示窗口的文本输入区域前就会有如图 7-85 所示的黑色的三角形；当其不被选中时，黑色三角形就会消失。系统在默认状态下为选中该复选框。

● “忽略无内容的输入”复选框：系统在默认状态下选中此复选框，此时当用户不输入任何文本内容，按下确认键，此时确认是无效的；而当此复选框不被选中时，用户不输入任何文本内容，按下确认键，此时若匹配的话（也就是当匹配的文本设置为“*”时），同样可以进入此交互分支路径。

● “退出时擦除输入的内容”复选框：此复选框在默认状态下也是被选中的，即计算机在读取完响应图标后退出交互作用分支结构时，系统会自动将文本输入区中的文本内容擦除；而不选中时，计算机退出交互作用分支结构，读取下面流程线上的程序时，输入的文本内容依旧存在于文本输入的位置。

最后我们来看一看“文本”选项卡中的属性设置。如图 7-87 所示，这里的“字体”、“大小”、“风格”和“颜色”属性，是大家比较熟悉的，所以不再赘述。需要说明的是“颜色”属性中的“背景色”所表示的是整个文本输入区的颜色，其默认为白色。

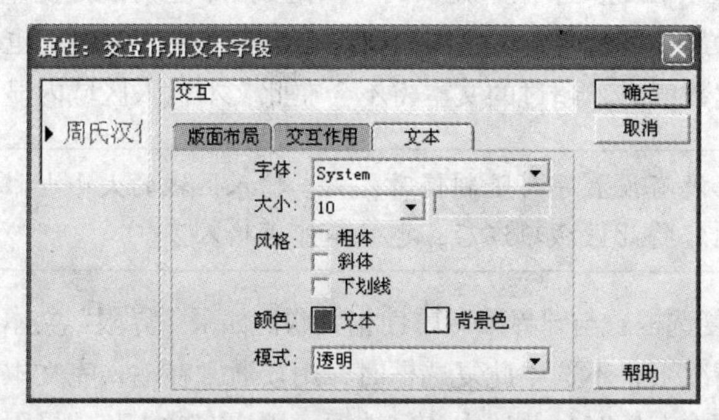

图 7-87 “文本”选项卡中的属性

“模式”下拉列表框：本属性用来表示该文本输入区域与其他显示内容重叠时的显示效果，其中有“透明”、“不透明”、“反转”和“擦除” 4 个选项。这里的几种显示效果与在介绍显示图标一章中所讲到的几种效果相同，所以在此也不做赘述。

7.8.2　动手实践：填空题小测验

下面用文本响应来设计一个填空题测验的程序，运行结果与程序如图 7-88 所示。

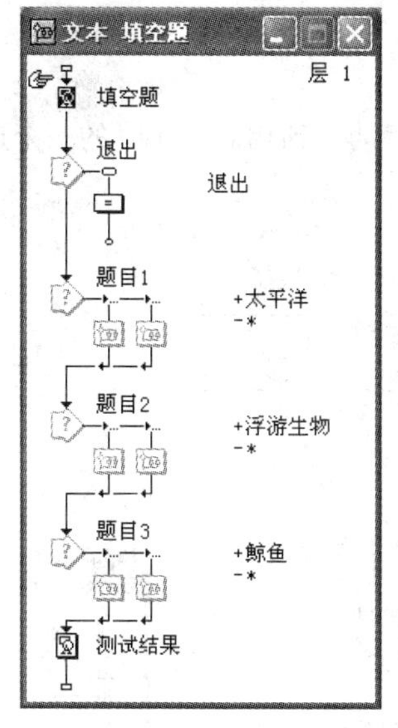

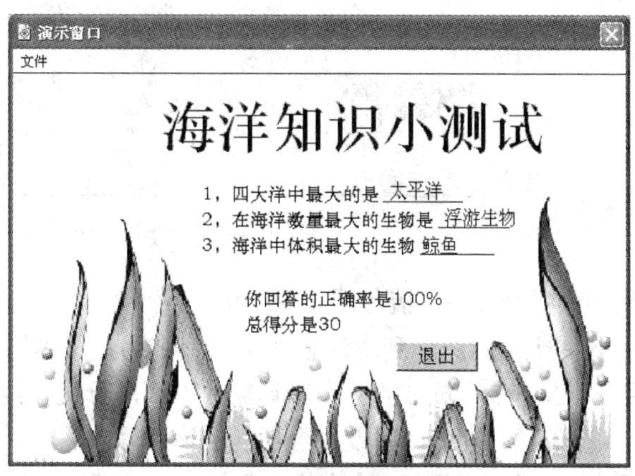

图 7-88　填空题制作示意

具体操作如下。

（1）在流程线上拖放一个显示图标，命名为“填空题”。打开该图标，在演示窗口中添加一个图片作为试卷背景，输入题目。

（2）添加一个交互图标，命名为“退出”，在交互图标的右下角添加一个计算图标，响应类型选择按钮响应，设置为“永久”，分支选择为“返回”。计算图标内添加“quit(0)”，保存后退出该计算图标。

（3）在流程图上再拖放一个交互图标，在交互图标右方拖放两个群组图标，选择“文本”响应类型，并分别命名为“太平洋”和“*”，打开“属性：交互”对话框，将擦除方式分别设置为“不擦除”，并分别设置“正确响应”和“错误响应”，计分也分别设置为 10 和−10。打开“属性：交互作用文本字段”对话框，设置不擦除填入的内容，并且设置填入的文字为“透明”模式，如图 7-89 所示。

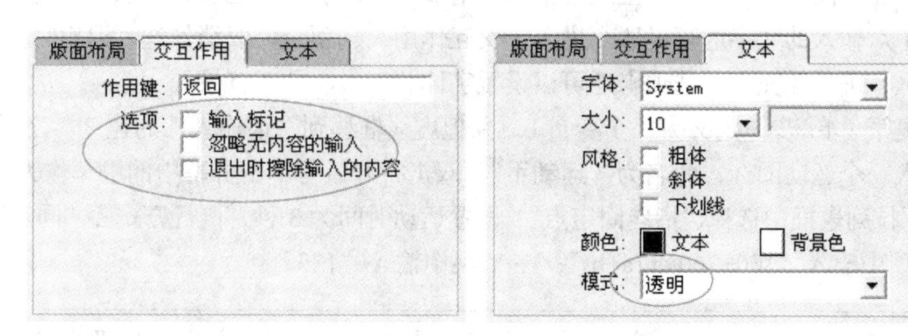

图 7-89　设置填入的文字属性

（4）用同样的方法再为后面的题目进行设置。

（5）在流程线上添加一个显示图标，命名为“测试结果”。打开该图标，在演示窗口中添加测试结果，如图 7-90 所示。运行程序，观看效果。

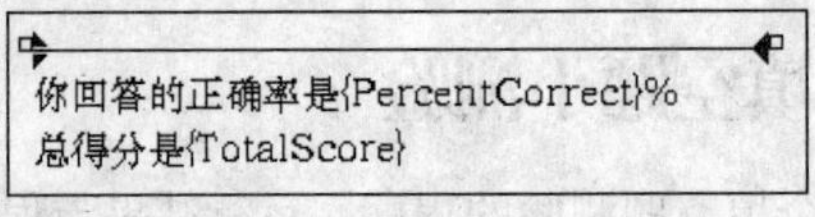

你回答的正确率是{PercentCorrect}%
总得分是{TotalScore}

图 7-90　文本框内设置系统变量

7.8.3　动手实践：物理行程

本实例为物理行程问题，演示两辆小车按照给定的速度运动，到相遇为止时的一个运动行程过程的直观展现，效果如图 7-91 所示。

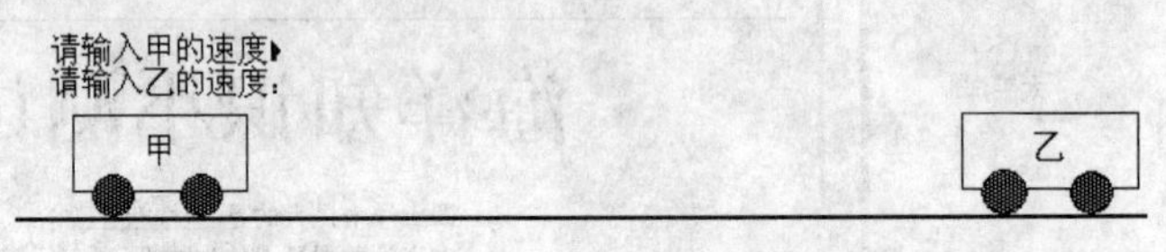

图 7-91　两车运动效果图

本实例制作过程如下，流程图如图 7-92 所示。

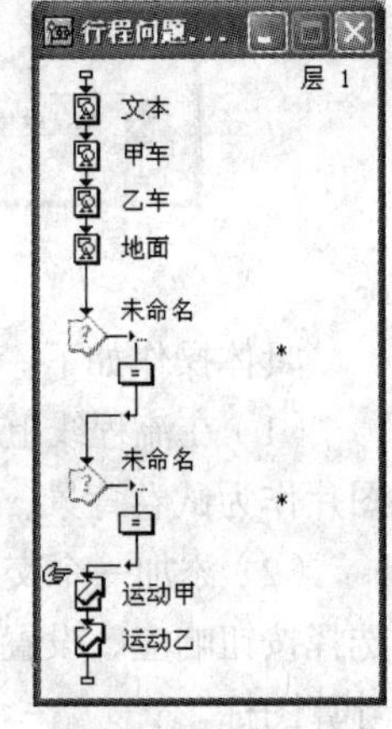

图 7-92　流程图

（1）拖入一个显示图标到主流程线上，命名为“文本”，打开该显示图标，利用 Authorware 自带的文本工具输入下面两行文字：“请输入甲的速度”、“请输入乙的速度”，并设置合适的字体字号。

（2）再拖入一个显示图标，命名为“甲车”，打开后利用工具箱里的矩形和椭圆工具绘制一辆小车，设置大小和颜色，并用文字工具输入“甲”以代表甲车。将初始值设为“100，170”（表示将此车定位在屏幕（100，170）坐标上），然后复制甲车到新拖入的一个显示图标中，修改车上的文字为“乙”，用同样的方法将它定位在（550，170）坐标上，并命名新图标为“乙车”。

（3）再拖入一个显示图标，命名为“地面”，打开此图标后利用直线工具沿着两车底部从左往右绘制一条水平直线，调整其粗细程度。

（4）拖入一个交互图标，然后在右边拖入一个计算图标，命名为“*”（通配符），选择交互响应为“文本输入”，并在计算图标里输入“a:=EntryText”，定义一个变量“a”；双击“文本”响应图标，在弹出的“属性”对话框中设置响应类型为“退出交互”。

双击打开交互图标，把里面的虚线框拖到“请输入甲的速度”之后，再双击该虚线框，在弹出的对话框中对输入的文字进行设置。进入“交互作用”选项卡，取消勾选“退出时擦除输入的内容”复选框，进入“文本”选项卡还可以设置字体、字号、文字背景等。

（5）重复第（4）步，定义另一个变量 b，并把虚线框移到“请输入乙的速度”之后。

（6）拖入一个运动图标，命名为“运动甲”，双击打开后再单击屏幕中的甲车作为运动对象，在“类型”下拉列表框中选择“指向固定点”，设置运动时间为 3 秒，执行方式为“同时”；在“目的地”栏 X 项中输入“100+360*a/(a+b)”，在 Y 项中输入“170”。

“360*a/(a+b)”表示甲车要行走的路，再加上它的初始位置 100，则可算出它的最终停止地点，其中 360 是两车相距的路程减去两车的长度。

（7）再拖入一个运动图标，命名为“运动乙”，选择运动对象为乙车，设置方法同上，只是 X 项设为“550−360*b/(a+b)”，Y 项设为“170”。

刚才甲车向右移动，所以是“初始位置（100）+移动路程”，而乙车向左移动，所以应该是“初始位置（550）-移动路程”。

（8）单击“运行”按钮，输入两车的速度，按下回车后两车就会运动起来。由于在小车绘制中车的长度不一样，观察两车相遇位置，重新调整“360*a/(a+b)”和“360*b/(a+b)”中 360 数字，达到两车正好相遇的位置。

7.8.4　动手实践：验证密码

在掌握了文本响应的基本操作与属性设置后，我们以“验证密码”实例进行深入的学习，以便灵活应用文本输入响应。本实例演示效果与程序流程如图 7-93 所示。

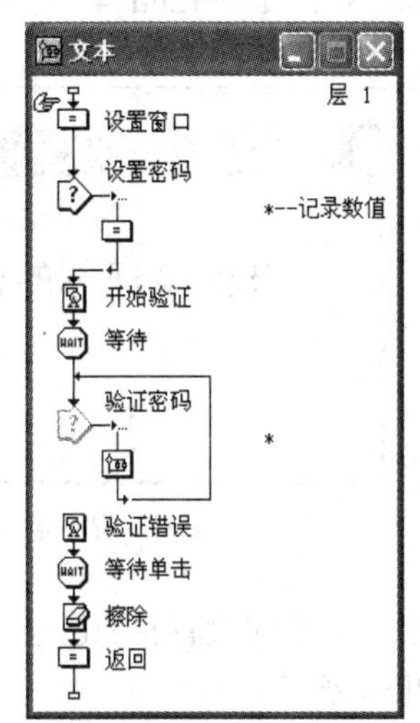

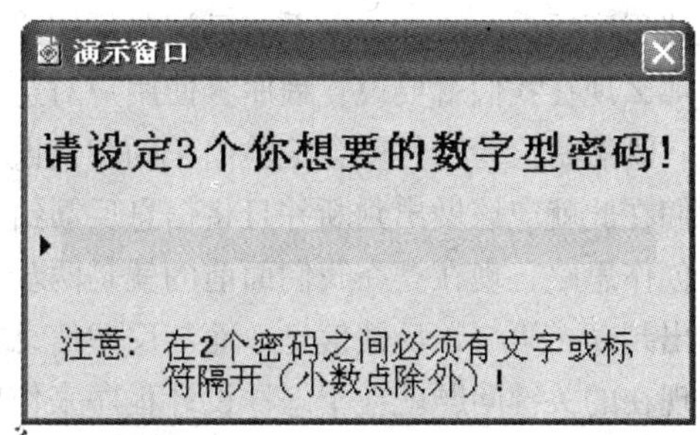

图 7-93　演示效果与流程图示意

（1）在流程图上拖入一个计算图标来调整窗口大小，此处设置“ResizeWindow（320，160）”，然后建立一个如图 7-94 所示的交互作用分支结构，用来记录用户所输入的内容。

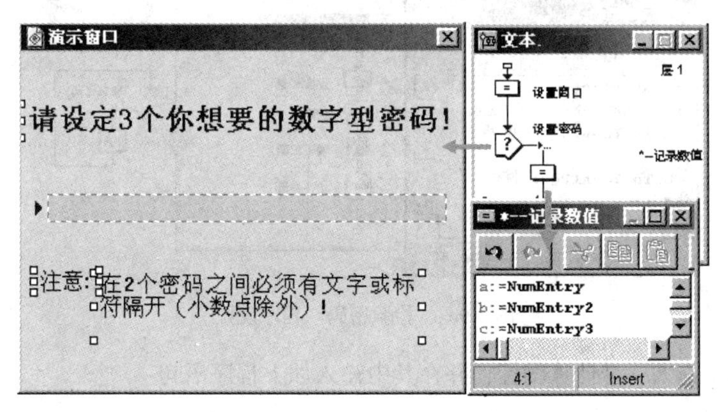

图 7-94　“设置密码”交互的设置

（2）如图 7-94 所示，先在交互图标中输入左图所示的文本提示内容并调整好文本输入区域。在此交互图标中输入文本提示内容，此文本提示内容在计算机退出此交互作用分支结构读取程序时，会自动地被擦除。

（3）拖入一个计算图标作为响应图标，并命名为“*--记录数值”，这种表达格式在前面的属性设置中已经提到过，那么此响应图标名称的内容表示用户输入任何文本都可以进入此交互分支路径。

（4）双击打开此计算图标，如图 7-94 所示，将 3 个系统变量分别赋予 3 个自定义变量。系统变量“NumEntry”、“NumEntry2”、“NumEntry3”……记录的是用户在文本输入区域内所输入的内容，那么此响应图标的作用是记录用户所输入的数值。

（5）设置其交互的“分支”属性为“退出”，因而当用户输入完文本内容后，计算机读取完计算图标中的赋值语句，记录下 3 个变量值后，又会回到主流程线上继续往下读取程序。

注意

当用户运行程序后，在文本输入区域内所输入的内容若用标点、空格等分隔符（小数点除外）隔开，那么 Authorware 系统就将用户所输入的数值区分开，并且将这些数值分别赋予“NumEntry”、“NumEntry2”、“NumEntry3”、“NumEntry4”等这一系列的系统变量。此时用户输入的非数字文本系统都认为其数值为 0。

（6）在紧接着交互作用分支结构的流程线上拖入一个显示图标，命名为“开始验证”，来显示给用户提示的信息，具体设置如图 7-95 所示。

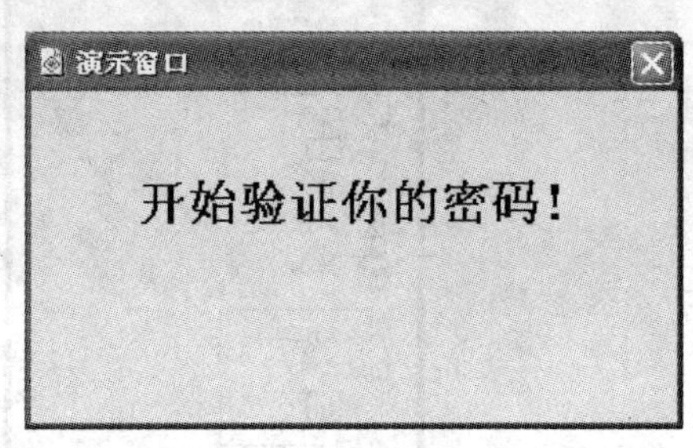

图 7-95　提示信息设置

在编辑完上述程序后，Authorware 系统已记录下用户所输入的密码，那么现在我们就要设置程序，使用户对这些密码进行检验。既然是检验当然就会检验出正确和错误的密码，那么我们在此就应该做出判断并且将信息反馈给用户。基于这一创作思路，现在摆在我们面前的就是两步工作：第一，作出判断；第二，反馈信息。而与反馈信息类似的程序设置我们已经见过很多并且也很熟悉，所以现在的关键问题就在于怎样设计程序来作出判断。

（7）此处建立如图 7-96 所示的交互作用分支结构，加在原有的程序之后，来完成密码检验工作。在主流程线的末端建立一个文本交互分支结构，设置其分支路径类型为“重试”，并且设置其响应图标名为“*”，那么用户在此输入任何文本内容都将进入此交互分支结构。

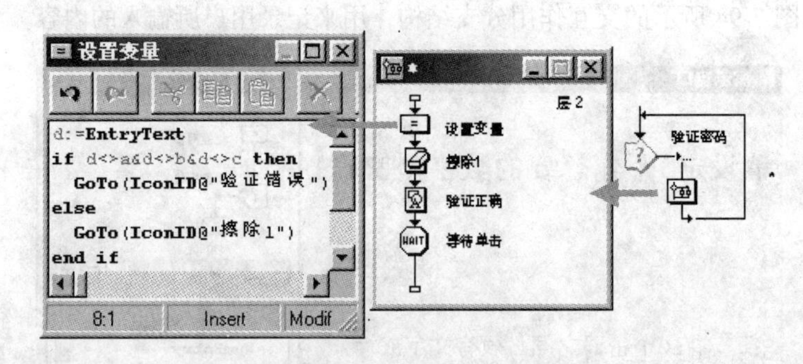

图 7-96　“检验密码”程序设置

在群组图标中拖入一个计算图标，并在其中输入如下程序语句：

```
d:= EntryText
if d< >a&d< >b&d< >c then
  GoTo(IconID@"验证错误")
else
  GoTo(IconID@"擦除 1")
end if
```

我们先来讲解这段程序。第一行的语句“d:= EntryText”表示将用户在进行此处文本交互时所输入的文本值赋予“d”这个变量。接下来这个条件程序语句表达的含义是：当用户所输入的数值既不等于“a”也不等于“b”又不等于“c”时，计算机就会转到名为“验证错误”的图标处开始读取程序；如果上述条件都不满足，即“d”的值与“a”、“b”、“c”中的任何一个值相同，计算机则转到名为“擦除 1”的图标处开始读取程序。

此处的“d:= EntryText”赋值语句不能将系统变量改为“NumEntry”，因为“NumEntry”记录的是数值型文本，它只记录用户所输入的数字，而将数字之后的其他输入内容全部忽略；而 EntryText 记录所有文本，当对其所赋内容为纯粹的数字时，它能够和数字一样进行运算，而当所赋内容并非纯粹的数字，那么系统就将其作为是文字文本处理。

（8）在计算图标之后拖入一个擦除图标来擦除此处交互的文本输入区域，再设置一个显示图标，在其中输入此处应该向用户反馈的信息，最后拖入一个等待图标并在其“事件”属性中选中“单击鼠标”复选框。这样的话，用户在验证完自己的一个密码之后又可以单击鼠标继续进行下一个的验证。

（9）最后我们添加一段“验证错误”的程序到流程线的末尾，如图 7-93 所示，其设置与图 7-96 中的群组图标中的程序差不多，用来反馈密码错误的信息，此处不再赘述。

7.9 按键响应

按键交互可以认为是按钮交互的键盘形式，即将按下按钮产生交互效果变为按下键盘上特定键而产生交互效果。相对于按钮交互，按键交互的属性设置更简单，所以也更容易掌握。

7.9.1 按键响应及其属性设置

在开始介绍其属性之前，我们还是先看一道用按键发送信息的实例题，让大家对其交互的原理有一个大概了解，其过程是根据第一张图片上所提供的文本信息，用户在键盘上按下“C”键，演示窗口就会显示第二张图片的内容——“正在发送短信息”，再等待两秒钟，就显示出第三张图片的内容——“发送成功”，运行程序的效果如图 7-97 所示。

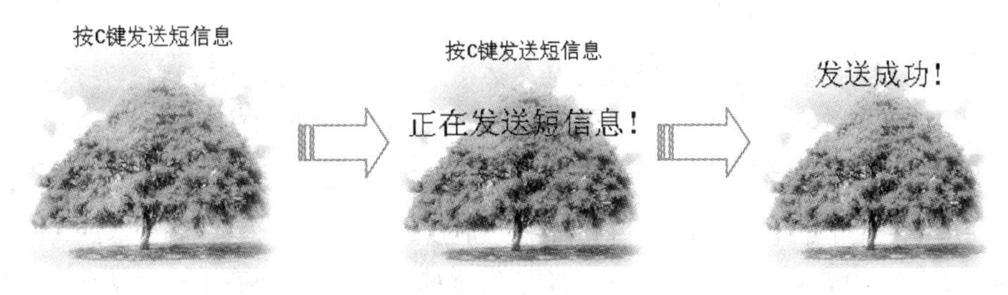

图 7-97　按键程序运行效果

按键交互流程图如图 7-98 所示。在“初始化”计算图标中使用函数调整窗口大小，计算机在读完“背景”显示图标，就在演示窗口中显示出导入的图片。随后就进入交互分支结构，由于其响应图标名被设为“C”，所以用户此时在键盘上按下“C”键后，计算机就进入交互分支结构的响应图标，读取群组图标中的程序。

这时计算机读到“发送”显示图标，就会在图上出现“正在发送短信息”的文本内容，在等待两秒后计算机随分支路径退出交互分支结构，然后读取“反馈”显示图标中的内容，就显示出图 7-97 中第三张图片的效果。这样计算机就读完了整个程序，也就实现了以上的效果。

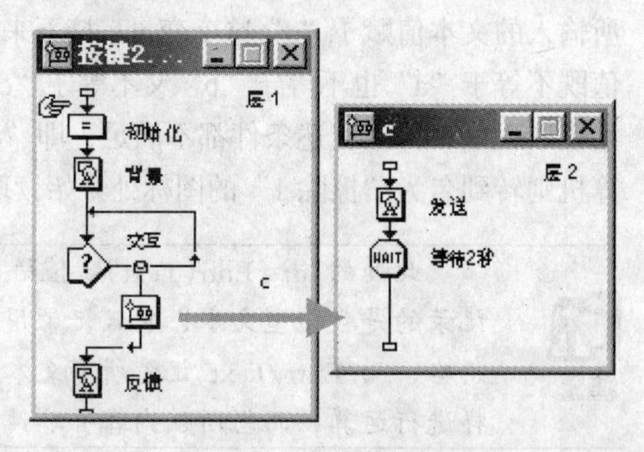

图 7-98　按键交互流程图

不知大家在此是否注意到“按 C 键发送短信息”只在前两幅图片中出现，那是因为制作者将此文本放在了交互图标中。其实交互图标本身还具有一个显示图标的功能，它具有一般显示图标的属性设置，所以制作者也可以在其中导入图片和输入文字。但是与不位于交互分支结构中的一般显示图标不同的是，当计算机读取程序后退出交互分支结构时，若不修改其属性，其中导入的图片和输入的文字将会被擦除。这也是产生上述效果的原因。另外，在不同交互分支路径中的显示图标，若不对其属性做修改，其中的内容将会在退出此交互分支结构时或是进入其他分支路径时被擦除。这也是为什么“正在发送短信息”与“发送成功”这两条文本在相同的位置却又不发生重叠的原因。

接下来我们介绍按键交互的属性设置。双击响应类型处打开属性设置对话框，其中“响应”选项卡中的属性在前面已做过介绍，在此不做赘述。我们重点介绍“按键”选项卡中的属性设置，如图 7-99 所示。

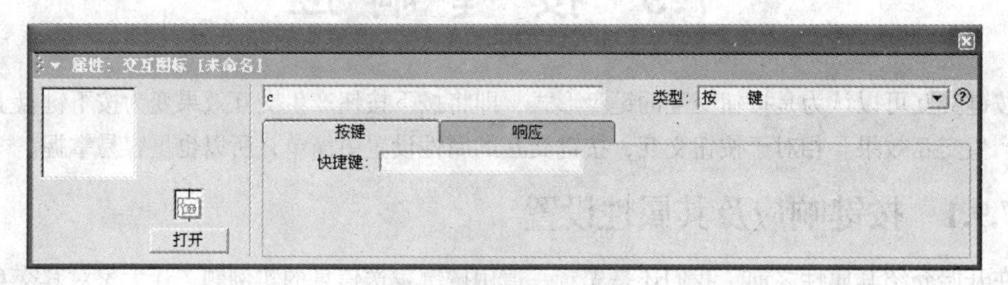

图 7-99　按键属性设置

“快捷键”文本框：其中可以输入数字和字母。输入的数字将对应键盘上的数字键，在程序运行时引发按键响应；而输入的字母或字母串系统则会将其设为变量，在按键响应时，用户需要按下变量所对应的数值才会产生按键响应。

在此，直接输入的数字或变量的值必须为 0～10 的数字，否则将不会产生按键响应。另外，在此文本框中只有“tab”、“return”等少数几个按键的名称在输入文本框后，在程序运行时会引发相应的按键响应。

当“快捷键”文本框中没有输入任何内容时，其所对应的响应图标标题文本框同样有设置按键的功能。在此可以输入任意字母和数字，而它们所对应的键就是键盘上此字母或数字所对应的键，只是字母必须是单个的，数字必须为 0～10；在此也可输入键盘上任意一个功能键的名称，其所响应的按键就是它所对应的功能键。

“Alt”、“Ctrl”和“Shift”必须与其他按键搭配才能行使按键响应的功能，如在响应图标标题中输入“AltQ”，那么用户必须同时按下“Alt” 键和“Q”键才能产生响应。

另外，我们也可以输入“x|y”，表示“|”符号左右的两个按键都作为此处的响应按键。如果制作者在此处输入的是“?”，则表示按下任意键都可进入此分支路径；而制作者若是想用“?”键作为响应按键，那么在响应图标标题处就须输入“\?”。

7.9.2 动手实践：按键单选题

在本节的最开始就已经提到按键响应与按钮响应的相似性，所以我们用一道较为近似的操作题来熟悉按键响应。

“按键单选题”的任务是设置两道用键盘上的按键做出选择的选择题，如图 7-100 所示。由于两道题的设置相同，在此就只介绍其中一道题的设置。

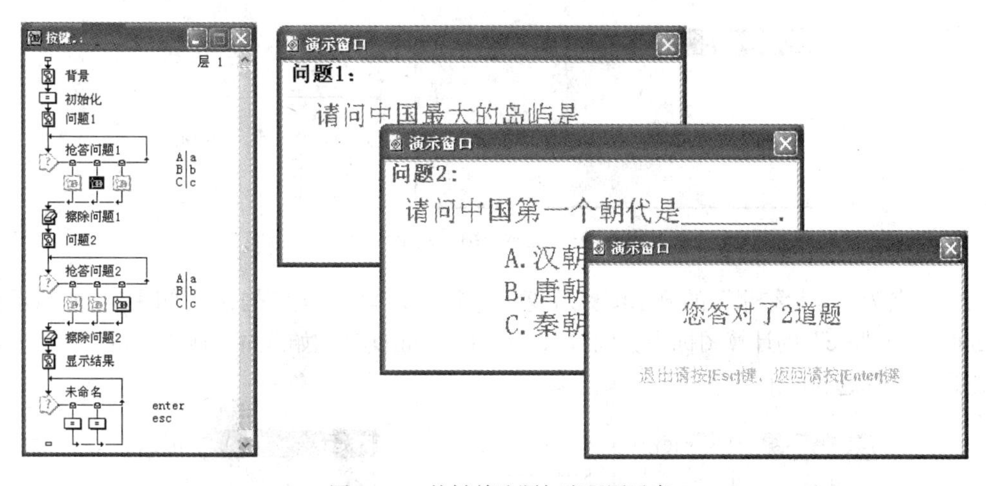

图 7-100 按键单选题与流程图示意

（1）在流程图上拖入一个显示图标并导入所需的背景图片，然后调整窗口大小至图 7-101 所示效果。

（2）如图 7-102 所示，在“初始化”计算图标中输入赋值语句“CorrectNum:=0”，此步赋值的意义我们到程序的最后再做说明。

（3）建立交互作用分支结构，首先如图 7-102 所示拖入 3 个响应图标，并且将其响应图标名分别设为“A|a”、“B|b”和“C|c”。这样用户在键盘上分别按下“a”、“b”和“c”，就会分别进入 3 个不同的分支路径。

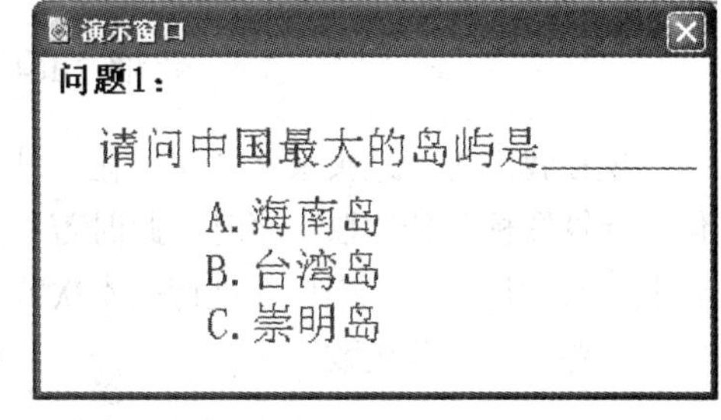

图 7-101 窗口显示效果

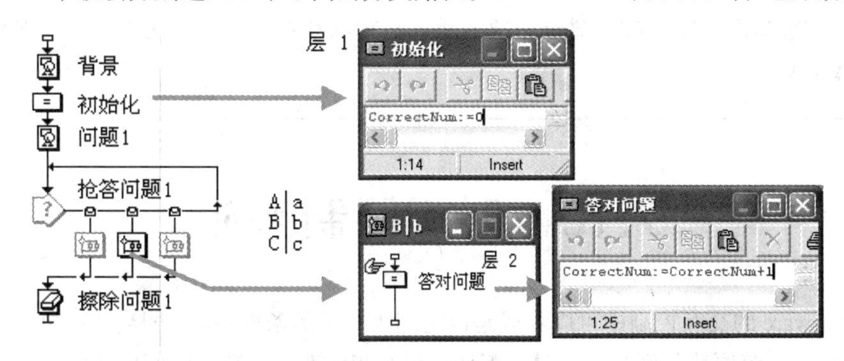

图 7-102 按键交互程序

（4）设置此处 3 个响应图标所在的交互分支路径的“分支”属性均为“退出交互”，这表示无论用户按下“a”、“b”、“c”中的哪个键，计算机在执行完此响应图标中的程序后都会继续往下读取程序。由于此处“b”为正确的选项，所以在此计算图标中输入赋值语句“CorrectNum:=CorrectNum+1”将变量“CorrectNum”值加 1，以便最后做统计。

（5）在紧随此交互作用分支结构的主流程线加入一个擦除图标“擦除问题 1”。并以同样的方法设置第二题。

（6）在流程线的末端添加一个名为“显示结果”的显示图标，并在其演示窗口中输入如图 7-103 所示的文本内容。这样与我们上面设置的赋值语句相结合就可以将用户的正确选择次数显示在此处的显示图标中。

图 7-103　显示成绩的效果设置

（7）在名为“显示结果”的显示图标后建立一个交互作用分支结构，并如图 7-104 所示在名为“enter”和“esc”的计算图标中分别输入“GoTo(IconID@"初始化")”和“Quit(0)”两个函数来控制返回选择题和退出程序。

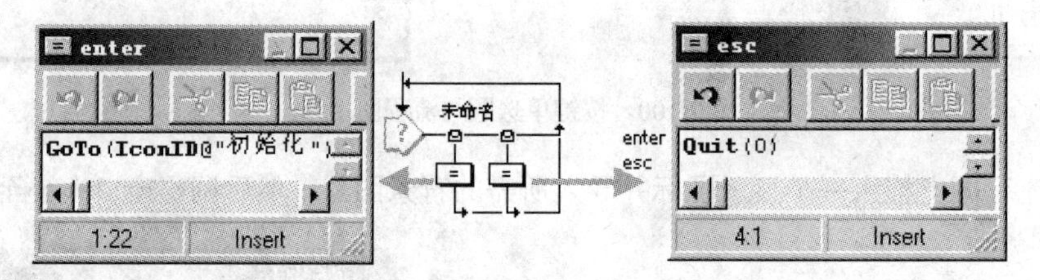

图 7-104　计算图标中的程序设置

现在我们再回过头来看“初始化”计算图标中的赋值语句所起的作用。在计算机回到“初始化”计算图标重新读取程序时，此时若不将“CorrectNum”的值赋为“0”，那么此变量仍然保留着上一次的记录值，用户在进行完本次答题后，在名为“显示结果”的显示图标中就会显示用户两次答题总的正确次数。

因“A”、“C”都是错误选项，所以也可以放在同一个分支中，响应图标各设置为“A|a|C|c”。

7.10　时间限制响应

在 Authorware 的交互控制中可以看成是以时间为变量的条件响应，即当计算机读到交互作用分支结构以后，系统便从此刻开始计时，若计算机在制作者所设置的时间内还没有离开这个交互作用分支结构的话，计算机便进入此分支路径读取程序。

7.10.1　时间限制响应的属性设置

时间限制响应与我们前面所讲的交互类型有所不同，它一般只作为一个完整程序的限制项目很少单独构成程序，所以我们在这里就直接学习它的属性设置。

双击响应类型图标，打开如图 7-105 所示的属性对话框，在“响应”选项卡中它的“永久”复选框为不可选状态，其余属性设置在本章的“一般属性”中均有介绍，所以在此不做赘述。在这里我们着重介绍“时间限制”选项卡中的属性设置。

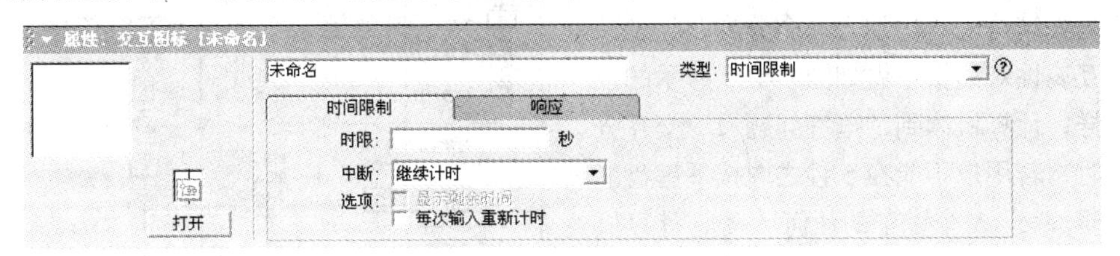

图 7-105　时间限制属性设置

“时限”文本框：在其中可以输入数字或是变量（包括自定义变量和系统变量）。在此文本框中的数值或是变量值就是系统开始计时后时间响应所匹配的时间值，单位为秒。当此文本框中的值为“0”时，计算机在一进入此交互作用分支结构时便会进入此时间交互分支读取程序。

在“时限”文本框中必须有值存在，若文本框置空并不等于系统将文本框中的值默认为“0”，那么此时间限制响应就等于没有设，计算机永远也不会进入此分支路径读取程序。

“中断”下拉列表框：其中包括“继续计时”、“暂停，在返回时恢复计时”、“暂停，在返回时重新开始计时”和“暂停，如运行时重新开始计时”4 个选项。其中系统默认的是“继续计时”选项，也是我们在创作程序时用得最多的选项。下面分别介绍它们的特点。

- 继续计时：表示计算机只要还在此交互结构中读取程序，那么系统就会一直计时。
- 暂停，在返回时恢复计时：表示当计算机转到此交互结构中的其他分支中读取程序时，此时系统暂停计时，当计算机再次回到此分支中读取程序时，系统再继续计时。
- 暂停，在返回时重新开始计时：它与“暂停，在返回时恢复计时”的不同点就在于，计算机再次回到分支路径中读取程序时，系统重新计时，哪怕前一次计时的时间已经超过了时限值。
- 暂停，如运行时重新开始计时：它与“暂停，在返回时重新开始计时”的不同之处就在于系统重新计时的前提是前一次计时的时间不能超过时限值。

最后，我们一起来看“选项”属性中的两个复选框。

- “显示剩余时间”复选框：此复选框只有在“时限”文本框中有值存在时才可选。当此复选框被选中时，在用户运行后的演示窗口中（如图 7-105 左上角的预览框）将会出现一个黑色闹钟，它的变化如图 7-106 所示。随着时间的推移，白色区域慢慢地“侵吞”着黑色区域，其中白色区域占整个圆面的比例就是系统所计的时间占制作者所设时限值的比例。

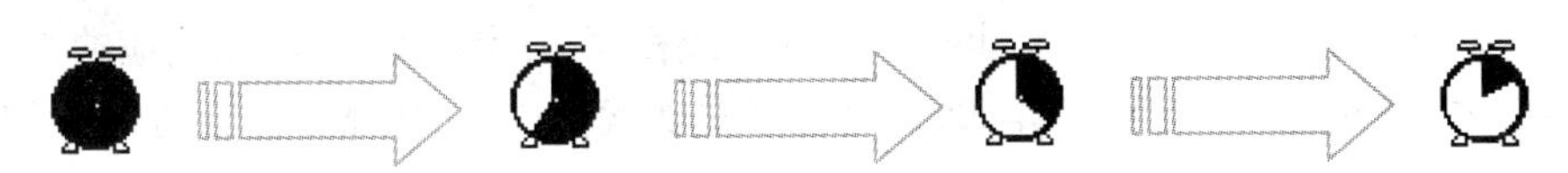

图 7-106　显示剩余时间效果

- “每次输入重新计时”复选框：当选中此复选框后，用户每匹配一个此交互结构中的一个响应时，系统就会重新计时。

7.10.2 动手实践：抢答题制作

在掌握了时间限制响应的属性设置以后，我们结合以前按键响应的一道实践题来具体看一下时间限制响应在程序创作中的应用。

如图 7-107 所示，黑色边框区域中的程序就是我们从前做过的按键交互操作题。在此交互作用分支结构的右边加入一个分支路径，并在其交互属性对话框中做如图 7-108 所示的设置。这样，计算机读到“抢答问题 1”交互分支结构时，若用户不能在 5 秒之内按下键盘上“a”、“b”、“c”3 个键中的任何 1 个，计算机就将进入时间限制的交互分支路径读取程序。在系统记录时间的 5 秒之内，闹钟形的计时器会产生图 7-106 所示的效果。

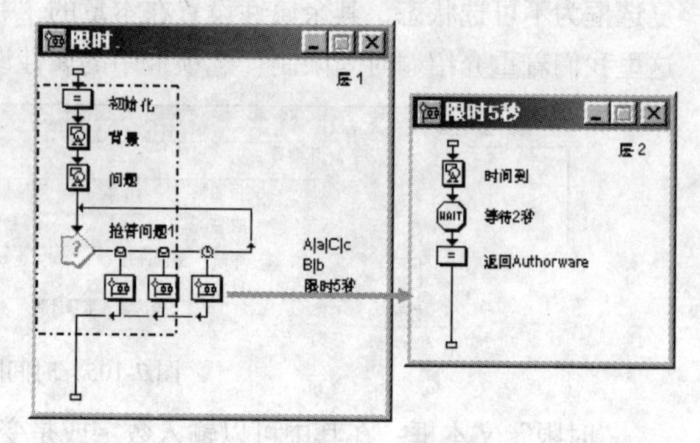

图 7-107　限时响应程序设置

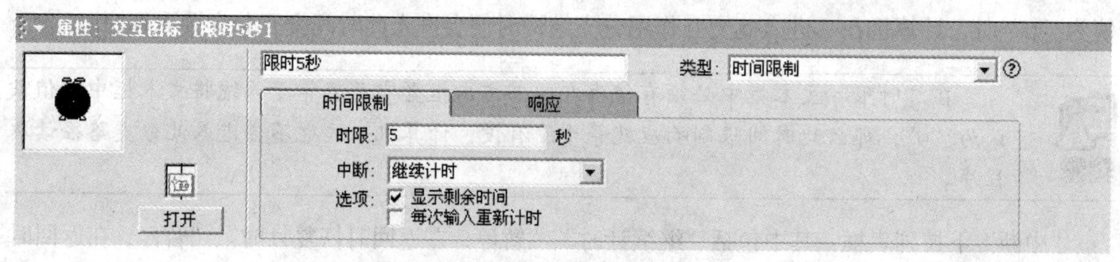

图 7-108　时限属性对话框设置

此时在“限时 5 秒”群组图标中，当然是将超时的信息反馈给用户，具体设置如图 7-107 所示，这是一个反馈信息给用户常用的程序，在本书中也反复出现，希望大家能够记住。

7.11 重试限制响应

重试限制响应与上一节介绍的时间限制响应较相似，它们都属于限制响应，如果说时间限制响应是以时间为变量的条件响应，那么重试限制响应就是以重试次数为变量的条件响应。当重试的次数与制作者所设置的次数匹配时，计算机就进入此交互作用分支结构读取程序。此处的重试次数就是用户在此交互作用分支结构中进入其他分支路径的累计次数。

7.11.1 重试限制响应的属性设置

在组成一个程序所发挥的作用上，重试限制响应又与时间限制响应非常类似，在一般情况下，它仅作为一个完整程序的限制项目，也很少单独构成程序。所以，重试限制响应的操作实例，我们将会在一个完整的程序中再做详细的介绍。首先，我们进入其属性设置的学习，如图 7-109 所示。

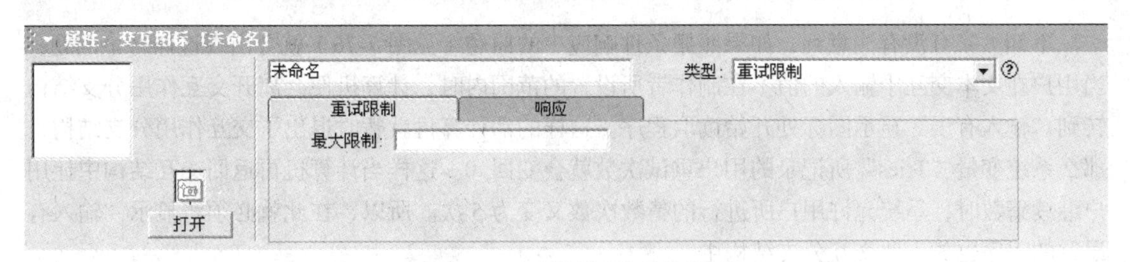

图 7-109　重试限制响应属性设置

与时间限制响应一样，重试限制响应的“响应”选项卡中的“永久”复选框是不可选的。但不同的是“激活条件”文本框在重试限制响应中也处于不可选状态。

在“重试限制”选项卡中仅有“最大限制”这一个属性可设置。用户在此文本框中输入数字和字母或是字母串型的变量，此处的数值就是重试次数即计算机在退出该交互前所能进入各分支路径的最多次数。

用户所重试的次数只在同一个交互作用分支结构中是累计的，当计算机离开此交互结构读取程序后，系统所记录的用户重试的次数又将从 0 开始累计。

7.11.2　动手实践：限次猜数

我们将重试限制响应插入以前做过的一道条件响应的实例中，以便向大家展示其功能。

在图 7-110 中不被圈住的程序，大家对它应该很熟悉，它们的设置均与我们以前做过的猜数题（参看条件响应的操作实践题）完全一样，所以不再赘述。

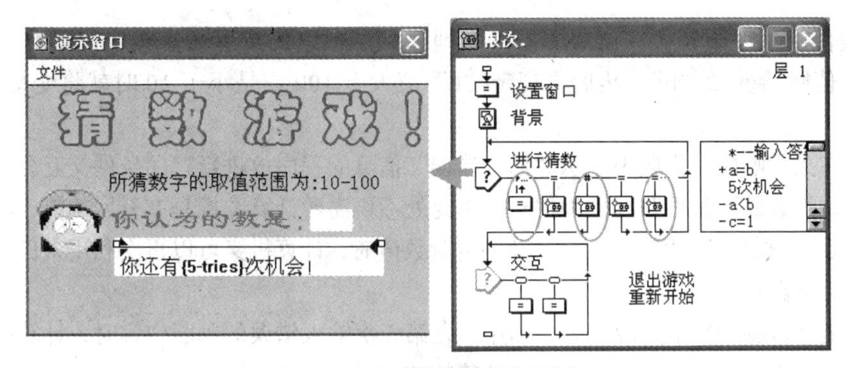

图 7-110　重试限制响应程序设置

首先我们来看对交互图标中文本内容的修改。如图 7-110 所示，我们用“5-Tries”这一变量表达式记录用户所剩的猜数机会。

（1）如图 7-110 所示，在名为“+a=b”的响应图标分支路径的右边加入另一个分支路径，并选择交互类型为重试限制，再设置其交互中的“分支”属性为“退出”，并在“最大限制”文本框中输入值为 5。表示用户在重试了 5 次以后，计算机就将进入此分支路径读取程序。

此处将放在“+a=b”的响应图标右边而不随便地置于分支结构的末尾，是因为处于交互结构右边的条件交互设置的“分支”属性均为“返回”，并且系统默认它们“交互”属性中的“擦除”属性为“在下一次输入后”。这就意味着，当计算机读取完其中某个条件交互分支路径的程序后，再读取重试限制分支路径中的程序时，就会产生显示内容的重叠。

不知大家有没有注意到，如果照搬条件响应中的原题（见图 7-76）就会出现这样一个问题：当用户在文本交互中输入的值不在制作者所设置的范围内时，计算机便会离开交互作用分支结构转到“输入有误”显示图标处开始读取程序。这样的话计算机就暂时退出了交互作用分支结构，那么系统变量“Tries”所记录的用户重试次数就会变回 0。这样当计算机再返回交互结构中让用户继续猜数时，系统允许用户所进行的猜数次数又变为 5 次。所以，在此就必须将显示“输入有误”的程序也放入此交互分支结构中。

基于上述设计思路，我们首先来看计算图标中的程序设置（见图 7-111），其中包括如下程序语句：

```
b:=NumEntry
if b>100  then
  c:=1
else if b<10 then
  c:=1
end if
```

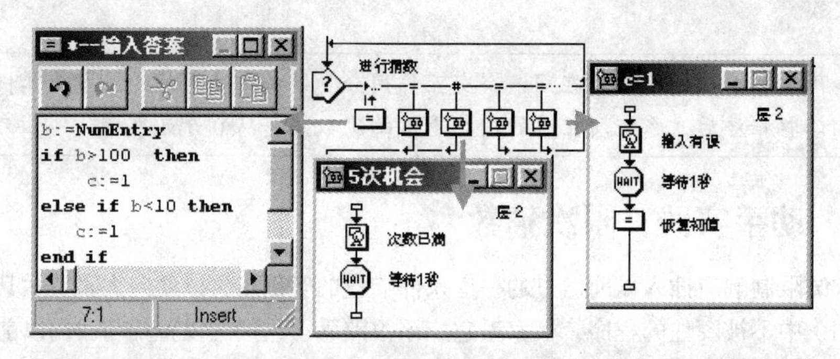

图 7-111　修改的程序设置

与此类似的程序语句大家已经不只一次地碰到了，它的意思大家也应该很明白：将用户每次输入的值赋给变量“b”，然后再规定“b”值大于 100 或是小于 10 时就将变量“c”的值赋为 1。

（2）将在条件响应操作题中显示“输入错误”信息的程序放进新建的条件交互分支路径的群组图标内，并设置其“条件”属性为“c=1”。此处不再需要计算图标具有返回功能，将其中的程序改为“c:=0”。这样，在用户输入一个新的猜测数值时，计算机又可以再次利用条件语句确定其读取程序的分支路径。

在对这道猜数题做完上述改动后，当用户在第 5 次输入错误的判断内容时，计算机便会给用户反馈“次数已满”的信息后，再退出此处猜数的交互作用分支结构。

7.12　事 件 响 应

事件响应是用于对流程中的事件进行响应，而这些控制事件主要是由 Xtra 对象（例如，ActiveXControl 组件）所产生和发送出来的。在使用 Xtra 对象进行 Event 事件响应的编辑前，我们需要先对一些关于 Authorware 中 Xtra 的知识进行简单的了解。

Macromedia 公司的大部分产品都具有一种特殊的能力：允许外部模块化程序对其软件自身的功能进行扩充，很多功能强大的 Xtra 程序都是由专业的第三方厂商生产的，Authorware 中的许多特效功能，也是利用了 Xtra 来实现的，这些 Xtra 主要有以下 5 种类型：

Transition Xtras：用以完成图像内容在显示或被清除时的过渡效果；

Sprite Xtras：用以在创建的多媒体应用程序的界面中增加各种具有主题功能的组件；

Scripting Xtras：提供大量定制了特殊功能的函数，可以在 Authorware 中像使用默认的函数一样来使用它们；

MIX，Service，Viewer Xtras：Authorware 中大部分编辑功能、服务及界面效果的实现，都是由这些起着核心作用的模块程序完成的；

Tool Xtras：用于实现一些特殊的扩展功能。

7.12.1　事件响应的属性设置

接下来我们进入事件响应属性的学习。双击交互类型，打开如图 7-112 所示的对话框，其中的“响应”选项卡中的属性在前面已经做过详细的介绍，在此不再赘述。

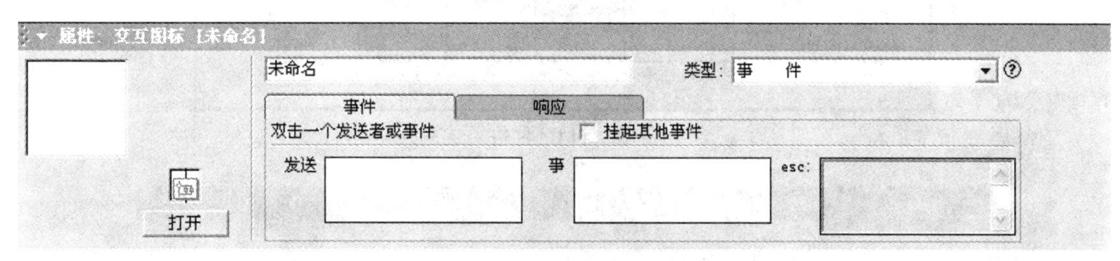

图 7-112“事件“选项卡对话框

在“事件”选项卡中，其各个选项的含义如下。

“双击一个发送者或事件”：提示信息，告诉用户在下面的发生器列表框和事件列表框中通过双击发生器或者一个事件来打开它。

“发送”列表框：即发生器列表框。在该列表框中双击一个发生器，此时该发生器前面会出现一个×号，表示为该发生器当前选中的事件发生器。

“事”列表框：即事件列表框。当在“发送者”列表框中打开一个发生器后，该列表框中列出该发生器所有的事件。在该列表框中双击一个事件即可打开它，此时该事件前面会出现一个×号，表示该事件为当前选中的发生器事件。

“esc”提示框：当打开一个事件后，该提示框中即可显示出该事件的描述信息，一般为函数形式。

“选项”选项：它包括一个“挂起其他事件”复选框，选中该复选框时，当 Authorware 接收到某一个指定事件时，将会挂起其他事件而不去响应它们。

7.12.2　动手实践：日历 Active 控件的使用

本实例通过导入一个日历 Active 控件，学会控件的使用。如图 7-113 所示，单击年月查询日期，双击日历上的任意位置，则结束操作。

（1）选择“插入|控件|ActiveX...”菜单命令，打开“选择 ActiveX 控件”对话框，如图 7-114 所示。

（2）在该对话框中选择“日历控件 10.0”，保持所有默认的设置不变，单击“确定”按钮导入。此时出现“ActiveX 控件属性-日历控件 10.0”对话框，如图 7-115 所示。在该对话框中，显示出了该日历控件 10.0 的所有属性、方法和事件。我们可以在该对话框中预览这些信息，以备后来使用，然后单击“确定”按钮。

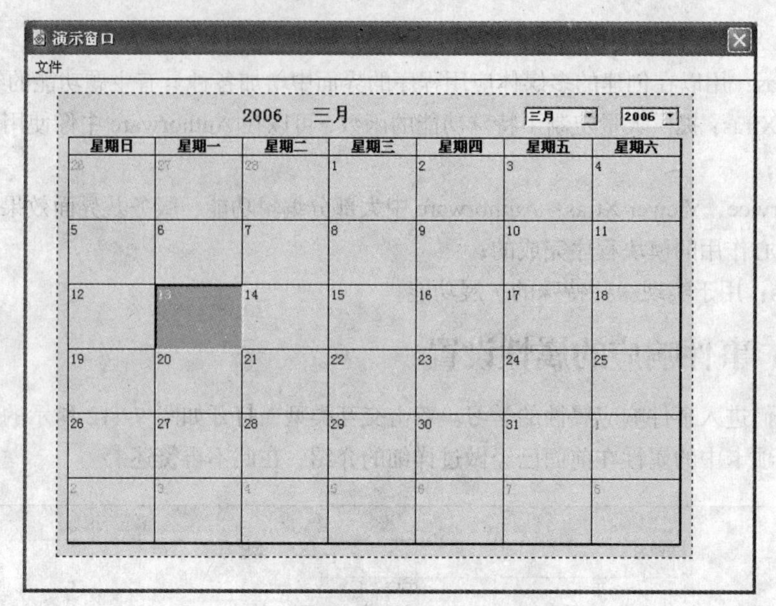

图 7-113 日历

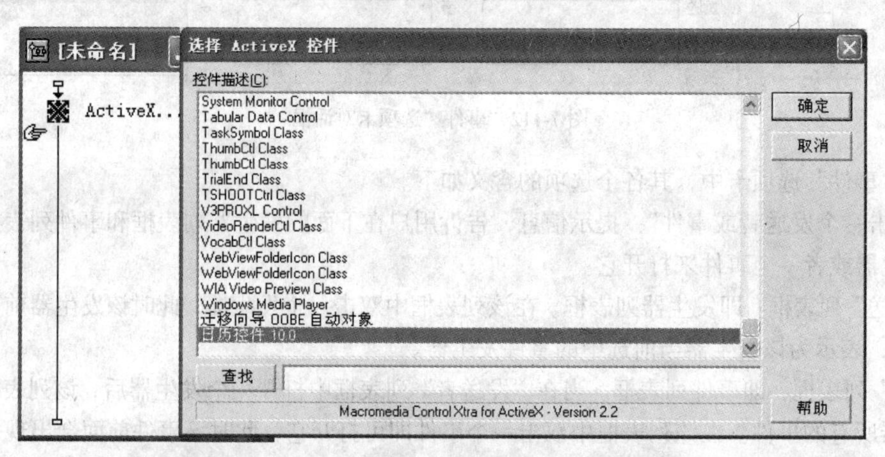

图 7-114 “选择 ActiveX 控件”对话框

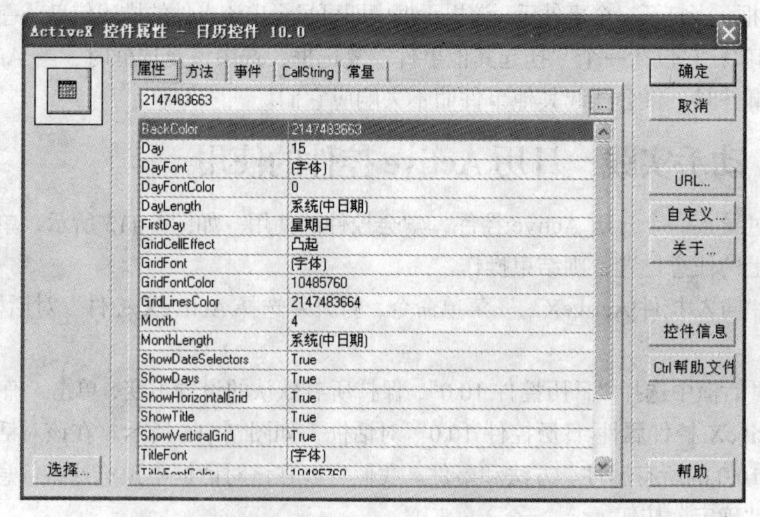

图 7-115 “ActiveX 控件属性-日历控件 10.0”对话框

（3）单击工具栏中的“运行”按钮，按 Ctrl+P 组合键，可调整日历表位置与大小。

（4）向程序中添加如图 7-116 所示的交互作用分支结构，双击事件响应类型标记，可对事件响应属性进行设置。

（5）运行程序，即可在演示窗口出现日历表，可根据年月选择。双击日历表则终止程序。

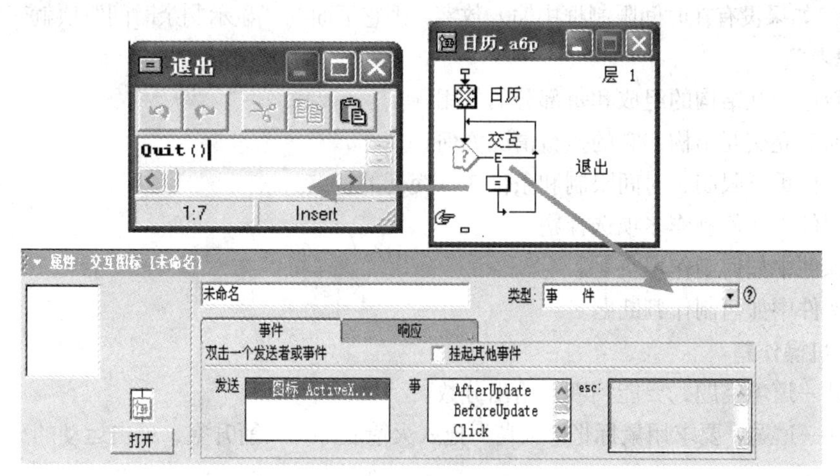

图 7-116　事件响应设置

习　题　七

一、选择题

1. 要制作一个登录程序，需要使用（　　）交互。

   A. 按钮响应　B. 热区响应　C. 条件响应　D. 文本响应

2. 在按键交互中，要响应用户的多个按键，需要使用（　　）符号。

   A. &　B. |　C. \　D. ^

3. 制作填空题课件使用（　　）响应。

   A. 目标区响应　B. 热区响应　C. 条件响应　D. 文本响应

4. 在计算题中使用（　　）保存用户在文本框中的数值。

   A. EntryText　B. NumEntry　C. SUM　D. {SUM}

5. 将文本框中的“ABC123”保存在文本框中，使用（　　）。

   A. EntryText　B. NumEntry　C. SUM　D. {SUM}

6. 在输入密码时，给 5 次机会，显示用户剩余的机会使用（　　）变量。

   A. 5-Tries　B. {5-Tries}　C. Tries　D. 5

7. 交互图标包含（　　）图标的各种属性设置。

   A. 移动　B. 等待　C. 运算　D. 显示

8. （　　）交互图标不可设置为永久。

   A. 文本　B. 按钮　C. 目标区　D. 下拉菜单

9. 在设置菜单响应时，（　　）符号设置等效键。

   A. *　B. ?　C. |　D. &

10. 在判断图标的属性设置中，关于时间限制框的说法，正确的是（　　）。

A. 输入的是限制用户判断所用的时间限制

B. 该数字的单位是毫秒

C. 如果用户在规定的时间内没有作出响应，则系统等待

D. 如果没有在时间限制框中输入数字，则它下面的“显示剩余时间”项就变为可用

二、思考题

1. 请叙述交互结构的组成和每部分的作用。

2. 如何建立交互结构，它的执行情况如何?

3. 请分析重试限制、时间限制和条件 3 种交互的特点。

4. 在课件中如何制作多项选择题。

5. 在课件中如何制作填空题。

6. 在课件中如何制作判断题。

三、上机操作题

1. 设计一道填空题，要能判断，给出分数。

2. 设计一道题，要求用鼠标把“火苗”拖入火箭底部，火箭升空，单击运动的火箭，弹出降落伞。

3. 画一个 8×6 棋盘，布 1 粒棋子，用键盘上的 4 个箭头键控制棋子在方格中上、下、左、右移动。

4. 设计一拼图游戏. 事先将一幅图切割成几部分，将顺序打乱，要求参与者拼出原图。

5. 制作一个演示文字“小”和文字“龙”的笔画顺序动画。

6. 设计一个文本交互程序，使得输入不同数值大小，来控制小球运动速度的快慢。

7. 制作一个带滚动条的文本框，如图 7-117 所示。要求可以滚动浏览。

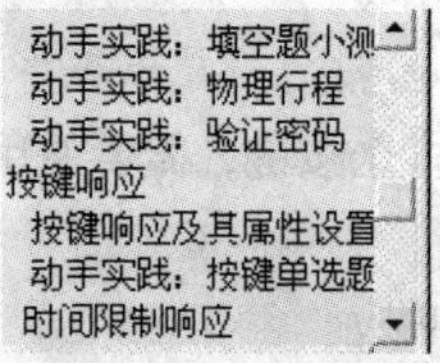

动手实践：填空题小测
动手实践：物理行程
动手实践：验证密码
按键响应
按键响应及其属性设置
动手实践：按键单选题
时间限制响应

图 7-117　文本框效果图

第 8 章 决策判断分支控制

【本章概述】

在这一章里，先介绍创建决策判断分支结构的基本操作以及分支和分支图标的属性设置；再通过应用举例，直观地认识分支图标的工作原理及决策判断分支图标的实际应用。

决策判断分支结构主要用于选择分支流程以及进行自动循环控制。决策判断一些分支图标是否执行、执行顺序及执行次数的手段。利用它可以实现某些程序语言中的逻辑结构。它很类似于编程语言中的 if…then…else、do while…enddo、for…endfor 及 do case…endcase 等逻辑结构。它与交互图标不同的是，决策判断分支图标的执行不是由用户的实时操作控制的，而完全是由决策判断分支图标属性设置所决定的内部机制自行控制的。

8.1 决策判断分支结构的组成

“判断”图标以及附属于该设计图标的分支图标共同构成了决策判断分支结构。如图 8-1 所示，分支图标所处的分支流程被称作分支路径，每条分支路径都有一个与之相连的分支标记。

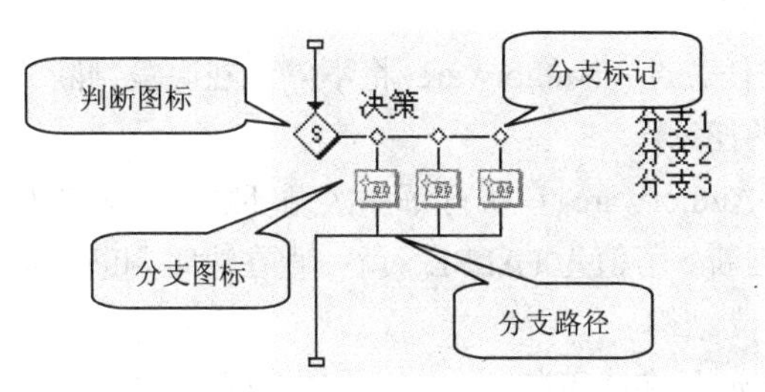

图 8-1 决策分支结构

它的基本操作是首先向主流程线上拖放一个判断图标，然后，再拖动其他设计图标至判断图标的右边后释放，该设计图标就成为一个分支图标。当程序运行到一个决策判断分支结构时，Authorware 将会按照判断图标的属性设置，自动决定分支路径的执行次数。

8.2 决策判断分支结构的设置

一个决策判断分支结构可以通过“判断图标”属性对话框和“分支”属性对话框对决策判断

分支结构的执行方式进行设置。

8.2.1 决策判断图标的属性设置

双击判断图标，就可以打开判断图标属性对话框，如图 8-2 所示。

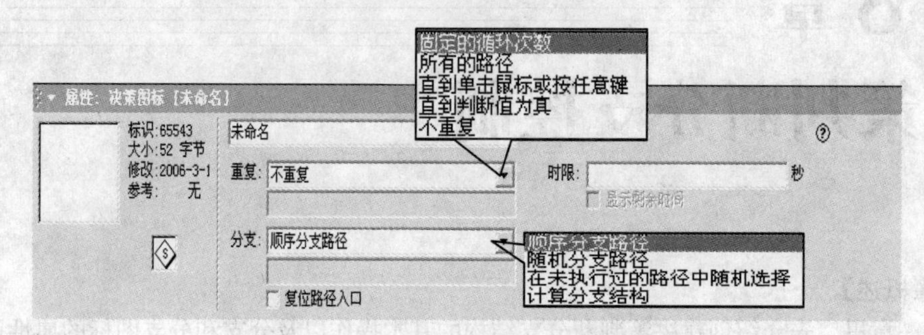

图 8-2 “决策判断”设计图标属性对话框

“时限”文本框：限制决策判断分支结构的运行时间，这里可以输入代表时间长度的数值、变量或表达式，单位为秒。规定时间一到，Authorware 就会从决策判断分支结构中返回到主流程线上并沿主流程线继续向下执行。

“显示剩余时间”复选框：当设置了限时，此复选框变为可用状态。打开此复选框，程序执行到决策判断分支结构时，“演示”窗口中会出现一个倒计时钟提示剩余时间。

“重复”下拉列表框：设置 Authorware 在决策判断分支结构中循环执行的次数，有以下 5 个选项。

- 固定的循环次数：即执行固定的次数。根据下方文本框中输入的数值、变量和表达式的值，Authorware 将在决策判断分支结构中循环执行固定的次数。如果设置的次数小于 1，Authorware 则退出决策判断分支结构，不执行任何分支结构。
- 所有的路径：所有的分支图标都被执行过。在每个分支图标都至少被执行一次后，Authorware 退出决策判断分支结构。
- 直到单击鼠标或按任意键：Authorware 将不停地在决策判断分支结构中循环执行，直到用户单击鼠标或按键盘上的任意键。
- 直到判断值为真：Authorware 在执行每一次循环之前，都会对输入到下方文本框中的变量或表达式的返回值进行判断。若值为 FALSE，就一直在决策判断分支结构内循环执行；若值为 TRUE，就退出决策判断分支结构。
- 不重复：Authorware 只在决策判断分支结构中执行一次，然后就退出决策判断分支结构返回到主流程线上继续向下执行。

“分支”下拉列表框：与“重复”属性配合使用，用于设置 Authorware 到决策判断分支结构时执行哪些路径。这里的设置可以在“决策判断”图标的外观上显示出来。

- 顺序分支路径：Authorware 在第一次执行到决策判断分支结构时，执行第一条分支路径中的内容；第二次执行到决策判断分支结构时，执行第二条分支路径中的内容，依此类推。
- 随机分支路径：Authorware 执行到决策判断分支结构时，将随机选择一条分支路径执行。有可能某些分支图标多次被执行，而另一些分支图标没有得到执行。
- 在未执行的路径中随机选择：Authorware 执行到决策判断分支结构时，会在未执行的路径中随机选择一条分支路径执行。确保 Authorware 在重复执行某条分支路径前，将所有的分支路径都执行一遍。

- 计算分支结构：Authorware 在执行到决策判断分支结构时，会根据下方文本框中输入的变量或表达式的值选择要执行的分支路径。

“复位路径入口”复选框：仅在“分支”属性设置为“顺序分支路径”或“在未执行的路径中随机选择”时可用。Authorware 用变量记忆已执行路径的有关信息，打开此复选框就会清除这些记忆信息。

8.2.2　分支的属性设置

双击分支标记，即可打开“分支”属性对话框，如图 8-3 所示。

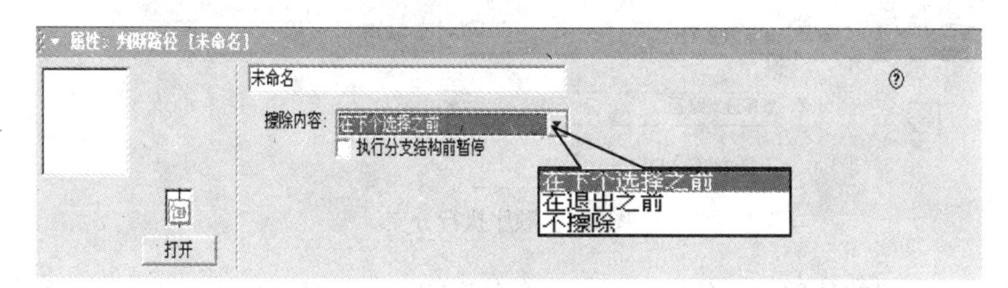

图 8-3　分支属性对话框

“删除内容”下拉列表框：设置擦除对应分支图标显示内容的时间，有以下 3 种选择。

- 在下个选择之前：执行完当前分支图标，立刻擦除该分支的显示内容。
- 在退出之前：Authorware 从当前决策判断分支结构中退出后才进行擦除。
- 不擦除：不擦除所有信息。（除非使用擦除图标）

“执行分支结构前暂停”复选框：打开此复选框，程序在离开当前分支路径前，演示窗口中会显示一个“继续”按钮，单击该按钮，程序才继续进行。

8.2.3　决策判断图标的基本使用演示

以上介绍了分支属性对话框和判断图标属性对话框。对于其中各种选项的设置，如果不结合实例进行直观的体验，是很难理解和掌握的。这一节我们使用一组“阿拉伯数字 12345”演示程序，通过改变分支和分支图标的各种属性设置，直观地演示属性设置所引起的变化。

如图 8-4 所示，演示程序由两部分组成：判断分支结构部分和分支结构之后“结束”部分。判断分支结构部分包含 5 个分支，每个分支都由群组图标构成，每个群组图标中都有两个图标，一个用来显示数字的显示图标，其数字与分支路径相对应，还有一个等待图标，用来控制数字在画面上的停留，其中设置了单击鼠标、任意键盘和按钮执行。结束部分包括 3 个图标，用来显示退出判断分支结构之后的结束文字的图标，起到提示退出判断分支结构的作用。

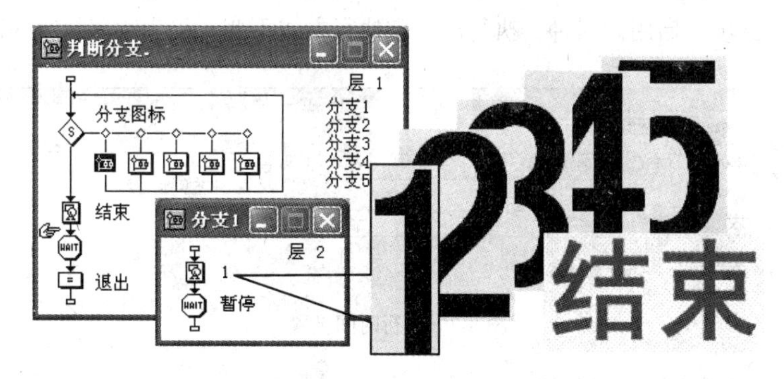

图 8-4　演示程序与效果示意

演示程序运行后，即进入判断分支结构并执行一个画面，如“1”画面等。判断分支结构执行完毕，显示“结束”并停留 1 秒后而退出。

1. 分支属性的演示

（1）在判断图标属性对话框中，将执行次数和执行方式设置成最简单的形式。如图 8-5 所示，即从左到右将 5 个分支各执行一遍。运行程序，观察结果。

图 8-5　顺序执行分支

（2）在上面设置的基础上，分别打开每一个分支的分支属性对话框，如图 8-6 所示。

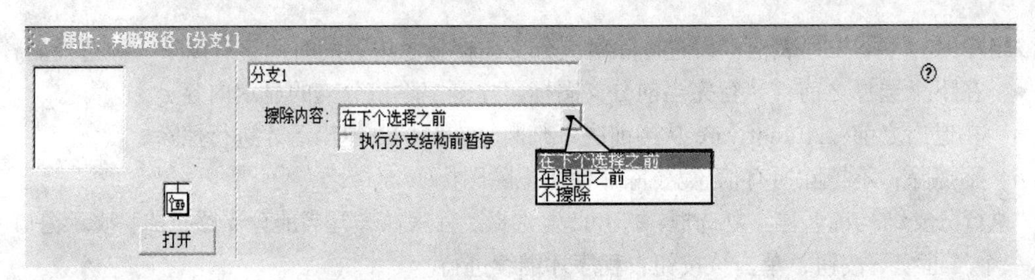

图 8-6　擦除内容的前后选择

在“擦除内容”选项的设置中有 3 种不同的擦除方式，在采用默认设置“在下个选择之前”时，运行程序后每个分支的内容都是在进入下一个分支前被擦除。在采用 “在退出之前”时，运行程序后第一分支的内容显示出来之后，一直保留在屏幕上，直到退出判断分支结构后才被擦除。在采用“不擦除”时，运行程序后第一分支的内容显示出来之后，一直保留在屏幕上，直到退出判断分支结构后也未被擦除。

选中“执行分支结构前暂停”复选框，运行程序后，第一分支执行完会停留下来，单击按钮后，才会进入第二分支。

2. 时间限制的演示

打开分支图标属性对话框，如图 8-7 所示，在“时限”选项中设置 4 秒的限制时间，并选中“显示剩余时间”选项，启用计时钟，执行次数和执行方式不变，仍为顺序执行 5 次。

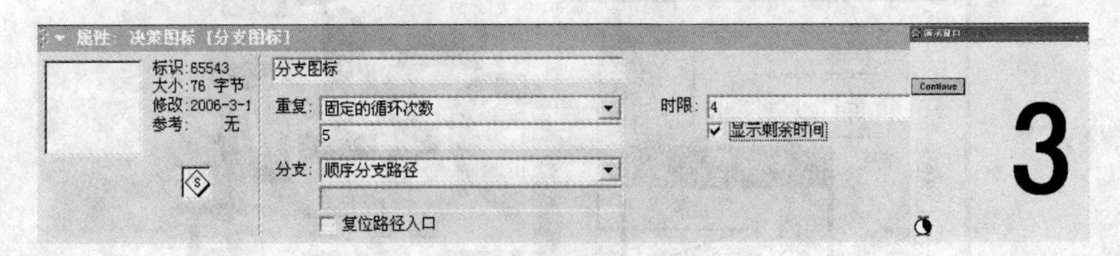

图 8-7　执行时间设置

运行程序会有两种不同情况的结果：

（1）在限制时间内执行完所有分支，正常地退出判断分支结构；

（2）没有在限制时间内执行完所有分支，由限时机制退出判断分支结构。

3. 执行次数的演示

在演示判断图标属性对话框中执行次数选项“重复”的各种设置，如图 8-8 所示。

- 选择“固定的循环次数”选项时，将次数栏中的数字改为 3，运行程序，则只执行前 3 个分支就结束；若改为 1，则只执行第 1 个分支后结束；若改为 8，则执行完 5 个分支后，再执行第 3 个分支后结束。
- 选择“所有的路径”选项时，选中该选项后，若保持执行方式为原来的顺序执行方式，则运行的结果还是顺序执行 5 个分支。若执行方式设置为别的选项，将会有不同的运行结果。
- 选择“直到单击鼠标或按任意键”选项时，我们分别打开 5 个分支中的群组图标，删除其中的等待图标，运行程序，可以看见 5 个数字快速地闪现（各分支在快速地顺序地执行），直到按下鼠标或键盘，才可退出判断分支结构。
- 选择“直到判断值为真”选项时，在 5 个分支中的群组图标中，删除其中的等待图标，在“直到判断值为真”选项下面的文本框中填入系统变量“ShiftDown”，如图 8-9 所示。运行程序，我们看到 5 个数字快速地闪现，在按下 Shift 键之前一直不变，此时 ShiftDown 变量的值为假，程序就在判断分支结构中不停地运行，直到按下 Shift 键，ShiftDown 变量的值为真时，才可退出判断分支结构。

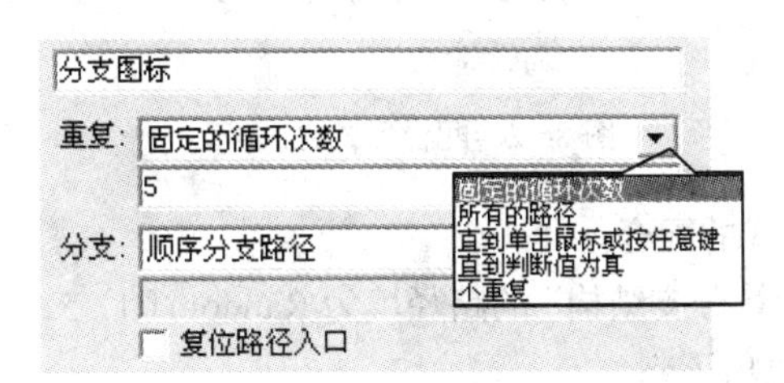

图 8-8　执行次数设置

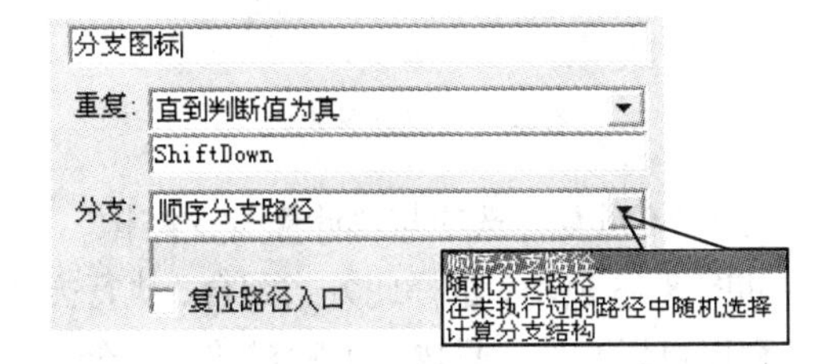

图 8-9　变量控制

- 选择“不重复”选项时，即恢复各分支中的等待图标的原有设置，将执行次数设置为“不重复”选项。运行程序，执行完第 1 分支后，即退出判断分支结构。

4. 执行方式的演示

现在演示分支图标属性对话框中执行方式选项“分支”的各种设置。

- 选择“顺序分支路径”分支，我们对此比较熟悉，此处不再赘述。
- 选择“随机分支路径”分支，如在执行次数选为固定 5 次，运行程序可以看到，在每次运行中，执行分支的次数都是 5 次。在这 5 次中，并不是每个分支都执行 1 次，有的分支执行了 1 次，有的分支执行了 2 次或 3 次甚至 4 次，有的分支就没被执行过。当然，每个分支都执行 1 次的运行结果，也是可能遇到的。
- 选择“在未执行过的路径中随机选择”分支，如执行次数保持固定 5 次。运行程序可以看到，在每次运行中，执行分支的次数都是 5 次，在这 5 次中，每个分支都执行了 1 次，但它们出现的顺序是随机不定的。
- 选择“计算分支结构”，如图 8-10 所示，执行次数保持固定 5 次，执行方式选为该选项，在下面的文本框中填入

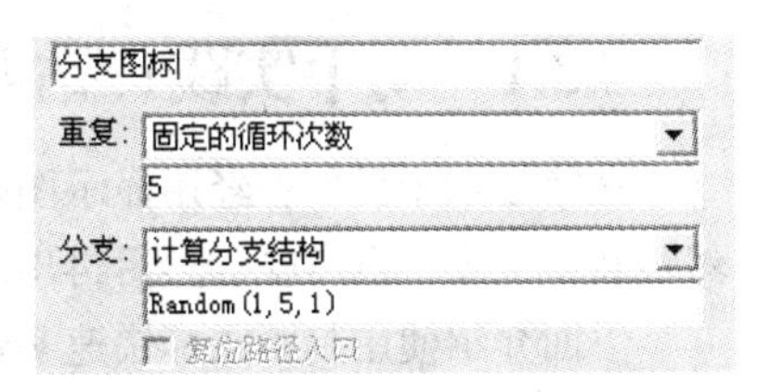

图 8-10　计算分支结构

一个随机函数，函数的参数使函数值为 1～5 的随机数，运行程序可以看到，结果与设置了“随机分支路径”选项的结果是一样的。在该文本框中填入不同的变量、函数或表达式，就会有不同的运行结果。如果在路径栏中填入常数，比如 1，就会将第 1 分支执行 3 次；如果填入了小于 1 或大于 3 的数，就不执行任何分支。

5. 执行次数和执行方式配合作用的演示

将决策判断图标 5 种执行次数选项和 4 种执行方式选项相配合，可以组合出 20 种执行判断分支结构的不同机制。下面对一些典型的组合设置进行介绍。

（1）“所有的路径”选项与“随机分支路径”执行方式的配合。

如图 8-11 所示，选择此方式配合，运行程序可以看到，在每次运行中，执行分支的次数不是固定不变的，执行分支的顺序也是随机的，只有在每个分支都至少执行过 1 次后，才能退出判断分支结构。

（2）“所有的路径”选项与“在未执行过的路径中随机选择”执行方式的配合。

如图 8-12 所示，选择此方式配合，运行程序可以看到，在每次运行中，执行分支的次数是固定不变的 5 次，而执行分支的顺序是随机的。

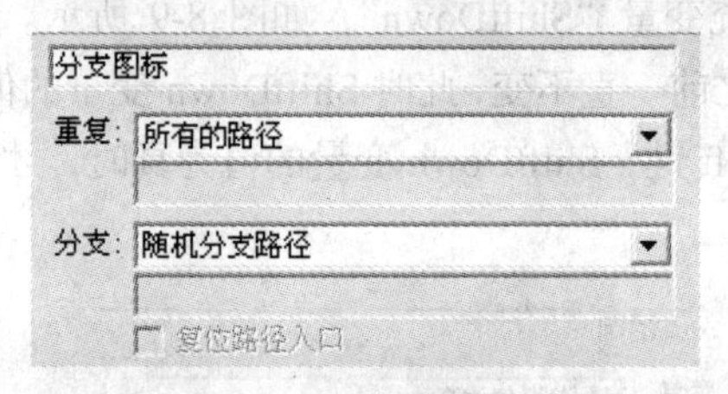

图 8-11　配合形式之一

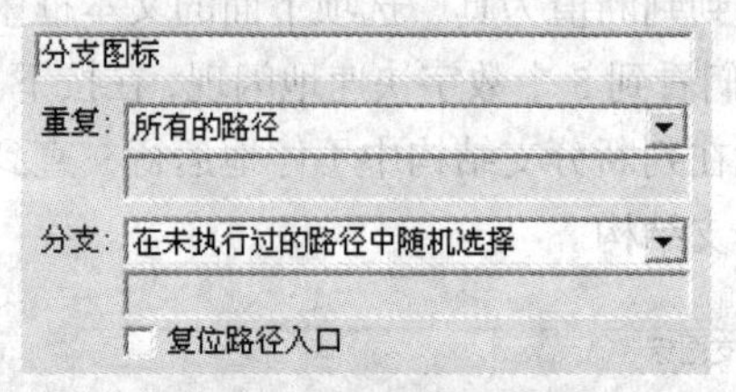

图 8-12　配合形式之二

（3）“不重复”选项与“计算分支结构”执行方式的配合。

如图 8-13 所示，选择此方式配合，执行方式“计算分支结构”的路径填为 Random（1，5，1）。运行程序可以看到，只执行了随机的一个分支，就退出了判断分支结构。在执行方式“计算分支结构”中，如若将路径填为 1，就只执行第 1 分支；填为 3，就只执行第 3 分支。这种设置可以用在程序的调试中，想测试哪个分支，就填入哪个分支的路径，程序运行后，将会直接进入需要测试的分支执行。各个分支都测试完成后，再将执行次数和执行方式恢复为应有的设置。

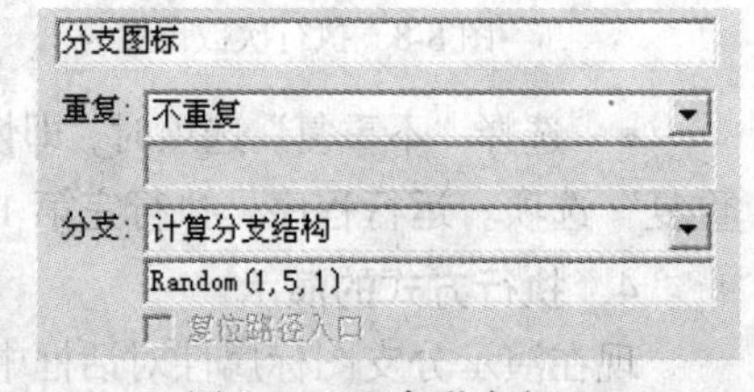

图 8-13　配合形式之三

8.3 决策判断应用举例

8.3.1 动手实践：钻石发光

在第 2 章中我们曾经用显示图标制作了一颗发光的钻石，采用的方法是：首先显示“光线 1”，然后暂停一下，再擦除，然后再出现“光线 2”，重复上述过程，如图 8-14（a）所示。

下面介绍使用判断图标快速实现宝石闪烁的步骤。

（1）新建一个文件，从图标工具栏拖动一个判断图标到流程线上，双击该判断图标，打开判断图标属性对话框，设置“重复”项为“固定的循环次数”选项，并设置循环100次。

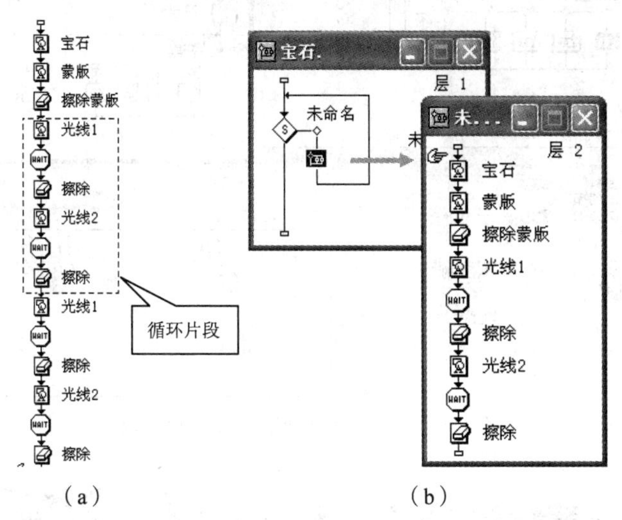

图 8-14 制作宝石闪烁两种方式比较

（2）拖动一个群组图标到判断图标右侧后放开，这时流程线如图 8-14（b）所示，打开群组图标，向其中添加如图 8-14（a）所示的一个循环的图标内容。

（3）运行程序，会出现与第2章一样的宝石闪烁效果。

8.3.2 动手实践：随机抽取的抢答题

在小组比赛中，我们会遇到从题库中随机抽取的问题，并且要快速抢答，本例就是一个具有题库和抢答评分功能的制作程序，如图 8-15 所示。

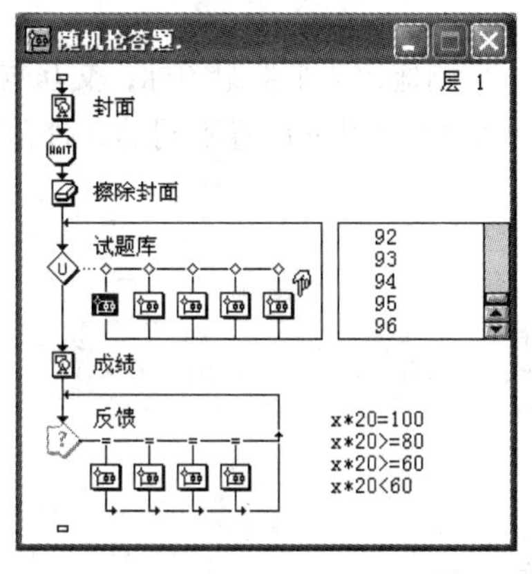

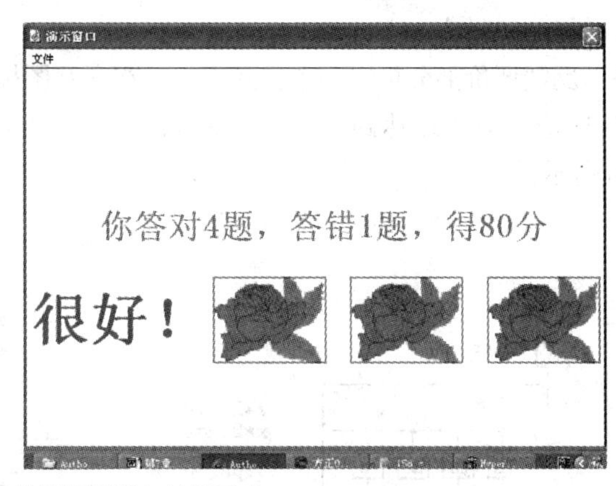

图 8-15 抢答题程序与效果示意

（1）制作中，封面部分起一个了解主题思想及抢答规则的作用，此处不再赘述。

（2）试题库部分是本题的核心，判断图标选择“在未执行的路径中随机选择”，在其右边拖入群组图标，每个群组图标中写入一道题，如图 8-16 所示。

（3）在响应图标中选择“热区域响应”，双击交互图标，调整 A、B、C、D 4 个热区域在选择答案“鹰、蛙、蟹、鳄”4 个字之上。在选择“正确答案”与“错误答案”群组图标内，输入图 8-17 所示的内容。

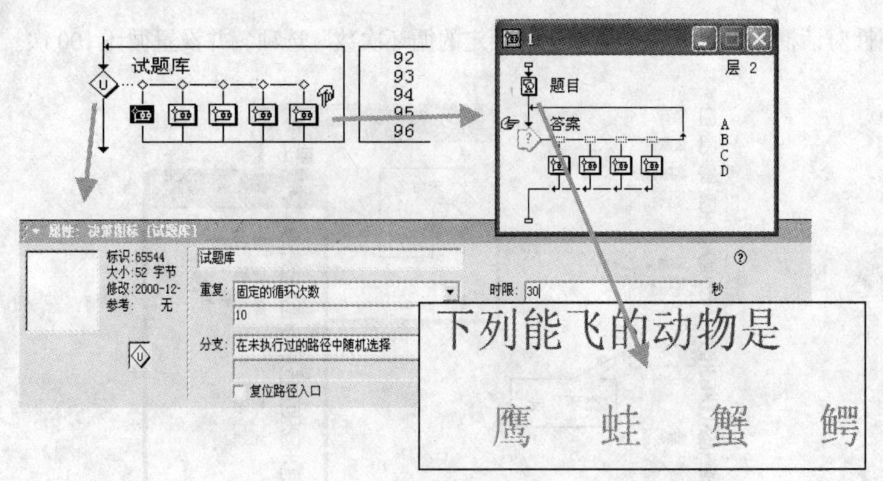

图 8-16　写入题目与判断分支属性设置

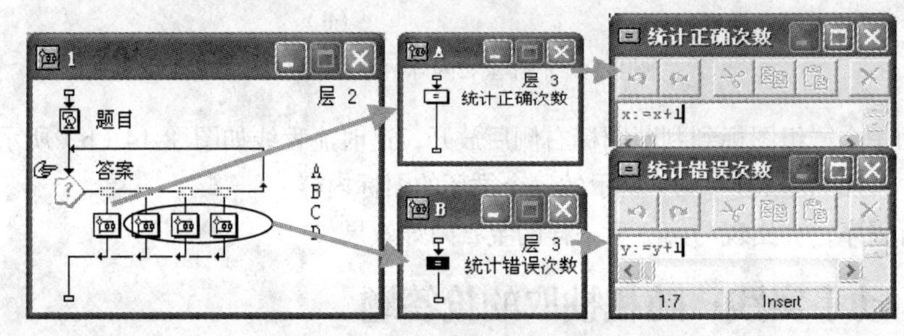

图 8-17　设置题目与响应类型

（4）在主流程线上拖入显示图标，并命名为“成绩”，在演示窗口写入“你答对{x}题，答错{y}题，得{x*20}分”。

（5）反馈评价部分拖入一个交互图标，在交互图标的右侧拖入 4 个群组图标，交互响应选择“条件”响应，对成绩达到 100 分、80 以上、60～80 分和 60 分以下设置不同的条件范围，如图 8-18 所示。

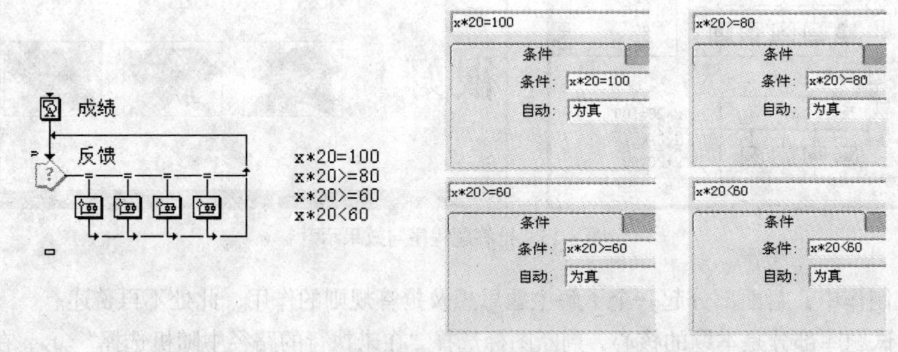

图 8-18　响应条件设置

（6）打开成绩评价的群组图标，对成绩达到 100 分、80 以上、60～80 分和 60 分以下设置不同的评价语句，如图 8-19 所示。

（7）运行程序，观看结果。

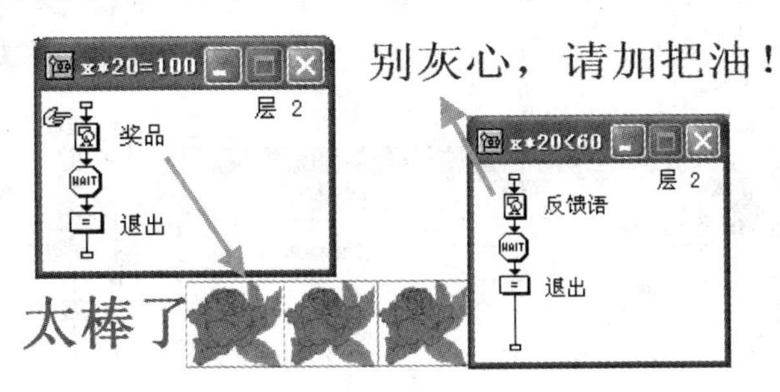

图 8-19　抢答结果评价

8.3.3　动手实践：算数减法测试

“算术减法测试”是在规定的时间内，随机抽取几道算术题，进行减法运算，如图 8-20 所示。

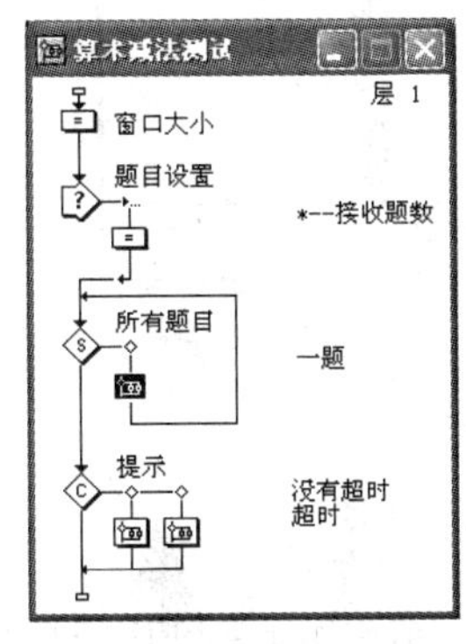

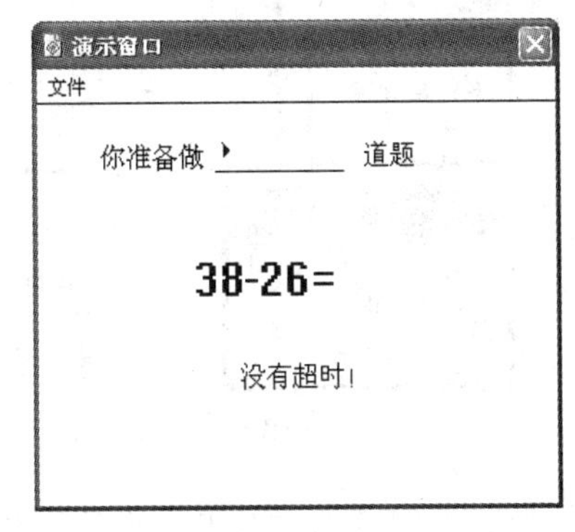

图 8-20　程序与效果示意

（1）创建一个新文件，向其中添加一个如图 8-21 所示的交互作用判断分支结构，使用“×”保存用户输入的数据，这个数据将控制出题的数量。

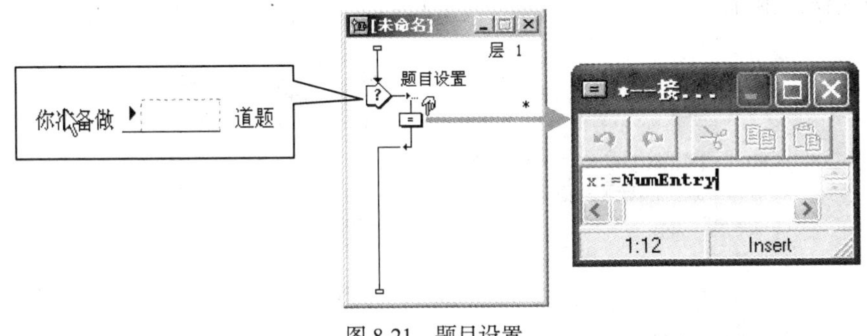

图 8-21　题目设置

（2）向程序中添加一个决策判断分支结构，如图 8-22 所示，在其中添加减法计算程序。对“决策判断”设计图标的属性做如下设置。

将“时限”设置为“x*10”，这样对用户做题时间的限制也会随题目数量的不同而变化。

将“重复”设置为“固定的循环次数”，在下面的文本框中输入“x”作为对循环次数的限定。

（3）对于减法运算要求被减数大于减数，在此需要增加计算图标，设置相应的条件，如图 8-23 所示。

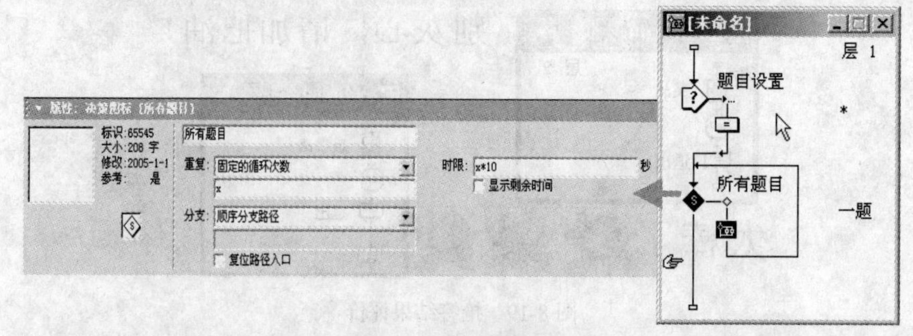

图 8-22 减法题目设置

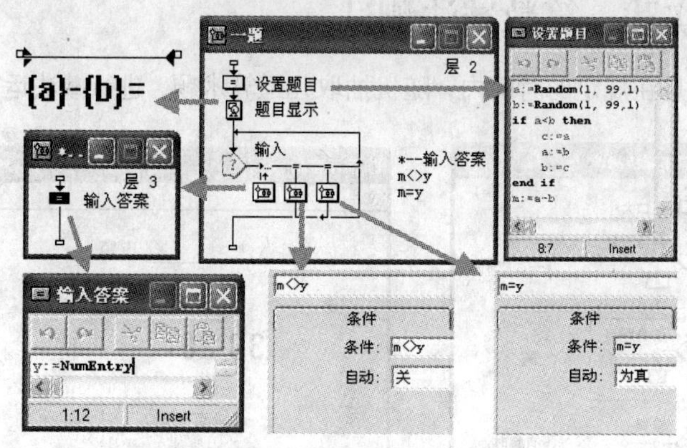

图 8-23 设置减法运算条件

（4）在程序中添加如图 8-24 所示的决策分支判断，该结构用于判断用户是在什么情况下退出分支：“超时”或者“没有超时”。在未超时的情况下，将“分支”设置为“计算分支结构”，使用逻辑表达式“TimeExpired@"所有题目"+1”，返回 0（FALSE）；在超时的情况下，返回 1（TRUE）。这样该程序可以自动对不同情况给予提示。系统变量“Time Expired”的意思是在最后退出决策判断分支时进行时间限制。

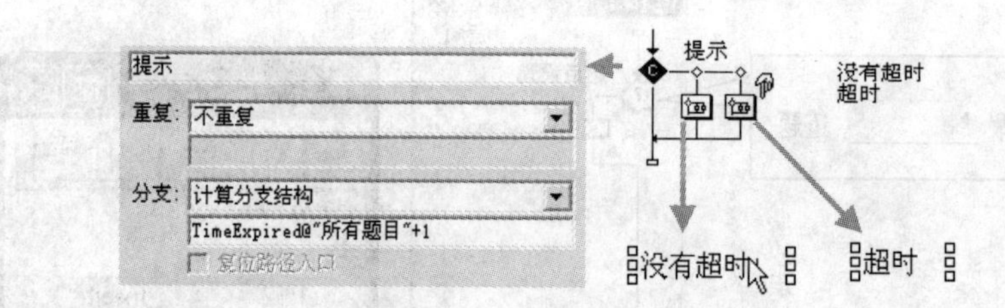

图 8-24 反馈信息设置

（5）运行程序，向程序输入出题数目后，程序会根据输入的题数出题，同时计时开始，实现在超时或正确做完所有题目后给予反馈信息。

习 题 八

一、选择题

1. 随机执行未执行过的分支标识是（ ）。

A. C　　B. U　　C. S　　D. A

2. 从题库里抽调一份试题作为考卷采用（　　）分支。

A. A　　B. C　　C. S　　D. U

3. 循环控制有（　　）种。

A. 2　　B. 3　　C. 4　　D. 5

4. 关于分支设置项的说法，错误的是（　　）。

A. 顺序分支路径的含义是：第一次执行判断图标时执行第一个分支的动作，第二次执行判断图标时执行第二个分支的动作，依此类推

B. 随机分支路径的含义是：在执行判断图标时，系统在所有分支中随机选择一个来执行

C. 在未执行过的路径中随机选择的含义是：每次在执行判断图标时，系统在所有执行过的分支中随机选择一个来执行

D. 如果选择了计算分支结构项，则在下面的文本框中输入一个变量或表达式，系统先对这个变量或表达式求值，然后根据结果决定执行哪一个分支

5. 在判断图标的属性设置中，重复次数框（　　）。

A. 用来设置在重复下一次代码的执行之前等待的时间

B. 可以设定固定的重复次数

C. 不可能使所有分支都被执行

D. 某个分支一定要执行两次以上

二、思考题

1. 分支结构在使用中有什么特点？
2. 循环、随机分支各有什么用途？
3. 如何用分支结构实现“repeat with/end repeat”逻辑结构？
4. 如何设置决策判断分支图标的属性？

三、上机操作题

1. 制作一个红旗飘扬的动画。
2. 制作一个彩票随机抽奖的显示程序。
3. 制作一道算术测试题，要求随机抽取并设置做多少题，看看自己在规定的时间内能否做完。
4. 制作一个试题库，能进行随机抽取题目。

第9章 框架与导航

【本章概述】

Authorware 可以利用导航结构方便地实现在各个页面之间任意前进、后退，单击超文本对象跳转到相应的内容，查看历史记录等功能。甚至在 Authorware 中可以利用导航结构实现在程序中任意跳转。

9.1 导航结构的组成及功能

导航结构由“框架”图标、附属于框架图标的“页图标”和“导航”图标共同组成，它是 Authorware 中最特殊的图标。在 Authorware 的图标中，有些是可以单独使用的，如显示图标、等待图标、计算图标、电影图标和声音图标，有些是需要与其他图标配合使用的，如动画图标、擦除图标、导航图标、分支图标、交互图标和群组图标，无论是单独使用还是配合使用，它们本身都是一个独立的图标，而框架图标却是一个具有内部结构的，由许多其他图标构建起来的复合型图标。通过对框架图标内部结构的修改，还可以建立起适合于用户的，形式多样的控制系统。图 9-1 所示为导航结构的灵活跳转示意图。

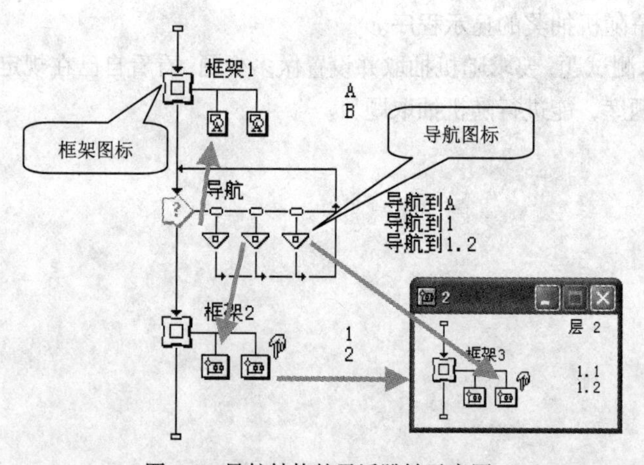

图 9-1 导航结构的灵活跳转示意图

从图中可以看出，使用导航图标，可以跳转到程序中的任意页图标中去。导航图标可以放在流程线上的任意位置，也可以放在框架图标及交互作用分支结构中使用。它指向的目的地只能是一个页图标（必须是位于当前程序文件中的页图标）。

使用导航结构可以实现以下功能。

（1）跳转到任意页图标中，如单击任意超文本对象可以跳转到包含相关专题内容的页。

（2）根据相对位置进行跳转，如跳转到前一页或跳转到后一页。

（3）从后到前返回到使用过的页。

（4）显示历史记录列表，从中选择一项作为目的地进行跳转。

（5）利用查找功能定位所需的页进行跳转。

9.2 框架图标

9.2.1 框架图标的属性

双击框架图标，弹出一个框架窗口，如图 9-2 所示。

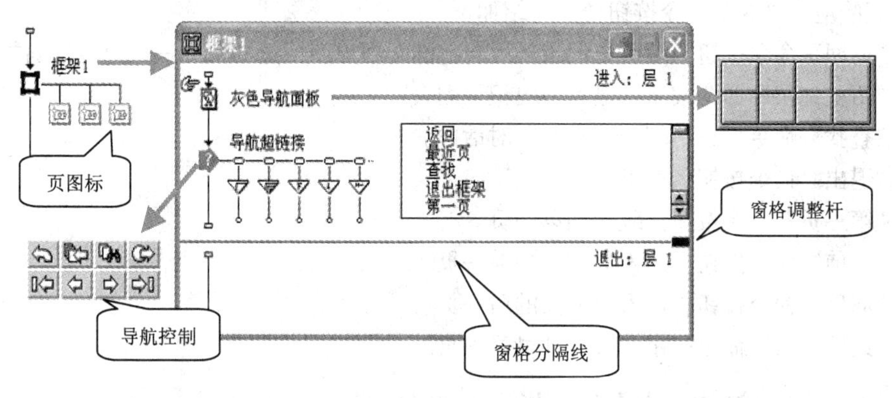

图 9-2　框架窗口

框架窗口是一个特殊的设计窗口，窗格分隔线将其分为两个窗格：上方的叫入口窗格，下方的叫出口窗格。Authorware 执行到一个框架图标时，在执行附属于它的第一个页图标之前会先执行入口窗口中的内容，如果在这里准备了一幅背景图像的话，该图像会显示在演示窗口中；在退出框架时，Authorware 会执行框架窗口的出口窗口中的内容，然后擦除在框架中显示的所有内容，撤销所有的导航控制。可以把程序每次进入或退出框架图标时必须执行的内容加入到框架窗口中。用鼠标上下拖动调整杆可以调整两个窗格的大小。

按下 Ctrl 键用鼠标双击框架图标，可打开框架图标属性对话框，如图 9-3 所示。

图 9-3　框架图标属性对话框

在设计图标内容预览框中显示出框架窗口入口窗格中第一个包含了显示对象的设计图标

的内容。

“页面特效”文本框中显示为各页显示内容设置的过渡效果，单击 命令按钮会弹出“过渡效果”对话框。

“页面计数”显示此框架图标下共依附了多少个页图标。单击“打开”命令按钮会弹出框架窗口。

9.2.2 页图标

框架中的内容通常被组织成页，它们被附加到框架图标右边，直接附属于一个框架图标的任何一个图标称为页图标。页图标不一定只是一个显示图标，它可以是一个数字电影、声音文件或具有复杂逻辑结构的群组图标。框架结构中页图标的页码按从左到右的顺序固定为 1、2、3……。

9.2.3 导航控制

如图 9-2 所示，在框架窗口中，默认情况下 Authorware 在框架窗口的入口窗格中准备了一幅作为导航按钮板的图像和一个交互作用分支结构，交互作用分支结构中包括 8 个被设置为永久性响应的按钮响应，这 8 个命令按钮分别介绍如下。

“返回”命令按钮：沿历史记录从后向前翻阅用户使用过的页，一次只能向前翻阅一页。

“历史记录”命令按钮：显示历史记录列表。

“查找”命令按钮：打开“查找”对话框。

“退出”命令按钮：退出框架。

“第一页”命令按钮：跳转到第一页。

“向前”命令按钮：进入当前页的前一页。

“向后”命令按钮：进入当前页的后一页。

“最后一页”命令按钮：跳转到最后一页。

9.2.4 动手实践：图片浏览

本例是利用框架图标实现一个用导航控制按钮进行前后翻页的浏览过程，在浏览到第一张图片或最后一张图片时，导航控制的“向前翻” 或“向后翻” 为灰色，同时实现导航控制按钮位置的重新调整，如图 9-4 所示。

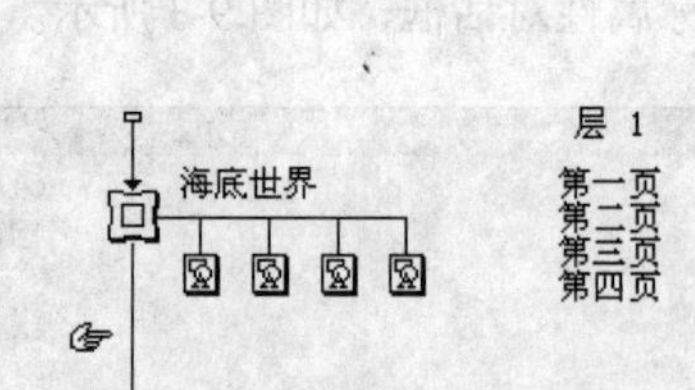

图 9-4　程序与效果示意图

（1）向主流程线上拖放一个框架图标，将它命名为“海底世界”，并向框架图标添加包含图像或文本内容的页图标。导入图像或文本文件后，一个基本的导航框架就形成了，如图 9-4 所示。

（2）双击框架图标，在框架窗口入口窗格中增加一个背景图像，如图 9-5 所示。这样在浏览每一页内容时，文本内容都将显示在一幅优美的背景前；双击“灰色导航面板”，演示窗口内显示控制面板底板，在此可以调整底板的位置、大小或删除底板；双击“导航超链接”交互图标，在演示窗口内显示出 8 个控制按钮，在此可以调整按钮的位置和大小。

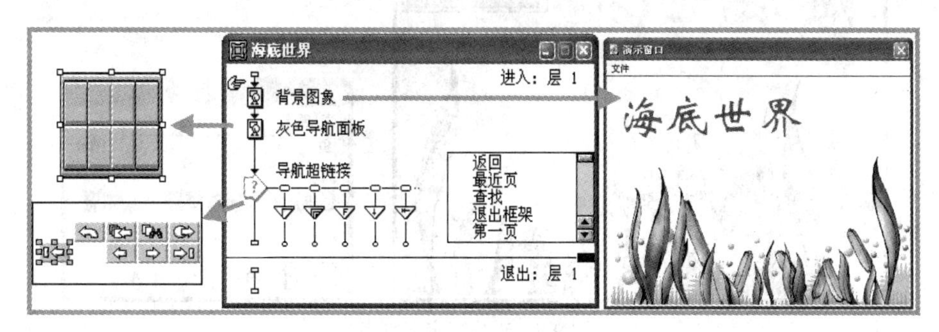

图 9-5　背景图像

（3）运行程序，演示窗口中会显示出第一页的内容，同时出现一个导航按钮板，单击“向前”、“向后”命令按钮，可以依次浏览不同的内容；单击“历史记录”命令按钮，就会出现一个“最近的页”列表框；双击其中某个页的名称，就会自动跳转到该页中去，如图 9-6 所示。

图 9-6　浏览每一页内容

（4）单击“查找”命令按钮，会弹出一个“查找”对话框，如图 9-7 所示。在“字/短语”文本框中输入一个待查找的字符串，然后单击“查找”按钮，Authorware 会自动在所有页中进行查找，并将包含此字符串的页显示在“页”列表框中。双击此页名或者单击“转到页”命令按钮，就会跳转到此页中去，并且所有被找到的字符串都加亮显示。

（5）改变默认的导航控制，即本例中，单击“上一页”、“下一页”命令按钮使程序在各页之间循环。如已经位于框架中最后一页时，“下一页”命令按钮变灰，在位于第一页时，“上一页”命令按钮变灰，此时可以使用变量来控制这一点。我们知道 Authorware 将框架中的所有页按照从左到右的顺序从 1 开始编号，并使用系统变量 CurrentPageNum 来监视当前显示的是哪一页。当此变量单独使用时，其存储的是当前框架中最后一次显示过的（或当前正在显示的）页的编号，如果当前框架中没有显示过任何一页，其值为 0；表达式 CurrentPageNum@"IconTitle"是返回指定框架中最后一次被显示的页的编号。Authorware 使用系统变量 PageCount 存储当前框架中包含的总页数。双击“下一页”按钮响应，打开响应属性对话框，在“激活”文本框中输入“PageCount>CurrentPageNum”作为激活此响应的条件，如图 9-8（a）所示。如此设置的意义是：当前没有显示到最后一页时，才允许使用此按钮继续向后翻页，否则此按钮被禁用，如图 9-8（b）所示。

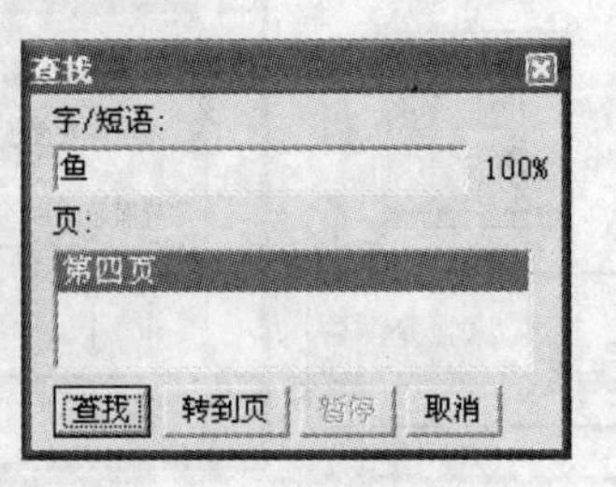

图 9-7　查找特定字符串

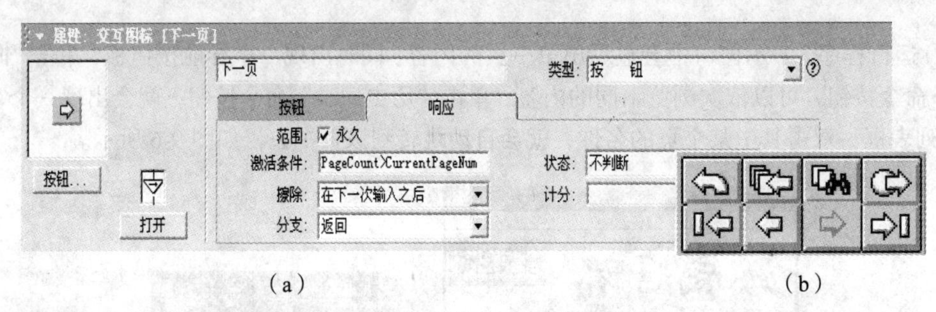

（a）　　　　　　　　　　　　　　　　（b）

图 9-8　控制“下一页”为灰色

同理，在“上一页”按钮响应的响应属性对话框中，将激活该响应的条件设置为“Current PageNum>1”，如图 9-9（a）所示，则在当前没有显示到第一页时，才允许使用此按钮继续向前翻页，当翻到第一页时，则此按钮被禁用，如图 9-9（b）所示。

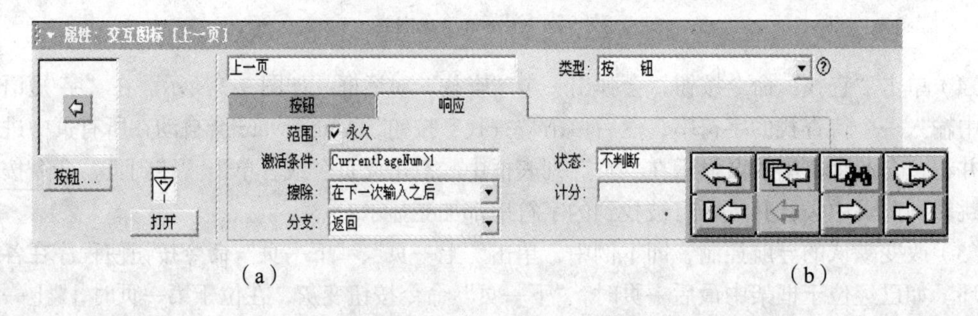

（a）　　　　　　　　　　　　　　　　（b）

图 9-9　控制“上一页”为灰色

从上例可以看出，在 Authorware 中创建一个完整的翻页结构是非常容易的，同时灵活运用也非常重要，你可以打开导航图标，多动手实践一下。

9.3 导航图标

导航图标用来实现程序流向的转移，有点像转向函数“GoTo”，但作为一个图标，它有着更完善的功能。导航图标的属性对话框有十分丰富的选项，通过这些选项的设置，可以用各种不同的查找方式实现程序在框架结构内的跳转，以及在不同的框架结构之间的跳转，如图 9-10 所示。

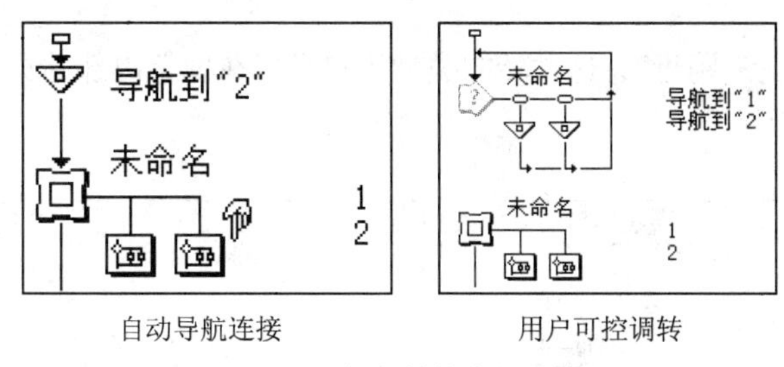

自动导航连接　　用户可控调转

图 9-10　框架结构内的跳转

9.3.1　导航图标的属性

跳转方向和方式主要是由导航图标进行控制，在流程线上拖入一个导航图标，双击该导航图标，可打开导航图标属性对话框，如图 9-11 所示。

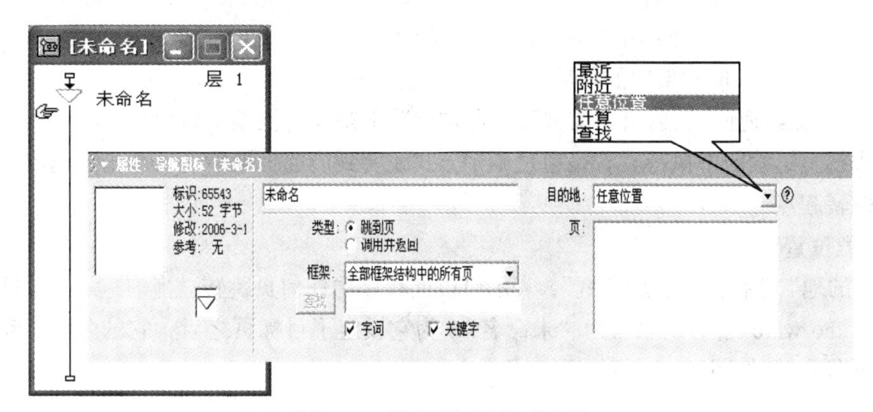

图 9-11　导航图标属性对话框

从图 9-11 可看出，调转目的地有 5 种不同的位置类型：最近、附近、任意位置、计算和查找。下面就来看一下这 5 种目的位置类型是如何工作的。

1. 最近

双击导航图标，打开导航图标属性对话框，如图 9-12 所示。当前选择是“最近”，代表用户可以跳转到已经浏览过的页面中。跳转方式由下面的单选钮决定。

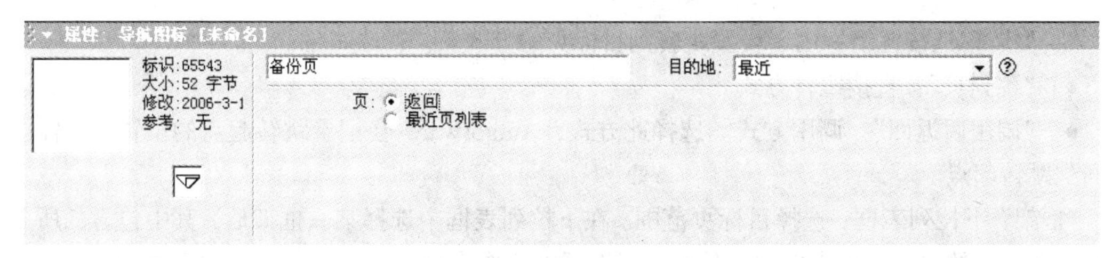

图 9-12　导航图标属性设置

“页”单选按钮组：用来设置跳转方向。

● “返回”：沿历史记录从后向前翻阅已使用过的页，一次只能向前翻阅一页。

● “最近页列表”：显示历史记录列表，可从中选择一页进行跳转，最近翻阅的页显示在列表的最上方。

2. 附近

将“目的地”选择为“附近”，这种转向类型用户可以在框架内部的页面之间跳转，以及跳出框架结构，如图 9-13 所示。

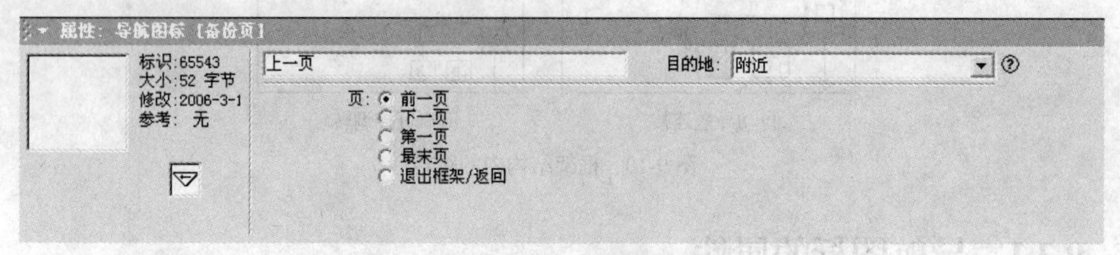

图 9-13　导航图标属性设置

● “前一页”：指向当前页的前一页（同一框架中位于当前页左边的那一页）。

● “下一页”：指向当前页的后一页（同一框架中位于当前页右边的那一页）。

● “第一页”：指向框架中的第一页（最左边的页）。

● “最末页”：指向框架中的最后一页（最右边的页）。

● “退出框架/返回”：退出当前框架。通常情况下是执行框架窗口出口窗格的内容，然后返回到主流程线上继续向下执行。若是通过调用方式跳转到当前框架中的，单击“退出框架”按钮就会返回跳转起点。

3. 任意位置

将“目的地”选择为“任意位置”，表示可以向程序中任何页跳转。当创建了一个该类型的导航图标，Authorware 会为它取名为“未命名”，为它设定了目标页之后，它的名称自动变为“导航到目标页名称”，如图 9-14 所示。

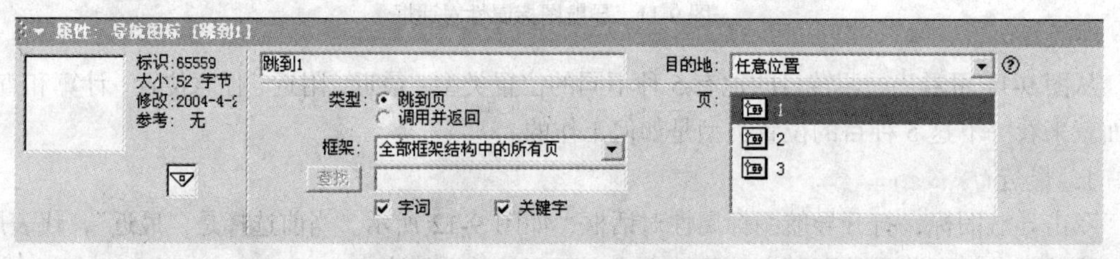

图 9-14　导航图标属性设置

“类型”单选按钮组：用于设置跳转到目标页的方式。

● “跳到页”：直接跳转方式。

● “调用后返回”：调用方式。选择此方式，Authorware 会记录跳转起点的位置，在需要时返回到跳转起点。

“框架”下拉列表框：选择目标页范围。在下拉列表框中选择某一框架后，其中包含的所有页都显示在下方的“页”列表框中，从中可以选择一个作为跳转目标页；在下拉列表中选择“全部框架结构中的所有页”，则在“页”列表框中将显示出整个程序中所有的页，然后直接从中选择一个作为跳转的目标页。

“查找”命令按钮：向其右边的文本框中输入一个字符串，然后单击此按钮，所有查找的页会显示于“页”列表框中，从中可以选择一个作为跳转的目标页。

“字词”复选框和“关键字”复选框：用于设置查找的字符串类型。

4. 计算

将“目的地”选择为“计算”，这种跳转类型根据用户在对话框中给出的表达式的值，决定跳转到框架中的页面，如图 9-15 所示。

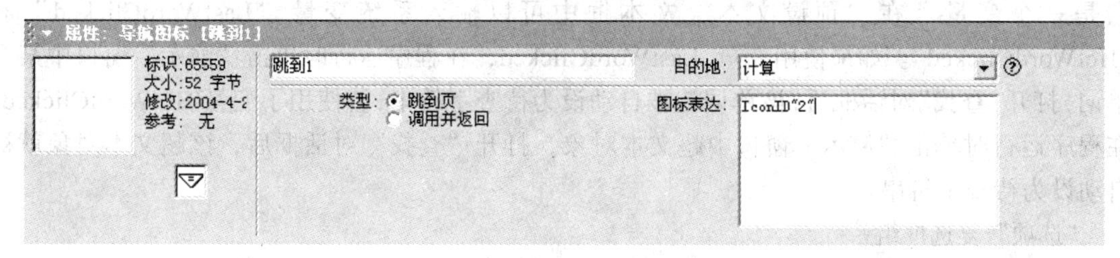

图 9-15　导航图标属性设置

- “跳到页”：跳转到目的页后，即从目的页继续向下执行。
- “调用并返回”：跳转到目的页并执行后，返回跳转前的页面。

“图标表达”文本框：可输入一个返回设计图标 ID 号的变量或表达式，Authorware 会根据变量或表达式计算出目标页的 ID 号并控制程序跳转到该页中去。使用表达式 IconID@“图标名称”直接取得 ID 号。

5. 查找

将“目的地”选择为“查找”后，单击“查找”命令按钮，会出现一个“查找”对话框。可以使用下面的选项设置查找范围和跳转方式，如图 9-16 所示。

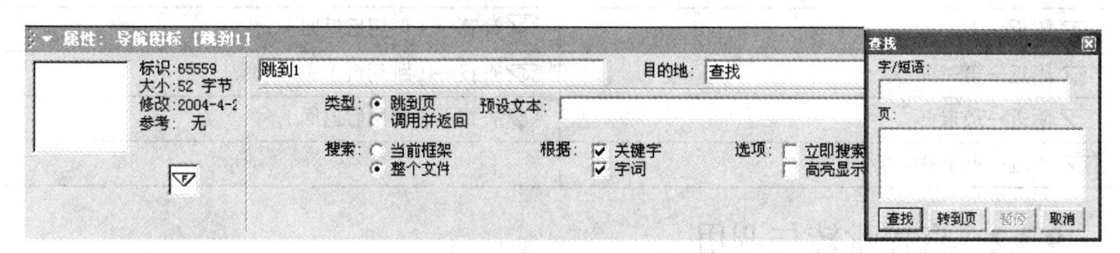

图 9-16　导航图标属性设置

“类型”单选按钮组：用于设置跳转到目标页的方式。

- “跳到页”：直接跳转方式。在“查找”对话框中单击“转到页”按钮，Authorware 就会跳转到选中的页。
- “调用并返回”：调用方式。选择这种跳转方式，Authorware 会记录跳转起点的位置，需要时可以返回跳转起点。

“搜索”单选按钮组：用于设置查找范围。

- “当前框架”：仅在当前框架中查找。
- “整个文件”：在整个程序文件中的所有框架中查找。如果程序文件很大或包括了很多框架，查找过程可能会用很长时间。在查找过程中可单击“暂停”按钮暂停查找，此时“暂停”按钮会被“摘要”按钮取代，单击“摘要”按钮就可以继续进行查找。Authorware 会在“字/短语”文本框右边显示出查找进行的程度。查找过程中可以进行其他操作，但运行速度会变慢，查找时间也会延长。

“根据”复选框组：设置查找的字符串类型。

- “关键字”：打开此复选框可以查找页图标的关键字。
- “字词”：打开此复选框可以在各页正文之中进行查找。

“预设文本”文本框：输入字符串或储存了字符串的变量，在打开“查找”对话框时，此字符串会自动出现在“字/短语”文本框中。字符串必须加上双引号，否则 Authorware 会认为它是一个变量。在“预设文本”文本框中可以输入系统变量“LastWordClicked”和“HotWordClicked”。如果使用变量 LastWordClicked，在程序运行时单击“演示”窗口中某个单词，打开“查找”对话框后，该单词就被自动设为待查字符串；若使用了变量 HotWordClicked，在程序运行时单击“演示”窗口中超文本对象，打开“查找”对话框后，该超文本对象就被自动设为待查字符串。

“选项”复选框组：

- “立即搜索”：打开此复选框，当单击“查找”命令按钮时，立即会对“预设文本”文本框中设置的字符串进行查找。
- “高亮显示”：打开此复选框则显示被找到单词的上下文。

以上介绍了各个类型的导航图标，根据不同的设置，导航图标会有不同的外观。表 9-1 所示为各种设置下的导航图标的外观。

表 9-1　各种类型的导航图标

最近—返回	任意位置—（跳到页）
最近—最近页列表	任意位置—（调用后返回）
附近—前一页	计算—（跳到页）
附近—下一页	计算—（调用后返回）
附近—第一页	查找—（跳到页）
附近—最末页	查找—（调用后返回）
附近—退出框架/返回	

9.3.2　直接跳转与调用

在对导航图标进行属性设置时，某些导航图标允许从两种跳转方式中选择一种：直接跳转方式和调用方式。直接跳转方式是一种单程跳转；调用方式是双程跳转，即 Authorware 会记录跳转起点的位置，跳转到目标页之后，还可返回跳转起点。利用导航设计图标可设置多达 10 种类型的链接。这 10 种链接均可使用直接跳转方式，但只有选择如下 3 种目的位置时，才可以使用调用后返回方式，即“任意位置”、“计算”和“查找”。使用调用方式进行跳转时，跳转的起始位置可以在一个导航框架之内，也可以位于主流程线上，但只能调用位于另一框架中的页，而不能调用在同一框架内的不同页之间进行跳转，如图 9-17 所示。

使用调用方式需要两个导航图标：一个导航图标用于使 Authorware 进入到指定的页，此导航图标的跳转方式设置为调用方式；另一个导航图标用于使 Authorware 返回到原来的位置，调用时的起始导航设计图标可以在主流程线上、交互作用分支结构中、判断分支结构中或框架结构中，但调用时的终点导航设计图标必须是在框架窗口输入画面中，而且要将其设成退出框架/返回。

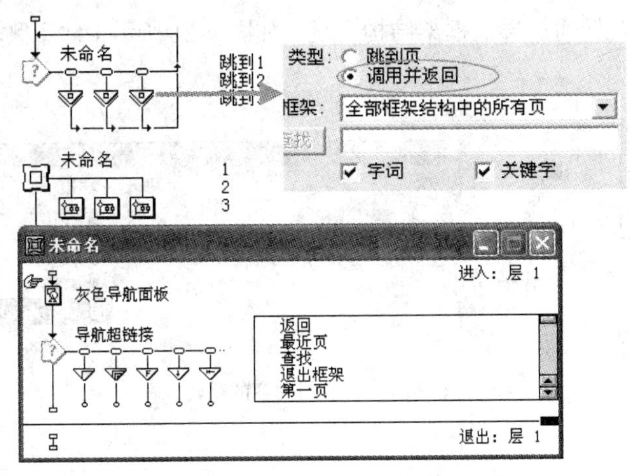

图 9-17　调用方式示意

9.3.3　动手实践：百科知识

本例主要运用导航图标和框架图标实现"百科知识"的浏览，程序中涉及多个结构，主要的分类目录交互以热区响应实现，具体内容用导航框架图标实现浏览相关的画面，浏览完后，可随时返回分类目录，进入另一类知识模块。不想浏览时，可随时退出。本实例的结构与界面示意图如图 9-18 所示。

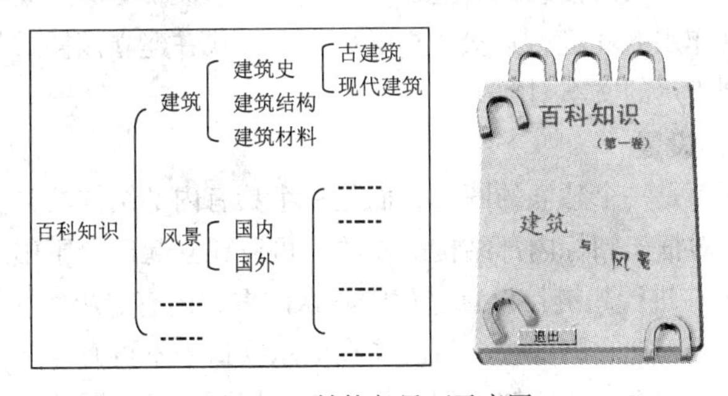

图 9-18　结构与界面示意图

在流程图设计上，考虑到"百科知识"属于资料工具型课件，需要大量的文本、图片展示，同时导航结构与导航方向要明确，为此，以图 9-19 所示的流程图来加以实现。

在各章节的交互跳转中，目录间的交互通过热区响应实现，如图 9-20 所示。

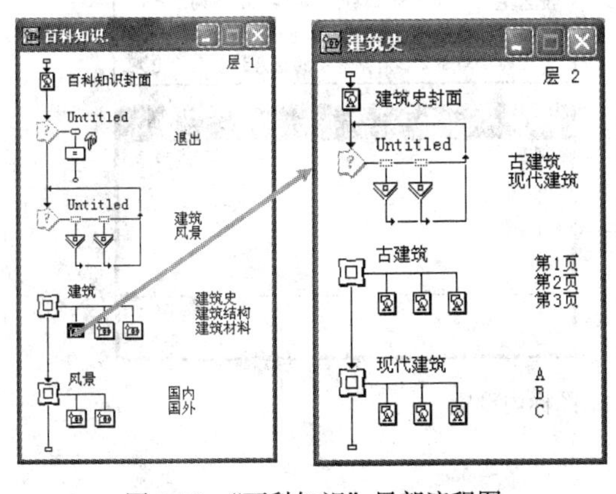

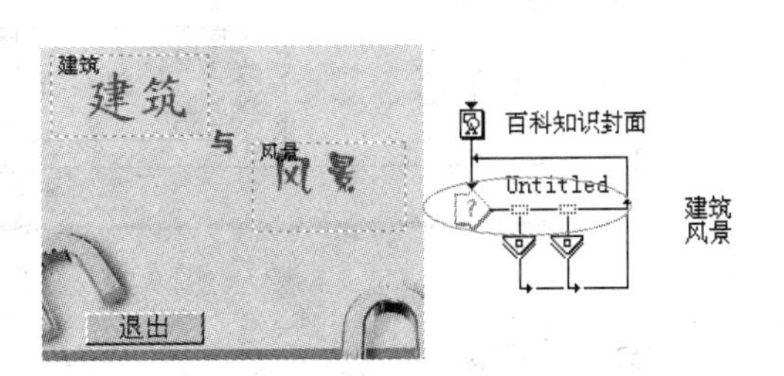

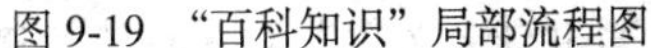

图 9-19　"百科知识"局部流程图　　　　图 9-20　主要目录的交互

目录与内容间的跳转通过导航框架结构实现，如图 9-21 所示（注意跳转类型选择“调用后返回”）。

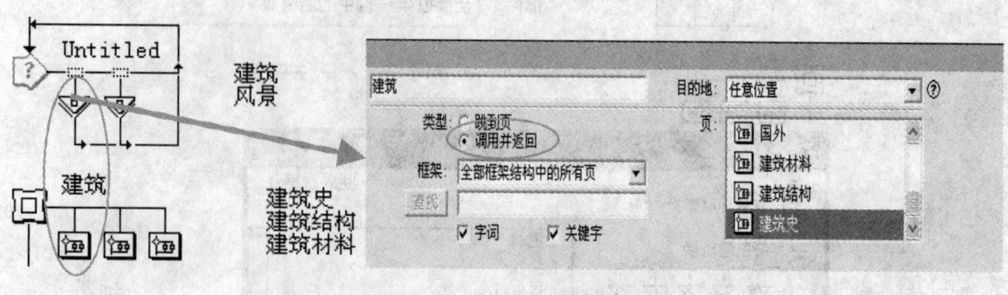

图 9-21　目录与内容的跳转

9.4　超　文　本

9.4.1　超文本对象的建立与链接

超文本是一种使不连续的文本信息显示的方式，当单击、双击或将鼠标指针移至指定的文本对象上时，与超文本对象有关的信息就会显示出来。利用超文本对象建立导航链接分 3 步进行：首先创设一个没有交互作用的环境；其次建立一个文本样式并建立该样式与具体页之间的链接；第 3 步将该样式应用到指定的文本对象上。

1. 改变框架图标内设置

我们知道框架图标不是一个独立的图标，而是一个具有内部结构的，由许多其他图标构建起来的复合型图标。通过对框架图标内部结构的修改，可以建立起适合于用户的，形式多样的控制系统，如图 9-22 所示。在进行超链接设置过程中默认的框架内有“灰色导航面板”和“导航超链接”交互图标，在此，可以把它删除去，目的是在演示窗口中不再有导航控制面板出现，同时，让页显示图标 1、2、3 之间也无法跳转。那么如何使“标题”显示图标内的几个关键字跳转到页显示图标 1、2、3 内，我们进行第 2 步设置。

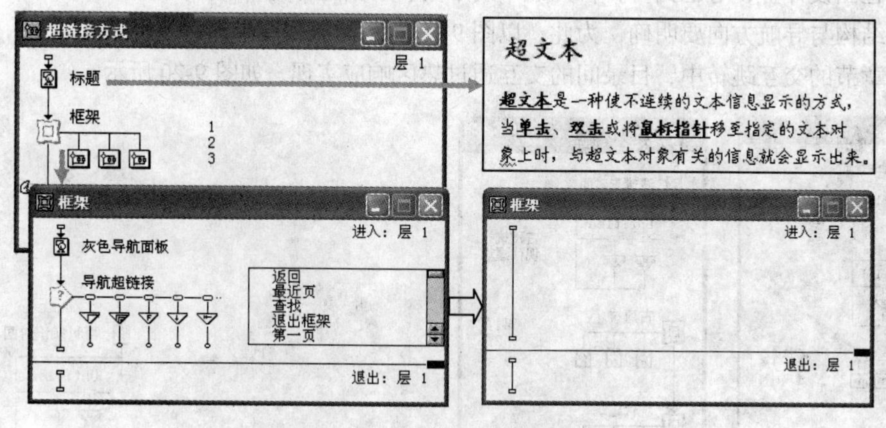

图 9-22　修改框架图标内设置

2. 设置超文本

使用超文本之前要使超文本对象与相关信息建立联系，通过自定义文本风格来实现定义超链接。

执行“文本|定义风格”菜单命令，弹出“定义风格”对话框，在此添加 4 种自定义文本风格：文本样式设为有下画线，文本设置为黑色，如图 9-23 所示。

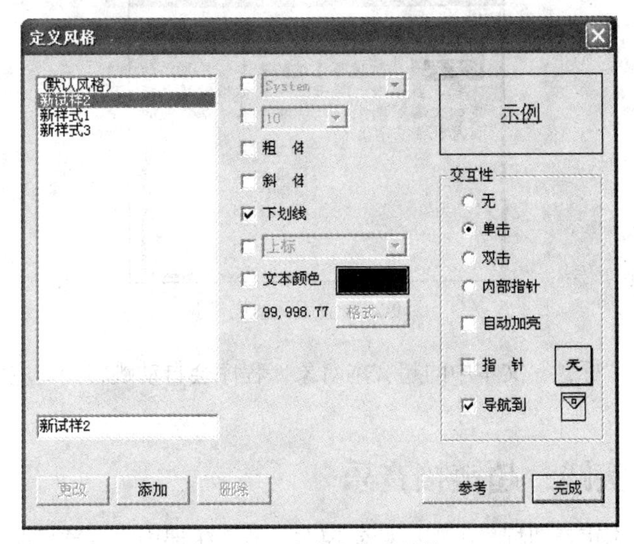

图 9-23　自定义文本风格

在“交互性”栏中，有 4 种交互方式可供选择。

- “无”：不进行交互。此时下方 3 个复选框禁用。
- “单击”：用鼠标单击方式击活超链接。
- “双击”：用鼠标双击方式击活超链接。
- “内部指针”：当鼠标指针位于文本之上时击活超链接。

选择“自动加亮”复选框，超链接在击活时，超文本对象会加亮显示。

选择“指针”复选框，设置鼠标指针位于超文本之上时的样式，单击右边的预览框，会弹出“指针”选择框，从中选择一种鼠标指针样式，选中的样式会显示在预览框中。

选择“导航到”复选框，单击右边导航标记，可打开导航属性对话框，如图 9-24 所示。

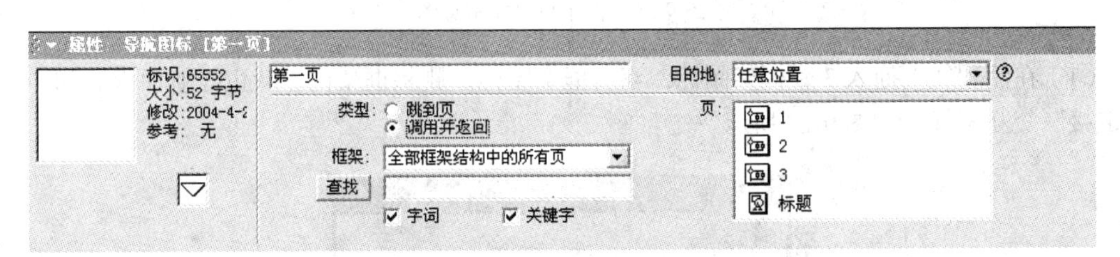

图 9-24　建立文本风格与特定页之间的联系

将“目的地”选择为“任意位置”，跳转类型设置为“调用并返回”，然后在跳转范围列表框中选择目标页，依次将 3 种自定义文本风格对应到 1、2、3 群组图标上。这就定义了文本风格与页图标之间的超链接，具有这些风格的文本对象就变为超文本对象。

3. 超文本样式指定

定义了超文本风格就可以将其应用到程序中。在“标题”显示图标中加一段文本，并完成前面所设的交互作用分支结构，双击“标题”显示图标，在演示窗口中用“文字工具”选择需要超链接的文字，如图 9-25 所示。选择“文本|应用试样”菜单命令，弹出“应用试样”对话框。将

定义的 3 种超文本风格应用于不同的文本上面。

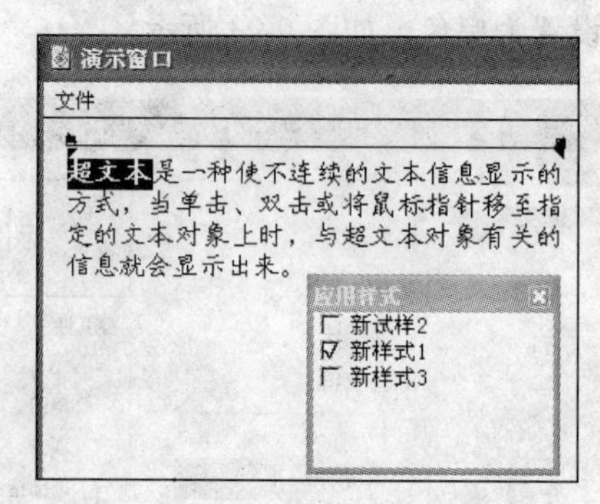

图 9-25　应用文本风格

运行程序，单击“标题”文本中的超文本对象，程序会自动跳转到对应的框架中去显示相应页的内容。

9.4.2　动手实践：超链接音乐

本例主要通过运用声音图标、框架图标实现在一节音乐课中对一首乐曲的理解，课程中涉及多个乐器，讲解中需要在相应的乐器文字上链接相关的音乐。图 9-26 所示为程序与界面示意图。

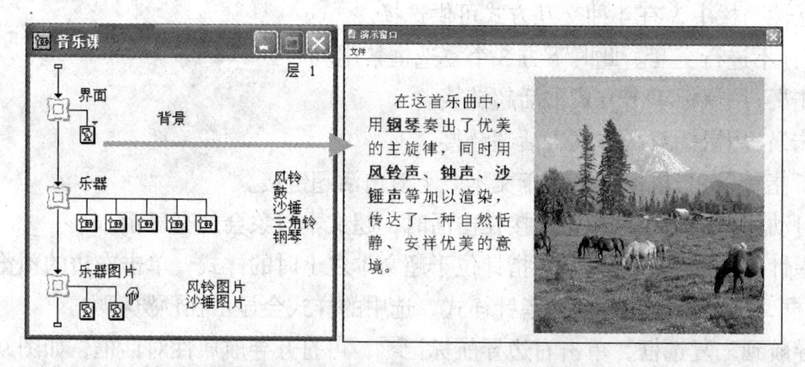

图 9-26　程序与界面示意图

（1）在流程线上拖入 3 个框架图标，双击框架图标，删除框架内“灰色导航面板”和“导航超链接”交互图标，如图 9-27 所示。

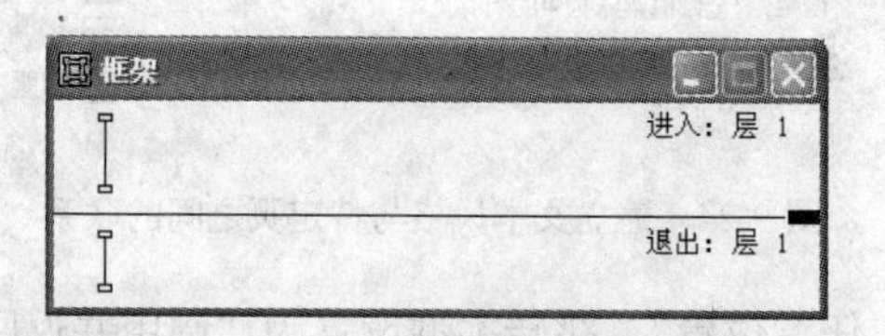

图 9-27　修改框架内结构

（2）在 3 个框架图标右侧分别拖入如图 9-26 所示的图标，命名后，打开“乐器”框架中的页图标，分别导入各种相关的音乐，打开“乐器图片”框架中的页图标，分别导入各种相关的图片。

（3）打开“文本|定义风格”菜单命令，弹出“定义风格”对话框，可在此定义文本风格，如图 9-28 所示。

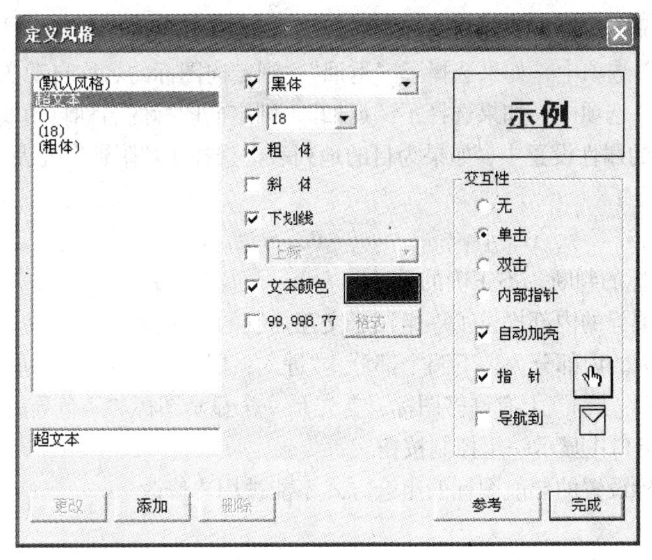

图 9-28　定义文本风格

（4）双击“背景”显示图标，在演示窗口中用“文字工具”选择需要超链接的文字，如图 9-25 所示。选择“文本|应用试样”菜单命令，弹出“应用试样”对话框。将定义的超文本风格应用于关键字上，在导航属性设置对话框中选用“调用并返回”类型，如图 9-29 所示。

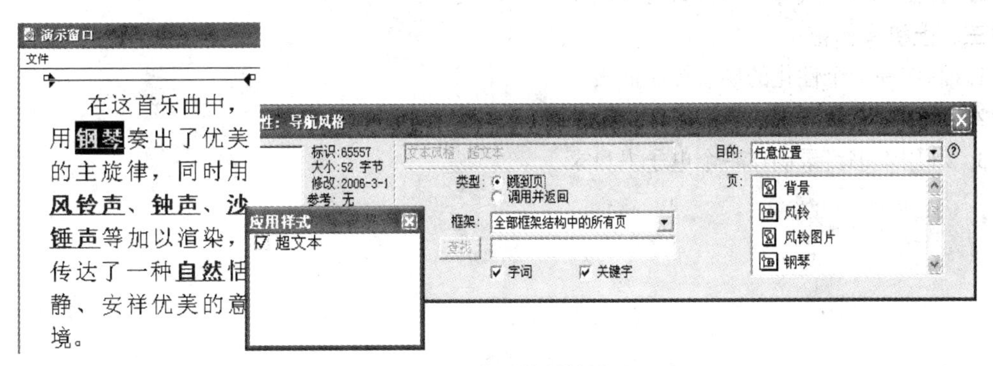

图 9-29　导航风格属性设置

（5）运行程序，在超文本关键字上单击鼠标，会听到相关意义的声音并显示相关图片。

习 题 九

一、选择题

1. “框架”图标内包括（　　）图标。

   A. 1　　B. 2　　C. 3　　D. 4

2. “导航”图标包括（　　）种跳转方式。

   A. 4　　B. 6　　C. 8　　D. 10

3. 在导航图标的属性设置中，如果为目的地列表框选择了“最近”列表项，则（　　）。

   A. 默认情况下图标被自动命名为“备份页”

B. 默认情况下图标被自动命名为“最近页”

C. 在“页”选项中，如果选择了“返回”，则定向图标的名称自动变成“最近页”

D. 在“页”选项中，如果选择了“返回”，则定向图标的名称自动变成“备份页”

4. 在导航图标的属性设置中，如果为目的地列表框选择了“附近”列表项，则在“页”选项中，不同的选择情况有（　　）种。

A. 3　　B. 4　　C. 5　　D. 6

5. 关于框架图标的判断，不正确的是（　　）。

A. 在框架图标的内部提供了一组用于交互控制的定向图标

B. 框架图标的内部分为上下两个部分：“进入：层 1”和“退出：层 1”

C. 在“进入：层 l”上有许多图标，首先是一个显示图标“灰色导航面板”，它的作用是在演示窗口中显示一组控制按钮

D. 框架图标设置的导航图标的组合方式不能被用户修改

二、思考题

1. 如何更改框架图标中的面板试样？
2. 如何利用框架实现跳转？
3. 怎样把一段定义好的文字风格应用到超链接文字上？
4. 如何在框架的首末页避免翻页按钮出现？
5. 直接跳转方式与调用方式有何区别？

三、上机操作题

1. 制作一个个性化的导航控制面板。
2. 使用超文本实现一个简单的帮助系统。
3. 利用本书目录制作一个电子书目录。

第10章
变量、函数和表达式

【本章概述】

Authorware是可视化编程平台，用户主要使用Authorware提供的设计图标来完成对程序的设计。但是，如果仅仅使用Authorware提供的设计图标来创建作品，则不能充分地实现作品的灵活性和交互性等特性。本章将对Authorware中的变量和函数、表达式以及语句进行全面的介绍。

10.1 概　　述

作为可视化创造工具，Authorware主要是利用各种设计图标完成程序设计。尽管图标流程方式非常简便、明了，但单纯依靠设计图标还是远远不够的。

变量、函数、表达式以及语句，这些都是编写程序代码的基础。要想成为一个完美的开发者，就应该在编写代码上面多下些工夫，这样不仅能够改进程序的结构，提高程序的执行效率，而且有助于进一步了解Authorware的工作方式。仅仅使用设计图标，就可以制作出漂亮的多媒体程序；而通过编写代码，可以制作出具有专业水准的多媒体程序。

10.2 变　　量

变量是其值可以改变的量，可以利用变量存储不同的数据，比如计算结果、用户输入的字符串以及对象的状态等。Authorware中的变量不像其他编程语言中的变量那样有局部变量和全局变量等分类。其变量都属全局变量，即在程序中任何地方都可以使用任意一个变量。

10.2.1 变量的数据类型

Authorware会根据用户使用变量的方式，来自动判断变量的类型。根据变量存储的数据类型，可以将变量分为7类。

1. 数值型变量

数值型变量用于存储具体的数值。数值可以是整数（比如88），也可以是实数（比如0.88）或负数(−88)，在Authorware中，数值型变量能够存储的数值范围是：−1.7*10^308～+1.7*10^308。当用户使用两个变量做数学运算时，Authorware自动将两个变量当做数值型变量，因为只有数值型变量才能进行数学运算。

2. 字符型变量

字符型变量用于存储字符串。字符串是由双引号（双引号必须是英文下的双引号，不能是中文下的双引号）括起来的一个或多个字符的组合。这些字符可以是字母（"Good luck"）、数字（"6868"）、符号（"*/"）或它们的混合使用（"These apples are ¥5.00"）。如果字符本身要在一个字符串中作为普通字符出现，则需要在它前面加一个字符“\”。

3. 逻辑型变量

逻辑型变量用于存储 TRUE 或 FALSE 两种值。逻辑型变量相当于电灯开关，只能在 TRUE（即开）和 FALSE（即关）两种状态间切换。逻辑型变量最擅长激活某选项或使其无效。

当一个变量出现在一个 Authorware 认为需要使用逻辑型变量的位置（比如“激活条件”文本框）时，Authorware 会自动将此变量设置成逻辑型变量。如果是数值型变量，则数值 0 相当于 FALSE，其他任意非 0 数值相当于 TRUE；如果是字符型变量，Authorware 将 T、YES、ON（大小写都可）视为 TRUE，其他任意字符都被视为 FALSE。

4. 符号型变量

符号型变量是由符号“#”带上一连串字符构成，例如，#John 就是一个符号型变量。在 Authorware 中，符号型变量主要作为对象的属性使用。

5. 列表型变量

列表型变量用于存储一组常量或变量，这些常量或变量被称为元素。Authorware 中共有两种类型的列表。

线性列表：在线性列表中，每个元素都是单个的数值，例如，[1，2，3，"a"，"b"，"c"]就是一个线性列表。

属性列表：在属性列表中，每个元素由一个属性及其对应的值构成，属性和值之间用冒号分隔。例如，[#firstname："Jim"，#lastname："Green"，#QQ：187362116]就是一个反映个人信息（姓、名和 QQ 号）的属性列表。

6. 坐标变量

坐标变量是一种特殊的列表型变量，用于描述一个点在演示窗口中的坐标，其形式为（X，Y），其中 X 和 Y 分别代表一个点距离演示窗口左边界和上边界的像素数目。

7. 矩形变量

矩形变量是一种特殊的列表型变量，用于定义一个矩形区域，其形式为[X1，Y1，X2，Y2]，其中（X1，Y1）指定矩形的左上角坐标，（X2，Y2）指定矩形的右下角坐标。

10.2.2 系统变量与自定义变量

我们知道，从使用者的角度来看，Authorware 中的变量又可被分为两种：系统变量和自定义变量。

1. 系统变量

系统变量是 Authorware 本身预先定义好的一套变量，它们有固定的符号和特性，主要用于跟踪信息，如文件存储位置及状态、判定分支结构中正在执行的分支、交互图标中用户的输入内容等。Authorware 将根据用户的交互操作或程序的执行自动更新系统变量。

在系统变量的使用中有一个比较常用的引用符号“@”。因为变量的值是可以改变的，当程序执行到不同的图标时，变量的值可能不同，如果要使用某变量的值，就需要引用某执行图标中该变量的值。如果程序中有多个交互图标，则可以使用 EntryText@"IconTitle"的形式，引用某个具体交互图标中用户输入的文本。

一部分系统变量可以被赋值，比如，可以通过设置 Movable@"IconTitle"为 TRUE 或 FALSE，来改变一个设计图标的移动属性，通过设置 Checked@"ButtonIconTitle"为 TRUE 或 FALSE，来改变一个按钮的可选状态；另一部分系统变量只允许从它们中取得信息，而不能对它们进行赋值，比如，通过系统变量 CursorX，CursorY 取得当前鼠标指针指定的一个坐标。

Authorware 中的系统变量被分为计算机管理教学、决策、文件、框架、概要、图形、图标、交互、网络、时间及视频共 11 类。

由于系统变量是系统预定义了的，它们受到系统的管理，因此可以在程序中根据每个变量的含义直接使用它们。

2. 自定义变量

在针对具体问题的用户程序中，需要处理一些特殊的对象或特定的状态，没有现成的系统变量可用，用户可根据程序设计与执行的需要自己添加定义需要的变量，称为自定义变量。自定义变量用于保存系统变量不能记录的信息。Authorware 中可以通过调用变量对话框（执行菜单“窗口|变量”或快捷键 Ctrl+Shift+V 后选择“新建”按钮进行新建自定义变量操作，如图 10-1 所示。亦可在任何的变量使用场合下直接定义变量（如计算图标编辑窗口里）。变量名只能以字母或下画线“_”开头，长度限制在 40 个字符以内，且不可以出现和系统变量、已有自定义变量或函数同名的情况，即要保证变量名表示的唯一性，否则会出现错误提示，如图 10-2 所示。

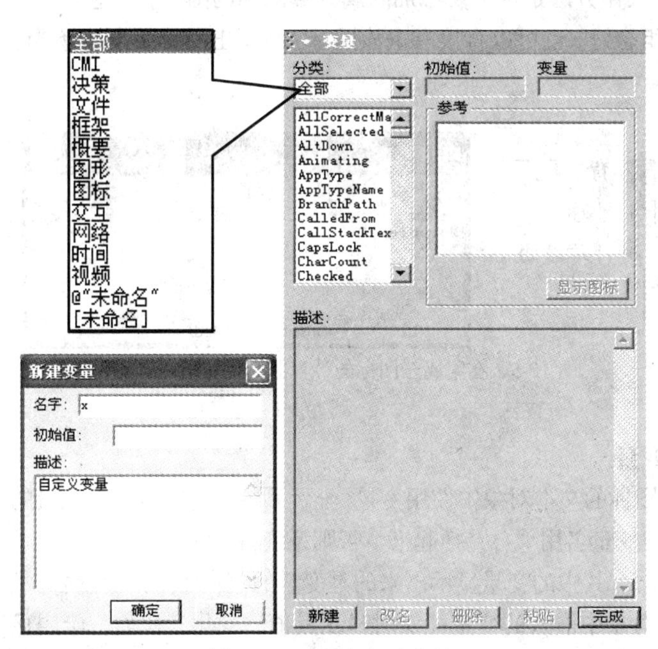

图 10-1　变量与新建变量

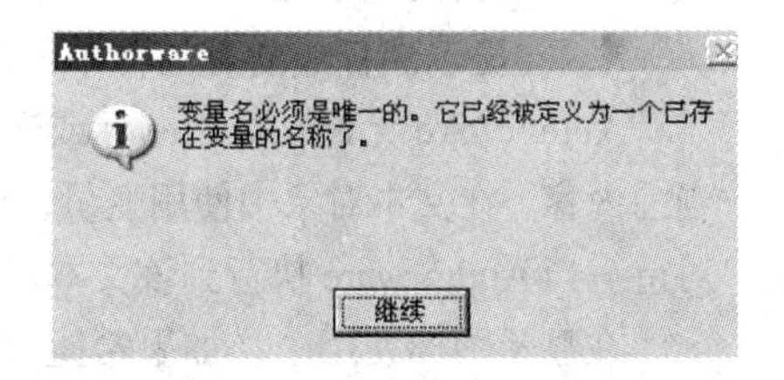

图 10-2　自定义变量名称提示

10.2.3　变量的使用场合

1. 在属性对话框的文本框中使用变量

在很多属性对话框的选项中，都会要求用户输入一个值，这时可以在其中输入变量。比如，在如图 10-3 所示的显示图标属性对话框中的“层”选项中输入一个变量，这样就可以在程序中通过更改变量表达式的值来控制该显示图标在屏幕上的显示层次。

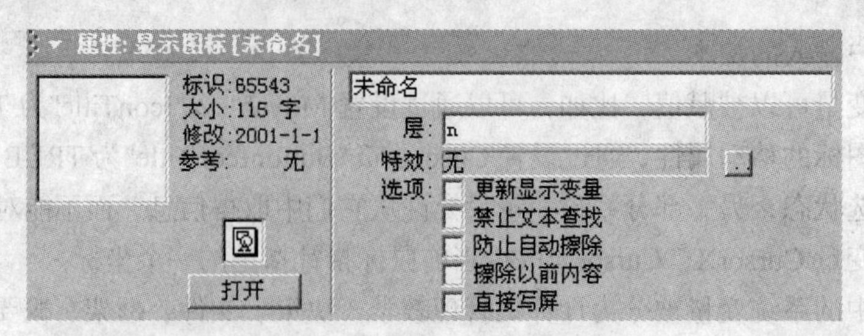

图 10-3 在属性对话框中使用变量

2. 在“计算”图标中使用变量

在计算图标的编辑窗口内使用变量是 Authorware 最常用的场合。变量在其中发挥了其应有的功能，如存储数据、限制条件等，它充当了 Authorware 程序设计的重要成员角色。

在流程线上引入一个计算图标，双击该计算图标打开它的编辑窗口，在其中输入相应的语句，如图 10-4 所示。

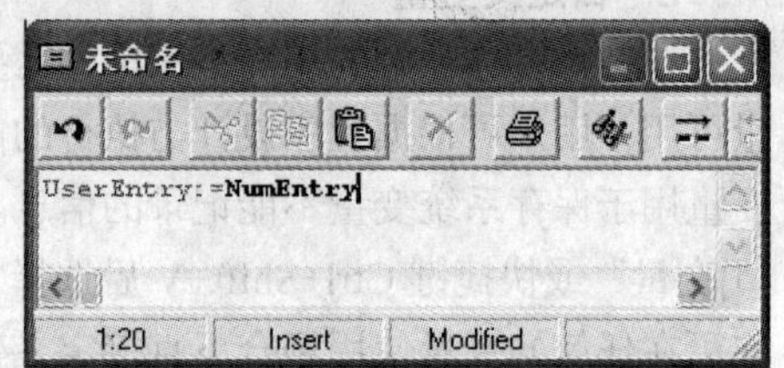

图 10-4 在计算图标中使用变量

3. 在附属于图标的计算图标中使用变量

在 Authorware 中，可以给大部分图标加上一个附属于该图标的计算图标，如图 10-5 所示。操作方法是选中要添加附属计算图标的图标，再选择“修改|图标|计算”菜单命令或按 Ctrl+“=”组合键，也可以直接右击该图标，在弹出的菜单中选择“计算...”命令，就会弹出计算图标编辑窗口，在其中输入语句即可，图标带有附属计算图标的标记是该图标的左上角多了一个“=”。Authorware 程序在执行到带有附属计算图标的图标时，会先执行附属计算图标中的代码。运行后，可确保“背景”图标中的内容在执行时不会被任意移动。

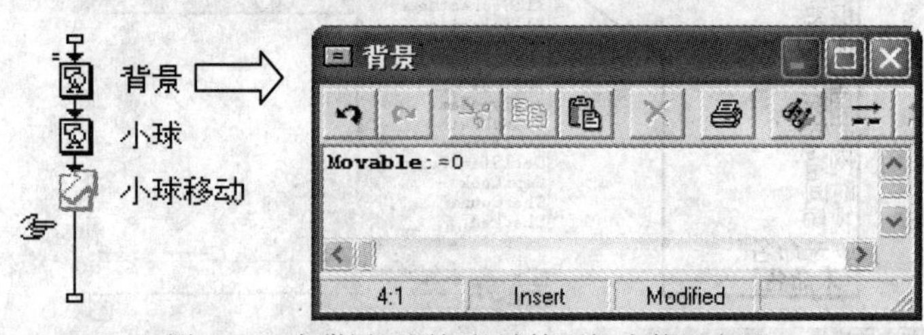

图 10-5 在附属于图标的计算图标中使用变量

4. 在显示图标或交互图标中使用变量

Authorware 允许在显示图标或交互图标的文本对象中使用变量，显示系统变量或自定义变量的当前内容。在文本对象中使用变量，要把变量名用“{}”括起来，否则系统将把它作为一般的文本对待。当 Authorware 执行到该文本对象时，其中的变量显示出来的是变量的值，而不是变量名。

在显示图标使用中，如果希望文本对象中嵌入的变量能实时显示其值的变化，比如，希望显示的时间能随着系统时间的变化而变化，就需要在文本对象中输入“现在的时间是：{fulltime}”，并在文本对象所在的显示图标的属性对话框中选中“更新变量显示”选项，此种前面已经做了介绍，此处不再赘述。

10.2.4 变量属性的设置

“变量”对话框对于在 Authorware 中编程很有帮助，它能帮助用户迅速找到所需的变量。单击工具栏上的“变量”按钮，将弹出“变量”对话框，对话框中列出了所有的系统变量、当前程序中使用的自定义变量以及变量的相关信息，如图 10-6 所示。

如果需要设置自定义变量，在“变量”对话框中的“分类”下拉列表框中，选择“未命名”，如图 10-7 所示，自定义一个变量。

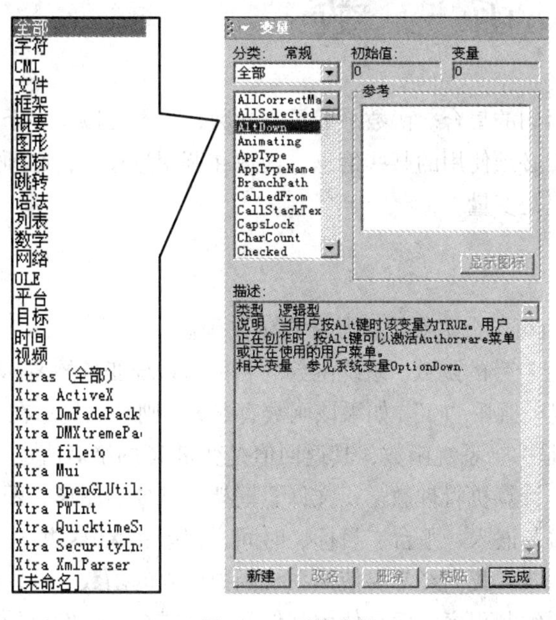

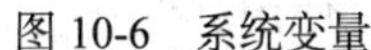
图 10-6　系统变量

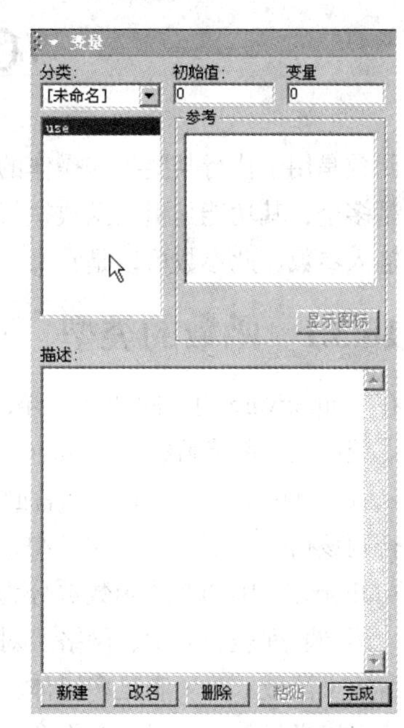

图 10-7　自定义变量

“分类”下拉列表框：显示 Authorwar 提供的 11 类系统变量和用户自定义变量，选择其中一类后，该类中的所有变量都会显示在下方的变量列表框中。如果不能确定某个变量属于哪一类，可以在下拉列表中选择“全部”，则所有的系统变量全部显示在下方的变量列表框中。在列表框中的最后一类是自定义变量，用程序文件名表示。

“初始值”文本框：显示当前选中的变量的初始值。在此可以更改自定义变量的初始值，而系统变量的初始值是由 Authorware 自动给定的，用户不能更改。

“变量”文本框：显示处于选中状态的变量的当前值。

“参考”列表框：显示程序文件中使用了当前选中的变量的设计图标。选中一个设计图标后，单击显示图标命令按钮，Authorware 就会自动跳转到包含该设计图标的设计窗口并将该设计图标加亮显示。

“描述”文本框：显示当前选中的变量的描述信息，但是系统变量的描述信息不能被更改。

“新建”命令按钮：用于创建一个自定义变量。单击该命令按钮，会弹出一个“新建变量”对话框窗口，在其中可以为新创建的变量命名、赋予变量初始值和输入一段关于此变量的描述信息。自定义变量的初始值在默认情况下为 0。

“改名”命令按钮：用于将自定义变量改名。单击“改名”命令按钮，会出现一个“重命名变量”对话框如图 10-8 所示，在其中可以为自定义变量输入一个新的名称。

重命名变量
再命名变量到：
Password
确定　取消

图 10-8　变量重命名

“删除”命令按钮：用于删除当前处于选中状态的自定义变量，只有程序中未被使用的自定义变量才允许删除。

“粘贴”命令按钮：用于将当前处于选中状态的变量粘贴到计算图标编辑窗口、文本对象或文本框中插入点光标当前所处的位置。

“完成”命令按钮：用于保存所做的修改并关闭对话框窗口。

10.3 函　　数

函数是用于执行某些特殊操作的程序语句的集合。函数一般具有参数，参数可以是一个，也可以是多个，其功能是引入函数执行过程中必须使用的某些信息。函数在调用过程中，必须按其要求输入参数，此参数可以是常量，也可以是变量。

10.3.1 函数的类型

在 Authorware 中，同变量一样，函数也可以分为系统函数和自定义函数。

系统函数：系统函数是 Authorware 本身自带的函数。系统函数的名称与系统变量的名称特点基本一致，但在系统函数的名称后面会出现小括弧“( )”，如果该函数有参数，则参数显示在“( )”中，否则该括弧会空着。例如，ABS(X)就是一个系统函数，其返回值是变量 X 的绝对值。

Authorware 中的系统函数被分为字符、计算机管理教学、文件、框架、概要、图形、图标、跳转、语句、列表、数学、网络、对象链接与嵌入、平台、目标、时间、视频和 Xtras 共 18 类。

自定义函数：为了满足多媒体程序的需要，我们经常要使用系统函数以外的函数，这些函数被称为自定义函数。一般我们不会自己动手编制程序，而是使用其他开发商或个人开发出的符合 Authorware 格式的函数。由于这些函数也不是 Authorware 提供的系统函数，所以这些函数仍旧被称为自定义函数，亦可称作外部扩展函数。

10.3.2 函数的参数和返回值

我们知道，只有使用正确的参数（大多数系统函数需要参数），函数才能正确工作。

在 Authorware 中，系统函数的参数分为两种类型：必选参数和可选参数。在函数的描述中，如果参数被方括号“[]”括起来，说明此参数是可选参数。可选参数可以根据函数功能的需要进行适当的设置。例如，函数“DrawBox(pensize[，x1，y1，x2，y2])”中，“pensize”是必选参数，在使用函数时必须进行设置；“x1，y1，x2，y2”是可选参数，使用函数时可以不进行设置。

使用可选参数可以让函数完成额外的功能，这些不同的功能会在函数说明中给出。例如，“DrawBox(pensize[，x1，y1，x2，y2])”函数（其函数说明见图 10-9），不设置可选参数时，其功能是允许用户在演示窗口中按住鼠标左键拖拉出一个矩形；设置可选参数后，用户必须在参数“x1，y1，x2，y2”规定的区域内部绘图。

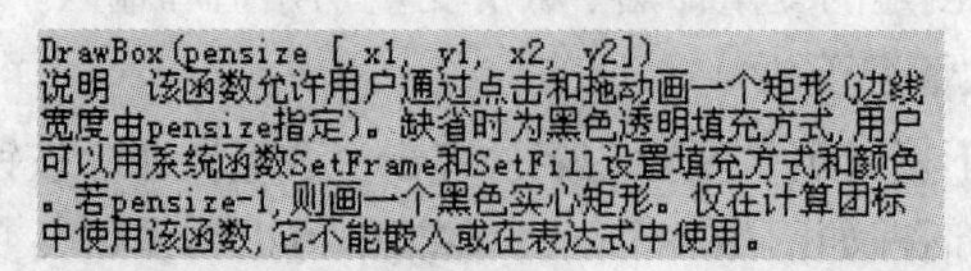
DrawBox(pensize [,x1, y1, x2, y2])
说明　该函数允许用户通过点击和拖动画一个矩形(边线宽度由pensize指定)。缺省时为黑色透明填充方式,用户可以用系统函数SetFrame和SetFill设置填充方式和颜色。若pensize-1,则画一个黑色实心矩形。仅在计算图标中使用该函数,它不能嵌入或在表达式中使用。

图 10-9 “DrawBox（pensize[，x1，y1，x2，y2]）”函数的说明

如果某个函数的参数是字符串，在给定参数时，Authorware 要求使用双引号""将字符串括起来。如果使用某个字符型变量代替字符串，则不能使用双引号，否则函数会以该字符型变量名称作为参数使用。

绝大部分系统函数都具有返回值，但也有个别函数不返回任何值。例如，函数 Beep( )是让计算机的扬声器响一声，函数 Quit( )用于退出程序，它们均没有返回值。

10.3.3 函数的使用场合

函数的使用场合基本上同变量的使用场合，本节不再赘述，只以一个“描述圆形参数”例子演示它的使用步骤。例如，在流程线上的计算图标中插入函数的步骤如下。

（1）在流程线上拖入一个计算图标，双击打开，在计算图标编辑窗口中定位要插入函数的位置。

（2）使用 Authorware 工具栏中的“函数”命令选项（快捷键为 Ctrl+Shift+F），弹出 Authorware 的“函数”对话框。

（3）在函数分类列表中选择要插入函数所属的函数类型。这里，我们选择“全部”选项。

（4）在函数名列表中用鼠标单击要插入的函数，使其高亮度处在被选中状态。这里我们选择“Circle”函数。

（5）单击“粘贴”命令按钮，将所选择的函数插入到计算图标编辑窗口中，插入后如图 10-10 所示。

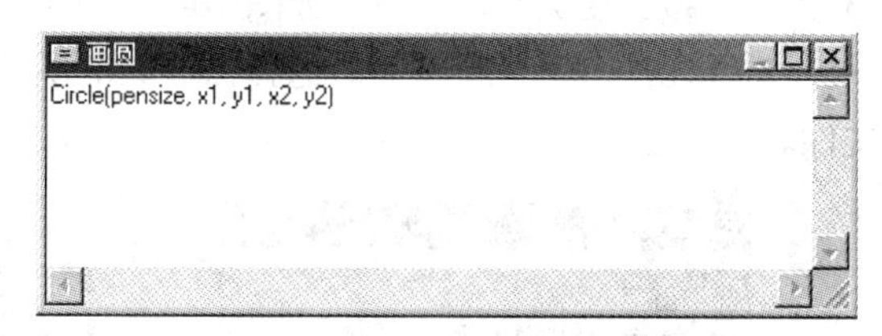

图 10-10 插入函数后的计算图标编辑窗口

（6）将插入后的函数中的参数用用户所使用的常量或变量代替。

（7）如果用户需要插入另外的函数，则不需要关闭“函数”对话框，只需要重新在计算图标编辑窗口中选择新的插入位置，重复步骤（3）至步骤（6）的操作即可。

（8）关闭计算图标编辑窗口，结束函数的插入。

10.3.4 函数属性的设置

单击工具栏上的“函数”按钮，会弹出“函数”对话框，对话框中列出了所有的系统函数、自定义函数以及对函数的描述，如图 10-11 所示。

“分类”列表框：显示 Authorware 中提供的各类系统函数和从外部加载的函数，选择其中一类后，该类中的所有函数都会显示在下方的函数列表框中。如果不能确定某个函数属于哪一类，可以在下拉列表中选择“全部”，则所有的系统函数全部显示在下方的函数列表框中；在列表中的最后一类是外部扩展函数，以程序文件名表示。

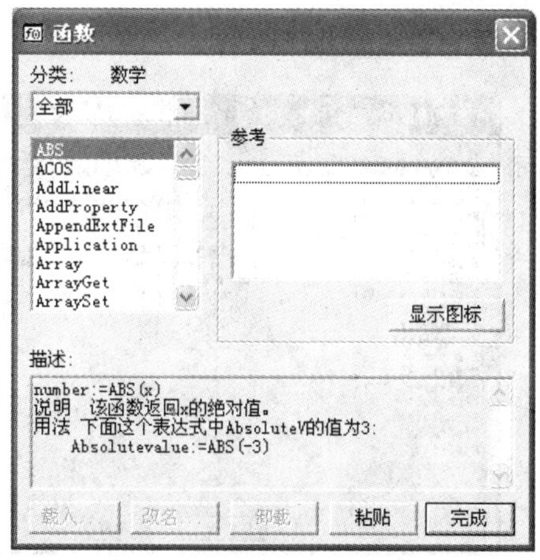

图 10-11 “函数”对话框

“参考”列表框：显示程序文件中使用了当前选中的函数的设计图标，选中一个设计图标后，单击“显示图标”命令按钮，Authorware 就会自动跳转到包含该设计图标的设计窗口并将该设计图标加亮显示。

“描述”文本框：显示当前选中的函数的语法和描述信息。函数的语法表明了如何在程序中使用函数，描述信息则表明了函数的作用。在此可以编辑外部函数的描述信息，但是系统函数的描述信息不能被更改。

“粘贴”命令按钮：用于将当前处于选中状态的函数

粘贴到计算图标编辑窗口、文本对象或文本框中插入点光标当前所处的位置。

“完成”命令按钮：用于保存所做的修改并关闭对话框窗口。

10.3.5　导入外部扩展函数

使用 Authorware 的系统函数不需要导入，直接在计算图标等函数使用场合内按格式粘贴使用即可。而外部扩展函数的使用则需要先导入，否则无法正常工作。下面介绍一下常用的 UCD（User Code Documents，用户代码文档）和 DLL 的函数导入。经常使用的 UCD 的文件一般有两种不同的类型，其后缀分别是.ucd 和.u32。其中后缀为.ucd 的文件是使用在 Windows 3.X 这样的 16 位操作系统环境下的，而后缀为.u32 是使用在 Windows 95/98/NT 这样的 32 位操作系统环境下的。

导入的步骤如下。

（1）在函数对话框中的“分类”下拉列表中选择欲导入函数的程序文件名为“未命名”，此时“载入...”按钮变为可用状态，如图 10-12 所示。

（2）单击“载入...”按钮后选择欲导入的函数库，如图 10-13 所示，即 U32（UCD）或者 DLL 文件。

图 10-12　导入外部函数

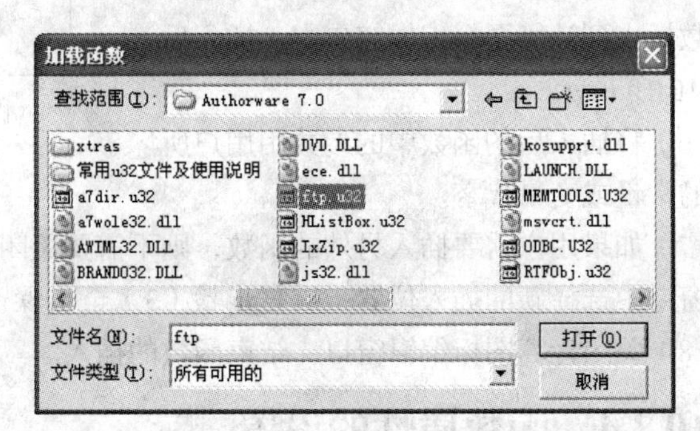

图 10-13　加载函数

（3）假如是导入 U32（UCD）内封装的函数，则会出现如图 10-14 所示的界面，此时选择好欲导入的函数后单击“载入”按钮即可。如果要在函数列表中同时导入多个函数，可以在按住 Ctrl 键的同时用鼠标进行点选。假如是导入 DLL 内封装的函数，则会弹出如图 10-15 所示的界面，输入相关的函数名和参数类型后单击“载入”按钮即可。成功导入后在窗口的左下角有一提示信息，如此重复导入其他的 DLL 函数，导入完毕后单击“完成”按钮结束 DLL 函数导入工作。

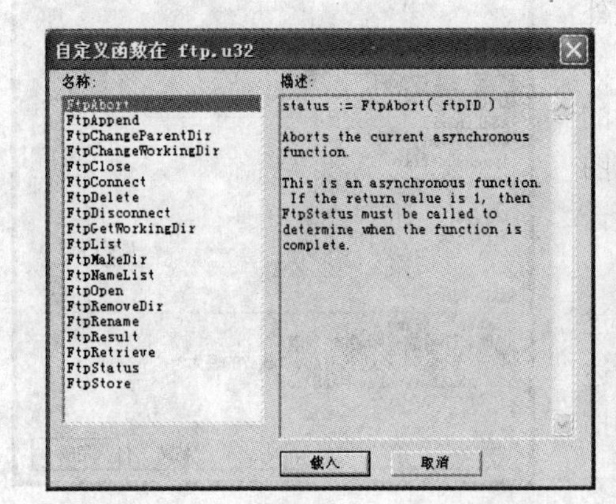

图 10-14　导入 U32（UCD）内封装的函数

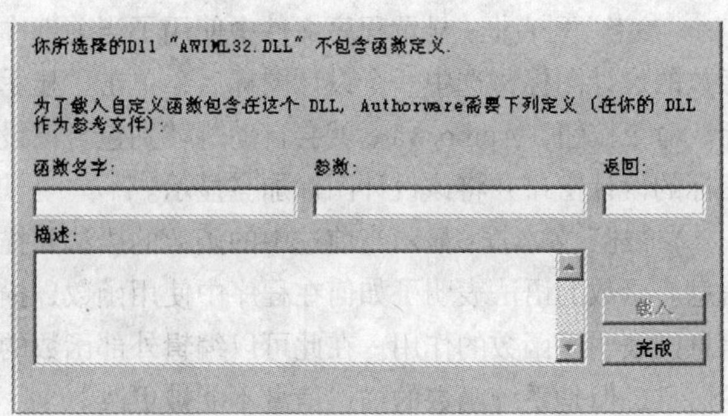

图 10-15　导入 DLL 内封装的函数

当外部扩展函数导入到程序中后，就可以像使用系统函数那样使用它们了。

下面附一些常用的 UCD 功能简介。

A7wmme.ucd/u32：设置对各种媒体播放控制的函数，如 Wave，CD，Video 等。

A7dir.ucd/u32：设置 Director 电影控制的函数。

Anicur.ucd/u32：设置动画光标。

Apwkeys.ucd/u32：识别 Windows 的一些特殊键，如 Alt 键，Ctrl 键等。

Apwmouse.ucd/u32：设置鼠标键的功能。

Budwav.ucd/u32：控制 Wave 文件的音量。

Copyfile.ucd/u32：设置文件的复制。

DDE.ucd/u32：提供支持应用程序之间动态传递数据的函数。

Dib.ucd/u32：从 Dib 文件中获得调色板设置。

Disptext.ucd/u32：设置展示窗口的指定位置显示指定了字体、字型、字号、字色等特性的文本。

Edit.ucd/u32：处理文本。

Filedlgs.ucd/u32：设置标准的 Windows 文件对话框。

Ftp.ucd/u32：提供对网络 FTP 下载服务的控制函数。

Listbox.ucd/u32：设置带滚动条的列表框。

Memtools.ucd/u32：提供各种管理和分配内存的函数。

ODBC.ucd/u32：设置数据库操作。

Palette.ucd/u32：设置调色板。

Prnt.ucd/u32：设置打印机操作函数。

Scrledit.ucd/u32：设置文本编辑框。

Winapi.ucd/u32：提供 Windows 的 API 函数。

Cover.ucd/u32：设置是否覆盖 Windows 的桌面。

10.4 表 达 式

10.4.1 运算符的类型

在变量和函数的使用过程中，经常需要将它们以一定的方式进行运算，这些运算方式就是由运算符提供的。运算符就是提供操作方式的符号，如加法运算符（+）、“逻辑与”运算符（&）等。

Authorware 中的运算符有 5 种类型：算术运算符、逻辑运算符、连接运算符、关系运算符和赋值运算符。这些运算符的作用如表 10-1 所示。

表 10-1　Authorware 中的运算符

运算符类型	运算符	含义	运算结果
算术运算符	+	将运算符左右两边的值相加	数值
	-	将运算符左右两边的值相减	

续表

<table>
<tr><th>运算符类型</th><th>运算符</th><th>含义</th><th>运算结果</th></tr>
<tr><td rowspan="3"></td><td>*</td><td>将运算符左右两边的值相乘</td><td rowspan="3"></td></tr>
<tr><td>/</td><td>用运算符左边的值除以运算符右边的值</td></tr>
<tr><td>**</td><td>以运算符左边的值为底，右边的值为指数求幂</td></tr>
<tr><td rowspan="3">逻辑运算符</td><td>~</td><td>逻辑非</td><td rowspan="3">TRUE 或 FALSE</td></tr>
<tr><td>&</td><td>逻辑与</td></tr>
<tr><td>|</td><td>逻辑或</td></tr>
<tr><td>连接运算符</td><td>^</td><td>将运算符左右两边的字符串连接成一个字符串</td><td>字符串</td></tr>
<tr><td rowspan="6">关系运算符</td><td>=</td><td>判断运算符两边的值是否相等</td><td rowspan="6">TRUE 或 FALSE</td></tr>
<tr><td><></td><td>判断运算符两边的值是否不相等</td></tr>
<tr><td><</td><td>判断运算符左边的值是否小于右边的值</td></tr>
<tr><td>></td><td>判断运算符左边的值是否大于右边的值</td></tr>
<tr><td><=</td><td>判断运算符左边的值是否不大于右边的值</td></tr>
<tr><td>>=</td><td>判断运算符左边的值是否不小于右边的值</td></tr>
<tr><td>赋值运算符</td><td>: =</td><td>将运算符右边的值赋予左边的变量</td><td>运算符右边的值</td></tr>
</table>

我们已知道大部分运算符的使用方法，在这里，再来介绍一下逻辑运算符的运算规则，如表 10-2 所示。

表 10-2　　逻辑运算符的运算规则

<table>
<tr><th>A</th><th>B</th><th>~A</th><th>A&B</th><th>A | B</th></tr>
<tr><td>TRUE</td><td>TRUE</td><td>FALSE</td><td>TRUE</td><td>TRUE</td></tr>
<tr><td>FALSE</td><td>FALSE</td><td>TRUE</td><td>FALSE</td><td>FALSE</td></tr>
<tr><td>TRUE</td><td>FALSE</td><td>FALSE</td><td>FALSE</td><td>TRUE</td></tr>
<tr><td>FALSE</td><td>TRUE</td><td>TRUE</td><td>FALSE</td><td>TRUE</td></tr>
</table>

10.4.2 运算符的优先级

当一个表达式中含有多个运算符时，不一定按照从左到右的顺序进行运算，而是按照 Authorware 规定的运算规则所决定的运算的先后顺序，这就是运算符的优先级。

例如，现有表达式：total:=10+number-count1*count2

Authorware 执行运算的步骤如下。

第 1 步：count1*count2　　执行"*"运算，设结果为 result1；

第 2 步：10+number　　执行"+"运算，设结果为 result2；

第 3 步：result2-result1　　执行"-"运算，设结果为 result3；

第 4 步：total:=result3　　执行":="运算，将值 result3 赋给变量 total。

在这个表达式中出现了 4 个运算符，按照 Authorware 的运算规则，"*"运算符优先于"+"运算符和"-"运算符，而这两个运算符优先于":="运算符；"+"运算符在左，"-"运算符在右，前者优先于后者。另外，括号也能改变运算进行的顺序：处于括号中的运算优先进行，嵌套在最内层括号中的运算最先进行。

表 10-3 列出了 Authorware 中所有运算符的优先级，位于同一行的运算符具有同一优先级，如果表达式中的多个运算符处于同一级别，则按从左至右的顺序执行。

表 10-3　　　　　　　　　　　　运算符的优先级

优先级	运算符	优先级	运算符
1	()	6	^
2	~，+（正号），-（负号）	7	<，=，>，<>，>=，<=
3	**	8	&，|
4	*，/	9	:=
5	+，-		

注：优先级中 1 代表最高优先级，9 代表最低优先级。

10.4.3　表达式

表达式是由常数、变量和函数通过运算符和特定的规则结合组成的语句，用于执行某个运算过程或执行某种特殊的操作，它可以用于一些图标的属性对话框、计算图标及附属计算图标和文本对象中（表达式的使用场合同变量、函数的使用场合，在文本对象中使用需用花括号括注）。

在使用表达式的过程中，我们应该注意以下两方面。

字符串的使用：字符串必须用双引号括起来，以区别于变量名、函数和运算符。字符串中有反斜杠“\”时一般应在反斜杠前增加一个反斜杠。例如，表达式“C：\\AUTHORWARE7.0\\A7WMME.U32”。

注释的使用：一目了然的注释既能增强程序的可读性，又可以方便设计者日后对程序代码的修改与维护。在表达式和语句末尾可加注释内容，注释内容在程序执行中并不被执行。注释的使用为在注释内容前加上两个连字符（--）。例如：

```
X:=100        --给变量 X 赋值 100
```

10.5　语　　句

在计算图标中，可以使用各种控制语句，实现变量值的变化导致处理的不同、图标间的转移以及对外部程序的调用。条件语句和循环语句是 Authorware 中两个非常有用的控制语句。条件语句是用于某条件的判断上，并根据判断结果决定执行哪条分支动作。循环语句是在条件仍然满足的情况下重复执行某一段程序代码，而被重复执行的这段代码通常被称为循环体。

10.5.1　条件语句

格式：

```
If <条件表达式> Then
<语句体 1>
[else
<语句体 2>]
```

```
end if
```

功能：

当条件表达式成立时，执行语句体 1；当条件表达式不成立时，执行语句体 2。执行完后，都执行 end if 下边的语句。方括号表示可以不带 else 和<表达式 2>，当不带 else 和<表达式 2>时，若条件表达式成立，执行语句体 1；否则什么都不做直接执行 end if 下边的语句。

例如：

```
If X >30 Then
  N:= "错误! "
else
  N:= "正确! "
End if
```

条件语句允许嵌套使用，用以对更为复杂的情况进行判断，如下面的代码：

```
If <条件表达式 1> Then
  <语句体 1>
else if <条件表达式 2> Then
      <语句体 2>
else
      <语句体 3>
end if
```

上述程序代码的含义是：如果条件表达式 1 成立，程序将执行语句体 1；如果条件表达式 2 成立，程序将执行语句体 2；否则程序只能执行语句体 3；执行完这个条件结构后，程序自动由 end if 来结束整个条件判断。

例如，求下面分段函数的值。

$$Y=\begin{cases}3X^3+2X^2-4X+1 & (0<X\leqslant 2)\\ X^2-3X+10 & (12<X\leqslant 20)\\ 5X^2+1 & (20<X\text{或}X\leqslant 0)\end{cases}$$

在流程线上加入一个计算图标，命名为“求分段函数的值”，再在该图标下边加入一个名称为“显示结果”的显示图标，其内输入：{Y}。在计算图标内输入如下程序：

```
If  (X<=12) & (X>0)  Then
  Y: =3*X**3+2*X**2-4*X+1
Else if  (X<=20) & (X>12)  Then
  Y: =X**2-3*X+10
Else
  Y: =5*X**2+1
End if
```

10.5.2 循环语句

（1）一般型循环语句

格式：

```
repeat with <循环变量>: = <初始值> to  |  down to <终止值>
    <循环体语句>
end repeat
```

功能：

表示在循环变量处于初始值和终止值之间时，执行循环体语句。终止值既可以比初始值大，也可以比它小，如果小的话，需要加上 down 表示循环变量从大到小变化。循环次数为终止值减去初始值再加 1（终止值比初始值大）。

该语句的执行过程如下：

循环变量被赋初始值，它仅被赋值一次；

判断循环变量是否在终止值内，如果是，执行循环体；如果否，结束循环，执行 end repeat 的下一语句。

循环变量加 1 或减 1，继续循环。

例如，求 1～5 的累加和。

```
sum:=0
repeat with i:=1 to 5
sum:=sum+i
end repeat
```

循环变量 i 被赋初始值为 1，每执行一次循环，循环变量 i 的值就自动加 1，直到 i>5 时循环自动结束。

（2）条件型循环语句

格式：

```
repeat while <条件表达式>
    <循环体语句>
end repeat
```

功能：

当条件表达式成立时，执行循环体语句，然后返回条件表达式继续判断是否成立，决定是否继续执行循环体语句；否则退出循环，执行 end repeat 的下一语句。

例如，求 1～5 的累加和。

```
sum:=0
i:=1
repeat while i<=5
  sum:= sum +i
  i:=i+1
end repeat
```

使用这种类型的循环语句时，要注意在循环体语句内设置语句，使得条件表达式由原来的成立变为不成立，循环便终止执行，否则程序会陷入死循环。

（3）根据列表的循环语句

格式：

```
repeat with X In list
    <循环体语句>
end repeat
```

功能：

语句中 X 为循环变量，list 是一个列表，循环的次数决定于列表中数据的个数，每循环一次，就把列表中的一个数据赋给循环变量 X，从左到右依次进行，然后执行循环体语句。当列表中的数据均赋值后退出循环，执行 end repeat 的下一语句。

例如，求 1～5 的累加和。

```
list:=[1, 2, 3, 4, 5]    --建立一个列表 list
sum:=0
```

```
repeat with  i in  list
    sum:= sum +i
end repeat
```

这里 i 的值依次取 1、2、3、4、5。

（4）退出循环

格式：exit repeat

功能：该语句置于循环体中，当程序执行到它时，则退出循环，执行 end repeat 的下一语句。

例如，求 1～5 的累加和。

```
sum:=0
i:=0
repeat while True
  i:=i+1
  sum:=sum+i
  If  i>5  then  exit  repeat
  end repeat
```

（5）终止本轮循环

格式：next repeat

功能：该语句用于提前结束本轮循环（略过从它到 end repteat 之间的语句），直接进入下一轮循环。

10.5.3　动手实践：编写代码

前面介绍了有关编写程序代码的基础知识，下面举一个应用有关知识的例子。在常见的多媒体应用程序中，运行开始都会出现软件介绍、当前时间及使用者姓名等设计。下面编写一个代码，实现程序运行后，输入姓名刷新屏幕后，出现欢迎该用户的语句，显示今天的日期，以及这个月有多少天。还可以查看用户是否曾经运行过该程序，并启动不同的欢迎画面。

整个程序的流程图如图 10-16 所示。

具体制作步骤如下。

图 10-16　欢迎画面的流程图

（1）在空白流程线上拖放一个计算图标，把它命名为“变量初始化”。打开这个计算图标，输入“totaluser:="" --以前的用户列表”。

（2）拖放一个显示图标，命名为“启动画面”。打开这个显示图标，用文字编辑工具输入“现在的时间是{Hour}点{Minute}分，请输入你的姓名:”，并设置该显示图标属性对话框中“更新变量显示”选项为选中状态。

（3）拖放一个交互图标，命名为“交互”，然后拖放一个计算图标到其右侧，选择类型“文本输入”，并将其命名为“*”。打开计算图标，输入“UserName:=EntryText”。启动画面，效果如图 10-17 所示。

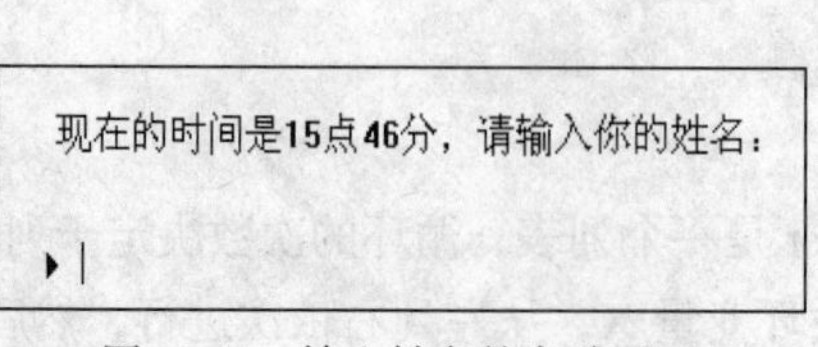

图 10-17　输入姓名的启动画面

（4）拖放一个显示图标，命名为“欢迎画面”。打开这个显示图标，用文字编辑工具输入“你的名字是否为{UserName}，欢迎使用!今天是{Month}月{Day}日，{DayName}，本月共有{monthday}天。”

其中，Month、Day 和 Dayname 是系统变量，无须赋值。

选择“欢迎画面”图标，按鼠标右键，在弹出的快捷菜单中选择“计算...”，在打开的计算图标编辑窗口中输入以下语句：

```
EraseAll( )
if Month=1|Month=3|Month=5|Month=7|Month=8|Month=10|Month=12 then
   monthday:=31
end if
if Month=2 then
   monthday:=28
end if
if Month=4 | Month=6 |Month=9 | Month=11 then  monthday:=30
```

系统函数 EraseAll ( )的作用是删除演示窗口中所有对象。

（5）新老用户查询，如果是新用户，把名字写入用户名文件 user.txt 文件中，并显示出这是一名新用户；如果可以在用户名文件中找到输入的用户名，则不改变用户名文件，并显示出欢迎老用户信息。

在“欢迎画面”附属计算图标的编辑窗口最上端输入以下语句：

```
totaluser:=ReadExtFile(FileLocation^"user.txt")
if Find(UserName,totaluser)=0 then
   welcome:="新朋友，欢迎第一次进入这个程序"
   AppendExtFile(FileLocation^"user.txt",UserName)
else
   welcome:="欢迎你，老朋友"
end if
```

FileLocation：指程序文件的当前位置。

ReadExtFile（文件名）：把指定的文本文件内容读到字符串变量中；AppendExtFile（文件名，字符串变量）：把字符串变量的内容写到文本文件末尾。

Find（字符串 1，字符串 2）：查找字符串 2，看看其中有无字符串 1。如果没有找到将返回零，否则返回字符串 1 在字符串 2 中首次出现的位置。

打开“欢迎画面”显示图标，在适当地方用文字编辑工具输入{welcome}。

（6）拖放一个等待图标实现暂停，拖放一个计算图标，在其中输入退出语句，完成制作。

习 题 十

一、选择题

1. 一个 Authorware 文件内部跳转使用（　　）函数。

   A. jump file()　　B. goto()　　C. jump file reture()　D. x()

2. 按 Authorware 变量存储分，有（　　）种数据类型。

   A. 5　　B. 6　　C. 7　　D. 8

3. 下列（　　）属于自定义变量。

   A. move　　B. TRUE　　C. sec　　D. date

4. 取得系统时间可以使用（　　）变量。

   A. Time　　B. FullTime　　C. NumEntry　　D. TimeMatched

5. 下面关于系统变量的说法中，错误的是（　　）。

A. 系统变量用于绘制图形、交互判断和记录文件信息等

B. 系统变量的建立和更新由 Authorware 系统自动实现

C. 系统变量后面带一个“@”符号，再接一个图标名，表示该变量指示与这个图标的有关信息

D. 使用系统变量可以利用工具栏上的“变量窗口”按钮，在弹出的“变量”对话框中显示的是 Authorware 中所有的系统变量

6. 下面关于自定义变量的说法中，正确的是（　　）。

A. 自定义变量由用户程序来设置，在定义时必须指明变量的类型

B. 自定义变量不能与系统变量重名

C. 设置自定义变量的唯一做法是单击“变量窗口”按钮，在弹出的对话框中进行新建变量

D. 对自定义变量可以进行删除操作，但不能改名

7. 在 Authorware 7.0 中，（　　）。

A. 函数可以分为系统函数和自定义函数两大类

B.“函数”对话框提供了外部函数的载入和卸载功能

C. 允许使用用户编码文档（UCD）中的函数资源，但无法调用动态链接库（DLL）

D. a、b 正确

8. 在 Authorware 7.0 中，下面（　　）运算符的优先级最高。

A. ～　　B. *　　C. >　　D. &

9. 使用表达式时，下面（　　）判断是不恰当的。

A. 可以在演示窗口中使用系统变量构成的表达式，这样就能够向用户反映或提示当前程序的进行情况

B. 在计算图标中使用表达式，表达式直接书写在计算图标的窗口中

C. 可以在任意图标的属性对话框中使用表达式

D. 主要目的是用来设置条件，或者显示变化的量之间的关系，以及用来控制程序的执行

10. 表示逻辑关系中的“与”、“或”、“非”是（　　）。

A.“&”、“|”、“#”　　B.“&”、“|”、“～”

C.“～”、“&”、“|”　　D.“|”、“～”、“&”

二、填空题

1. 从用户角度看，Authorware 提供的变量包括两种类型，分别是________和________。

2. 取得系统时间可以使用________变量。

3. 要得到用户输入的数字要使用________变量。

4. 在文本对象中引用变量，必须用________括起来。

三、思考题

1. 在 Authorware 中都有哪些地方可以使用变量、函数和表达式？

2. 为什么要给自定义变量提供描述信息？为什么要为程序代码添加注释？

3. 编写一个程序，可以求连续整数的和。

4. 编写一个“两位数字加减法练习”，并控制是做加法还是做减法。

第 11 章 库、模块和知识对象

【本章概述】

本章讲述库、模块与知识对象，目的是通过使用 Authorware 已经编写好的一些独立程序——模块和知识对象，省时省力，轻松完成一件多媒体作品的制作，以便大幅度提高开发效率。

在多媒体作品的开发中，经常会重复使用一些相同的内容，比如相同的画面、相同的分支结构以及类似的功能模块。如果每次使用这些内容时都重复创建一遍，是非常消耗时间和人力的，同时也浪费大量的存储空间。利用 Authorware 提供的库、模块和知识对象可以解决这一问题。

11.1 库 的 使 用

库可以理解为是各种图标的集合。在使用其中某个设计图标时，只需在程序中建立与库文件中设计图标的链接关系即可。库是一个外部文件，独立于用户作品之外。库中可以存放显示图标、交互图标、计算图标、声音图标和数字化电影图标 5 种图标。由于库文件可以与 Authorware 应用程序相分离，多个程序可以共用一个库文件中的设计图标，一个程序也可以同时使用多个库文件中的设计图标，这样不但可以将应用程序进行分工，让不同的设计人员进行合作开发，易于管理和组织，而且大大节省存储空间，提高程序运行时的速度。

11.1.1 库窗口

要在应用程序中使用一个库文件中的内容，必须打开库文件，选择“文件|打开|库...”菜单命令，弹出“打开库”对话框，如图 11-1 所示。

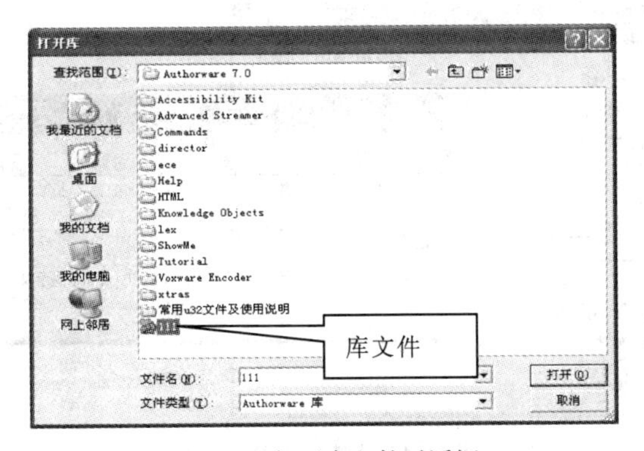

图 11-1 打开库文件对话框

在该对话框中，选中要打开的库文件，然后单击“打开”按钮打开该库文件，如图 11-2 所示。

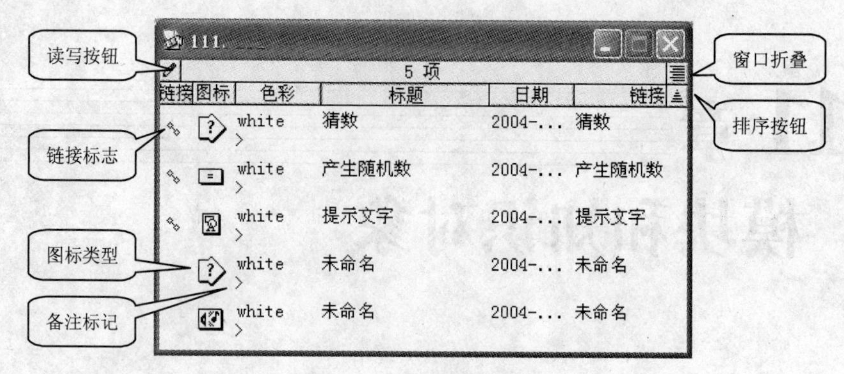

图 11-2　打开库文件窗口

11.1.2　库文件的建立

进入 Authorware，执行“文件|新建|库...”菜单命令，就建立了一个新的库文件，库文件窗口如图 11-3 所示。

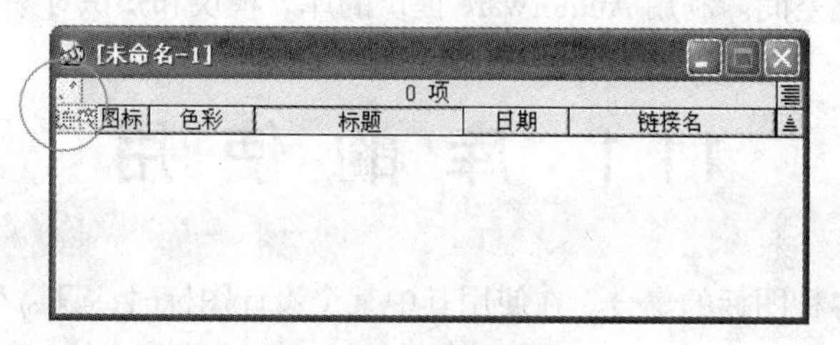

图 11-3　库文件窗口

此时库窗口中的“读/写”按钮、“连接”按钮都是灰显的，同时标题栏下方的图标个数为“0 项”，表示此时库窗口中还没有图标。

如果要为库窗口中添加图标，可以将应用程序设计窗口流程线上的图标直接拖动到库中。当将图标拖动到库窗口中后，在库窗口中该图标的名称与拖动的图标名称相同；同时，左边有链接标记，表示库窗口的图标与应用程序设计窗口中的对应图标建立了链接。而且，应用程序设计窗口的流程线上的对应图标的标题变成了斜体，表示该图标是库窗口中图标的一个映像副本，也就是库窗口中的一个链接图标，而该图标的原型则被移动到了库窗口中，如图 11-4 所示。

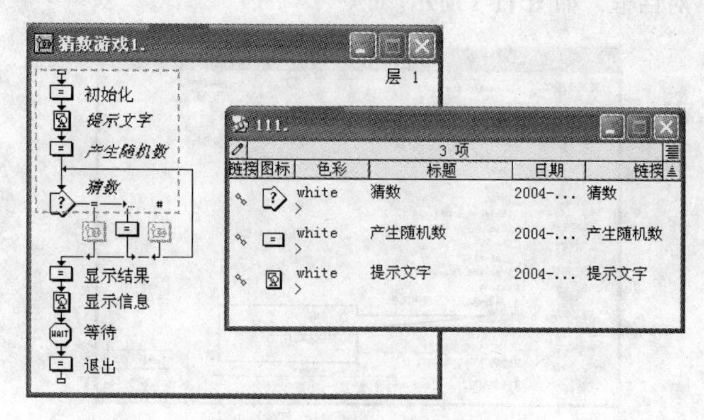

图 11-4　为库窗口添加图标

当库创建好以后，执行“文件|保存”菜单命令，弹出保存库文件的对话框，保存文件为.a7l扩展名。

11.1.3　库文件的编辑

1. 删除库窗口中的图标

删除库窗口中图标的步骤是：打开库窗口，在库窗口中选择要删除的图标。然后单击工具栏中的“剪切”按钮或直接按下键盘中的 Delete 键，即可将选中的图标删除。

如果选中要删除的图标中包含与应用程序有链接关系的图标，则 Authorware 会弹出一个提示对话框，告诉用户该操作会断开链接关系，如图 11-5 所示。如果单击“继续”按钮，会将选中的所有图标删除；如果单击“取消”按钮，将取消删除操作。

当剪切掉一个与应用程序有链接关系的图标时，应用程序中对应的图标左边会出现断开链接标记；如果将剪切掉的与应用程序中有链接关系的图标重新粘贴到原库中，Authorware 发现是原来被剪切掉的，会弹出一个提示对话框，询问用户是否恢复图标之间的链接关系。

当单击“重新连接”按钮时，该按钮将会重新粘贴到原库中，并且也恢复了原来的链接关系。此时应用程序中与该图标链接的图标左边的断开链接标记消失。

当单击“不要连接”按钮时，该图标将重新粘贴到原库中，但不恢复原来的链接关系。此时应用程序中与该图标链接的图标左边的断开链接标记依然存在。

2. 修改库文件中的图标

当打开一个程序文件时，与其有链接关系的库文件也随之被打开，此时就可以对库文件中的设计图标进行编辑，如果相应库文件窗口没有显示出来，可单击“窗口|函数库”菜单命令，选取库文件显示。

编辑库文件中的图标与编辑普通图标一样，可以编辑其内容，修改设计图标的属性，但会对多个程序文件中与之有链接关系的设计图标造成影响。

库文件窗口中的各种按钮也影响着对设计图标的编辑，单击窗口左上方“只读/改写”按钮，可以使库文件在只读和改写两种状态之间切换：当库文件处于改写状态时，可以将修改过的内容保存下来；当库文件处于只读状态时，仍然可以对设计图标进行修改，但是这些改变不能被保存。单击窗口右上方“扩展/折叠”按钮，可以使库文件窗口反复在扩展和折叠状态间切换。在扩展状态下可以为库设计图标添加标注，如图 11-6 所示。

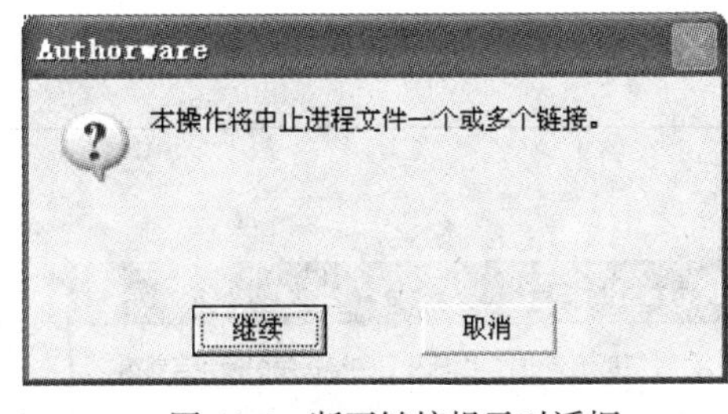

图 11-5　断开链接提示对话框

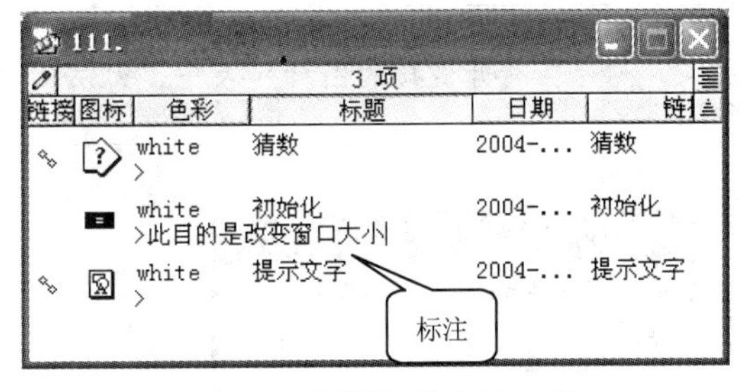

图 11-6　给设计图标添加标注

11.1.4　链接的建立与断开

1. 建立链接

将库窗口中的图标与应用程序设计窗口中的图标建立链接，一般来说有 3 种方法。

- 拖动应用程序设计窗口中的图标到库窗口中

按照上面为库窗口添加图标的方法，将应用程序设计窗口中的图标拖动到库窗口中，Authorware 会自动将库窗口中的该图标与原图标建立链接。

- 从库窗口中将图标拖动到应用程序的设计窗口中

这种方法使用的比较多。在库窗口中将一个图标进行编辑后，然后将它拖动到应用程序设计窗口流程线上的合适位置，Authorware 会自动将新拖入的图标作为链接图标。此时可以对链接图标的其他特性进行设置。

- 从一个库窗口中拖动一个具有链接关系的图标到另一个库窗口中

按照上面为库窗口添加图标的方法，将两个库都打开，同时显示在屏幕上，然后从一个库窗口中拖动一个具有链接关系的图标到另一个库窗口中，此时系统会弹出一个提示对话框，询问用户是否维持链接关系，单击"重新连接"按钮确定保持链接关系。

此外，还有一些其他方法，比如使用剪切、复制、粘贴命令等，此处不再赘述。

2. 断开链接

要断开库窗口中的图标与应用程序设计窗口中的链接图标之间的链接，一般只有通过将库窗口中的图标进行删除或剪切，然后在弹出的系统提示对话框中确定断开链接；或者通过将设计窗口中的链接图标进行删除或剪切即可。

3. 使用库链接对话框

单击"Xtras|库链接"菜单命令，打开"库链接"对话框，如图 11-7 所示。

在"库链接"对话框"显示"单选组中有两个单选钮。

- "继续链接"单选钮：选择该单选钮，下面的图标列表中列出的图标是未断开链接的图标。
- "打断链接"单选钮：选择该单选钮，下面的图标列表中列出的图标是断开链接的图标。

"显示图标"按钮：当在图标列表中只选中一个图标时，该按钮被激活，此时可以单击该按钮，查看应用程序中被选中的图标在流程线上的位置。

"选择全部"按钮：单击该按钮，可选中图标列表中所有的图标。

"更新"按钮：该按钮是用于更新链接用的。在图标列表中选中图标，单击该按钮，系统会弹出如图 11-8 所示的提示对话框，单击提示对话框中的"更新"按钮，将更新链接；如果单击"取消"按钮，将取消更新。

在断开链接的图标列表中，无法对其中的图标进行更新，此时"更新"按钮灰显。

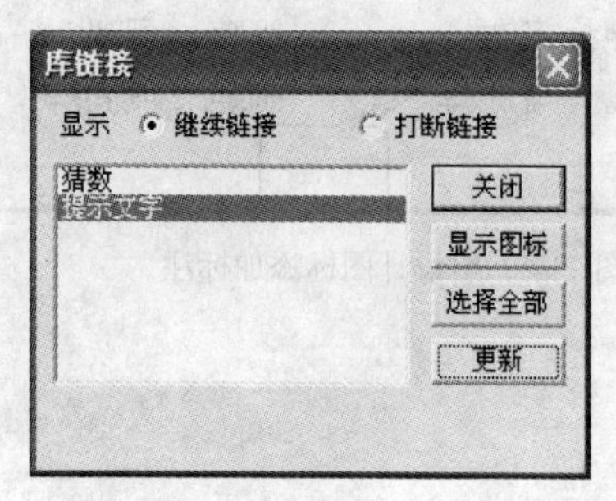

图 11-7 "库链接"对话框

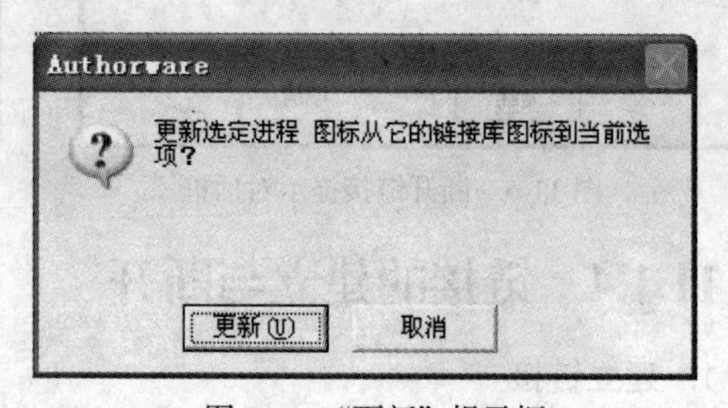

图 11-8 "更新"提示框

11.2　模块的使用

11.2.1　模块的概念

模块是指流程线上的一段逻辑结构，它是在程序设计中，把将会多次使用的程序段做成程序模块，并在需要时引用模块，该程序段包含各种设计图标和分支结构。与使用库不同，在使用模块时，Authorware 是将该模块的复制品插入到流程线上而不是建立一种链接关系。

模块与库的本质区别在于它是功能的集合，而不是设计图标的集合。模块的内容，可以是一个图标，也可以是多个图标组成的程序段。在现有程序中，凡是具有重复使用价值的内容，都可以将其建立成模块。

用户建立的模块，将保存在 Authorware 系统中。在当前程序或新建程序中，通过知识对象窗口，可以查找和引用已经建立的模块。

11.2.2　模块的创建与使用

以“电影片尾”为例，我们在前面已经学到，在影片结束时的演职人员名单出场一般是从下而上，在移动中消失。在程序设计上则反映它是由多个显示图标和运动图标的组合而建立。它包含了一个影片片尾的通用格式，如文字的字体、大小、颜色、位置和运动方式，具有普遍应用价值。为此，把这几个图标编辑并保存成一个模块，在以后的创作中直接引用，将会带来一定的方便。下面就以此为例介绍创建和使用模块的方法。

进入 Authorware，打开例题程序，在设计窗口中选择所需的内容，然后执行“文件|存为模型”菜单命令，随即弹出“保存在模型”对话框，如图 11-9 所示。

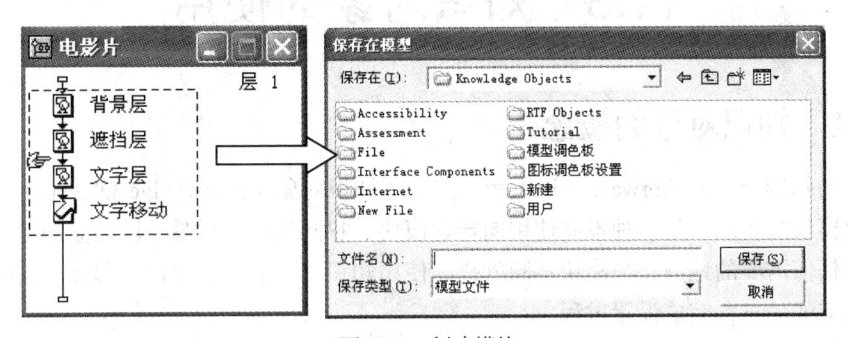

图 11-9　创建模块

在自动打开的 Authorware 安装目录的 Knowledge Objects 文件夹下，建立一个文件夹（为了与 Authorware 原有的内容相区别，建立保存用户模块的子文件夹“用户”）。打开文件夹“用户”，以“片尾”为名保存模块文件，单击“保存”命令按钮，就会生成一个扩展名为.a7d 的模块文件。

将模块文件保存在 Authorware 的 Knowledge Objects 文件夹的子文件夹中。

如果“知识对象”窗口此时没有打开，执行“窗口|知识对象”菜单命令；如果“知识对象”

窗口中没有出现刚才保存的模块，单击“刷新”命令按钮。也可关闭设计窗口中的例题“电影片尾”程序，对所做的修改不加保存，重新进入 Authorware，打开知识对象窗口，在“分类”项下选择“用户”，即可看到所保存的模块，如图 11-10 所示。双击模块“片尾”，或者将其拖放到设计窗口中，就可以看到模块的内容。

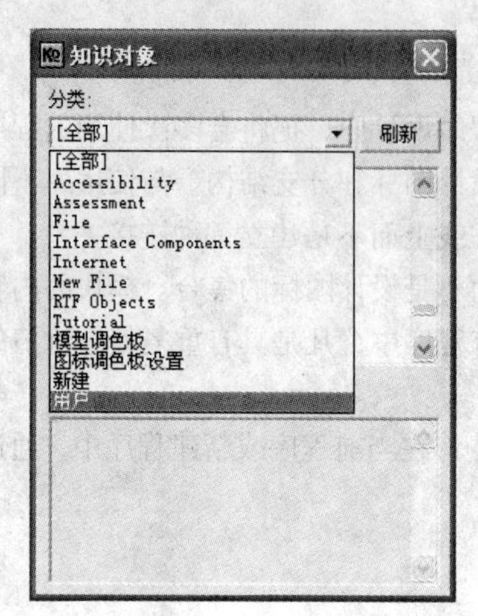

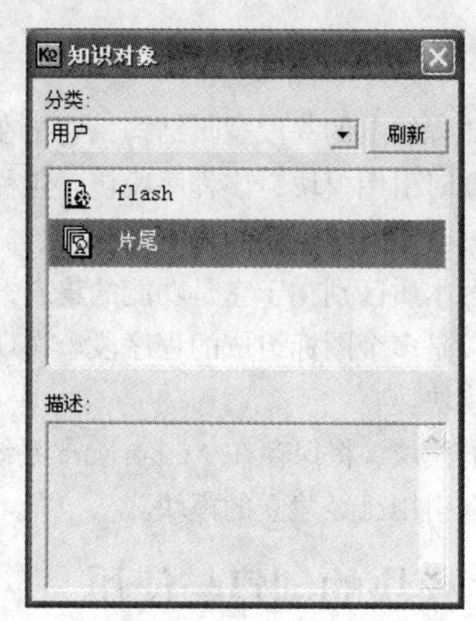

图 11-10　用户模块查找

以上实例中所建立的模块虽然简单，但已经体现了建立和使用模块的基本操作过程，既便是内容复杂的模块，建立和使用的方法也与此相同。

模块建立后就被保存在 Authorware 系统中，它不仅在当前程序中可以使用所建立的模块，而且在任意的新建程序中，也都可以使用所有的用户模块。

11.3　知识对象的使用

11.3.1　知识对象的概念

在模块的基础上，Authorware 5 以上版本加入了知识对象（Knowledge Objects）的内容。知识对象是对模块的扩展，是一种带有使用向导的模块。它同模块一样是一段独立的程序，可以插入到程序中任何需要的地方；与模块不同的是，使用知识对象需要通过向导程序的引导，由用户提供各种相应的信息，完成设置过程。

为了方便普通用户，Authorware 将一些使用频率较高的程序功能设计成一个个专门的模块，并命名为知识对象。例如，设置演示窗口的标题，复制一个文件，创建一个打开或保存文件的对话框，创建一组导航按钮，创建一批测验题乃至创建一个完整的教学课件。知识对象提供了实现这些功能的一个框架，使用知识对象时，只需要根据自己的使用目的，给出具体的内容，通过向导程序提供的一个个对话框，十分清楚地知道当前应该设置什么内容，怎样设置这些内容，实现自己所需要的功能。

由于使用知识对象，不需要直接使用各种图标、变量和函数，只需要在向导程序的引导下进行内容设置，这样一来，就大大降低了对用户的要求，同时也提高了开发的效率。

知识对象中的大多数只提供一些局部功能，它们只能作为程序的一个组成部分，但知识对象中的“测验”和“应用程序”等能创建一个完整的测验和教学课件，使用时在进入 Authorware 主界面前，系统会弹出一个包含知识对象的“新建”对话框，如图 11-11 所示。

在进入到 Authorware 的主界面后，知识对象窗口已经被系统自动打开了，如图 11-12 所示。

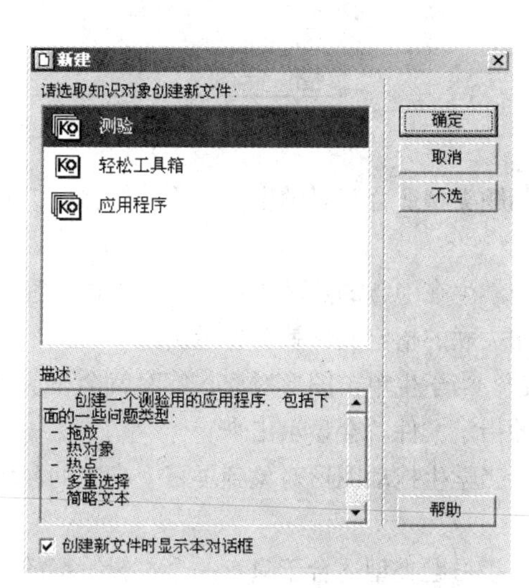

图 11-11　“新建文件”对话框

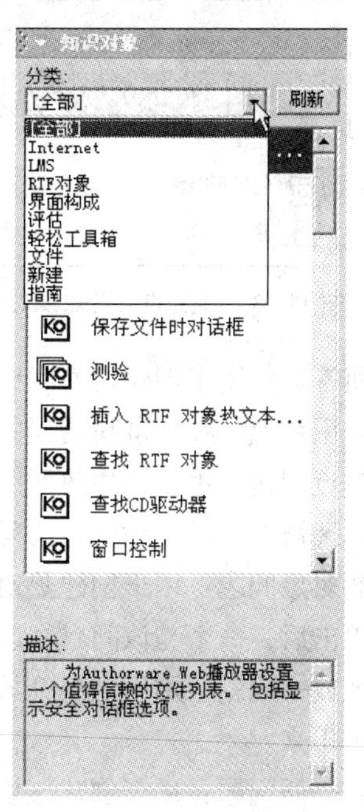

图 11-12　知识对象窗口

11.3.2　知识对象的种类

Authorware 提供了 8 种类型的知识对象。如图 11-12 所示，知识对象的类型显示在“分类”下拉列表中，选择其中之一，该类中所有的知识对象就会显示在下方的列表框中。

1. 轻松工具箱类型的知识对象

如图 11-13 所示，这种类型的知识对象，提供了一系列易于程序开发的工具，使用户可以更容易地接受程序。

（1）轻松框架模型：创建支持易用性的程序框架结构。

（2）轻松窗口控制：轻松工具箱框架模块的使用，让 Windows 更易于控制。

（3）轻松反馈：用于阅读交互性的反馈信息或设计图标的描述信息。

（4）轻松屏幕：键盘输入获取并读出屏幕内容。

2. 评估类型的知识对象

如图 11-14 所示，该类型知识对象用于创建各种测试程序，它包括 9 个知识对象。

（1）单选问题：用于创建单项选择题。该习题类型只适用于习题要求学生只有选中了唯一的正确答案才能得分的情况。

（2）得分：用于实现测试成绩的记录、统计和显示。

（3）登录：用于创建测试登录过程以及选择测试成绩存储方式。

（4）多重选择问题：用于创建多项选择测试题。该习题类型适合于有多于一个正确选项的习题。学生必须选中了所有正确的选项才可以得到本习题的分数。

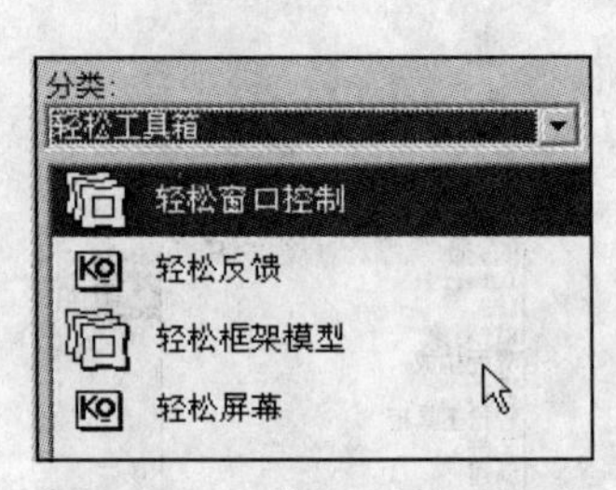

图 11-13　开发的工具知识对象

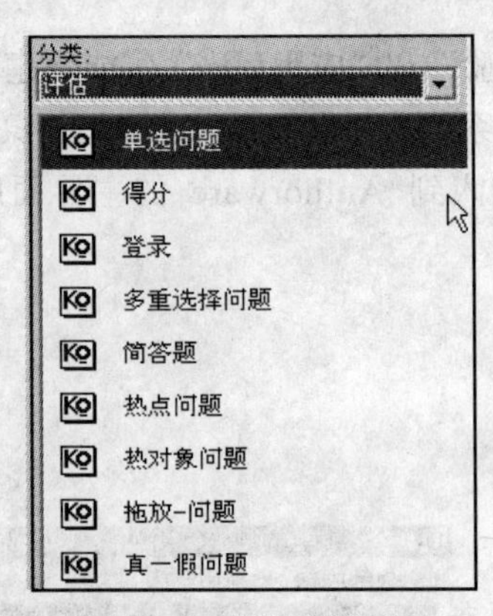

图 11-14　测试题类对象

（5）简答题：用于创建简答测试题。该问题类型适合于对学生信息输入做出反应的习题。通配符可以使用在允许细小拼写错误的习题。

（6）热点问题：用于创建热区测试题。当学生在隐含的热区中做了单击操作，答案就会显示出来。在热区被单击后，一个与该问题主题相关联的指定文件就会显示出来。

（7）热对象问题：用于创建热对象测试题。当学生单击图形对象，答案就会显示出来。在图形对象被单击后，一个与该问题主题相关联的指定文件就会显示出来。

（8）拖放—问题：用于创建拖放测试题。当学生拖动图形对象到屏幕上指定的区域时，答案会自动显示出来。

（9）真—假问题：用于创建正误判断题。该习题类型适合于只有一个逻辑答案的习题。

3. 文件类型的知识对象

如图 11-15 所示，该类型的知识对象都是一些与文件操作相关的知识对象，它包括 7 个知识对象。

（1）查找 CD 驱动器：用于查找到当前计算机上的第一个 CD-ROM 盘符，并将该盘符字母或字符路径储存到一个指定的变量中，以供用户的应用程序使用。

（2）读取 INI 值：用于从 Windows 配置设置文件（.INI）读取配置设置信息。

（3）复制文件：用于将指定的一个或几个文件复制到一个指定目录下。

（4）设置文件属性：用于设置一个或几个指定文件的属性。

（5）跳到指定 Authorware 文件：用于实现 Authorware 程序之间的跳转。

（6）写入 INI 值：用于向 Windows 配置设置文件（.INI）写入配置设置信息。

（7）添加—移除字体资源：用于添加或去掉计算机中的某种字体，以使自己的应用程序可以使用该字体。

4. 界面构成类型的知识对象

如图 11-16 所示，该类型的知识对象共有 13 种，用于创建各种界面对象。

（1）保存文件时对话框：用于创建一个保存文件的对话框，并可以使用变量保存用户保存的文件路径和名称。

（2）窗口控制：用于创建 Windows19 种常用控件，如命令按钮、复选框、列表框、进度条等。

（3）窗口控制—获取属性：用于获取由 Windows Control 产生的控制对象的属性。

（4）窗口控制—设置属性：用于对由 Windows Control 产生的控制对象的属性进行设置。

（5）打开文件时对话框：用于创建一个打开文件的对话框，并可以使用变量保存用户保存的文件路径和名称。

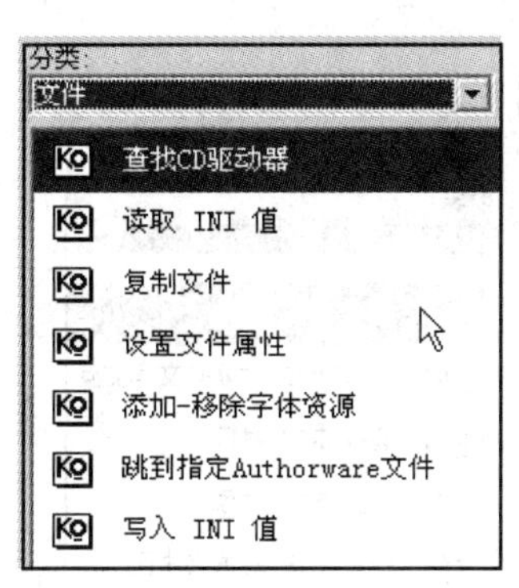

图 11-15　文件操作类对象

图 11-16　界面类对象

（6）电影控制：用于为播放的数字电影提供一个操作控制面板，可以播放的数字电影格式包括 AVI、DIR、MOV、MPEG 等几种。

（7）复选框：用于创建一个复选框。

（8）滑动条：用于创建一个指定的滚动条，其外观样式可以进行修改，同时将该滑动条所处的位置返回给一个变量，供应用程序使用。

（9）浏览文件夹对话框：用于创建文件夹浏览对话框，并可将用户选取的目录路径存放在一个变量中，供应用程序使用。

（10）设置窗口标题：用于设置当前 Authorware 应用程序的标题栏。如果在文件属性对话框中设置该应用程序无标题栏，则该知识对象无效。

（11）收音机式按钮：用于创建单选按钮。

（12）消息框：用于创建多种样式的信息提示框。

（13）移动指针：可以将鼠标光标移动到某个指定位置，而且移动可以设置成动态移动或直接跳转到指定位置。

5. Internet 类型的知识对象

如图 11-17 所示，该类型的知识对象都是一些与网络相关的知识对象，它包括 3 个知识对象。

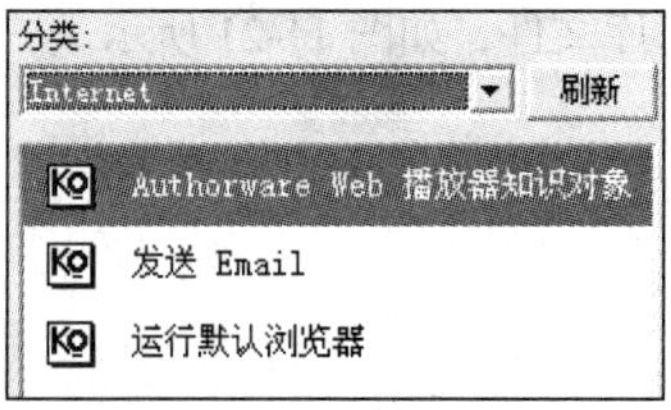

分类:
Internet　刷新
Authorware Web 播放器知识对象
发送 Email
运行默认浏览器

图 11-17　网络类对象

（1）Authorware Web 播放器知识对象：用于进行 Authorware Web player 安全属性设置。

（2）发送 Email：使用该知识对象，可以通过 SMTP（简单邮件传输协议）向指定的 Email 地址发送一个电子邮件，同时将发送结果（成功或失败）保存到一个变量中，供应用程序使用。

（3）运行默认浏览器：使用该知识对象，可以使用系统默认的网络浏览器来执行用户指定的 URL 地址或其他 EXE 程序，可以使用它来调用外部的可执行文件。

6. 新建类型的知识对象

如图 11-18 所示，该类型的知识对象共有 3 种，用于创建程序框架。

（1）测验：创建用于测验用途的多媒体程序，其中包含拖放、热区、热物、多项选择、单项选择、简答及正误判断等。

（2）轻松工具箱：选择是运行轻松工具箱引导窗口还是用框架结构方式新建文件。

（3）应用程序：创建适用于训练、演示用途的多媒体程序，尤其适合于创建训练学习类的多媒体程序。

7. RTF 类型的知识对象

如图 11-19 所示，该类型的知识对象共有 6 种，用于对 RTF 对象进行管理。

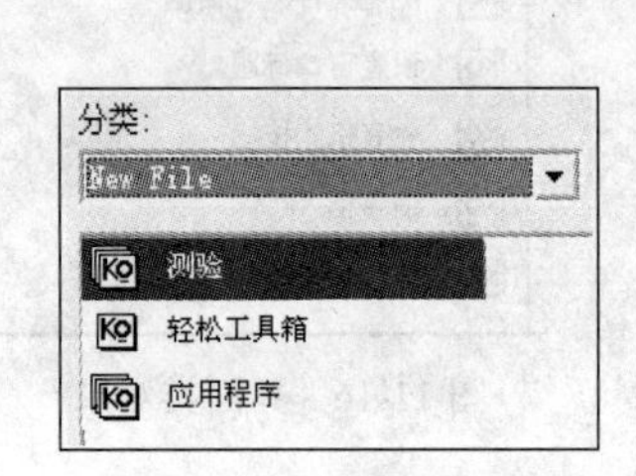

图 11-18 新建类对象

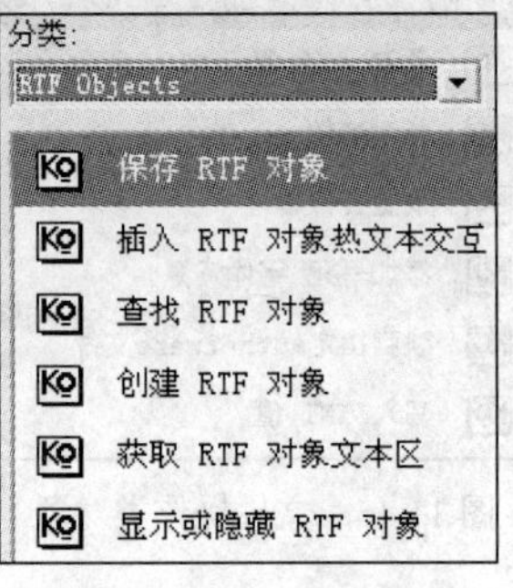

图 11-19 RTF 对象

（1）保存 RTF 对象：用于将 RTF 对象的内容以 RTF 文件或图像文件的方式输出到磁盘中。

（2）插入 RTF 对象热文本交互：它的作用是自动为指定的 RTF 对象创建具有热区响应的交互作用分支结构，并且自动读取 RTF 对象中与超文本对应的超链接代码。

（3）查找 RTF 对象：它的作用是在现有 RTF 对象中查找指定的文本内容。

（4）创建 RTF 对象：用于创建一个 RTF 对象。

（5）获取 RTF 对象文本区：用于从现有 RTF 对象中获取指定范围内的文本内容。

（6）显示或隐藏 RTF 对象：用于控制 RTF 对象的显示与隐藏。

8. 指南类型的知识对象

如图 11-20 所示，该类的知识对象都是一些与导航相关的知识对象，它只包括两个知识对象。

（1）拍照：使用该知识对象，可以产生一些如“前一页”、“后一页”、“查找”等导航按钮。当拖动该知识对象到流程线上时，系统会弹出一个对话框，要求用户定位该知识对象需要的一个库文件，如图 11-21 所示。

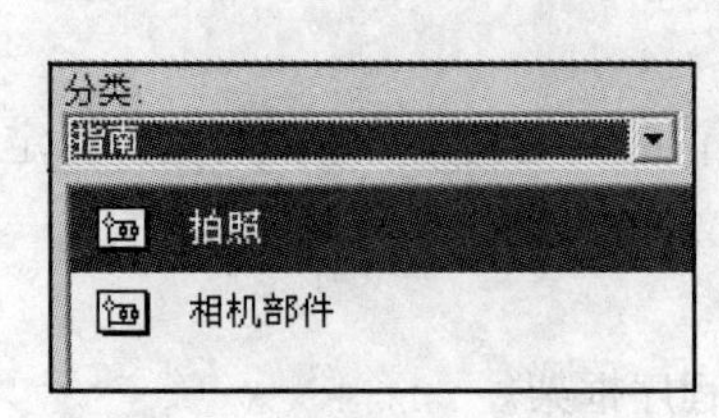

图 11-20 导航控制知识对象

图 11-21 定位拍照知识对象库

（2）相机部件：介绍照相机组件的知识对象，使用该知识对象，可以在作品中使用 Authorware 教程——照相机部件说明。

11.3.3　模块选择板

模块选择板用于在程序设计期间提供定制的模块，它可以很方便地反复利用已经设置好各种属性的设计图标和知识对象，如图 11-22 所示。

图 11-22　Accessibility 类模块选择板

模块选择板与图标面板是类似的工具，都是通过拖移的方式放到流程线上去，只不过模块选择板中是预先定义好的设计图标或知识对象，便于设计者重复制作相同功能的组件。

开启模块选择板的方法是：执行“窗口|面板|模型调色板”菜单命令或按下 Ctrl+3 组合键，开启了一个空白的模块选择板，如图 11-23 所示。因为尚未加入任何模块，所以选择板是空白的。

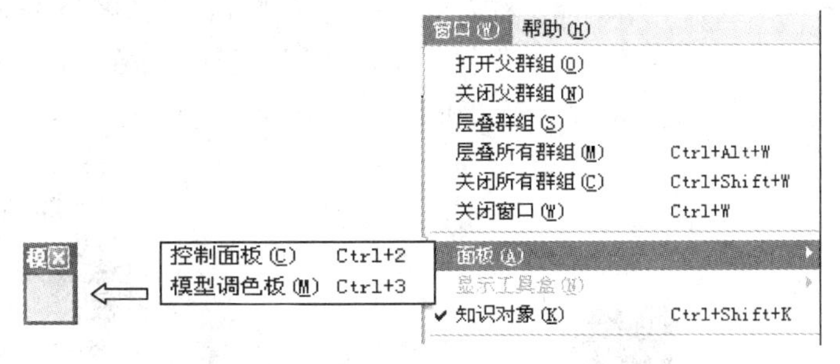

图 11-23　模块选择板

在模块选择板上单击鼠标右键，从弹出的命令菜单中选择一种类型的模块名称，模块选择板上将添加这一类型的知识对象，如图 11-24 所示。

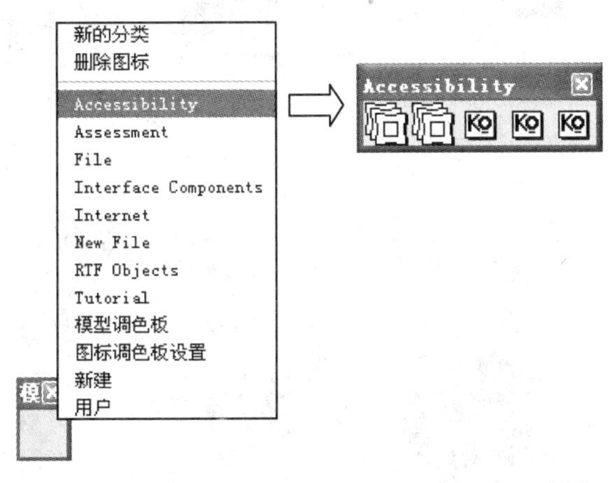

图 11-24　模块的开启

从图 11-24 中我们可以看出，模块选择板和知识对象密切相关，在模块选择板中的模块，都存放在 Knowledge Objects 文件夹下。在模块选择板中用鼠标右键单击任一模块，就会弹出一个菜单，其中列出了 8 类知识对象，选择其中任一项，模块选择板中就会出现相应类型的知识对象图标，如图 11-24 所示。

采用下面两种方法，可以添加一个新的模块选择板。

一种方法是在模块选择板上单击鼠标右键，从弹出的命令选单中选择“新的分类”命令。在弹出的“新的分类”对话框中输入新建模块的名称，然后单击“确认”按钮，如图 11-25 所示。

图 11-25　输入新建模块的名称

另一种方法是从 Windows 资源管理器中开启 Authorware 7.0 安装目录下的 Knowledge Objects 文件夹，在其子目录下新建一个文件夹，返回 Authorware 程序界面后，即可在 Knowledge Objects 的窗口中看到新增知识对象类型的名称。

如果要删除模块选择板中快捷模块按钮，可以先选中它，然后在模块选择板上单击鼠标右键并选择“删除图标”命令即可。

11.3.4　动手实践：用滑动条控制小球运动速度

使用知识对象中的“滑动条”控制小球做圆周运动的速度，可以快捷地实现专业水平的设计，如图 11-26 所示。产生的效果是用鼠标左右拖动“滑块”，小球运动速度会加快或放慢。

（1）新建文件，打开知识对象窗口，选择“界面构成”类别，如图 11-27 所示，双击知识对象“滑动条”，或者直接将其拖放到设计窗口中。

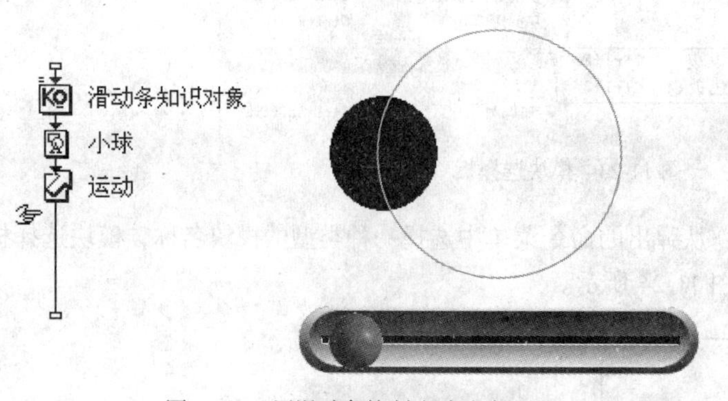

图 11-26　用滑动条控制小球速度

图 11-27　“知识对象”对话框

（2）放置知识对象“滑动条”后，自动打开如图 11-28 所示的向导对话框。

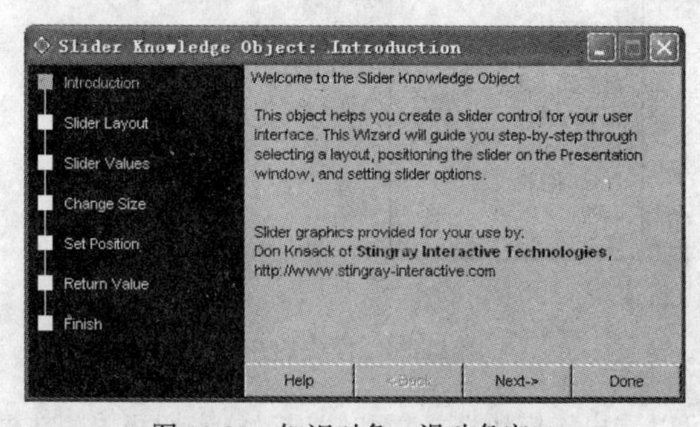

图 11-28　知识对象：滑动条窗口

该 Introduction（滑动条）对话框起到提示作用，它说明该知识对象可以创建一套滑杆装置。作为一种用户界面，在本向导程序的引导下，可以逐步选择滑杆样式，设置滑杆在演示窗口中的位置，以及设置滑杆的其他选项，并给出了滑杆图像提供者的有关信息。

（3）进入第 2 项设置 Slider Layout，打开滑杆样式窗口，如图 11-29 所示。

- Orientation 栏中的两个单选项用于设置滑杆的横放和竖放，默认设置为横放。
- Select a layout 列表框中给出了各种滑槽的样式，基本样式有 4 种，在这里选择第 2 种样式：蓝色，圆端，凹陷式。其他样式只是将 4 种样式更换成不同的颜色，选择某种样式后，该样式即出现在左侧的预览窗中。
- Knob type 栏的列表中给出了各种滑块的样式，有球形、矩形、方形等。在此选择球形 Ball。

（4）进入第 3 项设置 Slider Values，打开滑杆参数窗口，如图 11-30 所示。

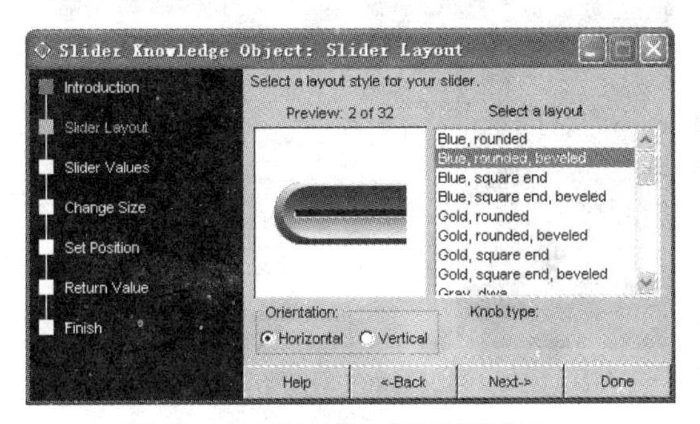

图 11-29　知识对象：滑杆试样窗口

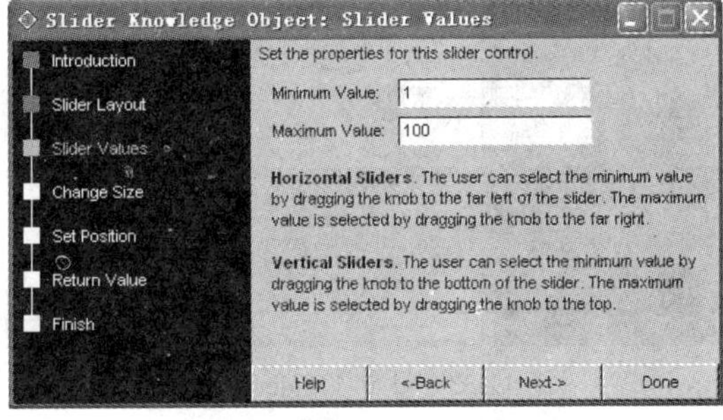

图 11-30　设置滑杆刻度参数

Minimum Value 栏和 Maximum Value 栏分别给出滑杆参数的最小值和最大值。

对于横放的滑杆，将滑块拖到最左端时，对应于滑杆参数的最小值；将滑块拖到最右端时，对应于滑杆参数的最大值。对于竖放的滑杆，将滑块拖到最下端时，对应于滑杆参数的最小值；将滑块拖到最上端时，对应于滑杆参数的最大值。

拖动滑块时，滑杆参数的当前值记录在系统变量 PathPosition@"Slider"中。

（5）进入第 4 项设置 Change Size，打开滑杆长度窗口，如图 11-31 所示。

- Set slider Length to 栏给出滑杆长度的像素值，确定滑杆长度。在此可通过 Adjust ↔ 调节。
- Resize by 栏给出相对于当前滑杆长度的比例值，确定滑杆长度。
- Adjust 选项中的按钮，可逐个像素调整滑杆长度。

（6）进入第 5 项设置 Set Position，打开滑杆位置窗口，如图 11-32 所示。

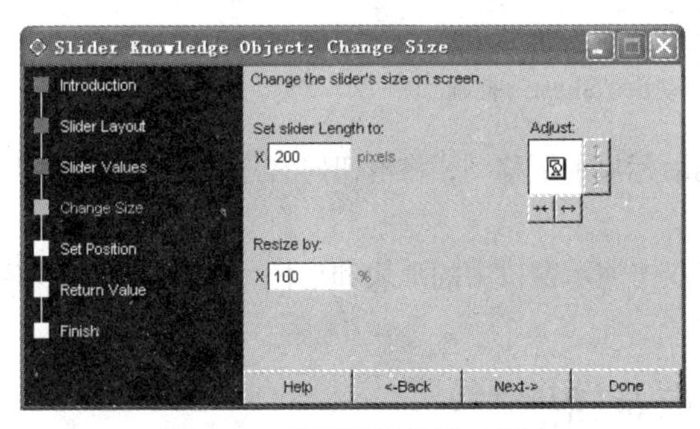

图 11-31　设置滑杆长度、宽度

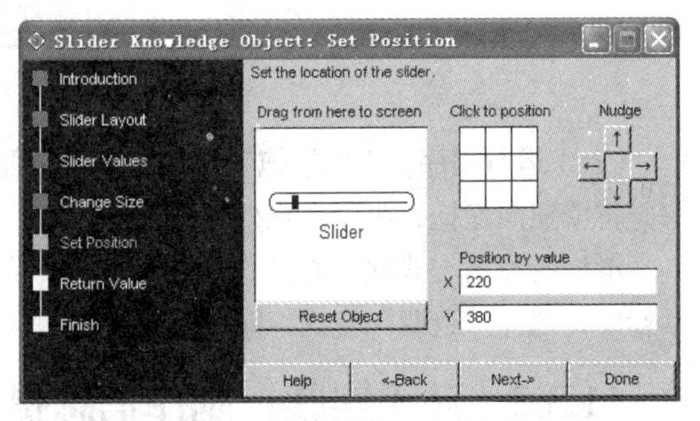

图 11-32　设置滑杆在窗口中的摆放位置

将 Drag from here to screen 栏中的滑杆拖到演示窗口中，即可在演示窗口中手工调整滑杆的位置。

单击 Click to position 栏中的方格，可以设置滑杆的位置。

单击 Nudge 选项的方向按钮，可以逐个像素调整滑杆位置。

在 Position by value 栏中给出水平和铅垂方向像素值，可以设置滑杆的位置。

单击“Reset Object”按钮，可以取消所做的位置设置，以便重新进行位置设置。

（7）进入第 6 项设置 Return Value，打开返回值窗口，如图 11-33 所示。

这里说明为了在拖动滑块后取得滑块位置的当前值，可以引用系统变量 PathPosition，引用的格式为 PathPosition@"Slider"。在小球移动使用的运动图标中嵌入变量 PathPosition@"Slider"。

（8）进入最后一项设置 Finish，打开完成设置对话框，如图 11-34 所示。

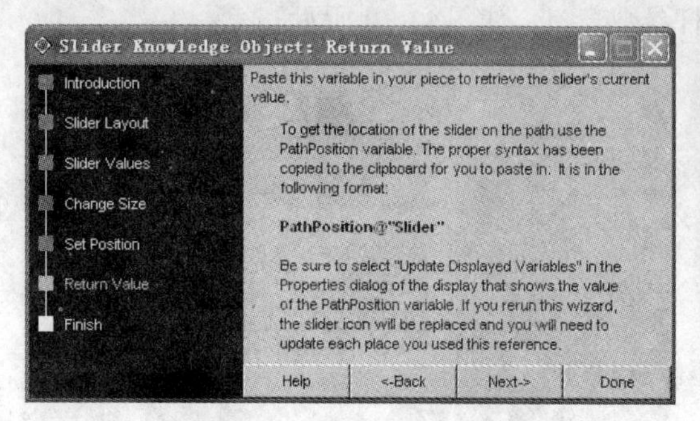

图 11-33　设定“Slider”返回值

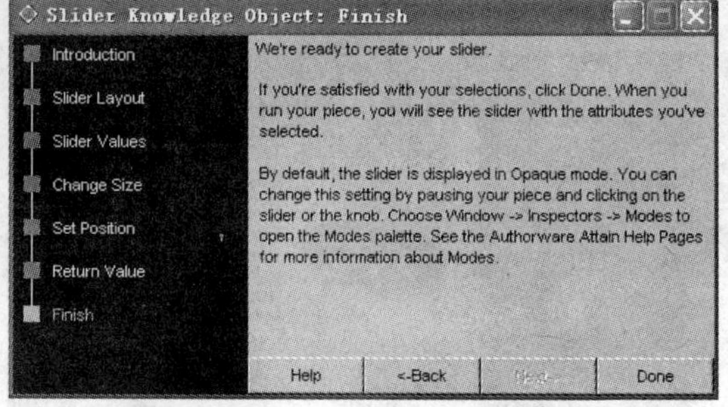

图 11-34　知识对象“滑动条”完成设置

（9）在流程线上拖入一个显示图标，命名为“小球”，打开显示窗口创建一个小球。

（10）再拖入一个运动图标，命名为“运动”，对拖入的运动图标分别进行属性设置，如图 11-35 所示。在属性设置中引入 PathPosition 系统变量，表示返回其引用的设计图标在显示路径上的位置。设置“执行方式”文本框为“永久”，在“移动时”文本框中输入“1”。

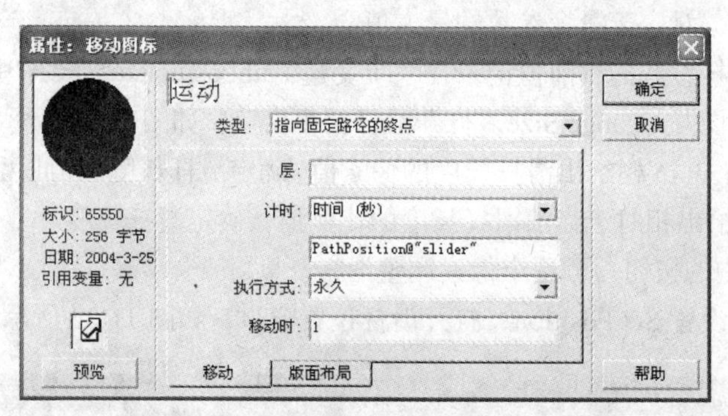

图 11-35　设置小球运动由“Slider”控制

（11）运行程序，用鼠标拖动滑钮，滑钮只能沿标尺上下移动，将滑钮向右拖，小球会跑得飞快，将滑钮向左拖，小球会跑得很慢。

滑块的显示方式默认为“不透明”。为此，需双击演示窗口中的滑块和滑槽，在弹出的绘图工具箱中，选择“透明”模式，即可完成设置。

11.3.5　动手实践：制作信息提示对话框

“消息框”是 Windows 中常见的信息提示对话框，在 Authorware 中恰当地使用此对话框，可帮助用户更清楚地认识影片程序中各项设置的用途，提供及时的学习说明，图 11-36 所示为本实例显示的制作内容。

（1）首先在 Authorware 7.0 中新建一个空白文件，在知识对象窗口中找到“消息框”知识对象，并将其拖入到流程线上，如图 11-37 所示。

图 11-36　“消息框”效果

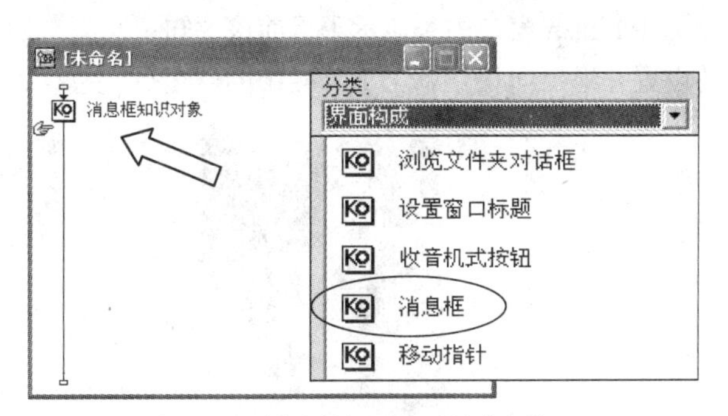

图 11-37　导入知识对象“消息框”

（2）Authorware 此时将开启“Message Box Knowledge Object：Introduction”窗口，该窗口显示了对“消息框”知识对象的介绍。单击“Next”按钮，进入下一个向导。

（3）如图 11-38 所示，在“Modality”窗口中的选项，用于设置“消息框”的样式。选择 Task Model 样式，单击“Next”按钮，进入下一个向导。

（4）如图 11-39 所示，在“Buttons”窗口中的选项，用于设置“消息框”中按钮图标的样式。选取一个备选按钮的类型和预选项后单击“Next”按钮，进入下一个向导。

（5）如图 11-40 所示，在“Icon”窗口中的选项，用于设置“消息框”中提示符的样式，选择一个恰当的样式，单击“Next”按钮，进入下一个向导。

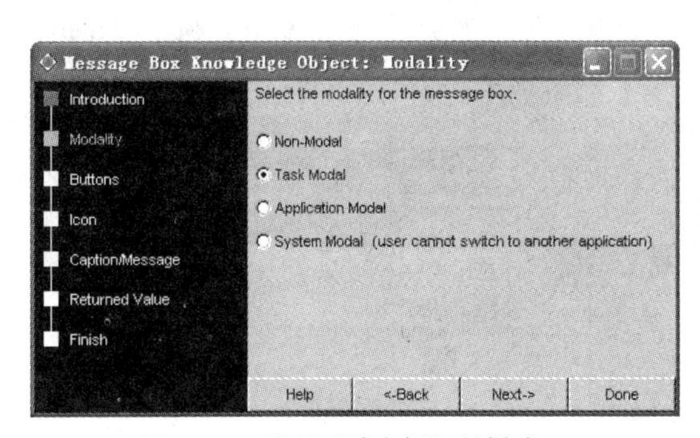

图 11-38　设置“消息框”的样式

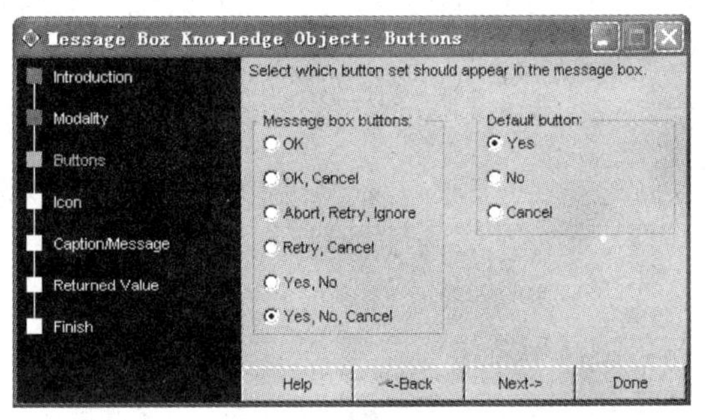

图 11-39　设置“消息框”的按钮图标样式

（6）如图 11-41 所示，在“Caption/Message”窗口中，可以设置“消息框”的标题和提示内容。在文本框中输入需要显示的文字，单击“Next”按钮，进入下一个向导。

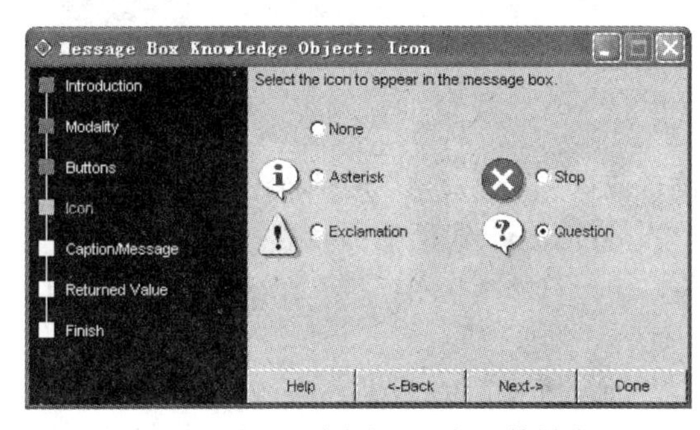

图 11-40　设置“消息框”的提示符样式

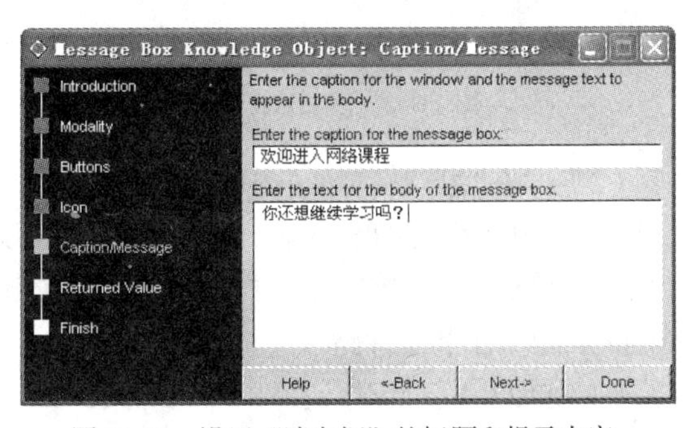

图 11-41　设置“消息框”的标题和提示内容

（7）如图 11-42 所示，在“Returned Value”窗口中，可以输入响应变量的名称。在这里使用 Authorware 默认的变量名，单击“Next”按钮，进入下一个向导。

（8）在 Finish 窗口中，显示了目前该“知识对象”的设置信息，单击“Done”按钮，可确认上述的设置并退出向导。单击工具栏中的“运行”按钮，即可观看效果，如图 11-36 所示。

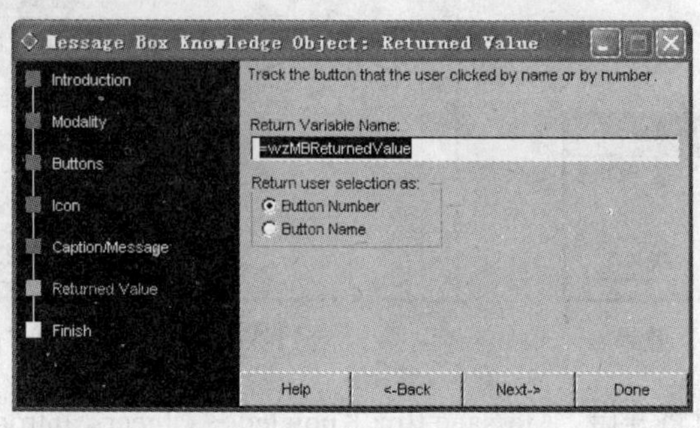

图 11-42　输入响应变量的名称

11.3.6　动手实践：制作多项选择题

“测验”是在 Authorware 中用知识对象制作各种测试项目最方便的一种制作方法。在 Authorware 中恰当地使用该知识对象，可帮助用户快速制作出编程复杂的单选、多选、判断及简答等题型。下面以制作一个多项选择题为例说明制作的过程，如图 11-43 所示。

（1）单击“新建”按钮，自动启动“新建”知识对象对话框，如图 11-44 所示。如果此时界面上没有出现“新建”知识对象对话框，可以执行 “窗口|知识对象” 菜单命令，弹出“知识对象”对话框。

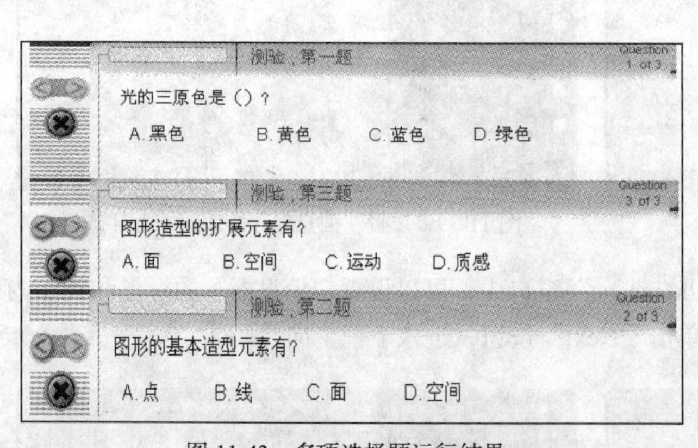

图 11-43　多项选择题运行结果

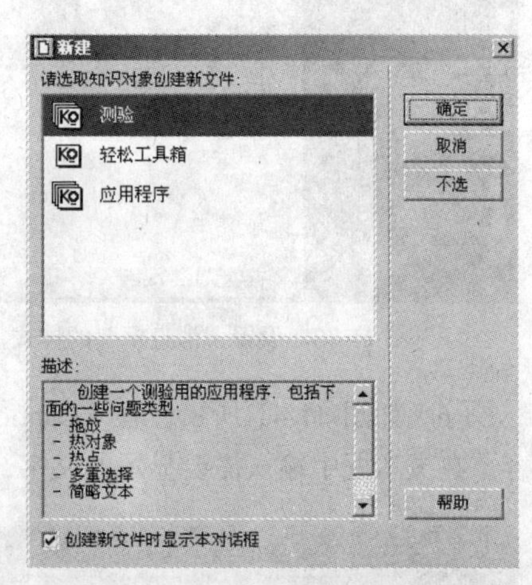

图 11-44　“新建”知识对象对话框

（2）选择“新建”对话框中的“测验”，单击确认或从“知识对象”对话框中向流程线上拖入一个名为“测验”的知识对象，这时将自动弹出“Introduction”对话框，如图 11-45 所示。

（3）单击“Next”按钮，弹出“Delivery Options”（发行选项）对话框，在该对话框中可对测试题的屏幕大小和文件路径进行设置，如图 11-46 所示。

（4）单击“Next”按钮，弹出“Application Layouts”（应用版面）对话框。在这里有 5 种现成的选项，可以选择自己喜欢的外观样式。在左边的方框中可以预览选择的样式，如图 11-47 所示。

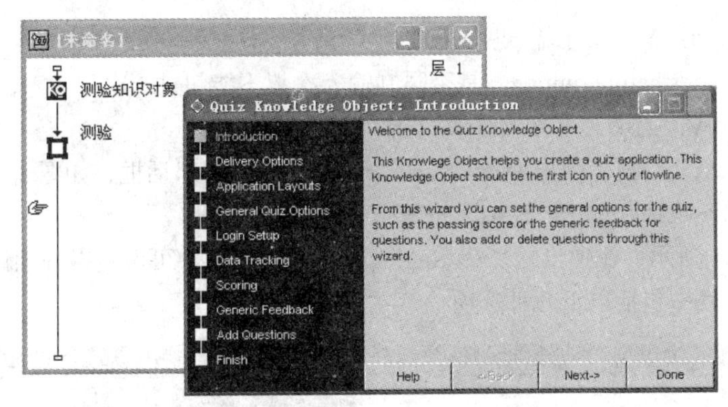

图 11-45　测试知识对象：简介对话框

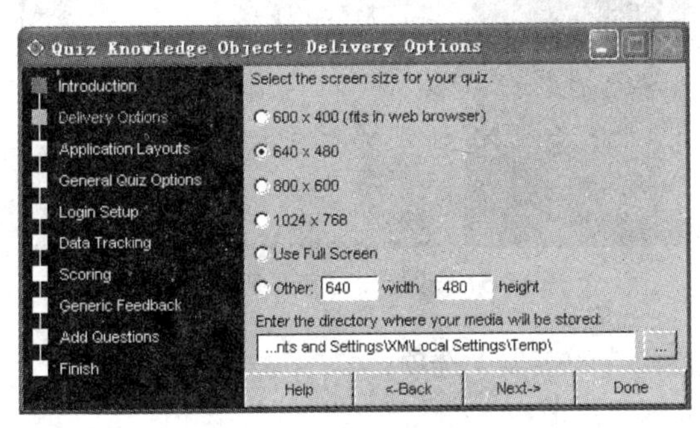

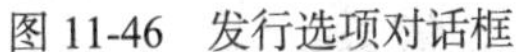

图 11-46　发行选项对话框

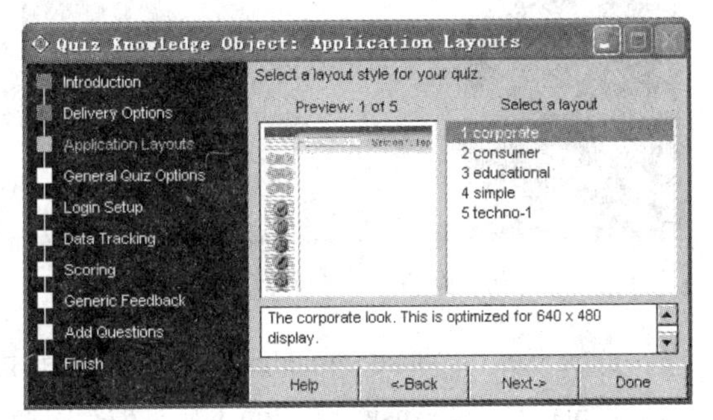

图 11-47　应用版面对话框

在“Application Layouts（应用版面）”对话框中共有 5 种测试界面的版式可供选择。它们是 Corporate（共享型）、Consumer（消费型）、Educational（教育型）、Simple（简易型）和 Techno-1（技术型）。这里选择 Corporate（共享型），接着单击“Next”按钮，进入下一向导。

（5）如图 11-48 所示，在弹出的 General Quiz Options（一般测试选项）对话框中，可设置测试题的关键字段。如把“Default number of tries”（默认选择次数）设置为 1，这样每道题只允许有 1 次回答机会；“Randomize question order”是“随机提问”复选框，选择“Display score of end”（最后显示分数）复选框，这样在答题结束时，将显示出得分情况；可在“Distractor tag”中设置“项目编号”，如 A、B、C、D 等形式。接着单击“Next”按钮，进入下一向导。

（6）如图 11-49 所示，在弹出的“Login Setup”（登录设置）对话框中，将对本程序进行登录设置。如在此不选择“Show login screen at start”（开始时显示登录）复选框，表示不要登录。

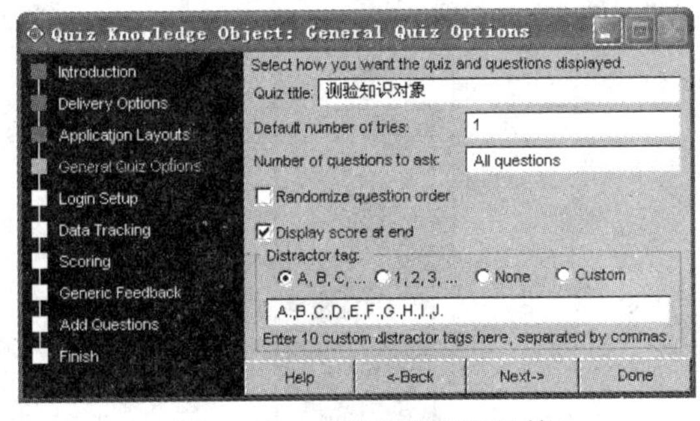

图 11-48　一般测试选项对话框

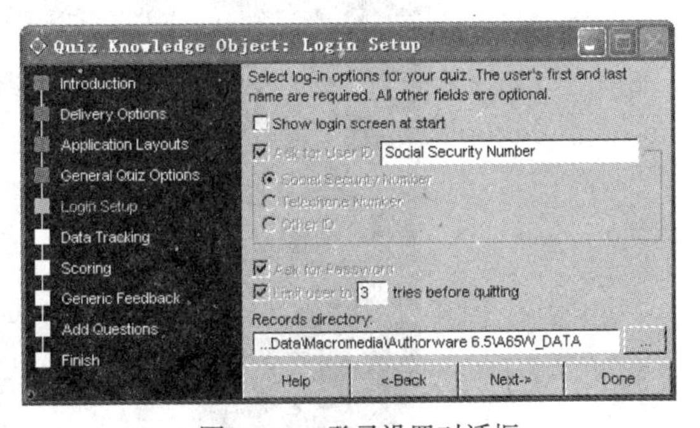

图 11-49　登录设置对话框

Ask for User ID“Social Security Number”：要求用户输入哪类 ID，电话号码或身份号码等 ID 号。

Ask for Password：是否要求输入密码。

Limit user to 3 tries before quiting. 是否限制输入次数不能超过 3 次。

Records directory：记录文件存放目录。

（7）单击“Next”按钮，弹出 Data Tracking（信息跟踪）对话框，如图 11-50 所示，这里使用默认设置，表示不跟踪。单击“Next”按钮，进入下一向导。

（8）如图 11-51 所示，在弹出的“Scoring”（得分）对话框中可设定得分和评判等选项，在这里默认各项设置。其中包括以下几种选项：

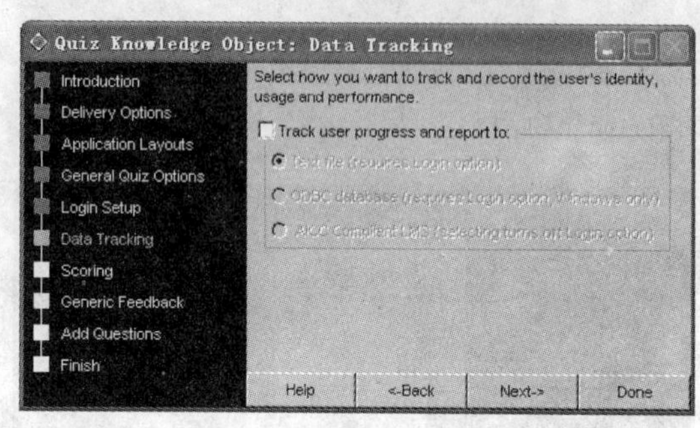

图 11-50　信息跟踪对话框

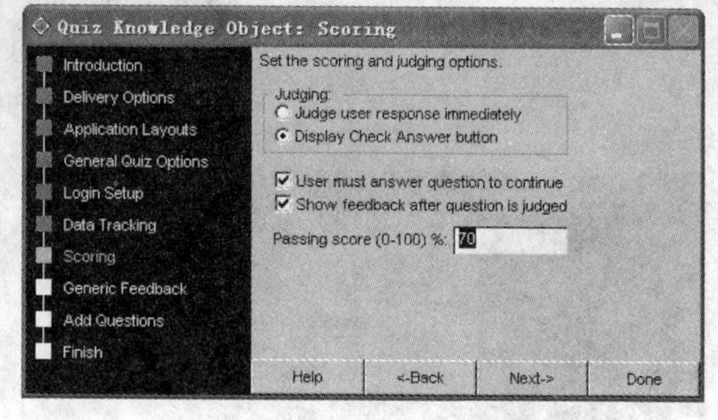

图 11-51　设定得分和评判等选项

Judge user response immediately（立即判断用户回答的正误）选项；

Display Check Answer button（显示检查答案按钮）选项；

User must answer question to continue（用户必须回答问题才能继续）复选框；

Show feedback after question is judged（评判后显示反馈信息）复选框；

Passing score（0-100）%（通过或及格分数）。

（9）单击“Next”按钮，弹出“Generic Feedback”（一般反馈）设置对话框。默认有 3 种方式：“Correct”、“Excellent”以及“That's right”，这里选择第 1 种反馈方式“Correct”。这里也可以选择输入一个名称，如输入“正确”，然后单击“Add Feedback”（添加反馈）按钮，可添加自己设置的有个性的反馈样式，如图 11-52 所示。

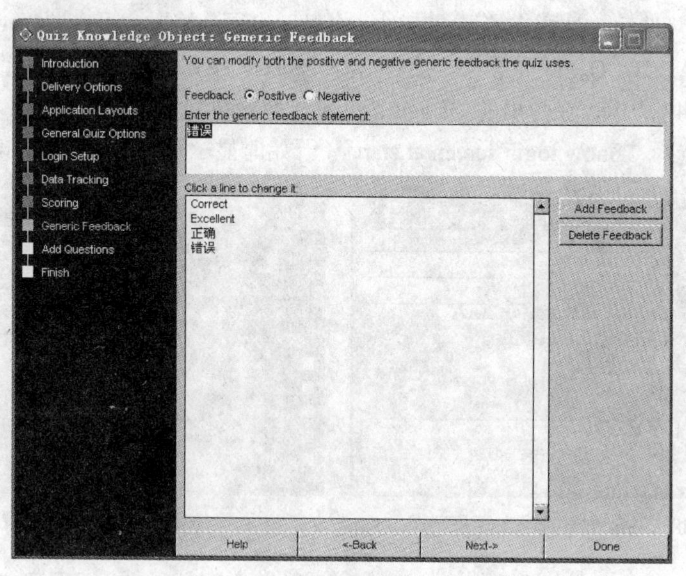

图 11-52　一般反馈设置对话框

（10）单击“Next”按钮，弹出“Add Questions”（添加问题）对话框。在该对话框右侧有 7 个按钮，表示 7 个类型的题目，它们是：Drag/Drop（目标区响应题）、Hot Obiect（热对象题）、Hot Spot（热区响应题）、Multiple Choice（多重选择题）、Short Answer（简答题，要求用户输入一个简要答案的题目类型）、Single Choice（单项选择题）及 True/False（是非判断题）。

单击任一个按钮，将会在中间栏中出现该类问题的默认名称。将其选择后可以输入想使用的名称，这里我们设计的是多项选择题，如图 11-53 所示，单击“Multiple Choice”（多项选择）按钮，依次输入其他 3 个问题的多项选择问题名称。

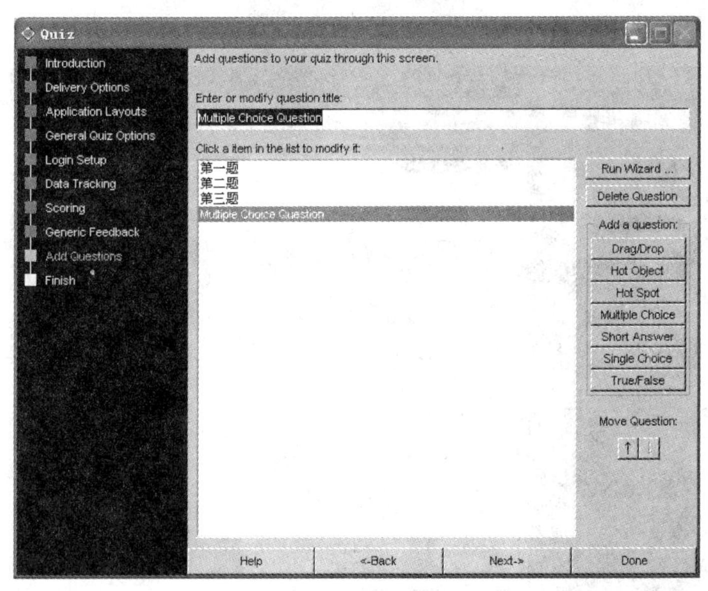

图 11-53　添加设置题目

（11）单击“Next”按钮，在 Finish 窗口中，再单击“Done”按钮，确认上述的设置并退出向导，回到流程设置。此时，将自动形成如图 11-54 所示的流程图。

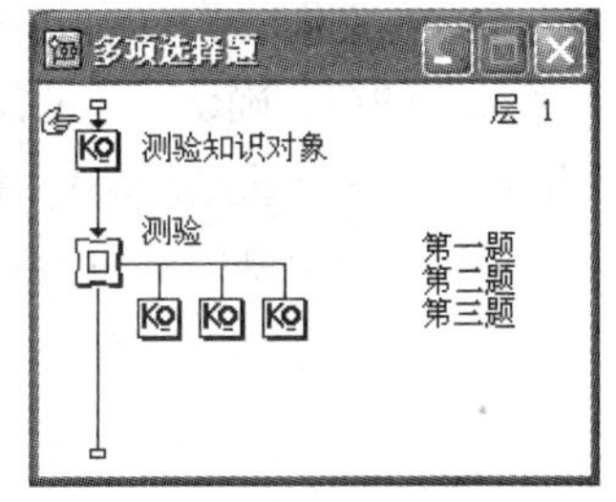

图 11-54　多项选择题流程图

（12）接下来设置选择题的内容，双击流程线上知识对象图标“第一题”，弹出知识对象设置向导窗口，如图 11-55 所示。

（13）单击“Next”按钮，弹出“Override Global Settings”（限制全局设置）窗口，如图 11-56 所示。

（14）单击“Next”按钮，弹出“Setup Question”（设置问题）窗口，如图 11-57 所示，在这一窗口中可设置测试题及其选择答案，并且可对答案的对错进行判定。

在此窗口的预览窗口里最上侧的大表框中填写的内容是选择题的题目，在其下侧框中是罗列的选择题的几个选择答案，选择答案前面的“−”号说明该答案是错误的，“+”号说明该答案是正确的，它们是由右侧面板上的单选钮“Right Answer”（正确答案）和“Wrong Answer”（错误答案）来决定的。每个答案下面填写的文字内容是对该答案进行正误判断时的反馈信息。

在下侧框中单击题目或答案，它们就会出现在上方的“Edit Window”（编辑窗口）中，在此可以输入新的问题或答案，也可以对反馈信息进行编辑。依次输入答案和对错及其对错选项，最后结果如图 11-58 所示。

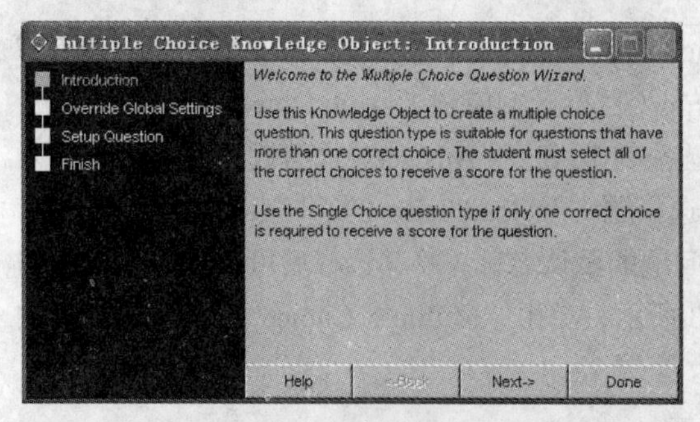

图 11-55　知识对象设置向导窗口

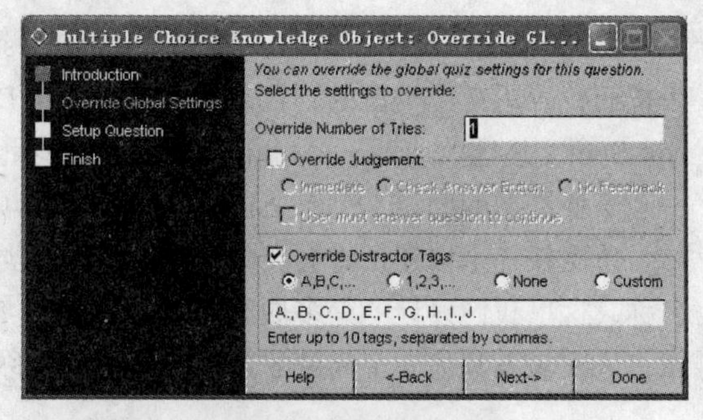

图 11-56　限制全局设置窗口

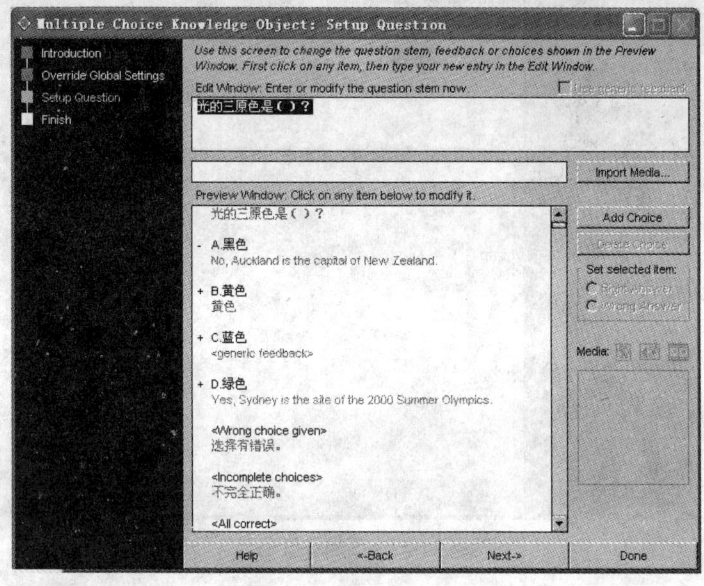

图 11-57　选择题的设置窗口

（15）单击“Next”按钮，在“Finish”窗口中显示了目前该“知识对象”的设置信息，单击“Done”按钮，确认上述的设置并退出向导。同理，设置“第二题”、“第三题”。单击工具栏中的“运行”按钮，重新编辑题目与选择题位置，最后观看效果，如图 11-58 所示。

（16）当全部问题回答完成后，弹出一个对话框如图 11-59 所示，即可显示答题的最后分数。

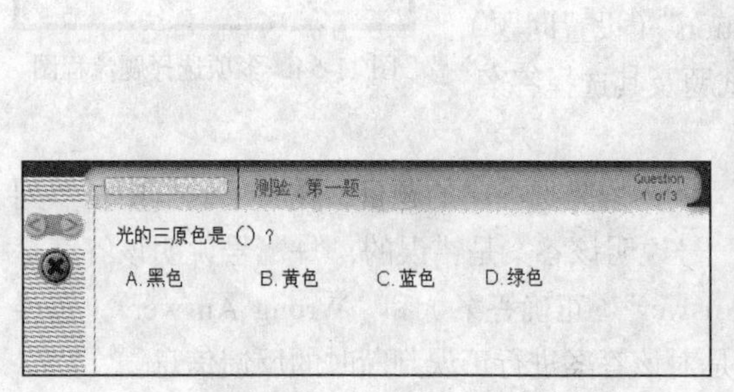

图 11-58　运行结果

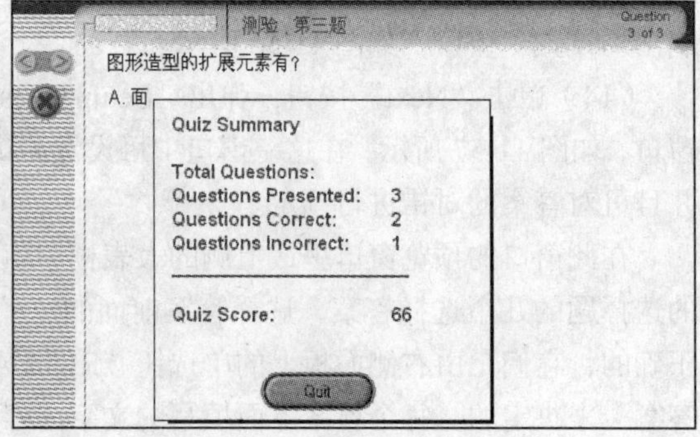

图 11-59　显示测试运行结果

至此，多项选择题就已经完成了。不过前面所使用的界面都是系统默认设置的。如果想创建一个较美观或个性化的界面，可以双击框架图标“测验”将其打开，双击显示图标“Quiz

Background”和交互图标“Quiz Navigation”将它们打开，然后按照前面所学习的方法导入想用的图片作为界面的背景和相应的按钮即可。

习题十一

一、思考题

1. 什么是库？如何建立库文件？
2. 什么是知识对象？知识对象包括哪几类？知识对象和模块相比有何相同点和不同点？
3. 如何使用知识对象快速创建应用程序？

二、上机操作题

1. 利用知识对象发送电子邮件。
2. 利用知识对象制作一个单项选择试题。
3. 利用知识对象制作一个电影播放器。

第 12 章 作品的打包与发行

【本章概述】

无论使用什么样的开发工具，最终都要将程序制作成可执行文件进行发行，Authorware 也不例外。利用 Authorware 可以开发出独立运行的多媒体软件。本章主要介绍打包和发行 Authorware 应用程序的方法。

当我们制作好 Authorware 的多媒体应用程序后，需要将程序制作成为可执行文件进行打包。利用 Authorware 可以开发出独立运行的多媒体软件，可进行光盘发行和网络发行。这是 Authorware 优于其他一些多媒体开发工具的原因之一。

12.1 文件的组织

12.1.1 素材的组织

多媒体作品创作中，素材的组织是很重要的环节，需要考虑程序运行流畅、容量要小。为此，减小可执行程序的容量，则是多媒体制作的一个关键问题。下面根据作品的大小及保密要求，介绍 3 种在 Authorware 作品中组织素材的方法。

1. 容量不大的作品素材组织

作品的容量不大时，在引入文件对话框中引入素材时，不选“链接到文件”复选框而直接使用素材，如图 12-1 所示。这种方法我们在学习中最常使用，当保存时，一个程序就是一个完整的作品，具有很好的独立性，发行时不必附带素材文件。但当素材容量大、数量多时，就不宜采用这种方法。

2. 容量大的作品素材组织

对各种类型的素材组织建立相应的文件夹，如图片文件夹、声音文件夹、动画文件夹、视频文件夹等。建立 Authorware 程序时，用外部链接方式引用素材——在引入文件对话框中选中“链接到文件”复选项后再引入素材，这样引入的素材并没有真正进入程序内，而只是在程序和素材之间建立了一个链接关系。这样组织素材可以显著地减小程序的容量；并且，当对原素材进行修改甚至替换时，这种改变可以直接反映在程序中，而不必对程序做任何改动。缺点就是所有的素材大家都能看到和使用。

3. 容量大且需保密的作品素材组织

对需保密的作品素材组织，可建立相应的素材库，如图片库、声音库等。引用库中的素材，建立程序和库的链接关系，这样组织素材，也可以显著地减小程序的容量，但修改素材时，需要修改库，它的主要优点是，当库打包后，就成了一种特殊格式的文件，无法在常用的软件中打开（也不能在 Authorware 中打开），从而保护了引用的资料。

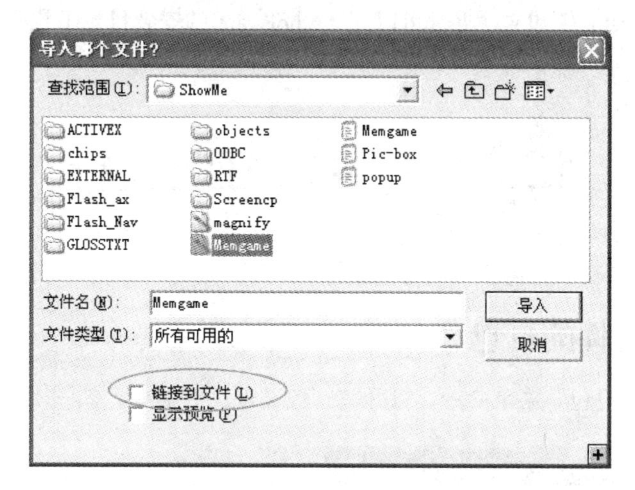

图 12-1　文件的引入选择

实际上，一个作品可能会综合采用两种或者 3 种方法。个别的小素材引入程序内部，大量的素材放在外部素材文件夹中，不宜公开的内容隐藏在素材库中。

12.1.2　作品发行时包含的文件

在作品发行时我们会遇到，打包完成后运行可执行文件时发现将一个打包成可执行文件作品保存的位置不在原来的 Authorware 软件目录下时，程序运行会出错，不能正确执行。造成这种情况的主要原因是一个作品发行不但包括自身的许多内容，有时候还包括大量的外部文件（如库文件、链接文件、Xtras 文件等）。由于这些文件无法与应用程序一起打包，所以在发行的时候必须要将这些文件一起发行。

一个应用程序所需要的外部文件，跟具体的应用程序有关，但是一般情况下，外部文件包括以下几种。

- 所有链接的外部文件：在发行作品的时候，要包括所有链接的外部文件，如图形文件、声音文件、数字电影文件、视频电影文件等媒体信息。
- 应用程序中引用过的库文件：在发行作品的时候，要包括所有引用过的库文件。
- Xtras 文件夹：如果作品中使用了“internal”类型以外的任何一种过渡效果，就必须附带这个文件夹。这个文件夹中包含了非“internal”类型的所有过渡效果的驱动文件。
- Runa7w32.exe 文件夹：如果 Authorware 程序是以“无需 Runtime”方式打包的，就必须附带这两个文件之一，以便于使用这两个文件来运行打包后的应用程序文件。
- 应用程序中使用的外部函数 UCD、DLL 文件。
- 应用程序调用的 ActiveX 控件。
- 播放特殊类型的媒体文件的驱动程序：如果作品中包括一些特殊类型的媒体文件，还必须将播放其文件的驱动程序一起发行。例如，当作品中包含 AVI 视频文件，就必须附带 a7vfw.xmo 或 a7vfw32.xmo 这两个文件之一；当作品中包含 QuickTime 视频文件，就必须附带 a7qt.xmo 或 a7qt32.xmo 这两个文件之一；当作品中包含 Director 文件，就必须附带 a7dir.xmo 或 a7dir32.xmo

这两个文件之一，并附带 Director 文件夹。当出现特殊字体，为了确保作品能够在用户的计算机上正确运行，还要将作品中不常使用的字体一起发行。如果打包文件被压缩，则需要附带解压缩文件等。

以上所提到的驱动文件和文件夹都可以在 Authorware 的安装目录下找到，选择所需要的，拷贝到发行文件夹中即可。

12.2 文件的打包发行

当应用程序调试成功后，需要将其打包发行。

12.2.1 源文件的打包

选择“文件|发布|打包”菜单命令，打开“打包文件”对话框，如图 12-2 所示。

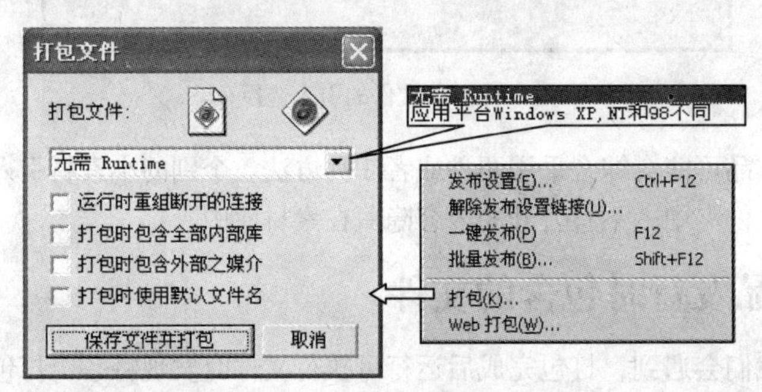

图 12-2 “打包文件”对话框

“打包文件”下拉列表框：设置文件的打包方式，它包括 3 个选项。

- “无需 Runtime”选项：选择该选项，打包后的文件不是可执行的 EXE 文件，而是 A7R 文件，需要通过 Runa7w32.exe 调用执行。
- “应用平台 Windows XP and NT variants”选项：选择该选项，打包后的文件是可以在 Windows 2000/XP/NT 下直接运行的 EXE 文件。

“运行时重组断开的连接”复选框：在对程序或库进行编辑时，可能会因为某种原因打断了程序和库之间的某些链接，如果图标类型和链接名称没有改变，选择该选项并打包后，程序运行时会自动连接打断的链接；如果不选择该选项并打包，程序运行时将不执行打断链接的内容，未打断链接的内容则正常执行。如果在确认应用程序中的所有链接都是正常的，可以不选择该项。

“打包时包含全部内部库”复选框：选择该选项时，所有与应用程序有链接关系的库文件将被打入打包文件中，库不再需要单独打包，发行时也不需要附带打包库文件。如果不选中该选项，必须将这些库文件单独打包。选中该方式可以使作品的发行更加简单，程序的运行性能也有所提高。但是，这样会加大可执行程序的容量，所以只适合于总容量不大的小型作品。

“打包时包含外部之媒介”复选框：将链接到程序中的素材文件（不包括视频文件和 Internet 上的文件），也作为程序的内容进行打包。选中该选项时，所有应用程序中使用到的外部媒体信息都被打入打包文件中，发行时不需要附带素材文件。选中该方式可以使作品的发行更加简单，程序的运行性能也有提高。但会加大可执行程序的容量，只适合于总容量不大的小型作品。

“打包使用默认文件名”复选框：选中该选项时，打包后的打包文件将与当前应用程序的文件名相同。

“保存文件并打包”按钮：单击该按钮，系统将弹出一个保存打包文件对话框，在对话框中输入打包文件名，单击“保存”按钮，即可将当前应用程序按照上面的选择情况打包。

“取消”按钮：单击该按钮，取消打包。

12.2.2 库文件的打包

库可以单独进行打包，也可以打包在可执行文件中。库单独打包，可以减小可执行文件的大小，但发行时必须附带打包库文件。

打开与库有链接关系的源程序，选择“文件|打开|库”菜单命令，打开需要打开的库，确认库窗口在激活状态，执行“文件|发布|打包”菜单命令，将弹出“打包库”对话框，如图 12-3 所示，其中有 3 个选项设置。

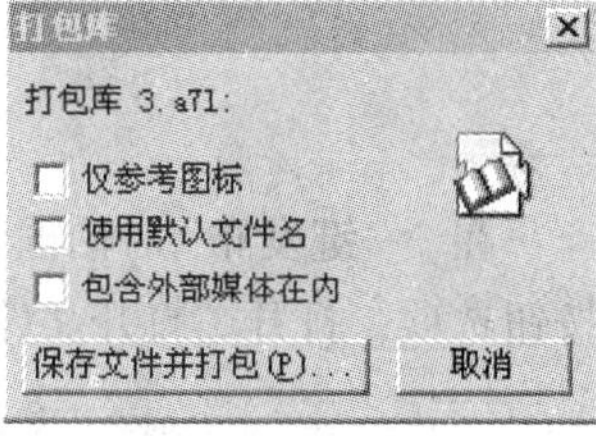

图 12-3 “打包库”对话框

- “仅参考图标”：只将与程序有链接关系的图标打包。
- “使用默认文件名”：使用库文件的文件名作为打包库文件的文件名，并加后缀 a71。如果选择该选项，就使用这样的文件名打包，并将打包文件保存在库文件所在的文件夹中；如果不选择该选项，打包时会弹出保存打包库文件对话框，要求给出打包库文件名称和存盘路径。
- “包含外部媒体在内”：建立库时，有些素材文件是直接引入库中的，有些文件可能是以链接方式引入库中的，选择该选项后，则把链接到库中的文件（不包括视频文件和 Internet 上的文件）也打包到库中；否则，打包时将不包括这些文件。

做完以上设置后，单击“保存文件并打包”按钮，即可开始打包。

12.2.3 一键发布

利用 Authorware 7.0 提供的一键发布功能，只需要一步操作就可以保存项目并发布到 Web、CD-ROM 或者局域网中。

一键发布具有以下特点。

（1）可以在同一时刻不同方式打包和发行产品。例如，可以仅仅在一个步骤中就可以将产品打包为非运行时文件（a7r 文件）、Web Player 文件（aam 文件）和一个 Web 页面（html 文件）。

（2）自定义发行方式，可以重复使用设置好的发布设置。

（3）通过批量发行选项一次处理多个文件。

（4）自动识别和收集要发布产品中所需要的很多支持文件，如 Xtras 文件、DLL 文件、UCD 文件等。

（5）配置程序以应用高级流式服务器优化程序的性能。

（6）将设置好的 Web 文件 FTP 到远服务器上。

（7）在多种 HTML 发行模板中做出选择。

使用“一键发布”功能，需执行“文件|发布|发布设置”菜单命令，打开“一键发布”对话框，如图 12-4 所示。

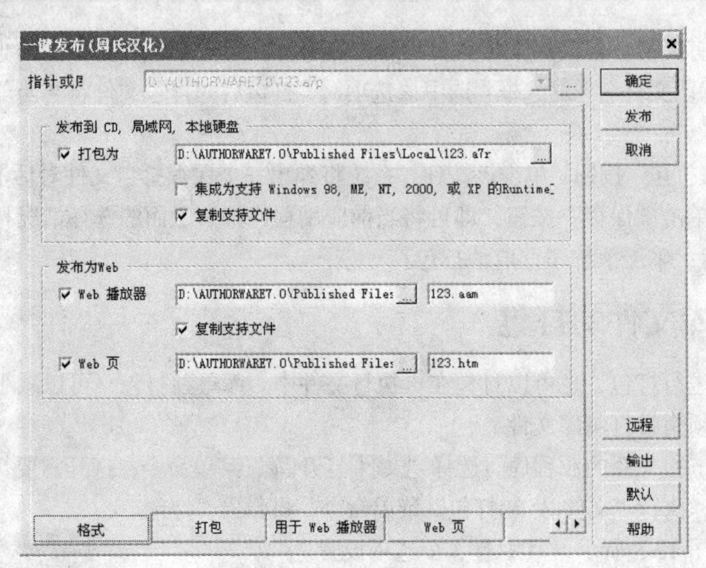

图 12-4 “一键发布”对话框

在“一键发布”对话框中，如果更改要发行的文件，则可以单击“指针或”文本框最右侧的...按钮选项，打开“打开文件”对话框，如图 12-5 所示。

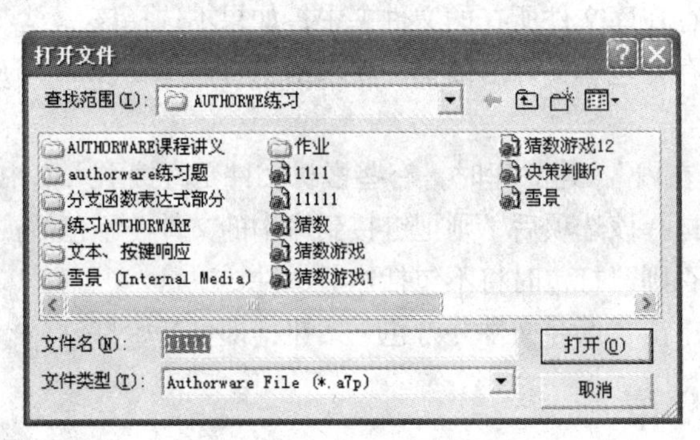

图 12-5 “打开文件”对话框

在该对话框中查找到要发行的文件，然后单击“打开”按钮将其添加到“指针或”文本框中进行发行。

“一键发布”包括 5 个选项卡。

1. “格式”选项卡

该选项卡主要是设置打包文件、网络播放器文件以及网页文件的格式。

“发布到 CD，局域网，本地硬盘”选项：设置为 CD、局域网，本地硬盘打包发行选项。

- “打包为”复选框：选中该选项将要发行的文件打包成目标打包文件，该文件可以在右侧的文本框中输入，包括文件名和路径；也可以单击文本框最右侧的...按钮，系统将弹出“打包文件为”对话框，定位打包文件位置，如图 12-6 所示。
- “集成为 Windows 9x and NT 变量的 Runtime”复选框：选择该选项，打包后的文件是可以在 Windows 9x/NT（包括 Windows 2000）下直接运行的 EXE 文件，但不能在 16 位的操作系统下运行。
- “复制支持文件”复选框：选中该选项，在打包时会将该文件所支持的所有文件一起打包。

“发布为 Web”选项：设置网络打包发行选项。

- “Web 播放器”复选框：设置为网络播放器打包发行选项；在右侧的文本框中输入要网络

发行的文件所在的文件路径，也可以不使用默认的文件路径，单击文本框右侧的图标按钮，打开“浏览文件夹”对话框，在该对话框中定位文件路径。最右侧的文本框.aam是网络播放器支持文件的扩展名，可以修改该文件的扩展名，建议使用默认的文件扩展名。

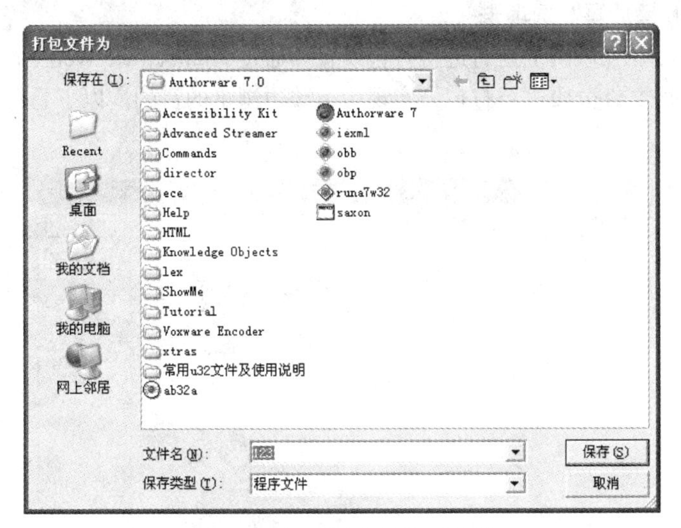

图 12-6　“打开文件为”对话框

- “复制支持文件”复选框：选中该选项，在打包发行时会将该文件所支持的所有文件一起打包发行。
- “Web 页”复选框：设置为网页打包发行选项。在右侧的文本框中输入要网页发行的文件所在的文件路径，也可以不使用默认的文件路径，单击文本框右侧的...按钮，打开“浏览文件夹”对话框，在该对话框中定位文件路径。

2. “打包”选项卡

该选项卡设置打包时的各个选项信息，如图 12-7 所示。

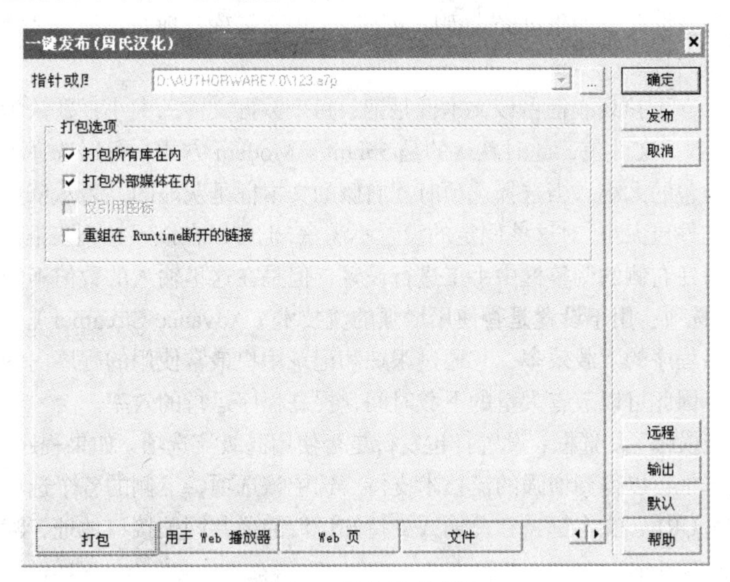

图 12-7　“打包”选项卡

- “打包所有库在内”复选框：将所有库打包到打包文件中。

- “打包外部媒体在内”复选框：将所有外部媒体打包到打包文件中。
- “仅引用图标”复选框，只打包被库引用图标。
- “重组在 Runtime 断开的链接”复选框：在运行时解决断开的链接。

3. “用于 Web 播放器”选项卡

该选项卡为程序在互联网上运行进行打包设置。通过 Authorware Web Player，使用流式传输技术，智能地将程序文件分段进行打包，实现边下载边浏览的目的。以下是打包时的各个选项信息，如图 12-8 所示。

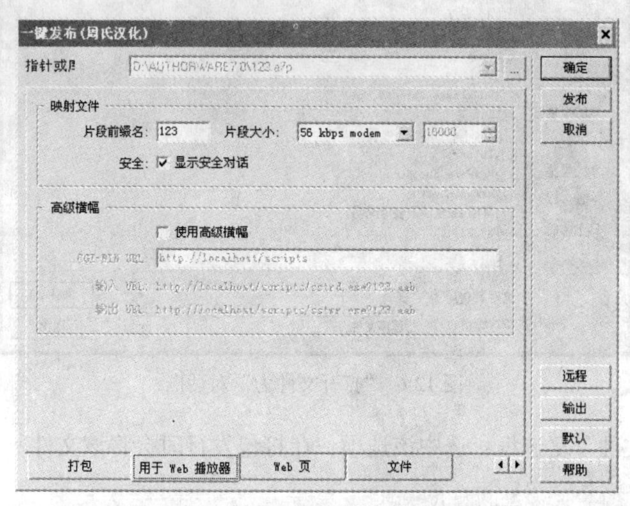

图 12-8 “用于 Web 播放器”选项卡

“映射文件”选项：设置打包发行网络作品选项映射文件信息。映射文件是由 Authorware Web 打包创建的文件，使用它来引导 Authorware Web Player 如何下载和运行一个网络打包的作品。

- “片段前缀名”文本框：该文本框中是数据文件的文件头名称。可以在该文本框中输入新的文件头名称或进行修改。映像文件与分段文件名中不能包含中文，这是为了保证程序在网络环境中能够正常运行。因此，如果已经为程序取了一个中文名称，现在必须在“片段前缀名”文本框中输入一个英文名称。
- “片段大小”下拉列表框：该文本框是记录每个数据文件的大小，默认为将源程序压缩为 16KB 大小的多个数据文件包，此时默认的是 56kbit/s Modem 方式，可以选择不同的选项，以决定压缩后数据文件包的大小。当选择选项时，右侧的文本框是灰显的，表示依照不同的传输介质会有固定的数据文件包大小。对这些固定的设置不满意，也可以在该下拉列表框中选择 Custom（自定义）选项，然后在右侧的调整框中手工进行设置，但是在这里输入的数值不能超过 500 000。

“高级横幅”选项：用于设置是否使用增强的流技术（Advance Streamer）。“高级横幅”可以大幅度地提高网络程序的下载效率，它通过跟踪和记录用户最常使用的程序内容，智能化地预测和下载程序片段，因此可以节省大量的下载时间，提高程序运行的效率。

- “使用高级横幅”复选框：设置打包发行是否使用高级流选项。如果程序中使用了知识流，则必须打开此复选框，以得到增强的流技术支持。选中该选项，下侧的各个选项都被激活。
- “CGI BIN URL”文本框：在此输入支持知识流的公共网关接口地址，默认是本机路径下的 http：//localhost/scripts。

4. “Web 页”选项卡

该选项卡设置为网页文件（*.htm）打包时的各个选项信息，利用“Web 页”功能，可以将程序添加到 Web 页面中。打包为 HTML（超文本链接标示语言）文件，使程序变成网页的一部分，并由 Web 浏览器进行下载。此选项卡中的选项主要用于对程序与 Web 浏览器之间的通信进行设置，现将所有的选项介绍如下，如图 12-9 所示。

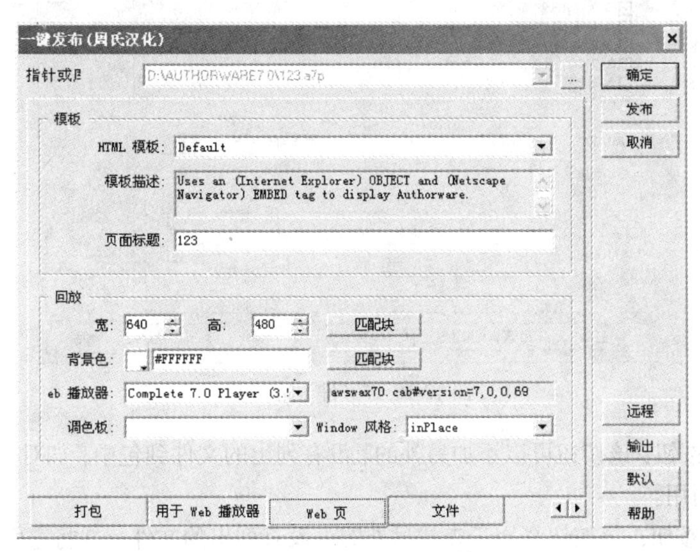

图 12-9 “Web 页”选项卡

“模板”选项：设置 Web 打包发行 HTML 模板。

- “HTML 模板”下拉列表框：提供 5 种 HTML 模板。
- “模板描述”文本框：描述选中的 HTML 模板描述信息。
- “页面标题”文本框：设置网页标题，默认名为“Untitled Document”。

“回放”选项：设置播放作品时的运行状态。

- “宽”与“高”调整框：用于设置程序窗口的大小，默认的窗口尺寸是 640×480 像素。在此可以改变程序窗口的大小或者单击右侧的匹配块按钮，使程序窗口的大小自动与演示窗口的大小相匹配。
- “背景色”颜色选择框：用于设置程序窗口的背景色，默认的窗口背景色是白色（即 #FFFFFF）。
- “Web 播放器”下拉列表框：用于选择使用何种版本的 Authorware Web Player 程序。其中提供了 3 种选择。

Complete 7.0 Player：完全的 Web Player 7.0。

Compact 7.0 Player：简化的 Web Player 7.0。

Full 7.0 Player：完整的 Web Player 7.0。

- “调色板”下拉列表框：用于选择调色板。其中共提供了“前景”和“背景”两种选择。

5. “文件”选项卡

使用“文件”选项卡可以查看和改变源文件和目标文件。该选项卡设置打包时的各个文件信息，如图 12-10 所示。

“源”列：指定发行时需要的文件的文件名和路径。

“目的”列：指明要发行文件的发行目标文件名和路径。

“描述”列：显示要发行文件的描述信息。

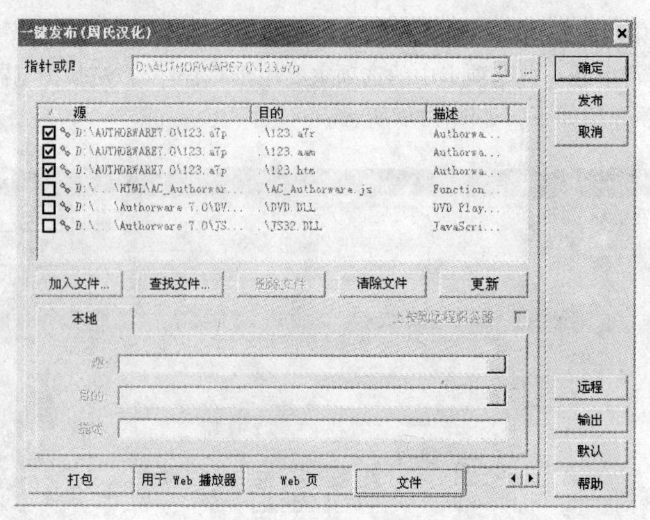

图 12-10 “文件”选项卡

“加入文件”按钮：该按钮可以添加另外的、没有列出的文件到包中，如对 Flash，QuickTime，或者 ActiveX 的引用。

“查找文件”按钮：该按钮是用于查找另外的、没有列出的文件，并将它们添加到包中。

“删除文件”按钮：一般用于移去用户手工添加的文件。用户可以从文件列表中选中手工添加的文件，然后单击该按钮将其删除。

“清除文件”按钮：一般用于移去作品中所有支持的文件。单击该按钮，可以将文件列表中的所有文件删除。

“更新”按钮：均需重新定位移去文件和恢复断开的链接，可以单击该按钮。

“上传到远程服务器”复选框：一般用于指明选中的文件是否上传到远端的服务器上。它在重新发行作品而且只想导入该服务器上的文件时很有用。

“本地”标签页：该选项卡主要显示选中文件的“源”，“目的”和“描述”信息。

“Web”标签页：如果选中了一个添加到文件列表中将要发行的 Xtra、U32 或者影片文件，该选项卡就会显示在“本地”选项卡的下一页，如图 12-11 所示。

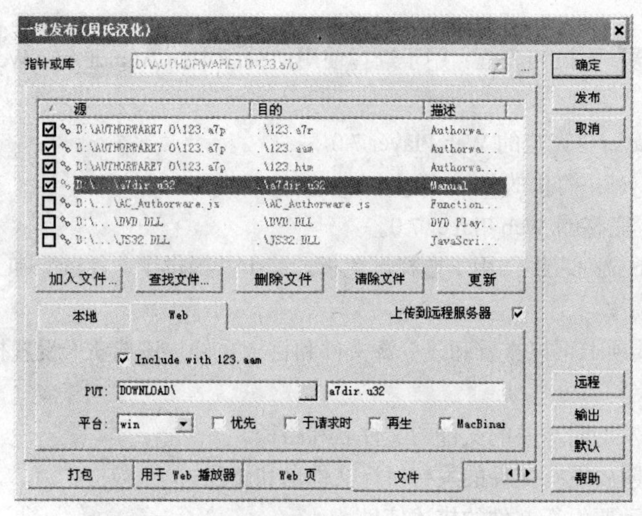

图 12-11 “文件”选项卡中的“Web”标签页

“重置”按钮：单击该按钮，系统会弹出一个“重置设置”对话框。

“输出”按钮：单击该按钮，系统会弹出“输出设置为”对话框。

“远程”按钮：使用“一键发布”将作品发行到远端的 FTP 站点上。

“发布”按钮：单击该按钮，可以按照设置好的打包发行信息对作品进行打包发行。

Authorware 7.0 的“一键发布”功能是十分强大的，用户需要认真学习。在发行作品时，对作品的设定环境需反复地严格测试，最终打包发行方能成为合格的产品。

12.2.4　自动播放程序的编写

当光盘插入光盘驱动器后，计算机能自动执行指定程序，则需要在光盘根目录中存放自动播放程序，即 autorun.inf 文本文件。在 autorun.inf 文件里，指示自动执行动作的命令有两个：open 负责标示执行的命令，icon 负责指示光盘。

下面以启动文件是 user.exe，光盘图标文件是 aaa.exe 为例，介绍 autorun.inf 文件的编写步骤。

（1）打开附件 Windows 的记事本。

（2）输入以下语句：

```
[autorun]
open=user.exe
icon=aaa.ico
```

（3）保存文件，命名为 autorun.inf。

（4）将 autorun.inf、aaa.ico 一起刻录在光盘根目录下。

注释：

第一行[autorun]是指示标题，必须要有。

第二行语句 open=user.exe 的目的是当光盘插入后，计算机自动执行光盘根目录下的 user.exe 应用程序。

第三行语句 icon=aaa.ico 的作用是以 aaa.ico 图标文件来代替原先的光驱显示图标。

如果自动执行的是打开某一文件，则第二行语句改为 open=start<文件名>，例如 open=start index.html。第三行语句如果没有合适的图标文件，可写为 icon= user.exe。

习题十二

思考题

1. 如一个打包成可执行文件的作品保存的位置不在原来的 Authorware 软件的目录下时，程序会出错，不能正确执行，原因是什么？
2. 如果作品被打包成 Without Runtime 的文件格式，需要附带什么文件？
3. 如果作品中有 AVI 动画，需要附带什么安装程序？并且需要什么驱动程序文件？
4. 如何安排需要发行的文件位置？
5. 以库文件打包一个实例文件。
6. 以源文件打包一个实例文件。

附录A 上机实验

实验一　文本的引入与文字编辑

一、实验目的

1. 学会文本的引入及文字编辑。
2. 学会片头及艺术字的创作。

二、实验内容

1. 将一个显示图标拖入流程线上，双击这个显示图标，出现一个展示窗口。

2. 单击菜单栏中的“插入|图像”命令，导入文本文件，或用复制方法复制文件到演示窗口内。在展示窗口右上方出现的绘图工具箱中，使用选取工具中的文本工具，进行文字输入，学会文字编辑并掌握字体大小、透明及色彩的调整，并制作出艺术字，如图 A1-1 所示。

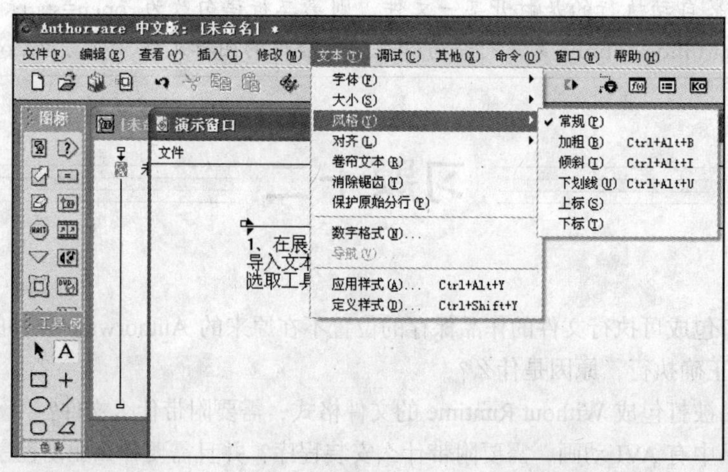

图 A1-1

3. 选择“多边形”绘图工具，沿着文字的笔画边缘绘制多边形并复制，如图 A1-2 所示。

4. 再拖入一个显示图标，将复制的多边形文字粘贴、填充底纹，并错开，产生立体效果。同时，在显示图标属性中设定过渡效果，如图 A1-3 所示。

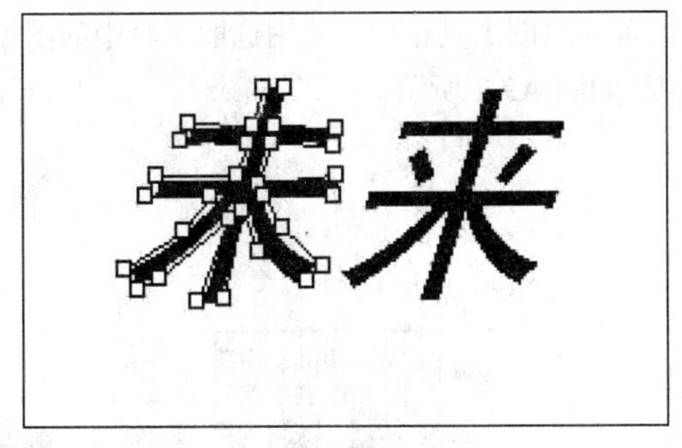

图 A1-2

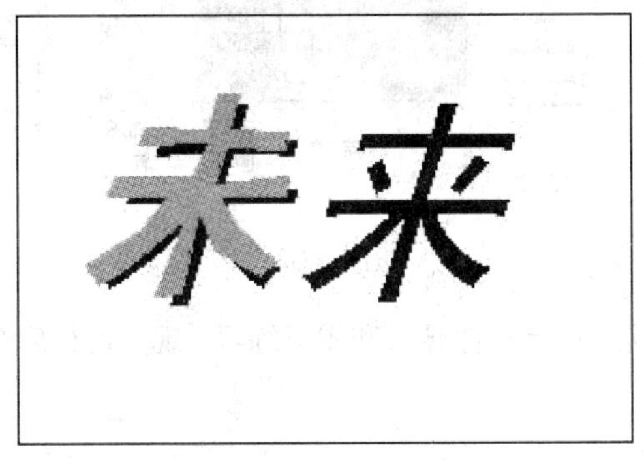

图 A1-3

实验二 图形的引入与绘图工具

一、实验目的

1. 学会演示窗口的设置。
2. 学会导入图像、设置图标属性及使用过渡效果。
3. 学会绘图工具的使用和理解层的使用。

二、实验内容

1. 将一个显示图标拖入流程线上，双击这个显示图标，出现一个展示窗口。
2. 单击菜单栏中的“修改 | 文件 | 属性”命令，对窗口进行设置，如图 A2-1 所示。

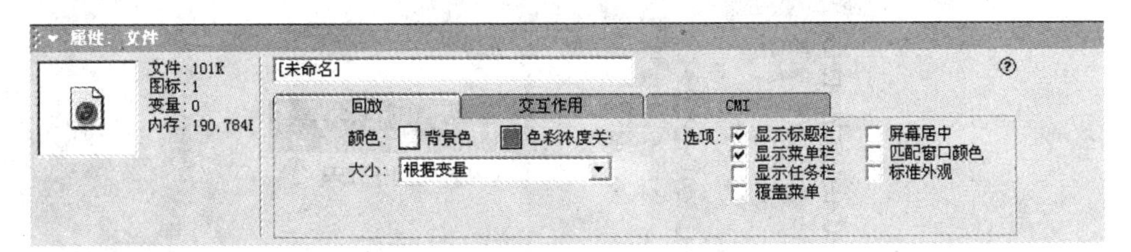

图 A2-1

3. 设置好窗口的大小、背景颜色后，导入图像。

4. 在展示窗口右上方出现的绘图工具箱中，使用选取工具中的图形工具，进行图形练习，掌握填充、透明及色彩的使用，如图 A2-2 所示。

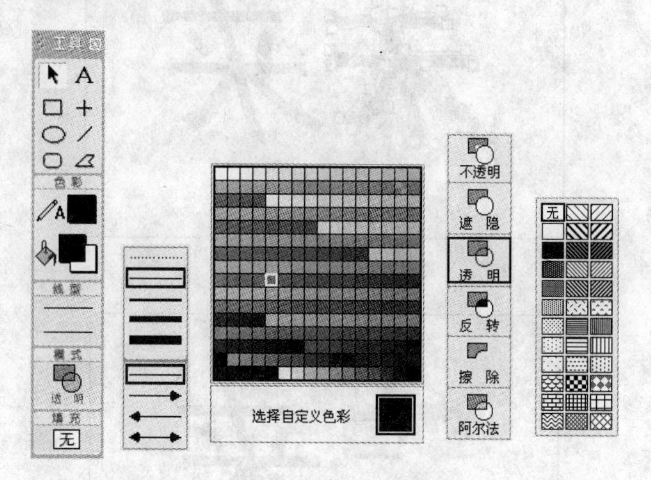

图 A2-2

5. 再拖入一个显示图标，进行图像导入和图形练习。观察运行后图像的层次，学会对层的设置，并观察效果。

实验三　文字对接效果

一、实验目的

1. 掌握移动图标的使用及属性设置。
2. 掌握直接移动到终点的移动方式。
3. 掌握多个图标（显示图标、等待图标和擦除图标）的使用。

二、实验内容

制作一片头文件，实现文字的对接效果，参考流程如图 A3-1 所示。

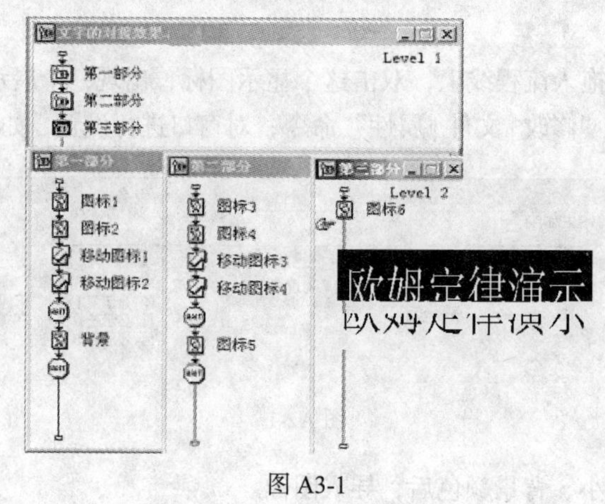

图 A3-1

实验四　折线路径动画

一、实验目的

1. 掌握移动图标的使用及属性设置。
2. 掌握沿着路径移动到终点的移动方式。

二、实验内容

体现一种大自然现象：恬静的田园，声声虫鸣，蜜蜂飞来，悬停片刻，吸食花粉后悠然离去。实现如图 A4-1 所示的蜜蜂采蜜动画。

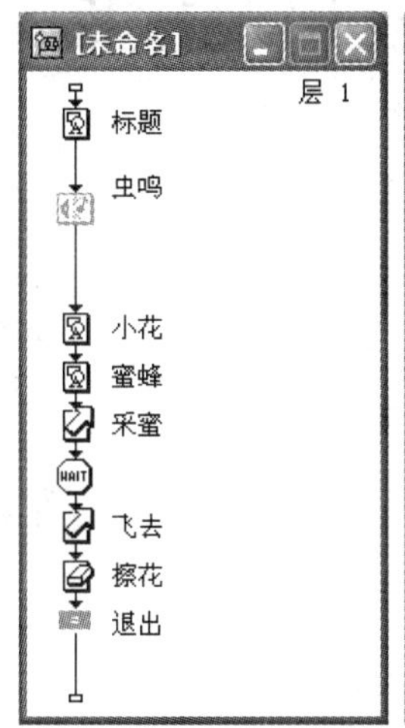

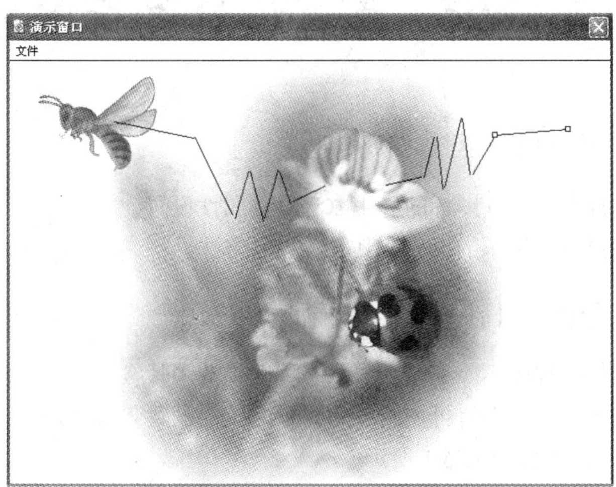

图 A4-1

实验五　守门员守门动画

一、实验目的

1. 掌握移动图标的使用及属性设置。
2. 掌握沿着路径移动到任意点的移动方式。

二、实验内容

参考流程图，实现守门员守门时的两种水平，一种是守门员守门时很难扑到球，另一种是守门员守门时每次都能扑到球，如图 A5-1 所示。

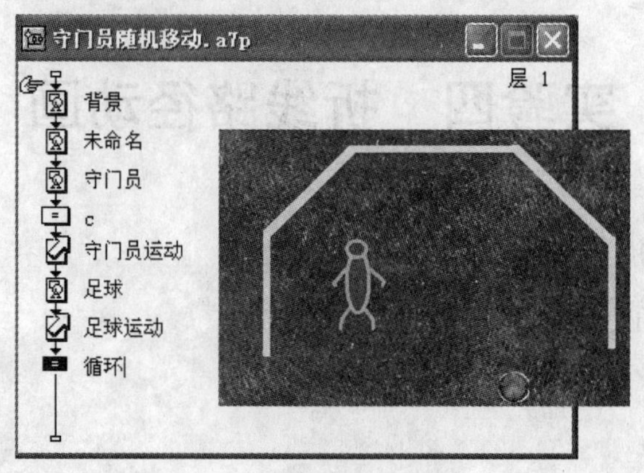

图 A5-1

实验六　声音设计图标的应用及控制

一、实验目的

1. 掌握声音设计图标的应用方法及其属性设置。
2. 掌握背景音乐的播放及其开关控制方法。

二、实验内容

1. 制作一程序不停地循环展示多种动物的图片。
2. 在展示过程中有可控制（随时开、关）的背景音乐。
3. 效果界面如图 A6-1 所示。

图 A6-1

4. 流程图如图 A6-2 所示。

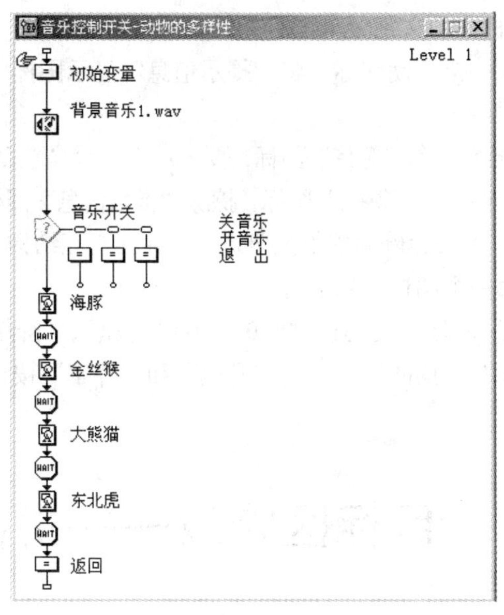

图 A6-2

实验七 按钮响应—彩旗升降

一、实验目的

1. 掌握按钮响应属性设置功能及程序设计方法。
2. 学会使用交互属性“激活条件”的运用。

二、实验内容

1. 如图 A7-1 所示，插入名为“背景”的显示图标，内容为蓝天图片。为“背景”图标设置任意一种 Internal 类的过渡效果，再插入一个名为“旗杆”的显示图标。

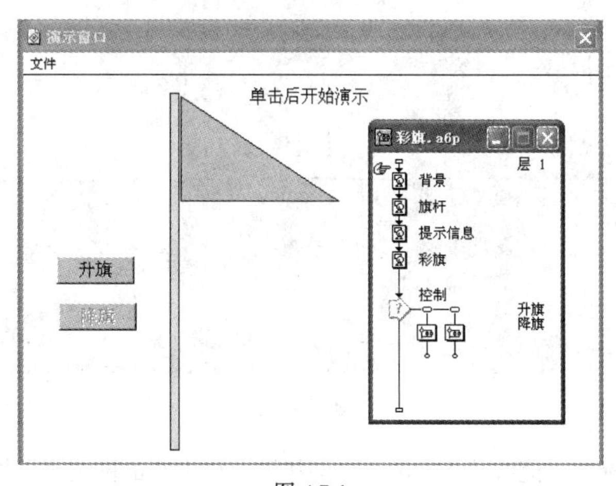

图 A7-1

2. 把“提示信息”图标中的文字“单击后开始演示”设为黑体、篮色、透明模式、20 号。在“提示信息”图标后插入一个移动图标，将“提示信息”显示图标中的文字设为在窗口区域内沿水平线来回运动。

3. 在上述移动图标后插入一个“等待”图标，要求：不显示“继续”按钮；单击鼠标继续执行程序。在“等待”图标后插入一个 “擦除”图标，擦除“提示信息”图标的内容，擦除效果自定。

4. 适当设置交互结构，使升旗降旗能够反复进行，并在交互结构中添加一个“重新运行”按钮，单击后跳转到程序的第一个图标重新运行。

5. 利用“变量初始化”图标中的提供“x=0”，在“升旗”、“降旗”群组内的运算图标中输入正确的表达式，并设置交互结构的属性，使“升旗”和“降旗”按钮在同一时刻，只有一个是有效的。

实验八　目标区响应——拼图游戏

一、实验目的

1. 掌握目标区域响应属性设置功能及程序设计方法。
2. 学会使用系统变量 TotalScore 记录整个交互作用中的分数。

二、实验内容

1. 选取一幅图片，如图 A8-1 所示。在 Windows 操作系统中，用系统自带的画图工具处理图像，要求把图片切割为大小相等的 6 片（3 列 2 行），并分别保存 6 幅图片，命名为 P11、P12、P13、P21、P22、P23，放置在规定的文件夹下。

图 A8-1

2. 将一个显示图标放入流程线上，画一个与拼图一样大小的网格线，并将切割好的 6 幅图片缩小放置四周，如图 A8-2 所示。

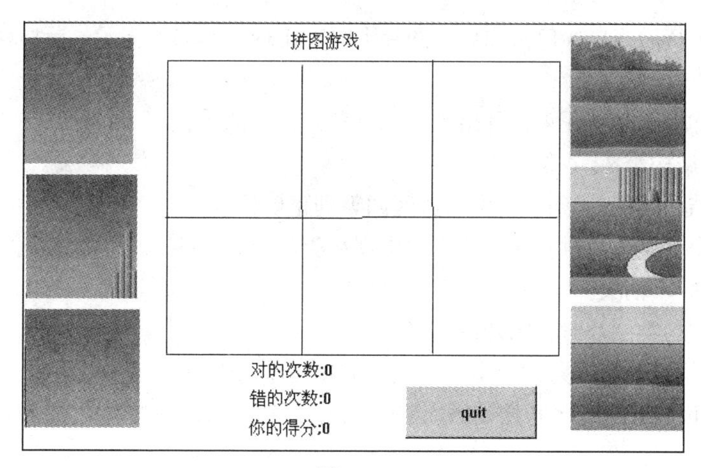

图 A8-2

将 P11～P23 6 幅图片，用显示图标拖入流程线上，并群组在一起。

3. 拖入交互图标，设置为目标区域响应，设置目标区域与相应的图片链接。图像匹配则进入相应位置，不匹配则退回。流程图如图 A8-3 所示。

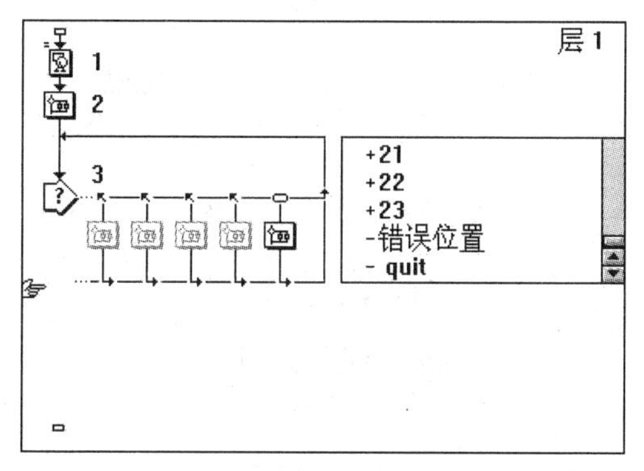

图 A8-3

4. 双击交互图标，添加一个文本对象“你的得分{TotalScore}”。

实验九 鸟类介绍

一、实验目的

1. 掌握目标区域响应属性设置功能及程序设计方法。
2. 掌握交互图标与响应图标的属性设置。

二、实验内容

设计一个鸟类介绍的程序文件。

1. 设置交互结构第 1、2 条分支。

（1）当鼠标停留在鸟类图片上时，鼠标形状变为小手状。

（2）使程序运行后当鼠标停留在鸟类图片上时，出现鸟类名称提示，鼠标移开图片后，提示马上消失。

（3）鸟类名称提示具有任意一种出现效果，背景色为淡黄色。

2. 设置交互结构第 3、4 条分支。

（1）将交互结构第 3、4 条分支中的热区调整到正确位置。

（2）鼠标单击鸟类图片时，在图片下方出现鸟类的介绍文字，到下次匹配之前（即单击另一张图片之前），文字不消失。

（3）鼠标单击鸟类图片时，图片以高亮显示。

3. 给交互结构增加第 5 条“退出”分支，响应类型为按钮交互，用函数实现退出功能。

4. 背景音乐设置：在程序开始处插入一个名为“背景音乐”的图标，在程序运行过程中，音乐循环播放。

参考流程如图 A9-1 所示。

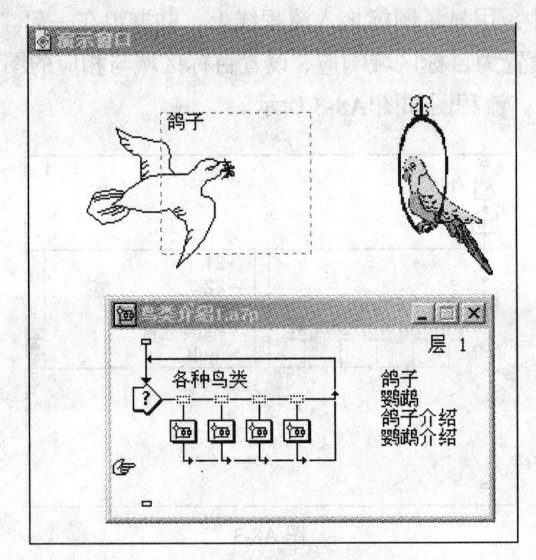

图 A9-1

实验十 制 作 地 图

一、实验目的

1. 掌握热对象响应。
2. 掌握交互图标与响应图标的属性设置。

二、实验内容

制作如图 A10-1 所示的地图，当在某一区域上双击时，即可出现该区域的介绍。

图 A10-1

实验十一　菜单响应——自制菜单

一、实验目的

1. 会用菜单响应制作一个下拉菜单。
2. 掌握菜单响应属性设置功能及菜单、菜单分隔线的实现。

二、实验内容

1. 如图 A11-1 所示，将一个交互图标放入流程线上，命名为“学院简介”。

2. 拖入几个群组图标到交互图标的右侧，分别命名为“中文系”、“体育系”、“教育系”、“物理系”等。

3. 加一条分割线，拖入一个群组图标到交互图标的右侧，并命名为“(-”或者“-”。

4. 再拖入一个计算图标到交互图标的右侧，双击计算图标，在弹出的窗口中输入 quit(0)，并命名为“退出”，实现如图 A11-2 所示的效果。

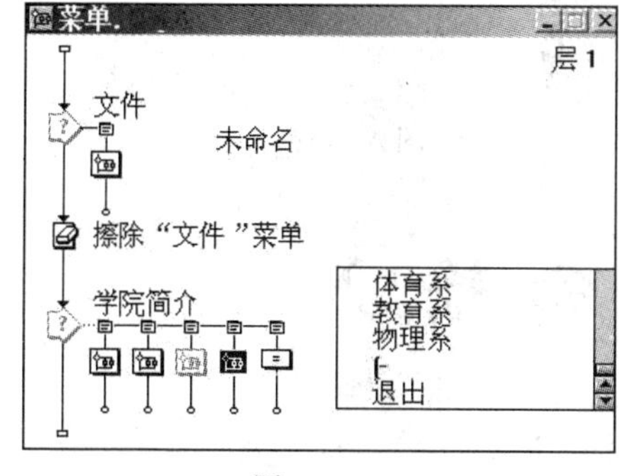

图 A11-1

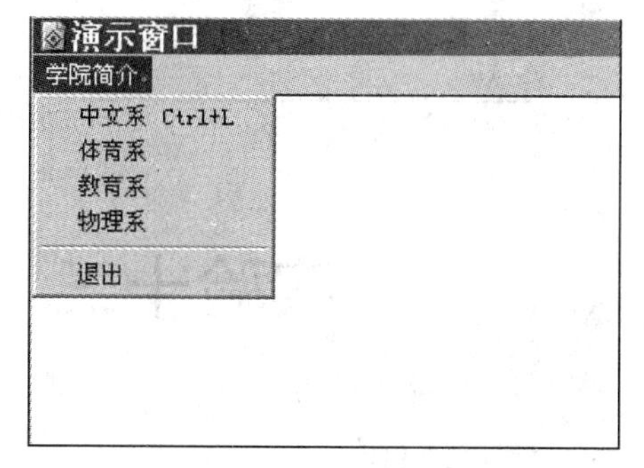

图 A11-2

实验十二　按键、重试限制及时间限制

一、实验目的

1. 掌握按键交互响应。
2. 掌握重试限制、时间限制交互的创作方法及应用。

二、实验内容

1. 用按键交互响应，完成如图 A12-1 所示的选择题。

参考流程如图 A12-2 所示。

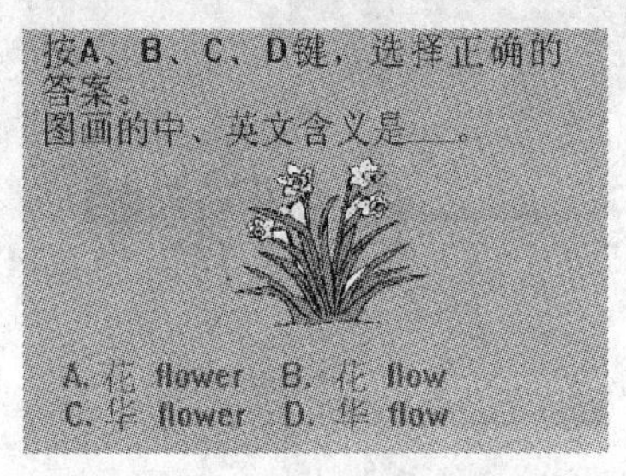

图 A12-1

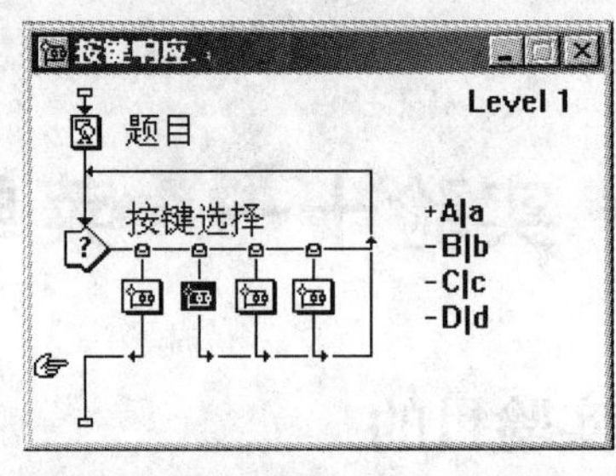

图 A12-2

2. 重试限制：（要求限制 3 次答题）重试限制交互通常要和其他交互共同使用，如图 A12-3 所示。

3. 时间限制：（要求在 10s 内完成答题）时间限制交互通常要和其他交互共同使用，如图 A12-4 所示。

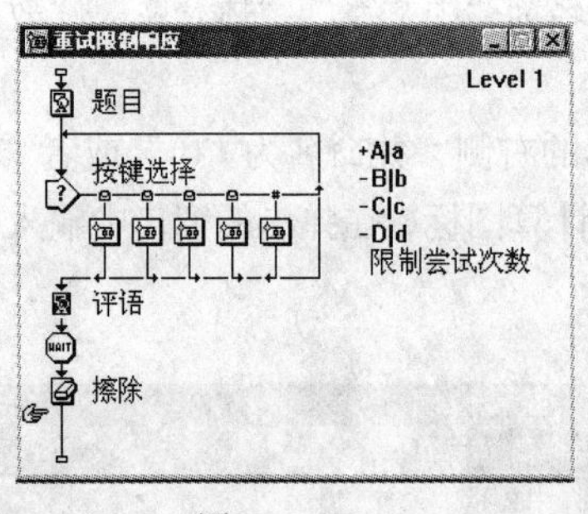

图 A12-3

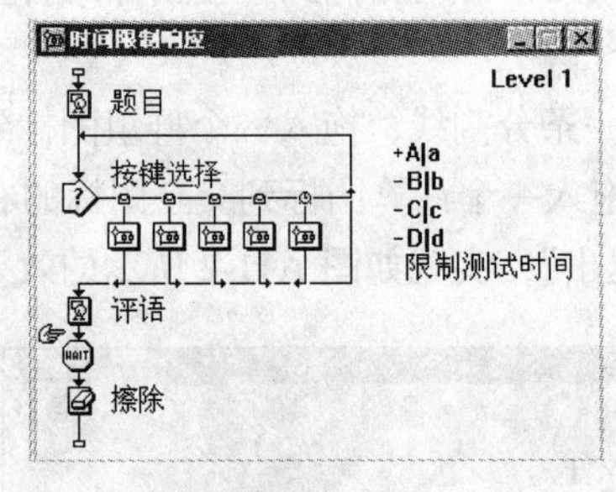

图 A12-4

实验十三　口 令 输 入

一、实验目的

1. 掌握文本交互响应。

2. 掌握重试限制、时间限制交互的创作方法及应用。

二、实验内容

如图 A13-1 所示，给出一个口令输入的基本程序，在此基础上完成如下实验效果。

1. 要求用户输入口令“pass”，输入正确时执行“正确”图标，然后退出交互结构往下继续运行。要求退出时能看清“正确”图标的内容（不许增加等待设计图标）。

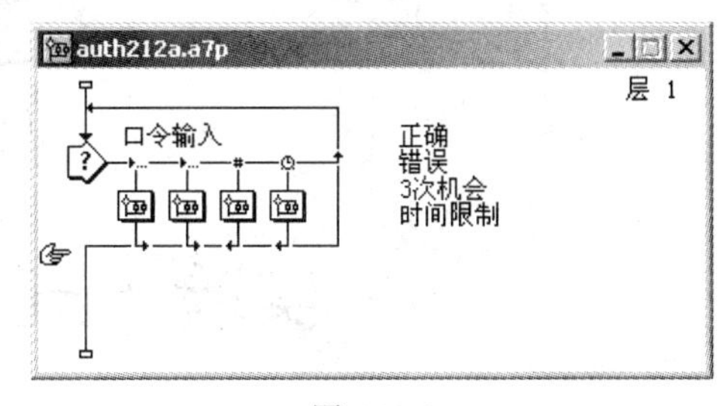

图 A13-1

2. 输入口令错误时执行“错误”图标，重新输入口令前应该擦除“错误”图标内容。

3. 重试限制设置：输入次数最多为 3 次，次数满则退出程序。

4. 时间限制设置：显示倒计时；如果在规定的时间内没有输入正确的口令，则执行“黑窗口”图标，当单击鼠标时，则返回输入口令界面重新计时。

实验十四　文本交互响应

一、实验目的

掌握文本交互响应的创作方法及应用。

二、实验内容

1. 根据图 A14-1 提示输入正确的中英文。
2. 参考流程如图 A14-2 所示。

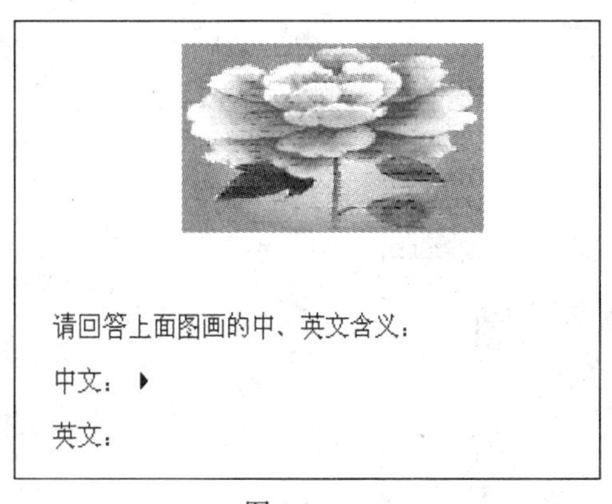

图 A14-1

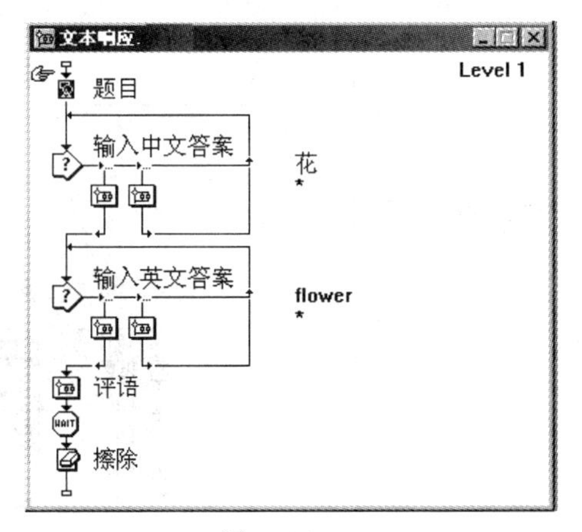

图 A14-2

提示：掌握文本交互响应的属性，如图 A14-3 所示。“模式”既是此响应的名称又是匹配此响应的匹配码（即只有输入“花”这个词才可以匹配此响应）。

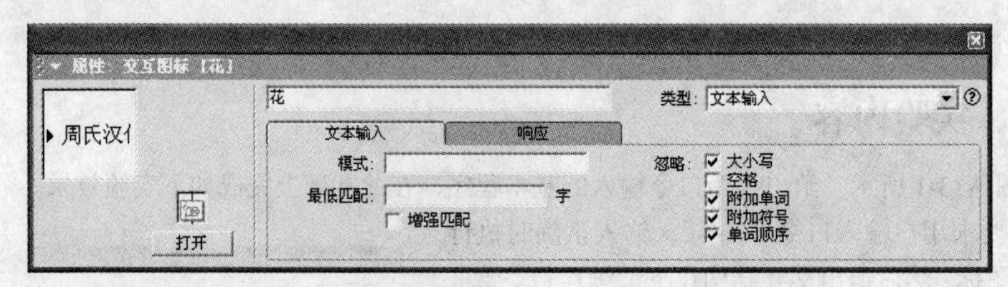

图 A14-3

实验十五　条件交互响应

一、实验目的

掌握条件交互响应的创作方法及应用。

二、实验内容

通常，条件交互要和其他交互形式一起使用。只要条件交互的条件一满足时就可以得到响应。例如，当把图 A15-1 中下方的文字移到相应的图画后就可以得到响应。

图 A15-1

设计的流程图如图 A15-2 所示。

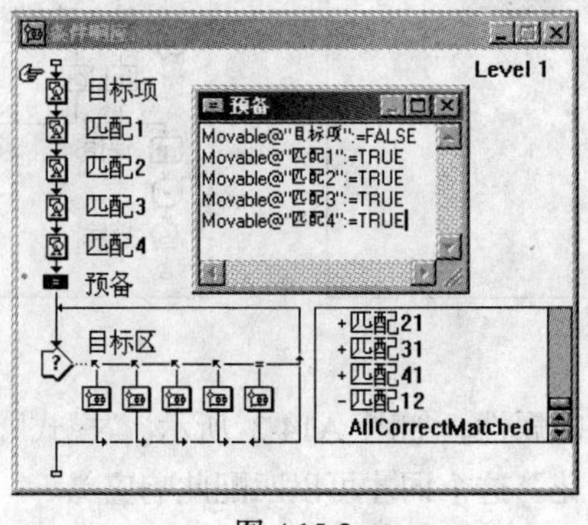

图 A15-2

“目标项”：包括背景和图画。

匹配 1～匹配 4：分别包括马 horse、花 flower 等。

条件交互响应的属性“条件”选项卡设置如图 A15-3 所示。

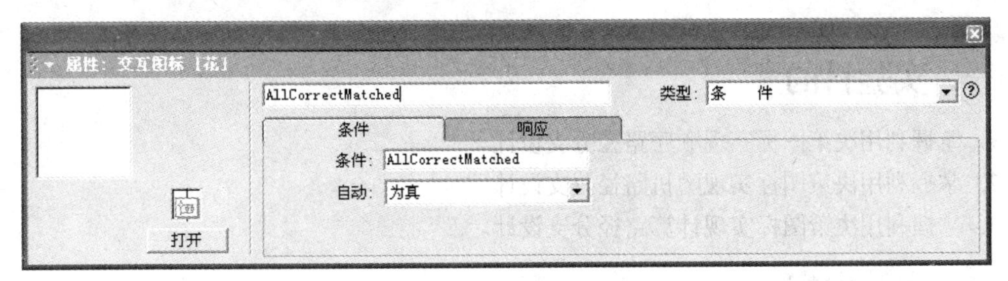

图 A15-3

实验十六 竞猜商品价格

一、实验目的

掌握文本和条件交互响应的应用。

二、实验内容

给出一个基本程序，在此基础上完成如下实验任务。

1. 在“商品价格 b”图标中实现随机生成商品价格“b”（3<=b<=10 的整数）。
2. 在“重新开始”图标中实现游戏重新开始。
3. 在“*--输入价格”图标中实现所猜价格的输入、接收。
4. 当输入价格后，程序能自动地判断你所输入价格的对、错，并作出反馈。
5. 当价格输入错误时，可重新输入，但限制时限为 5s，时间一到就结束程序。流程图如图 A16-1 所示。

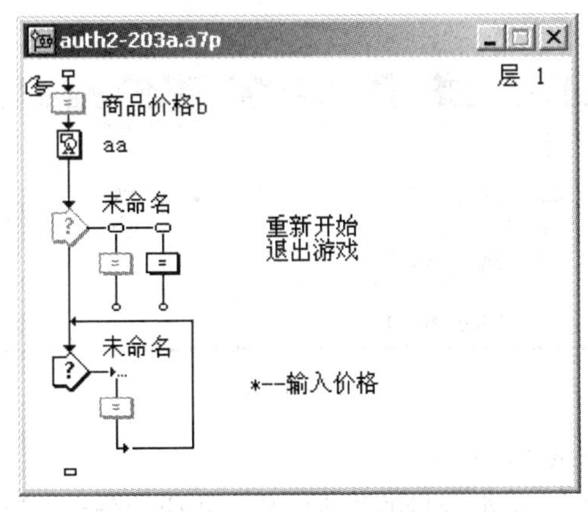

图 A16-1

实验十七 决策判断分支结构

一、实验目的

1. 掌握利用决策图标实现顺序路径分支设计。
2. 掌握利用决策图标实现随机路径分支设计。
3. 掌握利用决策图标实现计算路径分支设计。

二、实验内容

1. 顺序路径分支（实例：使窗口中的“请注意观察实验现象”文字闪烁 3 次后停住）流程图如图 A17-1 所示。

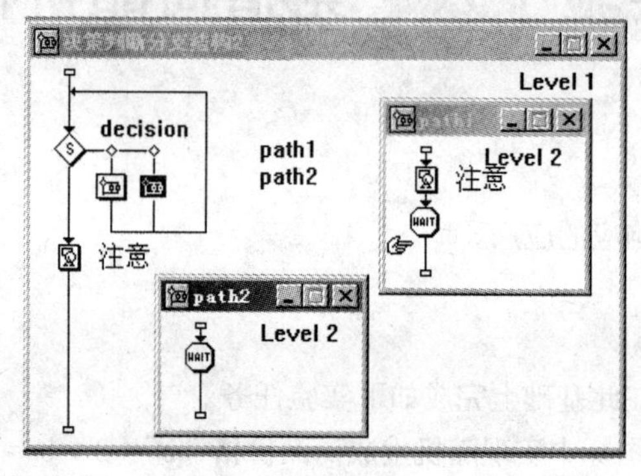

图 A17-1

在“注意”图标加入文字：“请注意观察实验现象”。

在“WAIT”图标：设置 0.5s。

决策图标属性设置如图 A17-2 所示。

2. 随机路径分支（实例：随机显示红、蓝、绿 3 种不同颜色的矩形），流程图如图 A17-3 所示。

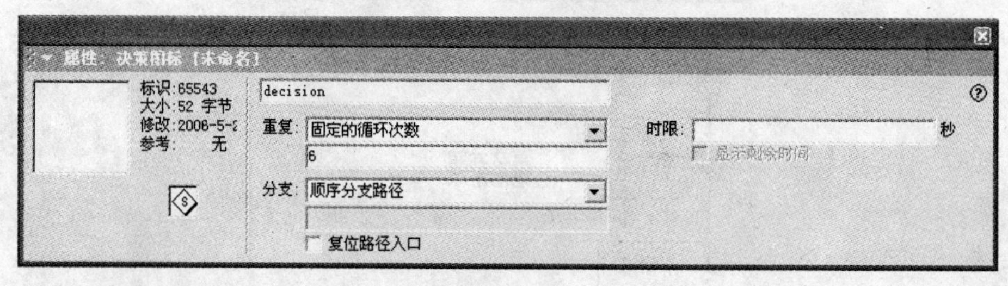

图 A17-2

决策图标属性设置如图 A17-4 所示。

3. 计算路径分支（实例：根据变量的值决定执行相应的分支）流程图如图 A17-5 所示。

决策图标属性设置如图 A17-6 所示。

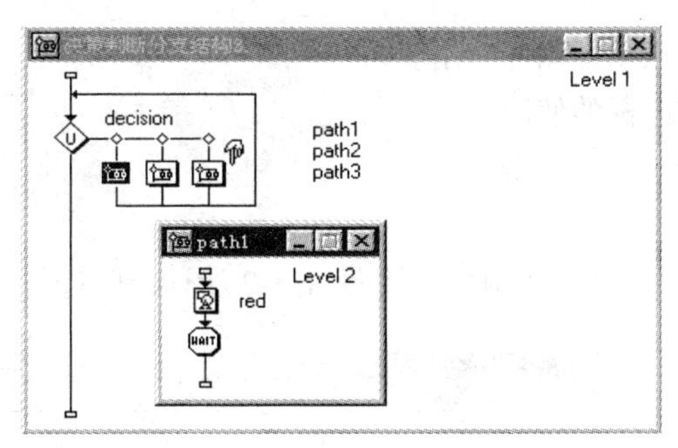

图 A17-3

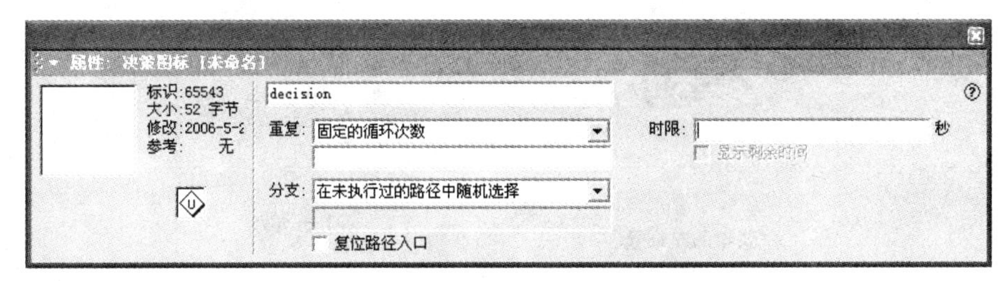

图 A17-4

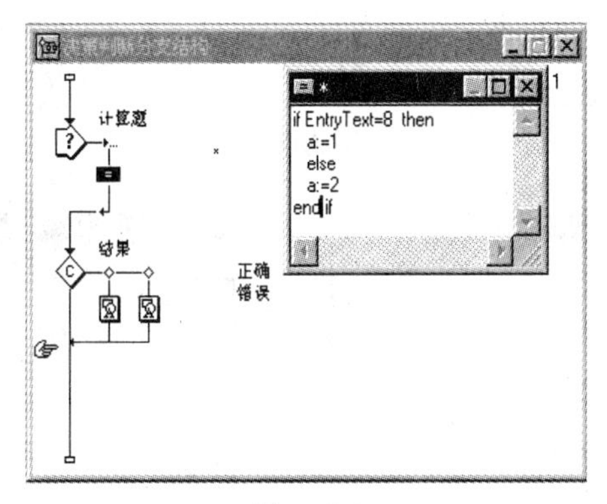

图 A17-5

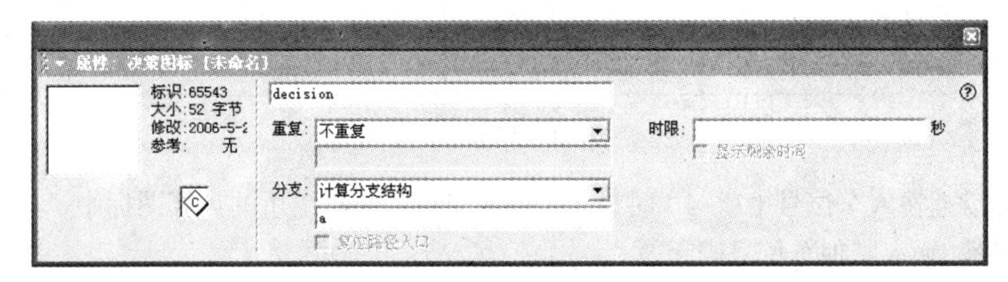

图 A17-6

实验十八　决策判断——泊车收费

一、实验目的

1. 掌握决策图标路径分支设计。

2. 掌握固定直线上某点动画图标应用。

3. 掌握文本输入交互图标的使用。

二、实验内容

如图 A18-1 所示，设计一个泊车画面，按图 A18-2 所述步骤进行操作，实现正确泊车。

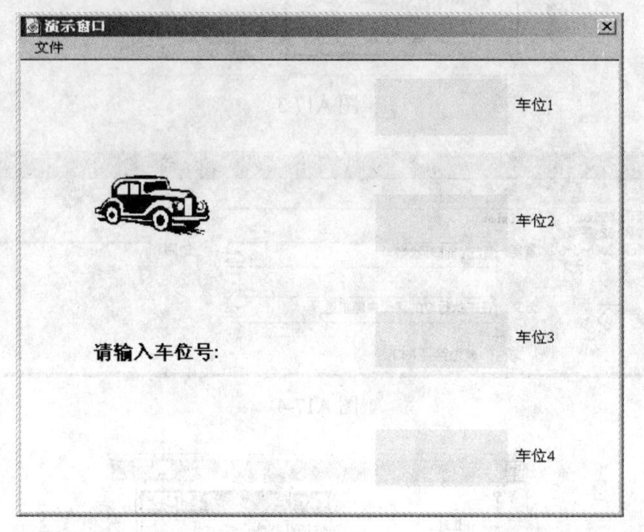

图 A18-1

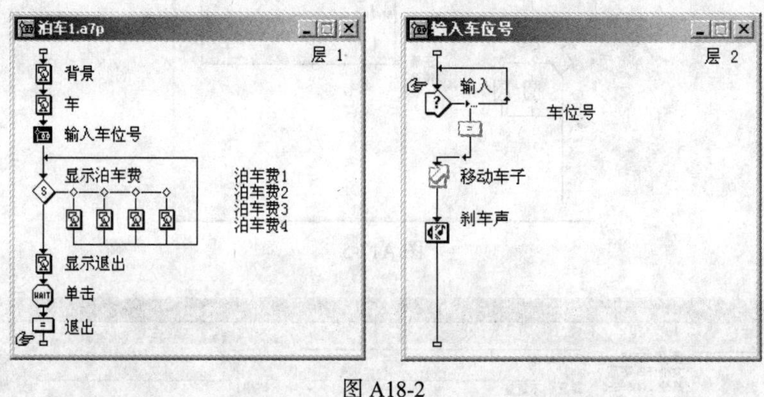

图 A18-2

1. 从键盘上输入车位号（1～4）时，在“输入车位号”群组里的计算图标中，将该值赋予一个自定义变量。输入其他车位号则无效。

2. 把“车”图标的内容设为“透明”显示模式，退出“输入”交互结构时，不擦除“请输入车位号”字样。

3. 小轿车按照用户输入的车位号数字驶入对应的车位。

4. 小轿车驶入对应的车位之后，才出现刹车声。

5. 小轿车驶入对应的车位之后，显示该车位对应的泊车费，其中车位 1 泊车费为 1～10 元，车位 2 泊车费为 2～15 元，车位 3 泊车费为 3～20 元，车位 4 泊车费为 4～25 元。

要求：不得改变图标的顺序，不得添加和删除图标。

实验十九　应用软件框架的构建

一、实验目的

1. 掌握利用框架结构来构建应用软件框架的方法。
2. 掌握框架设计图标的属性设置。
3. 掌握导航设计图标的属性设置。

二、实验内容

1. 设计一小型的教学软件。
2. 实现在教学软件中各部分内容间的跳转控制。
3. 基本结构如图 A19-1 所示。
4. 在“片头”中设计本教学软件的标题。
5. 各部分选择主界面如图 A19-2 所示，单击各选项可实现跳转到对应内容。

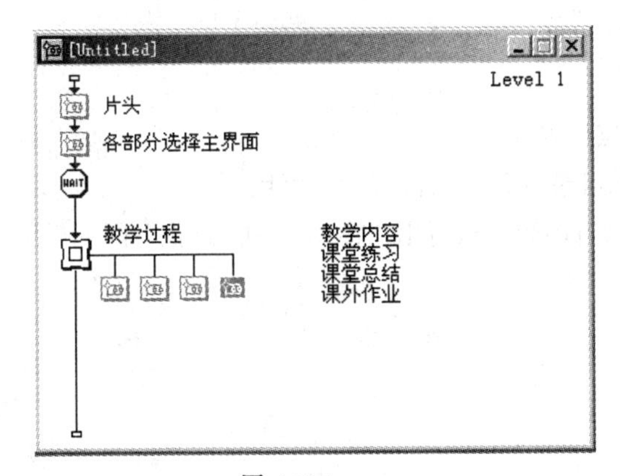

图 A19-1

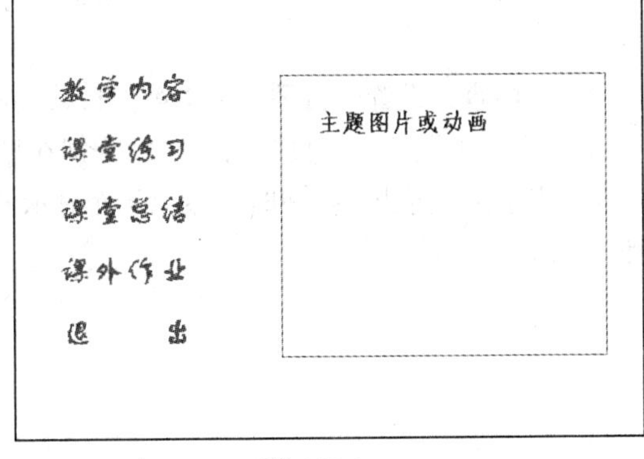

图 A19-2

6. 在进入“教学过程”后，界面上有“继续”、“返回”和“退出”3 个按钮。“继续”实现跳转到下一教学过程；“返回”实现跳转“各部分选择主界面”；“退出”结束程序运行。

7. 在“课堂练习”设计一组选择题。当进入本部分后，界面上增加“第一题”、“上一题”、“下一题”和“最后一题”4 个按钮，实现在各道选择题间进行跳转。

实验二十　框架——超文本链接

一、实验目的

1. 掌握利用框架结构进行超文本链接的方法。
2. 掌握框架设计图标的属性设置。

3．掌握导航设计图标的属性设置。

二、实验内容

如图 A20-1 所示，给出一个基本程序，在此基础上完成如下实验效果。

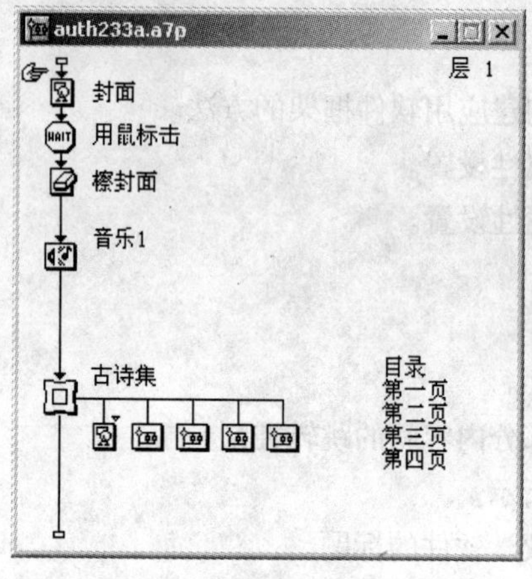

图 A20-1

1．设置“上一页”、“下一页”、“返回目录”、“退出” 4 个按钮，并使 4 个按钮具有相应的功能。

2．按内容，设置“目录”页中第四首诗的超级链接。

3．“上一页”、“下一页”两个按钮分别在显示目录页和第四首诗时不可用。

4．当单击“退出”按钮时，擦除前面显示的所有内容，执行出口窗格中的“结束”图标后终止该程序的执行。

附录 B Authorware 7.0 常用系统变量一览表

表 B1　　Authorware 7.0 新增系统变量及其说明

变量	说明
LastObjectClickedID	该变量指示当前用户最近一次所单击一个对象的 ID
ObjectClickedID	该变量指示当前用户所单击的对象的 ID
ObjectMovedID	该变量指示用户最近一次移动的显示图标的 ID，而不管用户的这一动作是否匹配了某一响应

Authorware 7.0 提供的变量一共 204 个，分为 11 个类别，下面就常用的分类说明。

表 B2　　Decision——决策图标类变量

变量	类型	说明
AllSelected	逻辑型	如果当前决策图标的所有分支项都已被选择过，则该变量的值为 True 可以使用 AllSelected@"IconTitle"来返回“IconTitle”指定决策图标的分支选择情况
PathCount	数值型	该变量储存着当前决策图标下挂分支路径的数目 可以使用 PathCount@"IconTitle"来返回“IconTitle”指定决策图标的分支路径的数目
PathSelected	数值型	该变量储存着当前决策图标中用户最后选择的分支路径的编号 可以使用 PathSelected@"IconTitle"来返回“IconTitle”指定决策图标中用户最后一次选择的分支路径的编号
RepCount	数值型	该变量储存着当前决策图标重复分支路径的总次数，必须将此变量放在该决策图标的循环路径中使用 可以使用 RepCount@"IconTitle"来返回“IconTitle”指定决策图标中重复分支路径的总次数
TimeExpired	逻辑型	当用户执行某决策图标的路径超过时间，Authorware 会自动退出该分支并将该变量值设为 True 可以使用 TimeExpired@"IconTitle"来返回“IconTitle”指定决策图标是否超时退出。如果“IconTitle”指定决策图标通过其他方式退出路径或仍在执行，则该变量的值为 False

表 B3　　Framework——框架图标类变量

变量	类型	说明
CurrentPageID	数值型	该变量储存着当前框架图标中当前显示页面的 ID 标识符。若没有当前框架图标的页面被显示，则该变量的值为 0 可以使用 CurrentPageID @"framework "来返回"framework"指定框架图标的最后一次显示的页面的 ID。如果该框架图标没有任何一个页面被显示过，则该变量的值为 0
CurrentPageNum	数值型	该变量中储存着当前框架图标中最近一次显示的页面的页号。若没有当前框架图标的页面被显示，则该变量的值为 0 可以使用 CurrentPageNum@"framework "来返回"framework"指定框架图标的最后一次显示的页面的页号。如果该框架图标没有任何一个页面被显示过，则该变量的值为 0 Authorware 对框架图标的下挂页面进行的编号方法从左到右，编号为 1,2,3,…，即最右边的页面编号值等于系统变量 PathCount 的值
LastSearchString	字符型	该变量中储存着用户最近一次输入到 FindText 函数中的查找文本或在"查找匹配"窗口中输入的匹配文本
PageCount	数值型	访问的框架图标的下挂页面的个数 可以使用 PageCount @"framework "来返回"framework"指定框架图标的下挂页面的个数

表 B4　　General——通用变量

变量	类型	说明
AltDown	逻辑型	当用户按下 Alt 键时，该变量的值为 True 注意：在编辑状态时，或演示窗口中使用了菜单交互，则按下 Alt 键会激活 Authorware 的菜单项
CapsLock	逻辑型	当用户按下 CapsLock 键时，该变量的值为 True
ClickX	数值型	该变量返回用户最后一次按下鼠标时距演示窗口左边界的像素数
ClickY	数值型	该变量返回用户最后一次按下鼠标时距演示窗口上边界的像素数
CommandDown	逻辑型	当用户按下 Control 键时，该变量的值为 True
ControlDown	逻辑型	当用户按下 Control 键时，该变量的值为 True
CursorX	数值型	该变量返回当前用户鼠标位置距演示窗口左边界的像素数
CursorY	数值型	该变量返回当前用户鼠标位置距演示窗口上边界的像素数
DoubleClick	逻辑型	当用户双击鼠标左键时，该变量的值为 True
e	数值型	该变量是一个常数变量，其值等于自然对数的基数（e=2.718281828459）
EventQueue	字符型	该变量储存的是所有由 Xtra 发送的挂起或未执行的外部事件，这些事件按到达的先后顺序以列表的形式排列
FileTitle	字符型	该变量储存着在文件属性对话框中设置的文件标题，该标题将出现在打包文件的标题栏中
FirstName	字符型	该变量储存变量 UserName 中用户的第一姓名（first name）。任何时候你将一个字符串赋给 UserName 变量，则 Authorware 将该字符串的第一个单词赋给变量 FirstName 如果该字符串有逗号，则 Authorware 将逗号后的第一个单词赋给该变量当 Authorware 进行这一赋值操作时，自动将第一个字母大写 也可以单独将一个字符串赋给变量 FirstName，此时 Authorware 不会自动将第一个字母大写

续表

变量	类型	说明
Key	字符型	该变量储存着用户最后一次按下的键名，如 h，H，Delete，9，Enter 等
KeyboardFocus	数值型	该变量储存着当前获得键盘输入焦点的图标的 ID 号。使用系统函数 setkeyboardFocus 来设置焦点
KeyNum	数值型	该变量储存着用户最后一次按下的键对应的数字码（可以在显示图标中显示 KeyNum 的值来查看与各键相对应的数字码是多少）
MediaLength	数值型	MediaLength@ "IconTitle"存储的是指定图标中声音的时间长度或数字化电影的总帧数
MediaPlaying	逻辑型	若 MediaPlaying@" IconTitle "中“IconTitle”指定的数字电影、视频或声音图标是否正在运行、正暂停播放或处于使用者的控制之下。若尚未开始播放、已播放完毕或已被擦除，则返回值为 False
MediaPosition	数值型	该变量储存着 MediaPosition@" IconTitle "中“IconTitle”指定的数字电影、视频或声音图标的当前播放位置（数字电影或视频单位为帧，声音单位为毫秒） 注意：CAV 视频的控制单位为帧，而 CLV 视频的控制单位为毫秒
MediaRate	数值型	该变量储存着 MediaRate@" IconTitle "中“IconTitle”指定的数字电影、视频或声音图标的当前播放速度（数字电影单位为帧/秒，声音单位为正常速度的百分比，视频的取值范围从−5～5） 如果播放这些图标时用户改变了播放速度，则 Authorware 动态地更新该变量值
MouseDown	逻辑型	当用户单击鼠标左键时，MouseDown 的值为 TRUE，否则为 FALSE
MoviePlaying	逻辑型	如果当前数字化电影正在播放，MoviePlaying 变量的值为 TRUE；否则该变量的值为 FALSE
Pi	数值型	这实际上也是一个常量，为圆周率（3.1415926536…）
Return	字符型	该变量只包含一个回车符，也可以使用字符串“\r”表示回车符。例如，WriteExtFile("RESULTS. TXT", Example1 ^ Return ^ Example2)
RightMouseDown	逻辑型	当用户按下鼠标的右键时，RightMouseDown 的值为 TRUE
ScreenHeight	数值型	ScreenHeight 变量存储的是用户计算机屏幕高度像素值
ScreenWidth	数值型	ScreenWidth 变量存储的是用户计算机屏幕宽度像素值
ShiftDown	逻辑型	当用户按下 Shift 键后，ShiftDown 变量的值为 TRUE
SoundPlaying	逻辑型	如果当前正在播放一个声音信息，SoundPlaying 变量的值为 TRUE
Tab	字符型	该变量只包含一个制表符（Tab 符号），也可以使用字符串“\t”表示回车符。Tab 变量的使用方法为 WriteExtFile("RESULTS.TXT", Example1 ^ Tab ^ Example2)
TimeOutLimit	数值型	该变量储存着 Authorware 中等待用户的鼠标或键盘事件的时间限制，单位为秒 可以使用系统函数 TimeOutGoTo 在用户超时没有任何操作后跳转到特定图标继续执行
TimeOutRemaining	数值型	该变量储存着 Authorware 中等待用户的鼠标或键盘事件的剩余时间，单位为秒。总时间限制在系统变量 TimeOutLimit 中设置 可以使用系统函数 TimeOutGoTo 在用户超时没有任何操作后跳转到特定图标继续执行
WindowHeight	数值型	WindowHeight 存储的是当前展示窗口的高度的像素数
WindowLeft	数值型	WindowLeft 存储的是展示窗口左边界同屏幕左边界间像素数
WindowTop	数值型	WindowTop 存储的是展示窗口上边界同屏幕上边界间像素数
WindowWidth	数值型	WindowWidth 存储的是当前展示窗口的宽度的像素数

表 B5　　Graphics——图形类变量

变量	类型	说明
LastX	数值型	LastX 变量存储的是由任何一个图形函数所画图形的 X 坐标值
LastY	数值型	LastY 变量存储的是由任何一个图形函数所画图形的 Y 坐标值

表 B6　　Icons——图标控制类变量

变量	类型	说明
CalledFrom	数值型	常用作 CalledFrom@" IconTitle "，返回最近调用“IconTitle”指定图标的图标的 ID 号，即调用起点的图标 ID。此调用包括那些通过导航图标、永久交互等实现的图标间的跳转
DisplayHeight	数值型	该变量指示演示窗口中一个在垂直方向上的像素数 可以使用 DisplayHeight@"IconTitle"来返回“IconTitle”指定图标的显示对象的垂直方向像素数 一般以窗口坐标的（0,0）为参照点，一般窗口的原点是标题栏左下角的那个点。若还有菜单栏，则参照点为菜单条左下角的那个点
DisplayLeft	数值型	该变量指示演示窗口中一个显示对象的左边界到演示窗口左边界的水平方向的像素数 可以使用 DisplayLeft@"IconTitle"来返回“IconTitle”指定图标的该变量的值 一般以窗口坐标的（0,0）为参照点，一般窗口的原点是标题栏左下角的那个点。若还有菜单栏，则参照点为菜单条左下角的那个点
DisplayTop	数值型	该变量指示演示窗口中一个显示对象的上边界到演示窗口上边界的垂直方向的像素数 可以使用 DisplayTop@"IconTitle"来返回“IconTitle”指定图标的该变量的值 一般以窗口坐标的（0,0）为参照点，一般窗口的原点是标题栏左下角的那个点。若还有菜单栏，则参照点为菜单条左下角的那个点
DisplayWidth	数值型	该变量指示演示窗口中一个在水平方向上的像素数 可以使用 DisplayWidth@"IconTitle"来返回“IconTitle”指定图标的显示对象的水平方向像素数 一般以窗口坐标的（0,0）为参照点，一般窗口的原点是标题栏左下角的那个点。若还有菜单栏，则参照点为菜单条左下角的那个点
DisplayX	数值型	该变量指示演示窗口中一个显示对象的中心距离演示窗口上边界的水平方向的像素数 可以使用 DisplayX@"IconTitle"来返回“IconTitle”指定图标的显示对象的该变量值 一般以窗口坐标的（0,0）为参照点，一般窗口的原点是标题栏左下角的那个点。若还有菜单栏，则参照点为菜单条左下角的那个点
DisplayY	数值型	该变量指示演示窗口中一个显示对象的中心距离演示窗口上边界的垂直方向的像素数 可以使用 DisplayY@"IconTitle"来返回“IconTitle”指定图标的显示对象的该变量值 一般以窗口坐标的（0,0）为参照点，一般窗口的原点是标题栏左下角的那个点。若还有菜单栏，则参照点为菜单条左下角的那个点
IconID	数值型	该变量指示当前显示的图标的 ID 号 常用 IconID@"IconTitle"获得“IconTitle”指定图标的 ID 号。该变量的值可能随着编辑、保存文件或打包文件而变化 若要获得 Authorware 正在执行的图标的 ID 号，则可以使用变量 ExcutingIconID

续表

变量	类型	说明
IconTitle	字符型	该变量指示当前显示的图标的标题。在 Properties：Wait Icon 的 Time Limit 文本框中输入 IconTitle，则将该图标的标题作为等待时间的变量，在修改等待时间时只需要改变等待图标的标题即可
Movable	逻辑型	常用作 Movable@"IconTitle"，若“IconTitle”指定图标的显示对象可以被用户移动，则该变量的返回值为 True。也可以通过指定图标的该变量值使该图标的显示对象能否被用户移动 默认情况下，则打包后的应用程序中用户无法移动一个显示对象，除非将该图标属性对话框中的 movable 属性选上，或者该对象是一个目标区域交互的组成部分 在编辑状态下，可以移动所有的显示对象。若要指定在编辑状态下的图标不能被移动，则在该图标上附一个计算图标，并在该计算图标中输入以下表达式 Movable:=False
Moving	逻辑型	常用作 Moving@"IconTitle"，若“IconTitle”指定图标的显示对象正被用户移动或被移动图标移动，则该变量的返回值为 True
PathPosition	数值型	若“IconTitle”指定图标中包含没路径定位的移动对象或网格定位的显示对象，则变量 PathPosition@"IconTitle"返回当前移动对象在路径上或网格中所处的位置
PositionX	数值型	该变量返回当前显示对象相对于网格的水平方向的位置。该显示对象必须是被定义为“可在区域内移动”或允许移动图标在一定区域内移动它 使用 PositionX@"IconTitle"可以获得“IconTitle”指定图标的该变量值
PositionY	数值型	该变量返回当前显示对象相对于网格的垂直方向的位置。该显示对象必须是被定义为“可在区域内移动”或允许移动图标在一定区域内移动它 使用 PositionY@"IconTitle"可以获得“IconTitle”指定图标的该变量值

表 B7　　Interaction——交互图标类变量

变量	类型	说明
AllCorrectMatched	逻辑型	如果指定的交互结构的所有设置为正确响应状态的分支都已经匹配，AllCorrectMatched 变量的值为 TRUE；如果指定的交互结构的所有设置为正确响应状态的分支都已经被用户输入响应所匹配，AllCorrectMatched@"IconTitle"值为 TRUE，否则为 FALSE
CharCount	数值型	该变量指示用户在输入文本响应中所输入的字符的个数 使用 CharCount@"IconTitle"可以获得“IconTitle”指定交互的输入文本响应中用户输入的字符的个数 实际上该变量是对储存在 EntryText 变量中的文本进行的操作
ChoiceCount	数值型	该变量指示当前交互图标中下面分支项的个数。可以使用 ChoiceCount @"ButtonIconTitle"返回“IconTitle”指定交互图标的分支项个数
ChoiceNumber	数值型	该变量指示当前交互图标中用户最后一次匹配的交互项的编号。可以使用 ChoiceCount @"ButtonIconTitle"返回“IconTitle”指定交互图标中用户最后一次匹配的交互项的编号 交互项的编号顺序是从左到右，由 1 开始，1，2，3，…，依此类推

续表

变量	类型	说明
CorrectChoices Matched	数值型	该变量指示当前交互图标中用户匹配的响应状态设为“Correct”的交互项的次数 可以使用 CorrectChoicesMatched@"ButtonIconTitle"返回“IconTitle”指定交互图标中的该变量值
EntryText	字符型	该变量中储存着用户最近一次在输入文本响应中所输入的文本。可以使用 EntryText @"ButtonIconTitle"返回“IconTitle”指定交互图标中的用户在输入文本响应的文本输入框中最后一次输入的文本 当属于指定交互图标的任意一个交互项被触发时，Authorware 就设置该变量的值。即使用户没有触发文本输入响应（比如按下 Return 键），Authorware 仍然更改变量 EntryText 的值。这样就可以在用户输入完文本之前对用户所键入的文本进行判断和操作 若用户触发的是一个分支类型设定为“Return”的永久响应，则该变量的值不变 若将分支类型设定为“Contitue”的输入文本响应的 EntryText 变量值进行了修改，或赋予了一个新值，则更改了的变量值会被后面的响应使用
FirstTryCorrect	数值型	该变量中储存着用户在一个交互图标中第一次就能匹配上响应状态设为“Correct”的交互项的总次数 用户每进入一个交互图标，若用户的第一次匹配就匹配上“Correct”响应状态的交互项，则该变量的值加 1；当用户跳转返回交互图标时，若用户进行的返回后的第一次交互动作匹配了响应状态为“Correct”响应，则该变量的值也加 1
FirstTryWrong	数值型	该变量中储存着用户在一个交互图标中第一次就能匹配上响应状态设为“Wrong”的交互项的总次数 用户每进入一个交互图标，若用户的第一次匹配就匹配上“Wrong”响应状态的交互项，则该变量的值加 1；当用户跳转返回交互图标时，若用户进行的返回后的第一次交互动作匹配了响应状态为“Wrong”响应，则该变量的值也加 1
ForceCaps	逻辑型	若将该变量的值设为 True，则 Authorware 强制将用户在当前文本输入框中输入的文本字母转换成大写 可以使用 ForceCaps@"IconTitle"指定强制将输入文本转换成大写的交互图标
JudgedInteractions	数值型	该变量指示用户在使用一个 Authorware 应用程序时，所遇到的响应状态设为“Correct”或“Wrong”交互响应的总数 Authorware 每遇到一个新的响应状态设为“Correct” 或“Wrong” 的响应，Authorware 就将该变量值加 1
JudgedResponses	数值型	该变量指示用户在使用一个 Authorware 应用程序时，所匹配的所有响应状态设为“Correct”或“Wrong”交互响应的总数 Authorware 每遇到一个新的响应状态设为“Correct”或“Wrong”的响应，Authorware 就将该变量值加 1，即使用户已经匹配过该响应
JudgeString	字符型	若给该变量赋值后，就会强制 Authorware 将此变量值作为文本输入响应的输入文本 除非将文本输入的分支类型设为“Continue”，否则当 Authorware 任意匹配一个交互之后，该变量的值会被清空 若给该变量赋值，而将文本输入的分支类型设为“重试”，则 Authorware 自动将该变量作为用户的输入值进行响应匹配

续表

变量	类型	说明
MatchedEver	逻辑型	若用户匹配了任意一个交互，则该变量值为 True 可以使用 MatchedEver @"IconTitle"返回是否匹配了某个特定的响应分支项
MatchedIconTitle	字符型	该变量返回用户最后一次匹配的响应分支项的标题 可以使用 MatchedIconTitle@"IconTitle"来返回用户在“IconTitle”指定交互图标中最后一次匹配的响应分支项的标题 如果 Authorware 匹配了一个跳转后返回的永久交互，则该变量的值仍为跳转前的值
NumEntry	数值型	该变量返回用户最近一次在文本输入框中输入的第一个数值 可以使用 NumEntry@"IconTitle"来返回用户最近一次在“IconTitle”指定交互图标中的文本输入框中输入的第一个数值 该变量的值从变量 EntryText 中获得。Authorware 将所获得的头 3 个数值分别赋给变量 NumEntry，NumEntry2，NumEntry3 Authorware 遇到非数字字符则认为一个数值量结束；若遇到一个新的数字，则 Authorware 认为一个新的数值开始，并将其赋给变量，依此类推 如果在数字前面紧跟着一个减号（-），则 Authorware 自动将该数值设为负数
NumEntry2	数值型	该变量返回用户最近一次在文本输入框中输入的第二个数值 可以使用 NumEntry2@"IconTitle"来返回用户最近一次在“IconTitle”指定交互图标中的文本输入框中输入的第二个数值 该变量的值从变量 EntryText 中获得。Authorware 将所获得的头 3 个数值分别赋给变量 NumEntry，NumEntry2，NumEntry3 Authorware 遇到非数字字符则认为一个数值量结束；若遇到一个新的数字，则 Authorware 认为一个新的数值开始，并将其赋给变量，依此类推 如果在数字前面紧跟着一个减号（-），则 Authorware 自动将该数值设为负数
NumEntry3	数值型	该变量返回用户最近一次在文本输入框中输入的第三个数值 可以使用 NumEntry3@"IconTitle"来返回用户最近一次在“IconTitle”指定交互图标中的文本输入框中输入的第三个数值 该变量的值从变量 EntryText 中获得。Authorware 将所获得的头 3 个数值分别赋给变量 NumEntry，NumEntry2，NumEntry3 Authorware 遇到非数字字符则认为一个数值量结束；若遇到一个新的数字，则 Authorware 认为一个新的数值开始，并将其赋给变量，依此类推 如果在数字前面紧跟着一个减号（-），则 Authorware 自动将该数值设为负数
PercentCorrect	数值型	该变量指示所有响应状态设为“正确”的响应交互项中，用户的匹配率
PercentWrong	数值型	该变量指示所有响应状态设为“错误”的响应交互项中，用户的匹配率
PresetEntry	字符型	该变量的值会自动出现在下一个文本输入框中，作为该文本输入框的默认输入值，用户可以直接使用该值作为输入文本，也可以对它进行编辑或删除。这一变量可以为交互提供默认选项、提示文本等有助于用户进行交互匹配的信息。若将该变量放在一个分支类型设为“Try again”的响应图标中，则每次进入文本输入框都会出现该提示文本

续表

变量	类型	说明
ResponseTime	数值型	该变量中储存着用户匹配一个交互图标的响应所耗费的时间，单位为秒 可以使用 ResponseTime@"IconTitle"获得“IconTitle”指定交互项的该变量值 从用户进入交互图标起，Authorware 就开始计算该变量的值。用户匹配了一个响应后，Authorware 将该变量值重置为 0，然后开始对用户匹配下一个交互进行计时
TimeInInteraction	数值型	该变量中储存着用户在上一个交互图标中所停留的总时间，单位为秒 从用户进入一个交互图标 Authorware 就开始计时，直到用户离开该交互图标。可以使用 TimeInInteraction@"IconTitle"获得用户在“IconTitle”指定交互图标中的停留时间
TimesMatched	数值型	该变量指示当前演示窗口中用户匹配的已启动响应图标的次数 可以使用 TimesMatched@"IconTitle"获得“IconTitle”指定响应图标的用户的匹配次数
TotalCorrect	数值型	该变量指示用户在当前 Authorware 应用程序中所匹配的响应状态为“正确”的响应的个数 同系统变量 FirestTryCorrect 不同，变量 TotalCorrect 中储存的不仅是用户第一次匹配“正确”响应的次数，而且是如果一个交互图标中有多个响应状态为“正确”的响应分支项，则用户每匹配一次“正确”响应，该变量的值加 1（即允许多次匹配同一个交互项）
TotalScroe	数值型	该变量指示用户在当前 Authorware 应用程序中所有交互匹配的分数的总和 每一次用户选择交互图标中的一个选项，其得分就会加到变量 TotalScore 中 可以在响应类型属性对话框中的“Score”域中指定用户匹配该响应时获得的分数 当一项课程开始时，该变量的值被初始化为 0。该变量的值只能获得而无法设置 注意：交互项的响应状态不会对变量 TotalScore 的计算产生影响。也就是说，那些响应状态设为“不判断”的交互项也不会影响 TotalScore 的值
TotalWrong	数值型	该变量指示用户在当前 Authorware 应用程序中所匹配的响应状态为“错误”的响应的个数 同系统变量 FirestTryWrong 不同，变量 TotalWrong 中储存的不仅是用户第一次匹配“错误”响应的次数，而且是如果一个交互图标中有多个响应状态为“错误”的响应分支项，则用户每匹配一次“错误”响应，该变量的值加 1（即允许多次匹配同一个交互项）
Tries	数值型	该变量指示用户在当前交互图标中的尝试匹配响应的次数 可以使用 Tries @"IconTitle"来返回“IconTitle”指定交互图标中用户的尝试次数
WrongChoicesMa-tched	数值型	该变量指示当前交互图标中用户匹配的响应状态设为“错误响应”的交互项的次数可以使用 WrongChoicesMatched@"ButtonIconTitle"返回“IconTitle”指定交互图标的该变量值

表 B8　Network——网络类变量

变量	类型	说明
NetConnected	逻辑型	若当前正在使用 Authorware Web Player 播放 Authorware 应用程序，则该变量的值为 True 若当前处于编辑状态，或运行文件具有 RunA6W，则该变量的值为 False
NetLocation	字符型	该变量包含当前文件的 URL 地址。这为运行时需要指明路径的函数调用提供了一个简便的方法。比如，函数 Jump 和 Filecategories 注意：若当前不是通过 Authorware Web Player 在播放，则该变量的值为一空字符串""
Preroll	数值型	通过设置该变量设置开始播放声音之前需要从网络下载多少字节的声音数据 注意：可以使用 Preroll@"IconTitle"来获得“IconTitle”指定图标前需要下载的声音数据量

附 B9　Time——时间类变量

变量	类型	说明
Date	数值型	Date 变量存储的是当前计算机的系统时间
Day	数值型	Day 变量存储的是当前计算机系统的日期，其值从 1～31
DayName	字符型	DayName 用于存储当前计算机系统的星期
FullDate	字符型	该变量用长格式指示当前的日期，包括年、月、日、星期等 用户计算机系统中的设置决定了变量的格式。而且日期格式随着用户计算机系统的不同而改变
FullTime	字符型	该变量用长格式指示当前的时间，包括小时、分、秒等 用户计算机系统中的设置决定了变量的格式
Hour	数值型	Houe 变量存储的是当前处于当天的哪个小时，范围为 0～23
Minute	数值型	Minute 变量存储的是当前小时的分钟数。例如，当前的时间为 2:45，则该变量存储的就是 45
Month	数值型	Month 变量存储的是当前的月数。例如，10 月，该变量存储的是 10
MonthName	字符型	MonthName 变量存储的是当前的月的名称：例如，January
Sec	数值型	Sec 变量用于存储当前时刻的秒数值，范围为 0～59
SessionHours	数值型	该变量指示了当前文件的运行时间，单位为小时（值可以是小数）。Authorware 从一开始运行该程序起就开始计时
SessionTime	字符型	该变量指示了当前文件的运行时间，单位为“小时:分钟”。Authorware 从一开始运行该程序起就开始计时 例如，如果最终用户在当前文件使用了 1 小时 6 分钟 则：SessionHours = 1.1 SessionTime = 1.06
StartTime	字符型	该变量指示了用户何时开始运行该文件，单位为“小时:分钟” 用户计算机系统中的设置决定了变量的格式。而且日期格式随着用户计算机系统的不同而改变
Time	数值型	Time 变量存储的是当前系统的时间，包括小时和分钟数
Year	数值型	Year 变量存储的是当前计算机系统所设定的年份

附录C Authorware 7.0 常用函数一览表

表 C1　　Authorware 7.0 新增系统函数及其说明

函数	说明
GetExternalMedia	返回在代码或库中使用的外部的媒体文件的完整的列表
GetFunctionList	根据指定的类别（category）返回关于函数的信息的属性列表
GetLibraryInfo	返回当前的程序文件与相联系的所有的库的线性列表
GetPasteHand	返回最靠近粘贴指针的图标的 ID
GetSelectedIcons	返回描述在当前组图标中选中的图标的线性列表
GetVariableList	返回指定的类别中的变量的信息的属性列表
GroupIcons	把选择的图标放到一个组图标中
OpenFile	打开指定的程序文件
OpenLibrary	打开指定内容的库文件
PackageFile	把当前打开的程序文件打包
PackageLibrary	打包指定的库文件
SaveLibrary	保存指定内容的库文件
SetHotObject	将当前使用的物体设为热物响应
SetMotionObject	将当前使用的物体设为移动图标使用的物体
SetTargetObject	将当前使用的物体设为目标响应
UngroupIcons	把选中的组图标的组取消

Authorware 7.0 提供的系统函数共 358 个，分为 17 个类别，下面列出各类常用函数并加以说明。

表 C2　　Character——字符管理类函数

函数	说明
Char	格式：string := Char(key) 说明：取 Key 所指定的 ASCII 码或键对应的字符、数字、符号或键名
CharCount	格式：number := CharCount("string") 说明：返回字符串中的字符个数，包括空格和特殊字符
Code	格式：number := Code("character") 说明：返回字符、数字、符号或键名对应的 ASCII，若是键名，则不用引号。可用此函数查找文件中用作分隔符的字符。非 ASCII 的数字代码在 Windows 和 Macintosh 平台上可能不同

续表

函数	说明
LineCount	格式：number := LineCount("string"[, delim]) 说明：返回字符串 string 的总行数，包括空白行。默认时行与行之间用回车符（Return）隔开，可通过设定 delim 参数用 delim 参数值将分隔符更改，如 TAB 符等
NumCount	格式：number := NumCount("string") 说明：返回在字符串中数字的个数，Authorware 遇到一个空格或非数字字符则认为一个数字终止。Authorware 自动将用户最后一个文本交互中的总数字数存在系统变量 number 中
string	格式：string := String(x) 说明：将 value 的数据类型转化为字符串类型
SubStr	格式：resultString := SubStr("string", first, last) 说明：取出字符串 string 中的一个子字符串，first 和 last 是起始位置和终止位置
UpperCase	格式：resultString := UpperCase("string") 说明：将 string 中所有小写字母转为大写
WordCount	格式：number := WordCount("string") 说明：返回字符串 string 中所含单词总数，以空格、TAB 或回车符等为间隔符

表 C3　File——文件管理类函数

函数	说明
CreateFolder	格式：number := CreateFolder("folder") 说明：在当前记录目录下新建一个目录名为 folder 的目录 使用此函数时，Authorware 将相关信息保存在系统变量 IOStatus 和 IOMessage 中，并返回 IOStatus 的值。若没有出错，则 IOStatus 为 0 而 IOMessage 为空。若运行出错，则由操作系统确定给 IOStatus 赋何值，若 IOStatus 不为 0，则 IOMessage 包含相应出错信息 注意：当 Shockwave 插件运行于非信任模式下时，此函数无效
DeleteFile	格式：number := DeleteFile("filename") 说明：删除记录目录下 filename 指定的文件或目录，只有不包含任何文件或子目录的目录才可以被删除。若要删除其他目录，需在 filename 中加入路径 使用此函数时，Authorware 将相关信息保存在系统变量 IOStatus 和 IOMessage 中，并返回 IOStatus 的值。若没有出错，则 IOStatus 为 0 而 IOMessage 为空。若运行出错，则由操作系统确定给 IOStatus 赋何值，若 IOStatus 不为 0，则 IOMessage 包含相应出错信息 注意：当 Shockwave 插件运行于非信任模式下时，此函数无效
RenameFile	格式：number := RenameFile("filename", "newfilename") 说明：将 filename 指定文件用 newfilename 更名。Newfilename 中的任何路径信息都将被 Authorware 忽略 使用此函数时，Authorware 将相关信息保存在系统变量 IOStatus 和 IOMessage 中，并返回 IOStatus 的值。若没有出错，则 IOStatus 为 0 而 IOMessage 为空。若运行出错，则由操作系统确定给 IOStatus 赋何值，若 IOStatus 不为 0，则 IOMessage 包含相应出错信息 注意：当 Shockwave 插件运行于非信任模式下时，此函数无效
WriteExtFile	格式：number := WriteExtFile("filename", "string") 说明：用 string 新建或覆盖文件 filename。此函数只能用在计算图标中 使用此函数时，Authorware 将相关信息保存在系统变量 IOStatus 和 IOMessage 中，并返回 IOStatus 的值。若没有出错，则 IOStatus 为 0 而 IOMessage 为空。若运行出错，则由操作系统确定给 IOStatus 赋何值，若 IOStatus 不为 0，则 IOMessage 包含相应出错信息 注意：当 Shockwave 插件运行于非信任模式下时，此函数无效

表 C4　　Framework——框架图标类函数

函数	说明
PageContaining	格式：ID:=PageContaining(IconID@"IconTitle"[,@"framework"]) 说明：该函数返回包含指定图标的页面的标识符（ID）。指定参数 framework 可以用来判断指定图标是否在指定框架结构下。如果是，则函数返回指定页的标识符。如果不是，则函数返回 0 PageContaining 经常与另外两个系统函数 FindText 和 PageFoundID 合用，FindText 返回包含所找到的文本的页面。PageFoundID 则是返回这些查找到的页面的 ID 号
PageHistoryID	格式：ID := PageHistoryID(n [,m]) 说明 1：不使用参数 m 时，该函数返回的是最近显示页的图标 ID 标识，n=1 表示最近显示页，n=2 表示最近显示页的前一页，其他依次类推 说明 2：当使用参数 m 时，该函数将返回在该范围内的所有显示页的 ID 标识，ID 标识间以回车符分隔，最后一个 ID 标识用结束符"\0"来结尾
PageHistoryTitle	格式：title := PageHistoryTitle(n [,m]) 说明：1：不使用参数 m 时，该函数返回的是最近显示页的图标标题，n=1 表示最近显示页，n=2 表示最近显示页的前一页，其他依次类推 说明 2：当使用参数 m 时，该函数将返回在该范围内的所有显示页的标题，标题名间以回车符分隔，最后一个标题名用结束符"\0"来结尾

表 C5　　General——通用类函数

函数	说明
Beep()	格式：Beep() 说明：使系统响铃
MediaPause	格式：MediaPause(IconID@"IconTitle", pause) 说明：通过名控制暂停或继续播放数字电影或声音。当 pause 属性为 True 时，函数暂停数字电影或声音，当 pause 属性为 False 时，函数从断点处继续播放数字电影或声音
MediaPlay	格式：MediaPlay(IconID@"IconTitle") 说明：开始播放由 IconTitle 指定的数字电影、影片剪辑或声音文件。若文件正在播放，则该函数使文件从头开始播放
MediaSeek	格式：MediaSeek(IconID@"IconTitle", position) 说明：为指定的数字电影、影片或声音图标设定当前的回放头位置。针对数字电影和影片，position 项为帧数。而对于声音图标，其设定单位是毫秒数
MoveWindow	格式：MoveWindow(top, left) 说明：将当前窗口的左上角移到 top, left 指定的位置。此函数只能用在计算图标中。此函数常通过如 WindowHeight，WindowWidth，WindowTop 和 Windowleft 等系统变量提供当前窗口的大小和位置信息 注意：要使当前窗口定位在某一位置，应该在保存和打包文件前进行定位
NewObject	格式：object := NewObject("Xtra" [, arguments...]) 说明：该函数创建一个新的 scripting Xtra 并通过参数的设置来调用一个实例启动
PressKey	格式：PressKey("keyname") 说明：模拟用户在键盘上的按键，键名通过引号括起来的参数指定。注意该键名需写在双引号中

续表

函数	说明
PrintScreen	格式：PrintScreen() 说明：使用当前的打印选项在默认的打印机中打印屏幕。此函数只能用在计算图标中 注意：当 Shockwave 插件运行于非信任模式下时，此函数无效
Quit	格式：Quit([option]) 说明：执行此函数立即退出当前文件。此函数只能用在计算图标中 参数 Option 值如下所示 默认为 0 时，退出当前的 Authorware 文件，若此文件是从另一个 Authorware 文件跳转来的，则 Authorware 返回原文件 为 1 时，退出当前 Authorware 文件 为 2 时，退出当前 Authorware 文件并重新启动计算机，如操作系统是 win31，则退回 DOS 状态 为 3 时，退出当前 Authorware 文件，若操作系统是 Win95/98，NT 或 Macintosh，则关闭计算机，若操作系统是 win31，则退出 Authorware 文件并显示程序管理器 注意：当 Shockwave 插件运行于非信任模式下时 Quit(2)、Quit(3)、QuitRestart(2)及 QuitRestart(3) 无效
QuitRestart	格式：QuitRestart([option]) 说明：立即退出当前 Authorware 文件，当 Authorware 继续执行此文件时，即使在文件设置对话框中已将文件设为可以 resume，该文件还是从头开始执行。文件重新启动时，Authorware 将所有变量初始化。此函数只能用在计算图标中 参数 Option 值如下所示 默认为 0 时，退出当前的 Authorware 文件，若此文件是从另一个 Authorware 文件跳转来的，则 Authorware 返回原文件 为 1 时，退出当前 Authorware 文件 为 2 时，退出当前 Authorware 文件并重新启动计算机，如操作系统是 win31，则退回 DOS 状态 为 3 时，退出当前 Authorware 文件，若操作系统是 Win95/98，NT 或 Macintosh，则关闭计算机，若操作系统是 win31，则退出 Authorware 文件并显示程序管理器 注意：当 Shockwave 插件运行于非信任模式下时 Quit(2)、Quit(3)、QuitRestart(2)及 QuitRestart(3) 无效
ResizeWindow	格式：ResizeWindow(width, height) 说明：用 width 和 height 参数重设置程序窗口大小，此函数只能用在计算图标中 此函数常通过如 WindowHeight，WindowWidth，WindowTop 和 Windowleft 等系统变量提供当前窗口的大小和位置信息 注意：可以在文件属性对话框中设定许多窗口的属性值，包括窗口的大小和是否有用户菜单和标题栏等。要使当前窗口定位在某一位置，应该在保存和打包文件前进行定位
Restart	格式：Restart() 说明：使 Authorware 返回文件开头并初始化所有变量，即便在文件的属性对话框中已将文件设为可以 resume 此函数只能用在计算图标中

续表

函数	说明
SetCursor	格式：SetCursor(type) 说明：该函数将鼠标类型设为参数 type 指定值 0—箭头 1—I（文本输入） 2—十形状 3—加号 4—空白 5—Windows 中为沙漏，Macintosh 中为手表 一旦更改了鼠标类型，Authorware 将一直使用该鼠标类型直到再次更改类型值 若加入了自定义的鼠标类型，Authorware 自动将类型值定为 51 或更大，若要使用用户鼠标，可执行如 SetCursor(51)
ShowCursor	格式：ShowCursor(display) 说明：该函数的功能是显示或隐藏鼠标，参数 display 为 ON 时显示鼠标，参数 display 为 OFF 时隐藏鼠标
ShowMenuBar	格式：ShowMenuBar(display) 说明：该函数显示或隐藏用户菜单 当 display 值为 ON 时显示鼠标，为 OFF 时隐藏 当一个文件开始运行或重新运行时，系统显示和上次退出时状态相同的用户菜单 此函数只能用在计算图标中。可在文件属性对话框中设置有无用户菜单
ShowWindow	格式：ShowWindow(display) 说明：该函数打开或关闭演示窗口 当 display 值为 OFF 时关闭当前演示窗口，当显示窗口关闭时，将 display 值设为 ON 可重新打开演示窗口 通常在跳转目标文件中使用此函数
Test	格式：Test(condition, true expression ,[false expression]) 说明：该函数首先计算表达式 condition 的值，若值为真（True），则计算 true expression 中的表达式，若值为假（False）时，则计算表达式 false expression 中的值。false expression 表达式可省略 此函数同决策图标（有两条分支且使用了 Calculated path）相似。若想表示对一个 condition 的值的响应，用决策图标则更合适。若要对一个 condition 的值执行不同的功能，则用 Test 函数就更好一些 注意：还可使用 if-then 函数来判断 condition 的值
TextCopy	格式：TextCopy() 说明：该函数将选择文本从活动文本响应区（active text response）拷入剪贴板中
TextCut	格式：TextCut() 说明：该函数将选择文本从活动文本响应区（active text response）剪切到剪贴板中
TextPaste	格式：TextPaste() 说明：该函数将剪贴板中的内容贴入活动文本响应区（active text response）中 TextCopy，TextCut 和 TextPaste 函数可以同文本交互建立一个编辑菜单。用户可以从当前文本剪切、复制或拷贝文本系统文本

表 C6　Graphics——绘图函数

函数	说明
Box	格式：Box(pensize, x1, y1, x2, y2) 说明：该函数用来在（x1，y1），（x2，y2）两点中间绘制一个方框，方框的线型粗细由 pensize 参数决定，线型默认的颜色为黑色，方框默认为无填充色，使用 SetFrame 和 SetFill 函数来设置线型的颜色和填充色
Circle	格式：Circle(pensize, x1, y1, x2, y2) 说明：在左上角坐标为（x1,y1），右下角坐标为（x2,y2）的方框内绘制同方框相内切的圆，可以使用 SetFrame 和 SetFill 函数来调整线型的颜色和填充色 当 pensize<0 时，圆内以黑色填充 当 pensize = 0 时，圆内以白色填充 当 pensize>0 时，圆周线条的宽度等于 pensize 指定的像素点的值，圆内没有填充色
DrawBox	格式：DrawBox(pensize, [x1, y1, x2, y2]) 说明：此函数允许用户在演示窗口按下鼠标左键自由画矩形，矩形线宽由参数 pensize 决定 如果想强制用户只能将矩形画在演示窗口的指定区域中，则指定（x1，y1，x2，y2）参数，那么用户只能在由（x1，y1）和（x2，y2）确定的虚拟的矩形框中画矩形 默认情况下，边框颜色为黑色，填充模式为透明“Transparent”，如需改变边框颜色或填充模式，可通过系统函数 SetFrame 和 SetFill 进行设定 当 pensize 被设为-1 时，画的是实心黑边的矩形 此函数只能用在计算图标中 注意：此函数只在用户按下鼠标左键后生效 用该方法使用该函数必须在热区响应区域中使用
DrawCircle	格式：DrawCircle(pensize, [x1, y1, x2, y2]) 说明：此函数允许用户在演示窗口按下鼠标左键自由画椭圆，线宽由参数 pensize 决定 如果想强制用户只能将椭圆画在演示窗口的指定区域中，则指定（x1，y1，x2，y2）参数，那么用户只能在由（x1，y1）和（x2，y2）确定的虚拟的矩形框中画椭圆 默认情况下，边框颜色为黑色，填充模式为透明“Transparent”，如需改变边框颜色或填充模式，可通过系统函数 SetFrame 和 SetFill 进行设定 当 pensize 被设为-1 时，画的是实心黑边的椭圆 此函数只能用在计算图标中 注意：此函数只在用户按下鼠标左键后生效 用该方法使用该函数必须在热区响应区域中使用
DrawLine	格式：DrawLine(pensize, [x1, y1, x2, y2]) 说明：此函数允许用户在演示窗口按下鼠标左键画自由直线，线宽由参数 pensize 决定 如果想强制用户只能将直线画在演示窗口的指定区域中，则指定（x1，y1，x2，y2）参数，那么用户只能在由（x1，y1）和（x2，y2）确定的虚拟的矩形框中画直线 默认情况下，直线颜色为黑色，可通过系统函数 SetFrame 进行更改 当 pensize 被设为-1 时，不论 SetFrame 设为何值，画的都是黑色的直线 此函数只能用在计算图标中 注意：此函数只在用户按下鼠标左键后生效 用该方法使用该函数必须在热区响应区域中使用

续表

函数	说明
Line	格式：Line(pensize, x1, y1, x2, y2) 说明：此函数在屏幕上从坐标（x1，y1）到（x2，y2）画一个线宽为 pensize 的直线 默认情况下，边框颜色为黑色，可通过系统函数 SetFrame 进行更改设定 当 pensize 被设为-1 时，不论 SetFrame 设为何值，画的都是黑色的直线 此函数只能用在计算图标中
RGB	格式：RGB(red, green, blue) 说明：该函数的作用是将红色（R）、绿色（G）、蓝色（B）的颜色值合成为单一的颜色值。其中：red、green、blue 为 3 种颜色的颜色值，颜色值的范围为 0～255。该函数只能用在计算图标中，用于为函数 Box()、Circle()等绘图函数设置颜色。当为这些绘图函数设置颜色的时候，该函数必须位于包含有这些绘图函数的图标之前
SetFill	格式：SetFill(flag [, color]) 说明：该函数为绘图函数设定填充模式 flag 参数值为 TRUE，则进行填充，为 False 则不进行填充 color 参数值可通过 RGB()函数计算得到 将 SetFill 函数放到其要影响的绘图函数（如 Line，Box，Circle，DrawLine，DrawBox，DrawCircle 等）之前的计算图标中
SetFrame	格式：SetFrame(flag [, color]) 说明：该函数为绘图函数设定填充模式 flag 参数值为 True，则进行填充边框，为 False，则不进行填充 color 参数值可通过 RGB()函数计算得到 可以将个别函数的边框宽度设为 0，使其不显示边框 将 SetFrame 函数放到其要影响的绘图函数（如 Line，Box，Circle，DrawLine，DrawBox 及 DrawCircle 等）之前的计算图标中
SetLine	格式：SetLine(type) 说明：该函数为绘图函数设置线型 参数 type 值如下： 0——没有箭头 1——起始点有箭头
SetLine	2——终点有箭头 3——两个箭头都有 将 SetLine 函数放到其要影响的绘图函数（如 Line，DrawLine 等）之前的计算图标中
SetMode	格式：SetMode(mode) 说明：选择显示对象的显示模式 0——Matted 1——Transparent 2——Inverse 3——Erase 4——Opaque

表 C7 Icons 图标操作类函数

函数	说明
DisplayIcon	格式：DisplayIcon(IconID@"IconTitle") 说明：该函数显示“IconTitle”指定图标的内容。若图标已被显示，则更新所有已显示的变量 其显示层数和指定图标相同，图标的自动擦除由使用 DisplayIcon 函数和图标决定 此函数只能用在计算图标中
EraseAll	格式：EraseAll() 说明：该函数只能在计算图标中使用，其作用是擦除演示窗口中显示的所有对象
EraseIcon	格式：EraseIcon(IconID@"IconTitle") 说明：该函数擦除“IconTitle”指定的图标 尽管也可以使用擦除图标，但使用此函数可在程序运行时根据变量决定要擦除的图标 此函数只能用在计算图标中
IconID	格式：number:= IconID("IconTitle") 格式：该函数返回指定图标的唯一 ID 号
IconLogID	格式：number := IconLogID(n) 说明：该函数返回当前图标后第 n 个图标的标识符（ID） IconLogID(0) 返回当前图标的 ID，同系统变量 ExecutingIcon 的值相同 注意：要使用 IconLogID 或 IconLogTitle 函数，必须将系统变量 IconLog 的值设为大于 0
IconNext	格式：ID := IconNext(IconID@"IconTitle") 说明：该函数返回当前图标下一个图标的 ID 号。若在分支类图标（包括框架图标、交互图标和决策图标）中，则返回当前图标右侧的子图标的 ID 号 若在“IconTitle”指定图标的下方或右侧没有图标了，则该函数返回值为 0
IconParent	格式：ID := IconParent(IconID@"IconTitle") 说明：该函数返回指定 IconTitle 图标所属的图标，对于一个 IconTitle 所指定的分支结构中的图标，返回的是该图标附属的组成分支结构的图标
IconPrev	格式：ID := IconPrev(IconID@"IconTitle") 说明：该函数返回当前图标上一个图标的 ID 号。若在分支类图标（包括框架图标、交互图标和决策图标）中，则返回当前图标左侧的子图标的 ID 号 若在“IconTitle”指定图标的上方或左侧没有图标了，则该函数返回值为 0
SetMotionObject	格式：SetMotionObject(IconID@"Motion", IconID@"Object") 说明：将当前使用的物体设为移动响应。该函数可以同时在打包文件和源程序文件中有效由于该函数的设定值没有被存储，在设计时用系统函数 SetIconProperty 来存储改动

表 C8 Jump 文件跳转类函数

函数	说明
GoTo	格式：GoTo(IconID@"IconTitle") 说明：该函数使执行流程线跳转到“IconTitle”指定图标，并从该图标开始继续往下执行 无论何时 Authorware 执行跳转，功能，都选检查相关图标的分支和擦除选项。若目的图标是一个框架图标的一个下挂子图标，则 Authorware 先执行完框架图标的入口段图标后才执行目标子图标。若要从框架图标的下挂子图标中跳转到框架图标外，则 Authorware 先执行完框架图标的出口段图标后才执行跳转

续表

函数	说明
JumpFile	格式：JumpFile("filename", ["variable1, variable2,…,"folder"]) 说明：该函数使执行流程跳转到“filename”指定文件继续执行 注意：打包后的文件只能跳转到另一个已打包的文件。而且此函数只能用计算图标的最后一行 使用此函数，Authorware 自动搜索以 a6p 为后缀的文件，故指定文件时无需加入扩展名。同样，runa6w（打包文件）和 runa6w 文件自动搜索以 exe 或 a6r 后缀的文件 可以通过 variable 参数在文件间传送参数，但必须确保两文件中有相同变量。若传送多个参数，则参数间用分号分隔，且参数项需用引号括起来。还可使用*号代表具有相同子串的变量或所有变量 若定义了 folder 参数，则系统变量 RecordLocation 就会从默认值变为定义的 folder 值，且这是唯一改变系统变量 RecordLocation 值的方法 注意：在 shockwave 插件运行状态下，还可以使用网络地址（URL）作为参数
JumpFileReturn	格式：JumpFileReturn("filename", ["variable1, variable2, …"folder"]) 说明：该函数使执行流程跳转到“filename”指定文件继续执行，当用户退出目标文件“filename”后，系统返回初始文件继续执行 此函数还可作调用嵌套，如从文件 1 跳转到文件 2，从文件 2 跳转到文件 3。退出文件 3 则返回文件 2，退出文件 2 则返回文件 1 注意：打包后的文件只能跳转到另一个已打包的文件。而且此函数只能用计算图标的最后一行 使用此函数，Authorware 自动搜索以 a6p 为后缀的文件，故指定文件时无需加入扩展名。同样，runa6w（打包文件）和 runa6w 文件自动搜索以 exe 或 a6r 后缀的文件 可以通过 variable 参数在文件间传送参数，但必须确保两文件中有相同变量。若传送多个参数，则参数间用分号分隔，且参数项需用引号括起来。还可使用*号代表具有相同子串的变量或所有变量 若定义了 folder 参数，则系统变量 RecordLocation 就会从默认值变为定义的 folder 值，且这是唯一改变系统变量 RecordLocation 值的方法 注意：在 shockwave 插件运行状态下，还可以使用网络地址（URL）作为参数
JumpOut	格式：JumpOut("program", ["document"] [,"creator"])) 说明：该函数用“program”指定的应用程序打开文件“document”，同时退出 Authorware，此函数只能用在计算图标中 “program”参数必须精确给出，在 Windows 平台上最好加上后缀。若指定程序或文件不在 Authorware 程序统一目录中或程序的搜索路径（searchpath）中，则必须给出全路径名。若只有“document” 参数而没有指定“program”参数，则执行时系统会提示定位应用程序 参数“creator type”只用在 Macintosh 平台上，以指定应用程序的创建类型。此参数是 4 个字符的代码，用来帮助 Authorware 定位不同用户系统上的应用程序。若用户可能改变程序文件的文件名或目录，那么加入创建类型是很有帮助的。若有 ResEdit 软件，可以使用 GetInfo 命令来找出文件的创建类型。若不定义“document” 参数但加入了创建类型值，则在第一个参数位置插入一个空串。若要跳转到其他 Authorware 文件，请使用 JumpFile 或 JumpFileReturn 函数 注意：当 shockwave 插件运行非信任模式下时，此函数无效

续表

函数	说明
JumpOutReturn	格式：JumpOutReturn("program", ["document"] [,"creator"]) 说明：该函数用"program"指定的应用程序打开文件"document"，只是运行该"program"时 Authorware 程序还在后台运行，此函数只能用在计算图标中 "program"参数必须精确给出，在 Windows 平台上最好加上后缀。若指定程序或文件不在 Authorware 程序统一目录中或程序的搜索路径（searchpath）中，则必须给出全路径名。若只有"document"参数而没有指定"program"参数，则执行时系统会提示定位应用程序 参数"creator type"只用在 Macintosh 平台上，以指定应用程序的创建类型。此参数是 4 个字符的代码，用来帮助 Authorware 定位不同用户系统上的应用程序。若用户可能改变程序文件的文件名或目录，那么加入创建类型是很有帮助的。若有 ResEdit 软件，可以使用 GetInfo 命令来找出文件的创建类型。若不定义"document" 参数但加入了创建类型值，则在第一个参数位置插入一个空串。若要跳转到其他 Authorware 文件，请使用 JumpFile 或 JumpFileReturn 函数 注意：当 shockwave 插件运行非信任模式下时，此函数无效
ResumeFile	格式：ResumeFile(["recfolder"]) 说明：该函数使 Authorware 返回上次用 Quit(1)，Quit(2)，Quit(3)函数退出的断点处继续向下运行 只有将文件属性对话框中的 Resume 选项选上，且必须找到此文件的记录目录时，Authorware 才可以使用此函数恢复运行文件 若所指定文件不在默认目录下，则需使用 refolder 参数

表 C9　　Language——语言类函数

函数	说明
Exit	格式：Exit 说明：该函数退出当前计算图标的脚本 Authorware 在执行计算图标的内容时遇到该命令则跳过计算图标中剩余的命令行，直接退出计算图标。如果该计算图标依附于某个图标，则 Authorware 转而显示该图标的内容
Exit Repeat	格式：ExitRepeat 说明：该函数在计算图标中使用，跳出 Repeat 循环，执行下面的内容，如果下面没有内容，则退出该计算图标

If--Then	格式：if condition then statement
	或
	    if condition then
	        statement(s)
	    end if
	或
	  if condition then
	    statement1(s)

续表

<table>
<tr><th>函数</th><th>说明</th></tr>
<tr><td>If--Then</td><td>else
statement2(s)
end if
或
if condition1 then
statement1(s)
else if condition2 then
statement2(s)
else
statement3(s)
end if
其中 condition 指某表达式或变量满足某条件，statement(s)是执行的命令行
说明：使用此函数建立条件判断
如果（if）条件（condition，一般是返回一个逻辑值的表达式或变量）成立，那么（then）执行命令行（statement）（只能有一个命令行）
或如果（if）条件（condition，一般是返回一个逻辑值的表达式或变量）成立，那么（then）执行命令行（statement）（可有多个命令行）
或如果（if）条件（condition，一般是返回一个逻辑值的表达式或变量）成立，那么（then）执行命令行 1（statement1）。否则（else），则执行命令行 2（statement2）
或如果（if）条件 1（condition1，一般是返回一个逻辑值的表达式或变量）成立，那么（then）执行命令行 1（statement1）。否则如果（else if）条件 2（condition2）成立，则执行命令行 2（statement2）。如上述都不成立，则执行命令行 3（statement3）</td></tr>
<tr><td>Next Repeat</td><td>格式：Next Repeat
说明：使用该函数在循环控制中，省略后面的内容，从头重新开始新的一个循环</td></tr>
<tr><td>Repeat While</td><td>格式：repeat while condition
statement(s)
end repeat
说明：可使用该命令建立一个循环，直到某个指定条件（condition）改变。该命令每开始一次循环，则判断条件 condition 的值，若该值改变了，则退出当前循环体</td></tr>
<tr><td>Repeat With</td><td>格式：repeat with counter := start [down] to finish
statement(s)
end repeat
说明：该命令建立一个循环，其循环次数 counter 定义为一个范围，可以从小到大，也可以从大到小，默认每执行一次循环体增加或减少步长 1 或-1。此命令和 For…Next 循环很像</td></tr>
<tr><td>Repeat With x In list</td><td>格式：repeat with element in anyList
statement(s)
end repeat
说明：该命令使用线性表中的每个元素来执行循环体。每执行一次循环体，函数都把线性表中的下一个元素或属性中的下一个值赋给指定的变量。因为每次执行完循环体时，Authorware 都检测线性表中元素的个数。所以若循环体内的指令改变了该线性表，则将影响循环体的执行次数，不过 Authorware 会保持一个原始列表为循环体的执行次数提供参照</td></tr>
</table>

表 C10　　Math——数学类函数

函数	说明
ABS	格式：number := ABS(x) 说明：返回 x 的绝对值
ACOS	格式：number := ACOS(x) 说明：返回 x 的反余弦函数值，x 的值的范围为 0～Pi
ArrayGet	格式：result := ArrayGet(n) 说明：该函数读取系统数组中的第 n 个元素，并将它返回给变量 result，返回值可以是字符串也可以是数字
ArraySet	格式：ArraySet(n, value) 说明：该函数设置系统数组中的第 n 个元素的值为 value，设定值 value 可以是字符串也可以是数字 合法地设定 value 对应的 n 值为 0 ~ 2500，索引号码也没有必要是连续的
ASIN	格式：number := ASIN(x) 说明：计算 x 的反正弦值
ATAN	格式：number := ATAN(x) 说明：计算 x 的反正切值
Average	格式：Value := Average(anyList) Value := Average(a [, b, c, d, e, f, g, h, i, j]) 说明：该函数返回线性列表一级元素或多个参数的平均值，最多可以定义 10 个使用参数
COS	格式：number := COS(angle) 说明：该函数返回参数 angle 的余弦值，angle 角的单位为弧度
EXP	格式：number := EXP(x) 说明：将 x 的自然指数的值赋给 number
EXP10	格式：number := EXP10(x) 说明：将 x 的以 10 为底的指数值赋给 number
Fraction	格式：result:=Fraction(number) 说明：该函数返回 number 数值中的小数点后的内容，包括小数点
INT	格式：number := INT(x) 说明：该函数返回参数 x 的整数部分 与函数 Round 不同，INT 函数只是将小数部分删去，而保留整数部分，并不是将小数部分进行四舍五入 进行了 INT 取整操作的变量 x，取整之后其数值类型由原来的实型变为整型
LN	格式：number := LN(x) 说明：该参数 x 取自然对数的值
LOG10	格式：number := LOG10(x) 说明：该函数返回 x 的以 10 为底的对数的值
Max	格式：value := Max(anyList) value := Max(a [, b , c, d, e, f, g, h, i, j]) 说明：该函数返回列表 anyList 中的最大值或返回多个参数（a , b, c…）中的最大值 若指定了多个参数，则该函数将列表的内容看为 0

续表

函数	说明
Min	格式：value := Min(anyList) value := Min(a [, b, c, d, e, f, g, h, i, j]) 说明：该函数返回列表 anyList 中的最小值或返回多个参数（a , b, c…）中的最小值 若指定了多个参数，则该函数将列表的内容看为 0
MOD	格式：number := MOD(x, y) 说明：该函数返回 x/y 的余数
Number	格式：number := Number(x) 说明：该函数将参数 x 转化为一个实型或整型的数值
Random	格式：number := Random(min, max, units) 说明：该函数返回一个介于 min 和 max 之间的一个随机数 参数 units 是指产生的随机数必须是该 units 值的整数倍
Real	格式：realNum := Real(x) 说明：将参数 x 转化为实型
Round	格式：number := Round(x [, decimals]) 说明：该函数将参数 x 按照 decimals 指定的位数四舍五入，并返回结果
Sign	格式：number := Sign(x) 说明：当 x 为负时，该函数返回值为 – 1 当 x 为 0 时，该函数返回值为 0 当 x 为正时，该函数返回值为 1
SIN	格式：number := SIN(angle) 说明：该函数取角度的正弦值
SQRT	格式：number := SQRT(x) 说明：该函数返回参数 x 的平方根
Sum	格式：value := Sum(anyList) value := Sum(a [, b, c, d, e, f, g, h, i, j]) 说明：该函数返回列表中或各参数（最多 10 个）的值的累加
TAN	格式：number := TAN(angle) 说明：该函数返回角度 angle 的正切值

表 C11　　Time——时间类函数

函数	说明
Date	格式：string := Date(number) 说明：该函数将 number 指定的数字转化成日期型的字符串 number=0 时代表日期为 1990 年 1 月 1 日，依此类推 具体显示的日期值的格式由计算机系统中的当前设置决定 在 Authorware 中 number 的范围为：（25568　49709） (January, 1, 1970, 到 June, 2, 2036)

续表

函数	说明
DateToNum	格式：number := DateToNum(day, month, year) 说明：number := DateToNum(day, month, year) 说明：该函数将一个日期值转化为数字值 该数字值为 0 时代表日期为 1990 年 1 月 1 日，依此类推 此函数和 Date 函数进行的操作相反 具体显示的日期值的格式由计算机系统中的当前设置决定 参数 day 表示日期，范围为（1，31）；参数 month 表示月份，范围为（1，12）；参数 year 为年份，有效值范围为（1970，2036）
Day	格式：value := Day(number) 说明：该函数将 number 转化为对应具体日期的日期值（月内） 该数字值为 0 时代表日期为 1990 年 1 月 1 日，依此类推。该函数中的参数 number 值的范围为：25568 到 49709 (January 1, 1970 到 June 2, 2036)
DayName	格式：string := DayName(numbe) 说明：该函数将 number 转化为对应具体日期的代表星期几的字符串 该数字值为 0 时代表日期为 1990 年 1 月 1 日，依此类推 该函数中参数 number 的范围为：25568 到 49709 (January 1, 1970 到 June 2, 2036)
FullDate	格式：string := FullDate(number) 说明：该函数将 number 指定的数字转化为完整的日期型的字符串 该数字值为 0 时代表日期为 1990 年 1 月 1 日，依此类推 具体显示的日期值的格式由计算机系统中的当前设置决定 其中 number 值的范围为：25568 到 49709 (January, 1, 1970 到 June, 2, 2036)
Month	格式：number := Month(number) 说明：该函数将 number 转化为对应具体日期的所在日期的月份值——以数字表示 该数字值为 0 时代表日期为 1990 年 1 月 1 日，依此类推 Number 参数的范围为 25568 到 49709 (January 1, 1970 为 June 2, 2036)
MonthName	格式：string := MonthName(number) 说明：该函数将 number 转化为对应具体日期的所在月份的字符串 该数字值为 0 时代表日期为 1990 年 1 月 1 日，依此类推 Number 参数的范围为 25568 到 49709 (January 1, 1970 为 June 2, 2036)
Year	格式：number := Year(number) 说明：该函数将 number 转化为对应具体日期的年份值——以数字表示 该数字值为 0 时代表日期为 1990 年 1 月 1 日，依此类推 Number 值的范围为：25568 到 49709 (January 1, 1970 到 June 2, 2036)

以下是 Authorware 所带的 Xtras 中提供的函数。

表 C12　　Xtras fileio——文件输入输出外挂类函数

函数	说明
CloseFile	格式：CallObject(object, "closeFile") 说明：关闭当前文件
CreateFile	格式：CallObject(object, "createFile", "fileName") 说明：使用指定文件名创建一个新文件
Delete	格式：CallObject(object, "delete") 说明：删除打开的文件
DisplayOpen	格式：CallObject(object, "displayOpen") 说明：显示一个打开对话框，返回选中的文件名
DisplaySave	格式：CallObject(object, "displaySave", "title", "defaultFileName") 说明：显示一个保存对话框，返回选中的文件名
FileName	格式：CallObject(object, "fileName") 说明：返回打开文件的文件名字符串
GetLength	格式：CallObject(object, "getLength") 说明：得到打开文件的大小
GetOSDirectory	格式：getOSDirectory() 说明：返回 Mac 系统文件夹或 Windows 系统的目录
GetPosition	格式：CallObject(object, "getPosition") -- get the file position 说明：得到当前文件位置
openFile	格式：CallObject(object, "openFile", "fileName", mode) 说明：打开指定的文件
setPosition	格式：CallObject(object, "setPosition", position) 说明：设置文件位置

附录D 多媒体课件脚本实例

一、文字脚本（A类卡片）

表D1　　A类卡片实例“课件介绍”

<table>
<tr><td>编号：A1</td><td colspan="2">课件名称：Summit meeting</td></tr>
<tr><td>使用对象：本科生</td><td>设计者：***</td><td>填写日期：********</td></tr>
<tr><td colspan="3">课件介绍
本课件作为本科生的新闻内容视听教材，目的是要培养学生的听力，词汇应用能力，阅读能力和理解能力。要求学生在正常的语速下，能够正确理解并回答问题，能够掌握必要的关键词汇，要求做到正确拼写使用。
软件的内容节选的是“星球大战”问题高级会谈的新闻报道，以及对星球大战的讲解、演示。在选题上，既要有较强的时事性，又要有空间的展示，配合生动的视频材料，非常有助于学生的英语学习。
脚本卡中使用媒体的表示符号如下：
文本　T
图形　G
动画　M
视频　V
声音　S
热键　H
学习者书写区　W
操作信息　D
弹出式窗口　P
正确反馈　TF
错误反馈　FF
上一节点　PN
下一节点　NN
学习者控制区（包括菜单、按钮）C
同时出现　+
新的内容出现后，原来的内容不消失　↓+
激活新的内容　→
新的内容出现后，原来的内容消失　↓—</td></tr>
<tr><td colspan="3">注释</td></tr>
</table>

表 D2　　A 类卡片实例“教学目标和教学内容分析”

编号 A2			课件名称：Summit meeting			
使用对象：本科生		设计者：***		填写日期：********		
教学目标和教学内容分析						
知识单元			知识点			
序号	内容	教学目标	序号	内容	目标层次	教学目标
一	词汇	掌握新闻中的难点词汇	1	Neutral country	知道	（6 个知识点为同一目标，如下）要求在正常语速下能够听懂这些单词，知道其含义
			2	Dummy	知道	
			3	Resort	知道	
			4	Commercal	知道	
			5	MikhaiGorbachev	知道	
			6	Ronald Regan	知道	
二	视听内容	提高听力水平	7	关于 Summit meeting 新闻报道的视频信息	领会	要求在正常语速下能够理解内容，并抓住要点
三	理解视听材料操练测试	通过反复操练与测验，理解视听材料	8～17	关于视听内容的 1 道选择题	领会	要求在完成视听内容之后，能够在 15s～20s 内正确回答问题，10 道题做对 8 道题为合格
				2 道选择题（略）		
				3 道选择题（略）		
				4 道选择题（略）		
				5 道选择题（略）		
				6 道选择题（略）		
				7 道选择题（略）		
				8 道选择题（略）		
				9 道选择题（略）		
				10 道选择题（略）		
四	词汇的操作练习与测试	通过反复操作预测试，掌握关键词汇	18～27	关于视听内容中关键词汇 1 道填空测试题（略）	领会	要求在完成视听内容之后，能够在 15min～20min 内正确填写词汇，10 道题做对 8 道题为合格
				2 道填空测试题		
				3 道填空测试题		
				4 道填空测试题		
				5 道填空测试题		
				6 道填空测试题		
				7 道填空测试题		
				8 道填空测试题		
				9 道填空测试题		
				10 道填空测试题		
五	阅读的操作练习与测试	阅读视听内容文本材料帮助听力理解并提高阅读能力	28～37	（略）	领会	要求在 3min～5min 完成阅读之后，能够将 10 道选择题全部做对
注释						

目标层次（可以用于选择）					
知道	领会	运用	分析	综合	评价

表D3 A类卡片实例“教学策略”

编号:A3	课件名称：Summit Meeting	
使用对象；本科生	设计者：***	填写日期：********

教学策略

知识单元
教学方法
教学模式
教学程序
使用媒体

一
个别指导
个别化教学
传递——接受
T、S、G

二
个别指导
传递——接受
T、V、S、G

三
个别指导，操练，测验
传递——接受
T、S

四
个别指导，操练，测验
传递——接受
T、S

五
个别指导，操练，测验
传递——接受
T、S

注释		
教学模式	个别化教学	小组协作学习
教学方法	操练、个别指导，模拟、测验、游戏、发现学习、问题学习	
教学程序	传递—接受、引导—发现、示范—模拟、情景—陶冶、加涅九段教学法	

文字	图形	动画	视频	声音
T	G	M	V	S

表 D4　　A 类卡片实例“知识结构与流程图”

编号：A4	课件名称：summit Meeting	
使用对象：本科生	设计者：***	填写日期：********

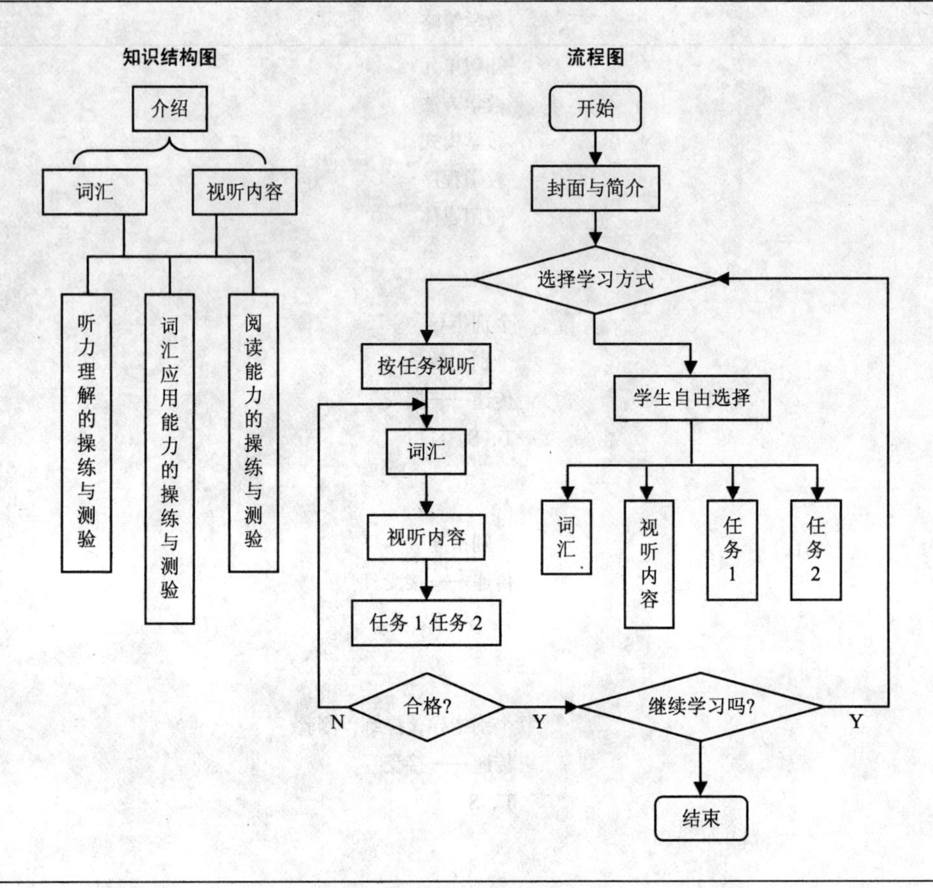

注释		

二、制作脚本（B 类卡片）

表 D5　　B 类卡片实例“封面呈现”

编号：B1	课件名称 Summit meeting	
使用对象：本科生	设计者：***	填写日期：********

[G:背景图案，占整个屏幕]

[S：背景音乐]

[T:

英语视听教材

——高级会谈“Summit meeting”]

续表

编号：B1	课件名称 Summit meeting	
使用对象：本科生	设计者：***	填写日期：********

[S2：读[T：]的内容]

注释

[G：]，[S：]　能吸引学习者的注意力

[T：]　以某种动画方式呈现，具有特色

[NN：]　等待 3s 后转 B2 卡

媒体呈现方式：

S1+G
↓+
T+S2

表 D6　B 类卡片实例“内容呈现一”

编号：B2	课件名称 Summit meeting	
使用对象：本科生	设计者；***	填写日期：********

[H：喇叭标志的热键]

[S 读[T：]的内容

[T：

INTRODUCTION

This news report was abcdefghijklmnopqrstuvwxyz. Abcdefghijklmnopqrstuvwxyz. Abcdefghijklmnopqrstuvwxyz. Abcdefghijklmnopqrstuvwxyz. Abcdefghijklmnopqrstuvwxyz.　]

[G: 一幅从视频内容中截取的相关图片]

[C：]　[C1：]

续表

编号：B2	课件名称 Summit meeting	
使用对象：本科生	设计者：***	填写日期：********

注释
[H：] 鼠标单击后激活[S：]
[S：] 由[H：] 激活，读[T：] 内容
[C1：]、[C2：] 用箭头或图形表示的控制按钮
[PN：] 单击[C1：] 转 B1 卡
[NN：] 单击[C2：] 转 B3 卡

媒体呈现方式；
T+(H→S)+G+C1+C2

表 D7　　B 类卡片实例“内容呈现二”

编号：B3	课件名称 Summit meeting	
使用对象：本科生	设计者：***	填写日期：********

[H: 喇叭标志热键]
[S:读[T：]的内容]

[T:

VOCABULARY

1. [H1: neutral country]　中立国
2. [H2: dummy]　伪装物
3. [H3:　resort]　帮助、凭借
4. [H4:　commercial]　　]

[C1：]　　[C2：]

注释

[S:] 由[H：] 激活，读[T：] 所有的内容
[H：] 鼠标单击激活[S：]

续表

编号：B3	课件名称 Summit meeting	
使用对象：本科生	设计者：***	填写日期：********

[H1：] 至[H6：] 鼠标单击后，激活字母单词热键，可读单词发音
[C1：]，[C2；] 可以用箭头或有其他图形表示的按钮
[PN：] 鼠标单击[C1：] 钮转 B2 卡
[NN：] 鼠标单击[C2；] 钮转 B4 卡

媒体呈现方式：
T+（H→S）+（H1～H6）+C1+C2

表 D8　　B 类卡片实例“内容呈现三”

编号：B4	课件名称 Summit meeting	
使用对象：本科生	设计者：***	填写日期：********

[T：

TEST ONE
1. What hanjkf　nasd　ldjflk lksj l k lkd lidpo okalkdk k ;kklk /
A）It sdjh　kj klj klj jlkdl kklsklasijdfjdf
B）It d l jklkldjl sdal;a kk
C）it ajdkj llalewo l kl j　;klk
D）jjjj kikdl k;lkdkk;k

the answer is [W:　　　]

[C: 完成答案后按确认按钮]

[P：[TF1：“你完成得很好，请按任意键继续”]
[TF2：“正确，请按任意键继续”]
[FF1：“完成有误，请看相关的一段录像”]
[FF2：“答案错误，请阅读相关的一段文字材料”]

[FF3：“正确答案是 B”]

[C3：返回按钮]

[C1：]

[C2：]

参考文献

[1] 袁海东．Authorware 6 教程．北京：电子工业出版社，2002.
[2] 高新考试编委会．Authorware 6.0 职业技能培训教程．北京：北京希望电子出版社，2002.
[3] 沈大林等．中文 Authorware 6.0 案例教程．北京：电子工业出版社，2002.
[4] 李迎春等．Authorware 6.0 实用教程．北京：北京希望电子出版社，2002.
[5] 寒冰．Authorware 6.0 疑难解析．北京：人民邮电出版社，2002.
[6] 子易工作室．课件制作常见疑难解答 260 条．重庆：重庆大学出版社，2003.
[7] 王雷，郑青松等．Authorware 6.0 创作实例 50 讲．北京：中国水利水电出版社，2002.
[8] 焦智芳，杨连池．Authorware 7.0 创意与设计百例．北京：清华大学出版社，2003.
[9] 张增强．Authorware 6.0 实用教程．北京：中国铁道出版社，2002.
[10] 邓椿志，顾黄凯，张岩．Authorware 6.5 高级应用实例精解．北京：清华大学出版社，2003.
[11] 王志强，蔡平．计算机网络与多媒体教学．北京：电子工业出版社，2003.
[12] 张军征．多媒体课件设计与制作基础．北京：高等教育出版社，2004.
[13] 方其桂．多媒体 CAI 课件制作实例教程．北京：清华大学出版社，2005.